U0171041

国防科技大学建校70周年系列著作

微纳光子器件智能设计与应用

杨俊波　张晶晶　黄　杰　等著

科学出版社

北　京

内 容 简 介

本书汇总了作者团队近年来在微纳光子器件研究领域的最新研究成果,系统介绍纳米光子器件的工作原理、设计方法、模拟仿真手段、制作工艺、测试流程,以及应用领域等,并就深度学习、神经网络、梯度下降、启发式算法,包括遗传算法、二元搜索算法、粒子群优化等 AI 设计算法在微纳光子器件设计领域的应用展开讨论。本书按照微纳光子器件的种类和应用组织撰写,第一部分硅基片上微纳光子器件,包括第 1 章~第 4 章,主要介绍亚波长光栅耦合器、分束器、滤波器等。第二部分石墨烯太赫兹波束调控器件,包括第 5 章~第 8 章,主要介绍石墨烯太赫兹波束调控器件。第三部分超表面和光子晶体器件,包括第 9 章~第 12 章,主要介绍超透镜、混合材料超表面等。第四部分微纳光子器件的智能算法设计,包括第 13 章和第 14 章,主要介绍智能算法所设计的分束器等。第五部分微纳光子器件的应用,包括第 15 章~第 18 章,主要介绍光量子与热伪装方面的应用。

本书可作为高等院校电子学、光电子学、物理电子学、微电子与固体电子学、光学工程、通信与信息系统、计算机技术等专业高年级本科生和研究生相关课程的教材,也可供相关领域的研究人员和工程技术人员参考。

图书在版编目(CIP)数据

微纳光子器件智能设计与应用 / 杨俊波等著. —北京:科学出版社,2023.10
ISBN 978 − 7 − 03 − 076644 − 1

Ⅰ.①微… Ⅱ.①杨… Ⅲ.①光电器件—智能设计 Ⅳ.①TN15

中国国家版本馆 CIP 数据核字(2023)第 194343 号

责任编辑:许　健 / 责任校对:谭宏宇
责任印制:黄晓鸣 / 封面设计:殷　靓

科 学 出 版 社 出版
北京东黄城根北街 16 号
邮政编码:100717
http://www.sciencep.com

南京展望文化发展有限公司排版
广东虎彩云印刷有限公司印刷
科学出版社发行　各地新华书店经销

*

2023 年 10 月第　一　版　开本:720×1000　1/16
2024 年 11 月第四次印刷　印张:25
字数:420 000

定价:180.00 元
(如有印装质量问题,我社负责调换)

总　　序

国防科技大学从 1953 年创办的著名"哈军工"一路走来,到今年正好建校 70 周年,也是习主席亲临学校视察 10 周年。

七十载栉风沐雨,学校初心如炬、使命如磐,始终以强军兴国为己任,奋战在国防和军队现代化建设最前沿,引领我国军事高等教育和国防科技创新发展。坚持为党育人、为国育才、为军铸将,形成了"以工为主、理工军管文结合、加强基础、落实到工"的综合性学科专业体系,培养了一大批高素质新型军事人才。坚持勇攀高峰、攻坚克难、自主创新,突破了一系列关键核心技术,取得了以天河、北斗、高超、激光等为代表的一大批自主创新成果。

新时代的十年间,学校更是踔厉奋发、勇毅前行,不负党中央、中央军委和习主席的亲切关怀和殷切期盼,当好新型军事人才培养的领头骨干、高水平科技自立自强的战略力量、国防和军队现代化建设的改革先锋。

值此之年,学校以"为军向战、奋进一流"为主题,策划举办一系列具有时代特征、军校特色的学术活动。为提升学术品位、扩大学术影响,我们面向全校科技人员征集遴选了一批优秀学术著作,拟以"国防科技大学迎接建校 70 周年系列学术著作"名义出版。该系列著作成果来源于国防自主创新一线,是紧跟世界军事科技发展潮流取得的原创性、引领性成果,充分体现了学校应用引导的基础研究与基础支撑的技术创新相结合的科研学术特色,希望能为传播先进文化、推动科技创新、促进合作交流提供支撑和贡献力量。

在此,我代表全校师生衷心感谢社会各界人士对学校建设发展的大力支持!期待在世界一流高等教育院校奋斗路上,有您一如既往的关心和帮助!期待在国防和军队现代化建设征程中,与您携手同行、共赴未来!

国防科技大学校长

2023 年 6 月 26 日

前　言

　　微纳光子学主要研究微纳米尺度下光和物质的相互作用,形成的亚波长器件能有效提高单位面积内的光子集成度,有望将光子器件集成到尺寸很小的芯片上,获得和电子芯片类似的性能。微纳光子学主要的研究方向包括新型纳米材料的合成、集成光电器件、高集成度光波导和微谐振腔、亚波长超表面以及表面等离子学等。目前,微纳光子器件已经在光通信、传感、全息成像等领域实现了广泛的应用和发展,并且逐步在生物神经网络、光存储、光计算等新的交叉学科领域发挥作用。智能化、集成化、低成本和高可靠性的微纳光电子器件设计和研究逐步成为光通信和信息处理的重要发展方向。随着半导体工艺和微纳米加工技术的持续进步,微纳光电子器件的设计理论、加工手段、测试方法和应用领域等都日新月异,飞速发展。

　　硅基光子器件具有尺寸小和 CMOS 工艺兼容的特点,是光子集成电路的核心部件。对光子集成电路来说,高集成度意味着高性能和低功耗。但是与电子集成电路相比,硅基光子器件的设计方法相对落后,目前主要依靠半解析模型和参数扫描进行设计,时间和经济成本较高。更重要的是,传统设计方法设计的硅基光子器件尺寸大,不利于大规模集成。智能设计算法的出现极大改变了这一现状,让硅基光子器件的设计变得更加高效和智能。

　　本书主要讨论微纳光电子器件的设计理论、模拟仿真方法、器件制备和测试、应用领域等,并结合最新的智能算法,包括深度学习、神经网络、DBS 算法、遗传算法等,通过前向预测和反向设计的结合,快速准确地获得微纳光电子器件的设计参数和结构,有力推动和促进微纳光电子器件的设计方法和手段的提升与完善。本书可为微纳光电子设计、光电信息处理、人工智能、电磁场调控和应用、芯片设计等领域的高年级本科生、研究生、研究人员和工程技术人员提供指导和帮助。

本书由杨俊波拟定编写大纲、组织编写并统稿,作者团队共同编写,其中周唯撰写第 1 章和第 4 章,张晶晶撰写第 2 章、第 3 章、第 15 章和第 16 章,陈丁博撰写第 5 章~第 8 章,白伟撰写第 9 章和第 10 章,张兆健撰写第 11 章和第 12 章,黄杰撰写第 13 章和第 14 章,姜鑫鹏撰写第 17 章和第 18 章。于洋、张振福、何新、陈欢、韩云鑫、张森、黄沙、赵芬、马汉斯、杜特、陈宇泰、李鑫等为本书的出版提供了相关协助,并提出修改意见,特此致谢。

作 者
2023 年 7 月

目　录

第一部分　硅基片上微纳光子器件

第二部分 石墨烯太赫兹波束调控器件

第五部分 微纳光子器件的应用

第一部分　硅基片上微纳光子器件

第1章 耦合器理论

1.1 引言

微纳光子技术是一种新兴的技术,它将光子学和微纳米技术相结合,可以制造出微小的光学器件,这些器件可以用于光通信、光存储、光计算、生物医学等领域。

微纳光子技术的核心是微纳米加工技术,它可以制造出微小的光学器件,如微透镜、微波导、微光栅等。这些器件可以用于制造光通信设备,如光纤通信设备、光纤放大器、光开关等。此外,微纳光子技术还可以用于制造光存储器件,如光盘、光存储器等。这些器件可以存储大量的数据,具有高速、高密度、长寿命等优点。

微纳光子技术还可以用于制造光计算器件,如光逻辑门、光量子计算器等。这些器件可以实现高速、低功耗、高精度的计算,具有广阔的应用前景。此外,微纳光子技术还可以用于生物医学领域,如生物传感器、生物成像等。这些器件可以实现对生物分子、细胞、组织等的高灵敏度、高分辨率检测和成像,具有重要的生物医学应用价值。随着技术的不断发展,微纳光子技术将会在更多的领域得到应用,为人类的生产和生活带来更多的便利和创新。

波导光栅器件在微纳光子技术的研究中占有非常重要的位置,对集成光学的发展起着举足轻重的作用。伴随着波导光栅器件实验研究的不断发展,波导光栅耦合理论方面的研究工作也在不断地深入。研究人员已经先后提出了耦合模理论、微扰理论、波恩近似理论、等效电流理论、光线方法、共振方法六种不同的理论分析方法来设计波导光栅器件,各种理论有不同的适用范围。在这一章将对光栅耦合理论进行介绍,并着重介绍要用到的时域有限差分(finite-difference time-domain, FDTD)法。本章的目的是为以下几章有关波导光栅器件设计和研究工作提供必要的理论准备。

1.2 波导光栅器件设计理论

1.2.1 波导光栅结构

光栅是具有周期性变化结构的光学元件,在光学系统中有着举足轻重的作用。在本书中主要研究波导光栅作为耦合器的应用,为了方便后续的讨论,对波导光栅耦合结构中的一些参量进行定义和说明。同时由于本书后面主要研究的多台阶式光栅与二元光栅通过离散化处理都可以转化成普通光栅,因此在这里以普通光栅为基础定义参数,并进行说明。

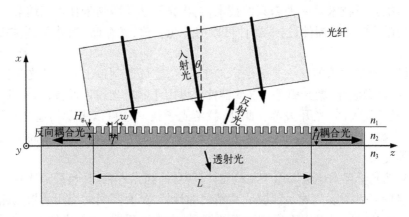

图 1.1 典型光栅耦合器结构示意图

图 1.1 为一普通光栅的耦合示意图,各符号定义如下。

(1) 光波导方向为 z 方向,光波导厚度方向为 x 方向,垂直于 x 和 z 组成的平面的方向为 y 方向。

(2) 电场方向为 y 方向的光波为横电(transverse electric,TE)模,磁场方向为 y 方向的光波为横磁(transverse magnetic,TM)模。波导层的厚度为 H。上包层(包覆层)的折射率为 n_1,波导层的折射率为 n_2,下包层的折射率为 n_3,由于本书中所讨论的结构均以绝缘体上硅(silicon-on-insulator,SOI)结构为基础,所以上包层和下包层分别为空气和二氧化硅,波导层一般为硅材料或掺杂硅材料。

(3) 光源入射角度为 θ(从光栅法线逆时针增加的角度为正),光栅长度为

L,周期为 T,高度为 H_g,折射率为 n_g(一般 $n_g = n_2$),每个周期内光栅脊宽为 w。定义占空比 $f = w/T$。

1.2.2 布拉格条件

集成光路所使用的光栅有各种形状,如普通光栅、阶梯式光栅、闪耀光栅、啁啾光栅和二元光栅等。但不管是哪一种形状的光栅,都可以用除去光栅的结构为基准波导,记录下因其表面附着光栅而引起的介电系数分布状态的变化 $\Delta\varepsilon$。假设光栅是沿着波导面(yz 面)扩散开来的周期性结构,光栅内部的 $\Delta\varepsilon$ 通过傅里叶展开可以表示为

$$\Delta\varepsilon(x, y, z) = \sum_q \Delta\varepsilon_q(x)\exp(-jq\boldsymbol{K}\cdot\boldsymbol{r})$$
$$\boldsymbol{K} = K_y\boldsymbol{e}_y + K_z\boldsymbol{e}_z, \quad \boldsymbol{r} = y\boldsymbol{e}_y + z\boldsymbol{e}_z \tag{1.1}$$

在光栅区以外的地方,$\Delta\varepsilon = 0$。式(1.1)中 $\boldsymbol{K}$ 为光栅矢量(grating vector),它是一个与光栅平面或者光栅线垂直的矢量;$\Delta\varepsilon_q(x)$ 表示 q 次傅里叶成分的振幅。

当往光栅内输入传输矢量为 $\boldsymbol{\beta}$ 的光波,也就是输入对空间具有 $\exp(-j\boldsymbol{\beta}\cdot\boldsymbol{r})$ 依存性的光波时,该光波在 $\Delta\varepsilon$ 的作用下其相位受到调制,产生传输矢量是 $\boldsymbol{\beta} + q\boldsymbol{K}$ 的波动成分,也就是产生空间高次谐波(ultraharmonics)。当空间高次谐波的传输矢量能够被允许在结构内传输时,它实际上是作为模在结构内传输的,也就是说,为了使两个可以用传输矢量 $\boldsymbol{\beta}_a$ 和 $\boldsymbol{\beta}_b$ 表示的光波 a 和 b 能够耦合,这两个光波必须具有下述的关系:

$$\boldsymbol{\beta}_a = \boldsymbol{\beta}_b + q\boldsymbol{K}, \quad q = 0, \pm 1, \pm 2, \cdots \tag{1.2}$$

其中,q 为耦合阶数(order of coupling)。上述关系是光波和 $\Delta\varepsilon$ 在空间无限扩展时的耦合条件。式(1.2)中的各种成分称作各自对应方向的(q 阶)相位匹配条件(phase matching condition);在这同一个式子中所表示的三维关系称作布拉格条件(Bragg condition)[1]。

以输入耦合器为例,即将入射光从外部耦合进入波导,入射光与光栅作用后产生若干级衍射光束,如果其中某一级衍射光的波矢沿导模传播方向上的分量的大小 K_{in} 满足如下的相位匹配条件:

$$K_{in} = \beta_m + qK \ (q = 0, \pm 1, \pm 2, \cdots) \tag{1.3}$$

则入射光将在波导中激起 m 阶的光波导模。式(1.3)中 β_m 为 m 阶导模的传输常数:

$$\beta_m = k_0 N_{\text{eff}_m} \tag{1.4}$$

其中, $k_0 = 2\pi/\lambda$; N_{eff_m} 为 m 阶导模的有效折射率。另外式(1.3)中的光栅矢量:

$$K = |\ \boldsymbol{K}\ | = \frac{2\pi}{T} \tag{1.5}$$

其中, T 为光栅周期。式(1.3)中另一个参数 K_{in} ,由于其为入射光与光栅作用后产生的某一级衍射光在波矢沿波导方向上的分量大小,因此可以表达为

$$K_{\text{in}} = |\ \boldsymbol{K}_{\text{in}}\ | \times \sin\theta = \frac{2\pi}{\lambda} n_1 \sin\theta \tag{1.6}$$

将式(1.4)~式(1.6)代入式(1.3)中,则布拉格条件(或相位匹配条件)又可以表示为

$$k_0 n_1 \sin\theta = k_0 N_{\text{eff}_m} + q\frac{2\pi}{T} \tag{1.7}$$

将 k_0 表达式代入整理得

$$T \times (n_1 \cdot \sin\theta - N_{\text{eff}_m}) = q\lambda \tag{1.8}$$

光栅耦合的布拉格条件可以用光波导光线传输理论中的相位匹配来解释:当光波在波导中传输,经过一个光栅周期后,相位和下一个光栅周期相同或相差 2π 的整数倍,这时光波由于相位匹配而相干叠加,从而实现耦合[2]。

1.2.3　波矢图

在波矢空间采用波矢图可以方便直观地理解和分析波导光栅的耦合。波矢图是直观表示波导光栅对入射光波的透射和反射规律的图示模型。这个图是一系列同心圆,其半径代表在相应介质中的波矢 $\boldsymbol{K}$ 的大小。入射光线以波矢的大小为幅值、以代表传播方向的角度射向同心圆中心并离开该中心[3]。通过绘制多组穿过反射或透射的衍射光波矢头部并与代表入射和透射介质的中心圆之间的边界成直角的直线,而图形化地表示相位匹配。反射和透射方向的衍射波矢开始于圆心,终止于相位匹配线与圆相交的点。

式(2.3)所表示的矢量分量的关系可以用波矢图表示,如图1.2所示。

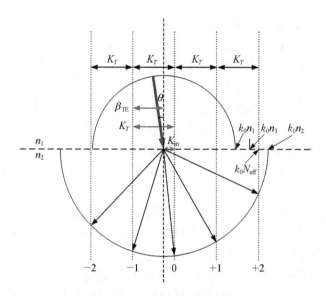

图 1.2　光栅布拉格条件波矢图

由图 1.2 可以很直观地看出，入射光波矢量与光栅矢量的整数倍叠加后所得波矢的方向为衍射级的方向。在光栅耦合器中，当某 q 级衍射的波矢刚好满足波导中某 m 阶导模的传输条件时（波矢量大小等于传输常数大小），便说此时 q 级的衍射光经过光栅耦合成为 m 阶的光波导模。

1.3　严格耦合波解析方法

随着波导光栅实验研究的不断发展，波导光栅理论方面的研究工作也在不断地深入。人们先后提出了耦合模理论[4, 5]、微扰理论[6, 7]、波恩近似方法[8]、等效电流理论[9]、光线方法[10, 11]、共振方法[12, 13] 6 种不同的理论分析方法来设计波导光栅器件，各种理论有不同的适用范围。例如耦合模理论适用于导模之间的耦合问题，尤其是对皱褶式波导光栅结构的理论计算精确度更高；而在微扰理论中，全部电磁波是根据微小参量的级数展开式表示的，参量表征光栅表面调制的强度，该方法是根据光场在光栅和平面波导界面所满足的边界条件以及相关场振幅的解析式来分析波导光栅。衰减系数通常由导波功率损耗计算获得。这种方法的优点是如果人们不愿意进行复杂的代数运算，能获得高阶近似。虽然这种方法能直接涉及场振幅和功率的衰减和增加,但不能清晰地表示场如何变化。一旦边界条件被满足,场和波导光栅之间相互作用的分析就完成了;在共振方法中,任何光栅理论都能被用于分析波导光栅结构的衰减系数。该方法提供了衍射光栅理论的精确解。它清楚地表明衰减系数与波导光栅结构的共振有关。该方法的缺点是数学上太复杂;在光线方法中,光栅和波导被分开处理,光线方法处理导波传输,用光栅衍射处理导波与光栅相互作用,这种方法更强调直观物理特性。上述的这些分析计算方法在本质上都是等价的,只是适用的范围和计算难易程度不同。本节将对本书中应用到的严格耦合波理论进行介绍。

严格耦合波理论也称耦合波理论或耦合波法,它是通过在适当的边界条件上严格地求解麦克斯韦(Maxwell)方程组来数值分析光栅的衍射问题。严格耦合波理论主要包括三个步骤:

(1) 由麦克斯韦基本方程组求得入射区域及透射区域电磁场的表达式;

(2) 将光栅区域内的介电常数及电磁场用傅里叶级数展开,并由麦克斯韦基本方程组推导出耦合波方程组;

(3) 在不同区域边界面上运用电磁场边界条件,通过一定的数学方法求得各级衍射波的振幅及衍射效率[14]。

对于一个给定的无损耗的光波导来说,由麦克斯韦方程能够解得满足边界条件的波导所固有的本征模式。这些本征模式之间保持着正交性,也就是说各模式之间相互不耦合,各自独立地传输着自己的功率。波导中任意场可以用本征模式的展开式来表示,展开式系数是一个常数,以下将这种波导称为具有基准结构的波导[15]。

当波导中存在外加微扰,如引入光栅,原本正交的模式就会发生相互影响,直到达到一个新的稳定分布。设波导的介电系数由 $\varepsilon(r)$ 改变为 $\varepsilon(r) + \Delta\varepsilon(r)$,因此波导中的电位移矢量 D 改变为

$$D(r, t) = [\varepsilon(r) + \Delta\varepsilon(r)]E(r, t) = \varepsilon_0 E(r, t) + P_0(r, t) + \Delta\varepsilon(r)E(r, t) \tag{1.9}$$

其中,$P_0(r, t)$ 为基准波导中的电极化强度,在此基础上的微扰项表示为

$$\Delta P(r, t) = \Delta\varepsilon(r)E(r, t) = \varepsilon_0 \Delta\varepsilon_r(r)E(r, t) \tag{1.10}$$

将公式(1.9)代入麦克斯韦方程,由此得到场量复振幅 $E(r)$ 和 $H(r)$ 满足

的麦克斯韦方程为

$$\nabla \times E(r) = j\omega\mu_0 H(r)$$
$$\nabla \times H(r) = -j\omega\varepsilon(r)E(r) - j\omega\Delta P(r) \tag{1.11}$$

其中，$\Delta P(r)$ 是 $\Delta P(r, t)$ 的复振幅。考虑上式的两组解 E_1、H_1 和 E_2、H_2，它们分别由电极化强度 ΔP_1 和 ΔP_2 激发而产生。由式(1.11)写出：

$$\nabla \times E_1(r) = j\omega\mu_0 H_1(r) \tag{1.12}$$

$$\nabla \times H_2(r) = -j\omega\varepsilon(r)E_2(r) - j\omega\Delta P_2(r) \tag{1.13}$$

先取 $H_2^*(r)$ 与方程(1.12)两边的点积以及 $E_1(r)$ 与方程(1.13)两边共轭的点积，再将所得结果的两边相减，并利用矢量恒等式

$$\nabla \cdot (f \times g) = g \cdot (\nabla \times f) - f \cdot (\nabla \times g) \tag{1.14}$$

得到：

$$\nabla \cdot (E_1 \times H_2^*) = j\omega\mu_0 H_2^*(r) \cdot H_1(r) - j\omega\varepsilon(r)E_1 \cdot E_2^* - j\omega\Delta P_2^* \cdot E_1 \tag{1.15}$$

将式(1.15)中的下标 1、2 互换，再取所得方程两边的复共轭，将所得方程与上式两边分别相加得

$$\nabla \cdot (E_1 \times H_2^* + E_2^* \times H_1) = j\omega\Delta P_1 \cdot E_2^* - j\omega\Delta P_2^* \cdot E_1 \tag{1.16}$$

这是在一般情况下的方程，当 $\Delta P_2 = 0$ 时，E_2、H_2 就是未受微扰的基准波导中的模场。为明确物理意义，用 $E(r)$、$H(r)$、$E^{(0)}(r)$ 和 $H^{(0)}(r)$ 分别代替 E_1、H_1、E_2 和 H_2 得

$$\nabla \cdot (E \times H^{(0)*} + E^{(0)*} \times H) = j\omega\varepsilon_0\Delta\varepsilon_r E^{(0)*} \cdot E \tag{1.17}$$

其中，$\varepsilon_0\Delta\varepsilon_r E$ 就是公式(1.10)所表示的微扰极化波源项。将式(1.17)两边在 xy 平面内积分得

$$\iint \frac{\partial}{\partial z}[E_t \times H_t^{(0)*} + E_t^{(0)*} \times H_t]_z \mathrm{d}x\mathrm{d}y = j\omega\varepsilon_0\iint \Delta\varepsilon_r E^{(0)*} \cdot E\mathrm{d}x\mathrm{d}y \tag{1.18}$$

在方程(1.18)中，基准波导场量复振幅 $E^{(0)}$ 和 $H^{(0)}$ 选择用下标 μ 所表示的

模式，设它们的切线分量表示为

$$\boldsymbol{E}_t^{(0)} = \boldsymbol{E}_{t\mu}(x, y)\exp(\mathrm{j}\beta_\mu z), \ \boldsymbol{H}_t^{(0)} = \boldsymbol{H}_{t\mu}(x, y)\exp(\mathrm{j}\beta_\mu z) \qquad (1.19)$$

微扰波导中场量的复振幅切向分量 E_t 和 H_t 表示为

$$\boldsymbol{E}_t = \sum_\nu a_\nu \boldsymbol{E}_{t\nu}(x, y)\exp(\mathrm{j}\beta_\nu z), \ \boldsymbol{H}_t = \sum_\nu a_\nu \boldsymbol{H}_{t\nu}(x, y)\exp(\mathrm{j}\beta_\nu z) \quad (1.20)$$

同时由于任何光栅结构都可以分解成两部分：一部分是介电常数为 $\varepsilon(\boldsymbol{r})$ 的基准波导；另一部分是在基准波导基础上的微扰，相对于 $\varepsilon(\boldsymbol{r})$ 来说这一部分是个小量，用 $\Delta\varepsilon_r(\boldsymbol{r})$ 来表示。光栅结构在空间上具有周期性，因此 $\Delta\varepsilon_r(\boldsymbol{r})$ 用傅里叶展开式具有空间圆频率为 K 的分立谱。考虑一般情况，设光栅在 yz 面内具有周期结构，则有

$$\Delta\varepsilon_r(\boldsymbol{r}) = \sum_q \Delta\varepsilon_q(x)\exp(\mathrm{j}q\boldsymbol{K}\cdot\boldsymbol{r}) \qquad (1.21)$$

其中，光栅矢量 $\boldsymbol{K} = K_y\boldsymbol{e}_y + K_z\boldsymbol{e}_z$；位矢 $\boldsymbol{r} = x\boldsymbol{e}_x + y\boldsymbol{e}_y + z\boldsymbol{e}_z$；$K = |\boldsymbol{K}| = \dfrac{2\pi}{T}$；$\Delta\varepsilon_q(x)$ 为 q 次傅里叶分量的振幅。将这些表达式代入式（1.22）整理得

$$\Delta\varepsilon_r(\boldsymbol{r}) = \sum_q \Delta\varepsilon_q(x)\exp(\mathrm{j}qK_y y)\exp(\mathrm{j}qK_z z) \qquad (1.22)$$

将式（1.19）、式（1.20）和式（1.22）代入式（1.18），经过相关计算化简可得具有光栅结构的波导中模耦合方程为

$$\frac{\mathrm{d}}{\mathrm{d}z}a_\mu(z) = \sum_q \sum_\nu \kappa_{\mu\nu}^{(q)} a_\nu(z)\exp[-\mathrm{j}(\beta_\mu - qK_z - \beta_\nu)z] \qquad (1.23)$$

以及与 z 无关的 q 阶耦合系数表达式：

$$\kappa_{\mu\nu}^{(q)} = \kappa_{\mu\nu}^{t(q)} + \kappa_{\mu\nu}^{z(q)} \qquad (1.24)$$

$$\kappa_{\mu\nu}^{t(q)} = \pm\mathrm{j}\frac{\omega\varepsilon_0}{4}\iint \boldsymbol{E}_{t\mu}^*(x, y) \cdot [\Delta\varepsilon_q(x)\mathrm{e}^{\mathrm{j}qK_y y}\boldsymbol{E}_{t\nu}(x, y)]\mathrm{d}x\mathrm{d}y \qquad (1.25)$$

$$\kappa_{\mu\nu}^{z(q)} = \pm\mathrm{j}\frac{\omega\varepsilon_0}{4}\iint \boldsymbol{E}_{z\mu}^*(x, y) \cdot [\Delta\varepsilon_q(x)\mathrm{e}^{\mathrm{j}qK_y y}\boldsymbol{E}_{z\nu}(x, y)]\mathrm{d}x\mathrm{d}y \qquad (1.26)$$

为了使传播常数为 β_μ 和 β_ν 的两个光波能够有效地耦合,必须满足:

$$\beta_\mu - qK_z - \beta_\nu = 0 \tag{1.27}$$

式(1.27)即为前面提到的布拉格条件(相位匹配条件)。更多利用耦合模理论分析计算光栅耦合的问题请参考文献[16,17]。

1.4　FDTD 数值方法

1966 年 Yee 首次提出了一种电磁场数值计算的新方法,称为时域有限差分(finite-different time-domain,FDTD)法,对电场和磁场分离在时间和空间上进行离散,将麦克斯韦方程转化为一组差分方程,通过求解差分方程得到波导内部的模式参数[18]。FDTD 法在电磁研究的多个领域有广泛应用。

FDTD 法对微分形式的麦克斯韦方程进行离散,以电场为例,电场分量可以表示为

$$\boldsymbol{E}(x, y, z, t) = \boldsymbol{E}(i\Delta x, j\Delta y, k\Delta z, n\Delta t) = \boldsymbol{E}^n(i, j, k) \tag{1.28}$$

其中,微分分量可以分别表示为

$$\frac{\partial \boldsymbol{E}^n(i, j, k)}{\partial x} \approx \frac{\boldsymbol{E}^n\left(i + \frac{1}{2}, j, k\right) - \boldsymbol{E}^n\left(i - \frac{1}{2}, j, k\right)}{\Delta x}$$

$$\frac{\partial \boldsymbol{E}^n(i, j, k)}{\partial y} \approx \frac{\boldsymbol{E}^n\left(i, j + \frac{1}{2}, k\right) - \boldsymbol{E}^n\left(i, j - \frac{1}{2}, k\right)}{\Delta y}$$

$$\frac{\partial \boldsymbol{E}^n(i, j, k)}{\partial z} \approx \frac{\boldsymbol{E}^n\left(i, j, k + \frac{1}{2}\right) - \boldsymbol{E}^n\left(i, j, k - \frac{1}{2}\right)}{\Delta z}$$

$$\frac{\partial \boldsymbol{E}^n(i, j, k)}{\partial t} \approx \frac{\boldsymbol{E}^{n+\frac{1}{2}}(i, j, k) - \boldsymbol{E}^{n-\frac{1}{2}}(i, j, k)}{\Delta t}$$

$$\tag{1.29}$$

将式(1.29)代入波动方程(1.30):

TE 模 $\qquad$ TM 模

$$\frac{\partial^2 E_y}{\partial x^2} + (k_0^2 n^2 - \beta^2) E_y = 0 \qquad \frac{\partial^2 H_y}{\partial x^2} + (k_0^2 n^2 - \beta^2) H_y = 0$$

$$\begin{cases} H_x = -\dfrac{\beta}{\omega\mu_0} E_y \\ H_z = -\dfrac{1}{\mathrm{j}\omega\mu_0}\dfrac{\partial E_y}{\partial x} \end{cases} \qquad \begin{cases} E_x = -\dfrac{\beta}{\omega\varepsilon_0 n^2} H_y \\ E_z = -\dfrac{1}{\mathrm{j}\omega\varepsilon_0 n^2}\dfrac{\partial H_y}{\partial x} \end{cases} \qquad (1.30)$$

经过整理就可以得到电场和磁场的时间推进计算公式:

$$\begin{cases} E_x^{n+1}\left(i+\dfrac{1}{2},j,k\right) = A\left(i+\dfrac{1}{2},j,k\right) E_x^n\left(i+\dfrac{1}{2},j,k\right) + B\left(i+\dfrac{1}{2},j,k\right) \\ \qquad \left[\dfrac{H_z^{n+\frac{1}{2}}\left(i+\dfrac{1}{2},j+\dfrac{1}{2},k\right) - H_z^{n+\frac{1}{2}}\left(i+\dfrac{1}{2},j-\dfrac{1}{2},k\right)}{\Delta y}\right. \\ \qquad \left. -\dfrac{H_y^{n+\frac{1}{2}}\left(i+\dfrac{1}{2},j,k+\dfrac{1}{2}\right) - H_y^{n+\frac{1}{2}}\left(i+\dfrac{1}{2},j,k-\dfrac{1}{2}\right)}{\Delta y}\right] \\[4pt] E_y^{n+1}\left(i,j+\dfrac{1}{2},k\right) = A\left(i,j+\dfrac{1}{2},k\right) E_y^n\left(i,j+\dfrac{1}{2},k\right) + B\left(i,j+\dfrac{1}{2},k\right) \\ \qquad \left[\dfrac{H_x^{n+\frac{1}{2}}\left(i,j+\dfrac{1}{2},k+\dfrac{1}{2}\right) - H_x^{n+\frac{1}{2}}\left(i,j+\dfrac{1}{2},k-\dfrac{1}{2}\right)}{\Delta z}\right. \\ \qquad \left. -\dfrac{H_z^{n+\frac{1}{2}}\left(i+\dfrac{1}{2},j+\dfrac{1}{2},k\right) - H_z^{n+\frac{1}{2}}\left(i-\dfrac{1}{2},j+\dfrac{1}{2},k\right)}{\Delta x}\right] \\[4pt] E_z^{n+1}\left(i,j,k+\dfrac{1}{2}\right) = A\left(i,j,k+\dfrac{1}{2}\right) E_{zx}^n\left(i,j,k+\dfrac{1}{2}\right) + B\left(i,j,k+\dfrac{1}{2}\right) \\ \qquad \left[\dfrac{H_y^{n+\frac{1}{2}}\left(i+\dfrac{1}{2},j,k+\dfrac{1}{2}\right) - H_y^{n+\frac{1}{2}}\left(i-\dfrac{1}{2},j,k+\dfrac{1}{2}\right)}{\Delta z}\right. \\ \qquad \left. -\dfrac{H_x^{n+\frac{1}{2}}\left(i,j+\dfrac{1}{2},k+\dfrac{1}{2}\right) - H_x^{n+\frac{1}{2}}\left(i,j-\dfrac{1}{2},k+\dfrac{1}{2}\right)}{\Delta y}\right] \end{cases}$$

$$(1.31)$$

通过电场分量和磁场分量之间以半个时间步长为间隔互相进行递推,再代入边界条件就可以得到任意时间和空间上的电磁场分布。目前广泛采用的一种边界条件是完全匹配层(perfectly matched layer, PML)边界条件。它是由 Berenger 首先提出的,在 FDTD 区域截断边界处设置一个特殊介质层,该介质层的波阻抗与相邻介质波阻抗完全匹配,从而入射波可以无反射地穿过分界面进入 PML 层。PML 对入射波具有很好的吸收效果,PML 层中的透射波迅速衰减。本书中的数值模拟均采用 PML 边界条件。

FDTD 法是用差分方程的解代替原来电磁场偏微分方程组的解,它只能计算空间有限区域的电磁场,要获得远区的散射和辐射场则必须应用等效原理,而且由于受到模拟网格大小的限制,计算小于一个网格大小的区域的结果会产生误差,通过区域网格剖分技术可以减小这种误差。FDTD 计算方法往往需要较大的内存并花费很长的计算时间,以至于三维的模拟计算在普通的计算机上几乎无法完成。

参考文献

[1] 西原浩,春名正光, 栖原敏明.集成光路[M].梁瑞林, 译.北京:科学出版社, 2004.

[2] 冯俊波.基微纳光栅耦合器件及其制备技术研究[D].武汉:华中科技大学, 2009.

[3] 王勇.波导光栅耦合器设计及其光全息聚合制作的初步研究[D].济南:山东大学, 2007.

[4] Marcuse D M. Theory of dielectric optical wave guides[J]. Cambridge:Academic Press, 1974.

[5] Streifer W, Scifres D, Burnham R. Coupling coefficients for distributed feedback single- and double-heterostructure diode lasers[J]. IEEE Journal of Quantum Electronics, 1975, 11(11):867 – 873.

[6] Tamir T, Peng S T. Analysis and design of grating couplers[J]. Applied Physics, 1977, 14(3):235 – 254.

[7] Stegeman G I, Sarid D, Burke J J, et al. Scattering of guided waves by surface periodic gratings for arbitrary angles of incidence:Perturbation field theory and implications to normal-mode analysis[J]. Journal of the Optical Society of America, 1981, 71(12):1497 – 1507.

[8] Harris J H, Winn R K, Dalgoutte D G. Theory and design of periodic couplers[J]. Applied Optics, 1972, 11:2234.

［9］ Wu Y. Equivalent current theory of optical waveguided coupling［J］. Journal of the Optical Society of America A, 1987,4(10): 1902 – 1910.

［10］ Zory P. Corrugated grating coupled devices and coupling coefficients (A)［J］. Journal of the Optical Society of America, 1976, 66: 291.

［11］ Sychugov V A, Ctyrok J. Brief communications: Propagation and conversion of light waves in graded-index planar waveguides［J］. Soviet Journal of Quantum Electronics, 1982, 12(3): 392.

［12］ Neviere M, Petit R, Cadilhac M. About the theory of optical grating coupler-waveguide systems［J］. Optics Communications, 1973, 8(2): 113 – 117.

［13］ Neviere M, Vincent P, Petit R, et al. Determination of the coupling coefficient of a holographic thin film coupler［J］. Optics Communications, 1973, 9(3): 240 – 245.

［14］ 邢德财.几种介质光栅的衍射特性研究［D］.成都: 四川大学, 2005.

［15］ 季家镕,冯莹.高等光学教程: 非线性光学与导波光学［M］.北京: 科学出版社, 2008.

［16］ Haus H A, Huang W P, Whitaker N A, et al. Coupled-mode theory of optical waveguides ［J］. Journal of Lightwave Technology, 1987, 5(1): 16 – 23.

［17］ Moharam M G, Gaylord T K. Rigorous coupled-wave analysis of grating diffraction — E-mode polarization and losses［J］. Journal of the Optical Society of America, 1983, 73(4): 451 – 455.

［18］ 余金中.硅光子学［M］.北京: 科学出版社, 2011.

第 2 章　硅基波导模斑转换器

2.1　引言

随着集成光路的发展,芯片集成光路广泛应用于光互连、光传感、量子通信和量子计算等领域。为了满足这些系统的要求,尤其是针对高维量子通信系统应用需求,需要进一步提高芯片的单片集成能力。微透镜作为芯片光学成像系统中的关键器件,可以用来缩小光子器件的尺寸。传统的透镜因为尺寸较大,无法集成到集成光路中,所以一些研究采用改变介质材料的结构引起折射率的变化的超薄微透镜来解决这个棘手的问题。在过去的十年里,这类光学透镜的研究成果有很多,操作波长从可见光波段到太赫兹波段[1-11]。基于这些研究,在芯片上可以实现光的聚焦、偏折、全息和偏振处理。以梯度折射率(gradient index, GRIN)超材料为例,在光的传播定律的基础上,适当地改变作用于该材料透镜的电场和磁场的分布,可以使光束发生偏折[12]。但是这种结构通常采用将不同折射率介质材料堆积到一起构成,透镜的长度为 19.05 mm,虽然比传统的光学透镜要小很多,但是对于毫米级的芯片来说,该尺寸的透镜无法集成到芯片上。此外,考虑到材料折射率的波长依赖特点,大多数课题组开始进行消色差透镜的研究[13-15]。Deng 等[12]实现了一个在可见光波段无相差的透镜,在介质中引入金属层,针对 TM 模进行操作,由于引入了金属层,相应增大了传输损耗。Wang 等[13]利用硅的超材料结构,在可见光波段实现了红光、绿光和蓝光在同一点的无相差会聚。该方案还提出了应用全局相位控制法的方案,通过调整单个结构单元的方向排列,找出适用于整个可见光波段的相位条件,实现消色差透镜。Ding 等[14]设计了一种可以同时控制光的相位以及振幅的方案。Wang 等[15]利用这种方法在全硅介质上设计了一种在 8~10 μm 波段范围内消色差的透镜。但是以上的研究波段距通信波段较远,而当前量子通信系统的操作波长在通信波段。尽管利用表面等离子体激元(surface plasmon polariton,

SPP）和金属绝缘体（metallic-insulator-metallic，MIM）材料可以实现 $1 \sim 2 \ \mu m$ 的消色差透镜，但是 SPP 带来的巨大传输损耗是量子通信系统无法承受的。过去的大多数研究都集中在对透镜本身的研究，很少有针对透镜在集成光路中的应用研究，比如波分复用、光学分束器、超小型光学回路等。

光栅是光纤和波导之间能量传播的枢纽。光从光纤输出，通过光栅耦合器耦合进宽度为 $10 \ \mu m$ 的多模波导中。因为多模波导和单模波导尺寸的失配，所以要经过 $400 \sim 500 \ \mu m$ 长的波导锥形耦合器耦合进宽度为 $500 \ nm$ 的单模波导中。尽管精细地设计波导锥形耦合器可以实现高效的耦合，但是 $400 \sim 500 \ \mu m$ 锥形耦合器长度不利于提高芯片的集成度，而且尺寸较长的波导锥形耦合器也会带来较高的传输损耗[16, 17]。聚焦型光栅也可以解决这类问题。通过聚焦型光栅耦合出的光场，通常需要几十微米波导锥形耦合器就可以将光导入单模波导中。2017 年，Kang 等[18] 利用悬浮型锗材料波导，实现了针对中红外波段操作的聚焦型光栅。但是这种设计方案不适用于硅基光子回路，同时悬空型波导结构不稳定容易断裂。2014 年，Zhong[19] 等提出一种超宽带的聚焦型光栅，尺寸为 $40 \ \mu m \times 20 \ \mu m$。但在 $1.55 \ \mu m$ 波段，耦合效率仅为 $-4.7 \ dB$。聚焦型光栅虽然在尺寸上相对传统的波导锥形耦合器具有很大的优势，但是聚焦型光栅会造成入射光模式的不稳定，而且制备工艺复杂。虽然具有极高的能量损失的器件可以用于经典光通信系统，但是完全不适用于量子通信系统。所以波导锥形耦合器仍然是目前为止（2023 年）可以应用于芯片集成量子通信系统的最可靠的器件。针对波导锥形耦合器的设计也有很多，在波导上引入一个曲率半径为 $6 \ \mu m$ 的透镜，实现了一个聚焦型锥形耦合器尺寸在 $20 \ \mu m$ 左右，但是传输损耗达 $1 \ dB$[20]。将波导锥形耦合器设计成正弦函数形式，长度仅为 $15 \ \mu m$，操作为波长 $1.55 \ \mu m$ 时，损耗仅为 $0.22 \ dB$。然而这种复杂的结构对容差要求很高，不易于加工，所以提出后没有得到广泛关注[21]。目前为止效率最高、最易实现的波导锥形耦合器，长度达 $120 \ \mu m$，效率为 97%[22]。所以如何实现尺寸更小、效率更高的波导锥形耦合器是芯片单片集成能力的关键问题之一。

本章设计了一种折射率渐变的光学透镜，它由周期性的介质层（狭缝和硅方块）构成。操作波长为 $1.55 \ \mu m$，其原理是通过调整每一层的有效折射率，使其满足相位补偿原理，得到的结构可以对入射光的波前进行调制将其会聚到一点上。采用相同的原理，也可以实现双焦点的透镜，该透镜可以作为 3 dB 分束器应用。同时可设计多焦点透镜，实现多路分束器。将此类透镜引入波导锥形耦合器上可以有效地缩小其长度。此外，透镜和光波导具有同样的高度（220 nm），可以通过一次刻蚀实现。图 2.1 为光从光纤-光栅-波导锥形耦合器-单模波导

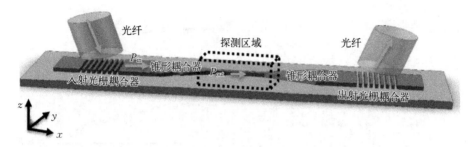

图 2.1　光从光纤-光栅-波导锥形耦合器-单模波导的操作过程及结构图

的操作过程及结构图。

2.2　基本原理和设计方案

2.2.1　相位补偿原理

图 2.1 所示的光纤-芯片耦合的基本结构,该结构由光栅、超薄透镜和波导锥形耦合器构成。入射光通过光栅由光纤耦合进波导中。光栅通过带有薄透镜的波导锥形耦合器由截面宽度为 10 μm 多模波导耦合进 500 nm 的单模波导中。P_{in} 为入射光能量,P_{out} 为出射光能量。该装置是在顶硅厚度为 220 nm、中间氧化层厚度 2 μm 的 SOI 芯片上设计的。本书中传输能量 $T = P_{in}/P_{out}$。

费马原理,是指一条实际光线在任何两点 a 和 b 之间的光学长度比连接这两点任何其他曲线的光学长度都要短。由此衍生的相位补偿原理是透镜聚焦的基本原理,如图 2.2 所示。通过透镜上每一点的光线到达焦点的距离最短且相等。透镜由周期性的空气狭缝和硅方块组成。每一层的周期为 T,透镜的厚度(光线传输方向)为 d,w 代表空气狭缝的宽度(垂直于光线传输方向),箭头代表光线传输的方向。相位补偿原理可以用式(2.1)表示:

$$nd + F = n_m d + b_m \tag{2.1}$$

其中,n 为材料硅的有效折射率;n_m 是第 m 层的有效折射率;F 为透镜的焦点到透镜中心的距离即为透镜的焦距;b_m 为第 m 层中心位置到焦点的距离,当透镜每一层到焦点的光程都相等时,可以将光会聚到焦点上,如图 2.3(a)所示。双焦点结构设计原理和单焦点相同,由单焦点透镜和它的镜像对称结构组成。

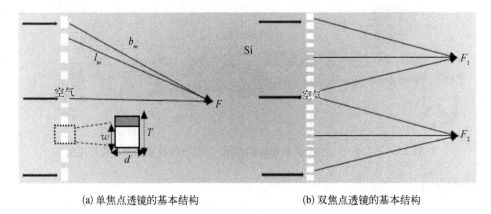

(a) 单焦点透镜的基本结构   (b) 双焦点透镜的基本结构

图 2.2   透镜会聚的基本原理

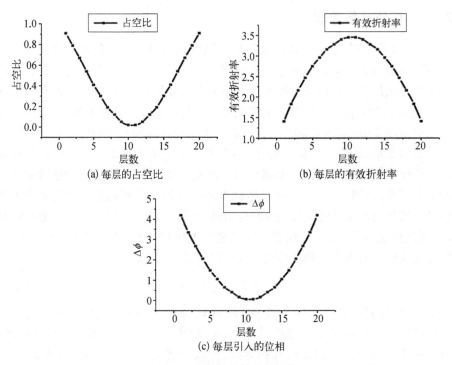

(a) 每层的占空比   (b) 每层的有效折射率

(c) 每层引入的位相

图 2.3   平面透镜的关键参数

每层的周期 $T = 500$ nm;厚度 $d = 500$ nm;操作波长 $\lambda = 1\,550$ nm;空气狭缝的刻蚀深度 $H = 220$ nm

当在介质中引入亚波长结构时,可以应用等效介质模理论求解每一层的有效折射率 N_{eff},由式(2.2)给出:

$$N_{eff}^{TE} = \sqrt{fn_{Air}^2 + (1-f)n_{Si}^2} \qquad (2.2)$$

其中,$f(f=w/T)$ 是占空比,由空气狭缝 w 和透镜的周期 T 决定。材料硅和空气包层的折射率分别为 $n_{Si}=3.48$,$n_{air}=1$。根据式(2.1)和式(2.2)计算出具有 20 个周期的透镜每一层的占空比、有效折射率以及相位。相位改变 $\Delta\phi$ 由式(2.3)决定:

$$\Delta\phi = \frac{2\pi}{\lambda}n_{eff} \qquad (2.3)$$

2.2.2 设计与优化

将薄透镜设置在宽为 $10\ \mu m$ 的多模波导上,透镜的焦距 $F=16\ \mu m$,根据式(2.1)和式(2.3)得出每一层的空气狭缝的宽度 w。利用有效时域差分方法对结构进行模拟仿真。仿真结果如图 2.4 所示,透镜使入射光的模场由 $8\ \mu m$ 缩小到 $2\ \mu m$。

图 2.4 是波长 $\lambda = 1.55\ \mu m$ 的 Poynting 矢量以及由透镜聚焦前和聚焦后在

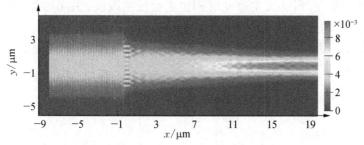

(a) 光沿 x 方向传输时,在 x-y 平面的坡印亭(Poynting)矢量分布

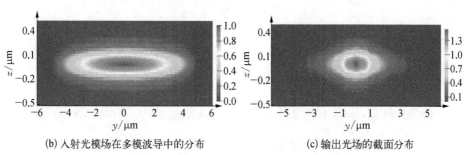

(b) 入射光模场在多模波导中的分布   (c) 输出光场的截面分布

图 2.4 入射光通过平面透镜后在多模波导中的光场分布

波导截面的模斑分布。聚焦的位置在距离透镜 16 μm 处,模拟结果和理论分析结果吻合。通过设计的透镜,将波导中尺寸为 8 μm 的光斑缩小到 2 μm,只有10.3%的效率损耗。本章也对两焦点薄透镜进行了数值模拟,如图 2.5 所示。

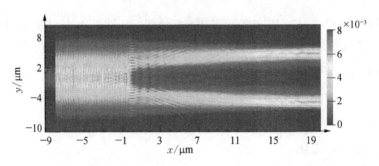

图 2.5　入射光通过两焦点透镜时在 x-y 平面的 Poynting 矢量分布

　　两焦点透镜是由两个镜像对称的超薄透镜构成,平行光经过该结构被平均分成两束分别会聚到上下两个焦点上。根据这种设计方案,还可以实现多焦点透镜以及分束器的设计。空气狭缝的宽度 d 是透镜的重要参数之一。根据相位补偿原理,当 d 发生改变时相位也会发生改变,引起透镜焦距的变化。因此在保持其他参数不变的条件下调整参数 d 的取值,研究 d 对透镜的焦距以及传输效率的影响。图 2.6 为宽度 d 在 0.3~1.0 μm 变化时,透镜焦点的位置以

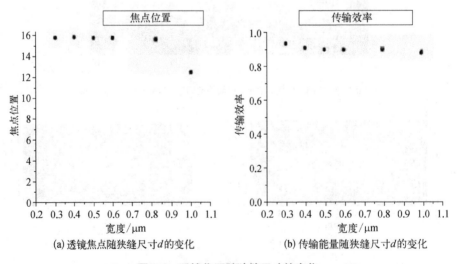

(a) 透镜焦点随狭缝尺寸d的变化　　　　(b) 传输能量随狭缝尺寸d的变化

图 2.6　透镜焦距随狭缝尺寸的变化

及光的传播能量的变化。在 0.3~0.8 μm 变化时,焦点的位置在 16 μm 附近,而超过 0.8 μm 时,焦点的位置开始向左移动,这是因为 d 在 0.3~0.8 μm 范围内,远小于焦距 F,所引起的折射率的变化可以忽略,如图 2.6(a)所示。并且,当 d 在 0.3~1.0 μm 范围内,传输效率不受 d 取值的影响见图 2.6(b)。

　　通过以上分析,本书提出的透镜的设计参数见表 2.1。根据此参数设计的超薄平面透镜有很强的会聚效果,以及较低的传播损耗。

表 2.1　超薄平面透镜的参数(单位: μm)

参数	d	F	λ	H
数值	0.5	16	1.55	220

2.3　基于光学透镜的锥形模斑转换器

　　在 2.1 节中提到超薄平面透镜可以利用聚焦的功能用来缩小硅基光子器件的尺寸,本节将介绍平面透镜在缩短波导锥形耦合器方面的研究,即微透镜波导锥形耦合器。波导锥形耦合器的作用是将原来处于多模波导中大尺寸光场,在能量损失较小的条件下,转换成尺寸较小的光斑与单模波导匹配。一般的波导锥形耦合器输入端为 10 μm,与光栅相连;输出端为 0.5 μm,与单模波导相连。锥形耦合器的设计要满足式(2.4):

$$\theta < \frac{\lambda_0}{2Wn_{\text{eff}}} \tag{2.4}$$

其中,θ 代表锥形耦合器腰宽与传播方向的夹角;λ_0 代表入射光的波长;n_{eff} 代表操作波长在锥形耦合器中传输的有效折射率;W 代表锥形耦合器中心位置的腰宽。在通信波段(1.52~1.58 μm),横电波即 TE 模在硅波导中的有效折射率超过 2.8,这就要求 W 的取值必须超过 5 μm。根据方程(2.4)想实现低损耗的模式转换波导锥形耦合器就要有足够的长度。如图 2.4(a)~(c)所示,将平面透镜引入波导锥形耦合器中可以极大地缩短锥形耦合器的尺寸,由于透镜的会聚功能,将平面透镜引入波导锥形耦合器中可以极大地缩短锥形耦合器的尺寸。应用 2.2 节透镜的设计参数,将它设置在一个长为 21.5 μm 的波导锥形耦合器上,模拟结构表明锥形耦合器的传输效率可达 87.3%。为了说明透镜的作用,本章也对相同场长度的普通锥形耦合器进行了理论计算,普通锥形耦合器的传输效率大约只有70%。图 2.7(a)和(b)分别为微透镜波导锥形耦合器和普通的波导锥形耦合器的电场分布的模拟结构。图 2.7(a)中光子进入单模波导前已经发生了会聚。

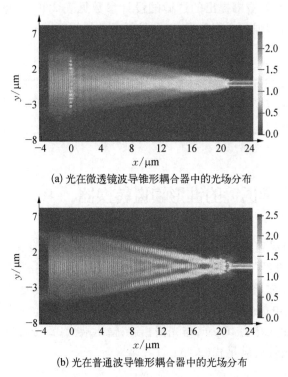

(a) 光在微透镜波导锥形耦合器中的光场分布

(b) 光在普通波导锥形耦合器中的光场分布

图 2.7   光在波导锥形耦合器中的光场分布

波长对透镜焦距的影响如图 2.8 所示,在通信波段,焦距大约在 12 μm 附近,浮动小于 2 μm,没有明显的相差产生。和普通的波导锥形耦合器相比,微透镜波导锥形耦合器传输效率略低,造成传输损耗的主要原因有两个:第一个是空气狭缝在 z 方向的散射造成的;第二个是透镜在 x 方向对光的反射作用。这两种损耗和空气狭缝的结构有关,所以合理地设计空气狭缝的大小可以减小损耗。因此,本章适当调节空气狭缝的形状,讨论在不同形状狭缝下微透镜波导锥形耦合器的传输效率。如图 2.9 所示,将狭缝的形状调整为菱形、圆形和三角形,在占空比不变的情况下讨论通信波段的传输效率。不同形状狭缝构成的透镜传

播效率都接近 90%，当空的形状为圆形时传输效率可达 94%。此时的器件长度
为 21.5 μm，透镜每一层周期 $T = 0.5$ μm，宽度 $d = 0.5$ μm，圆形空气狭缝的直径
由图 2.10(a) 给出。在波长 1.55 μm 时，传输效率为 94%，电场分布如图 2.10(b)
所示。最后讨论了微透镜波导锥形耦合器的长度。由图 2.11 可以看出，当器件
长度在 21.5~25.5 μm 范围内变化时，传输效率均超过 93%。当微透镜波导锥
形耦合器长度为 22.5 μm 时，最大传输效率可达 95.4%。长度在 6 μm 范围内变
化，效率超过 90%，在当前的加工技术水平下，该器件是可以实现的。

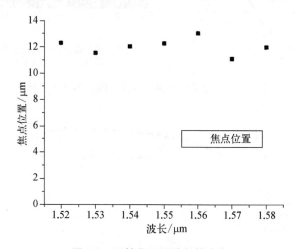

图 2.8　透镜焦距随波长的变化

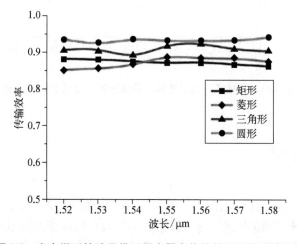

图 2.9　光在微透镜波导锥形耦合器中传输效率随波长的变化

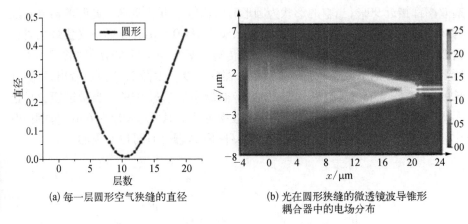

(a) 每一层圆形空气狭缝的直径   (b) 光在圆形狭缝的微透镜波导锥形
耦合器中的电场分布

图 2.10 圆孔形空气狭缝直径尺寸的分布及光场分布

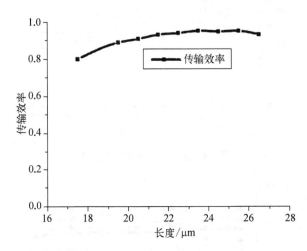

图 2.11 传输效率随微透镜波导锥形耦合器长度 L 的变化

2.4 拓展延伸

基于平面透镜的设计原理,在顶硅为 220 nm 的 SOI 芯片上设计了一个光学成像的 $4F$ 系统。固定透镜的每一层的占空比为 0.5,改变透镜沿 x 方向的宽度,根据式(2.1),保持焦距 $F = 15$ μm 不变,透镜每一层宽度 d 的取值如图 2.12 所示。

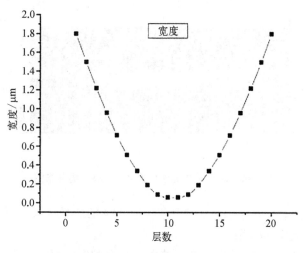

图 2.12　每层宽度 d 的分布

通过 FDTD 方法进行模拟仿真得到的光场分布如图 2.13 所示。

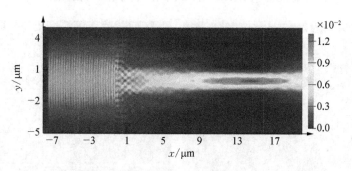

图 2.13　入射光通过微透镜时在 x-y 平面的 Poynting 矢量分布

由仿真结果可知,该结构可以实现透镜功能,并且理论计算和模拟仿真的结果相差在 1 μm 范围内入射光在距透镜中心 15 μm 附近会聚在一点。

光学成像 4F 系统是重要的光学处理系统,该系统的物面到像面的距离刚好等于平面透镜 4 个焦距的大小。在 SOI 波导上设置两个大小相等结构对称的微透镜,它们之间的间隔大于 28 μm,构成一个光学 4F 成像系统。通过 FDTD 方法进行仿真,光经过 4F 系统后的光场分布如图 2.14 所示,一束平行光通过第一个微透镜在两个微透镜的中心位置会聚,接着变成发散光继续沿 x 方向传输,经过第二个平面透镜时,发散的光束再次会聚成平行光,此为光学 4F 成像

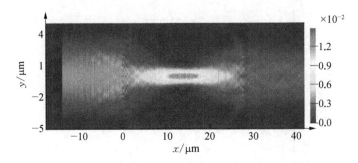

图 2.14　芯片集成光学成像 $4F$ 系统光场分布图

向系统的成像过程。虽然,该过程中有将近 40% 的能量损失,验证了在 SOI 平面上可以实现光学 $4F$ 系统。

利用聚焦离子束/电子束双束系统在顶硅为 220 nm 的 SOI 芯片上制备了平面透镜,扫描电镜图如图 2.15 所示。由于工艺的限制,当前尺寸在 20 nm 以下的狭缝结构不具备加工能力,在未来的测试中很可能会影响透镜的实际聚焦效果。

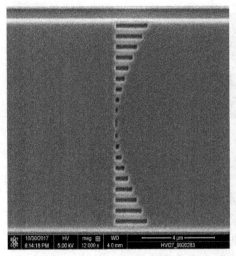

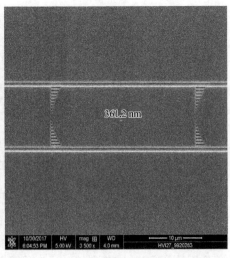

图 2.15　单个微透镜结构 SEM 图　　　图 2.16　芯片集成光学成像 $4F$ 系统 SEM 图

图 2.16 是本书作者团队加工的光学成像 $4F$ 系统。作者团队在两个微透镜中间刻蚀了一个尺寸 361.2 nm 的狭缝作为参照,确保两个微透镜在加工过程中的距离在误差范围内。由于工艺的限制,没有把光栅同时集成到两个芯片上

去,这两种结构还没有进行测试。由于时间的限制,作者团队将在未来的研究中对这两种结构进行测试和优化。

2.5　本章小结

本章主要介绍透镜聚焦的基本原理和芯片上制作透镜的设计方案,并且提出了芯片上平面透镜的应用方向。本章通过在传统的波导锥形耦合器上引入平面透镜,利用光学透镜的聚焦特性,提出了一种新颖的模斑转换器微透镜波导锥形耦合器,可以将波导锥形耦合器缩小到原来的二十分之一,且具有接近的传输效率,利用这种设计可以极大地提高集成光路系统的集成度。并对平面透镜其他的应用进行了拓展研究,在实验上搭建了一个光学 4F 成像系统,该设计的提出为未来全芯片信息处理提供了新的研究方向。

参考文献

[1] Aieta F, Genevet P, Kats M, et al. Aberrations of flat lenses and aplanatic metasurfaces [J]. Optics Express, 2013, 21(25): 31530-31539.

[2] Davis A. Raytrace assisted analytical formulation of Fresnel lens transmission efficiency [C]. San Diego: SPIE Optical Engineering + Applications, 2009.

[3] Volk M F, Reinhard B, Neu J, et al. In-plane focusing of terahertz surface waves on a gradient index metamaterial film [J]. Optics Letters, 2013, 38(12): 2156-2158.

[4] Sun Z J, Kim H K. Refractive transmission of light and beam shaping with metallic nano-optic lenses [J]. Applied Physical Letters, 2004, 85(4): 642-644.

[5] Min C J, Wang P, Jiao X J, et al. Beam manipulating by nano-optic lens containing nonlinear media [J]. Optics Express, 2007, 15(15): 9541-9546.

[6] Fattal D, Li J, Peng Z, et al. Flat dielectric grating reflectors [J]. Nature Photonics, 2010, 4(7): 466-470.

[7] Sun Z, Hong K K. Refractive transmission of light and beam shaping with metallic nano-optic lenses [J]. Applied Physical Letters, 2004, 85(4): 642-644.

[8] Chen F T, Craighead H G. Diffractive phase elements based on two-dimensional artificial dielectrics [J]. Optics Letters, 1995, 20(1): 121-123.

[9] Verslegers L, Catrysse P B, Yu Z, et al. Planar lenses based on nanoscale slit arrays in a

metallic film [J]. Nano Letters, 2009, 9(1): 235 – 238.

[10] Arbabi A, Horie Y, Ball A J, et al. Subwavelength-thick lenses with high numerical apertures and large efficiency based on high-contrast transmitarrays [J]. Nature Communications, 2015, 6: 7069.

[11] Uphuy M R, Siddiqui O M. Electrically thin flat lenses and reflectors [J]. Journal of the Optical Society of America A, 2015, 32(9): 1700 – 1706.

[12] Deng Z L, Zhang S, Wang G P. Wide-angled off-axis achromatic metasurfaces for visible light [J]. Optics Express, 2016, 24(20): 23118 – 23128.

[13] Wang B, Dong F, Li Q T, et al. Visible-frequency dielectric metasurfaces for multi-wavelength achromatic and highly dispersive holograms [J]. Nano Letters, 2016, 16(8): 5235 – 5240.

[14] Ding J, Xu N, Ren H, et al. Dual-wavelength terahertz metasurfaces with independent phase and amplitude control at each wavelength [J]. Scientific Reports, 2016, 6: 34020.

[15] Wang S H, Lai J N, Wu T, et al. Wide-band achromatic flat focusing lens based on all-dielectric subwavelength metasurface [J]. Optics Express, 2017, 25(6): 7121 – 7130.

[16] Li Y, Li X, Pu M, et al. Achromatic flat optical components via compensation between structure and material dispersions [J]. Scientific Reports, 2016, 6: 19885.

[17] Fu Y, Ye T, Tang W, et al. Efficient adiabatic silicon-on-insulator waveguide taper [J]. Photonics Research, 2014, 2(3): A41 – A44.

[18] Kang J, Cheng Z, Zhou W, et al. A focusing subwavelength grating for mid-infrared suspended membrance germanium waveguide [J]. Optics Letters, 2017, 42(11): 2094 – 2097.

[19] Zhong Q, Veerasubramanian V, Wang Y, et al. Focusing-curved subwavelength grating couplers for ultra-broadband silicon phoyonics optical interfaces [J]. Optics Express, 2014, 22(15): 18224 – 18231.

[20] Laere F V, Claes T, Schrauwen J, et al. Compact focusing grating couplers for silicon-on-insulator integrated circuits [J]. IEEE Photonics Technology Letters, 2007, 19(23): 1919 – 1921.

[21] Acoleyen K V, Baets R. Compact lens-assisted focusing tapers fabricated on silicon-on-insulator [C]. London: 8th IEEE International Conference on Group IV Photonics, 2011.

[22] Sethi P, Haldar A, Kumar S. Ultra-compact low-loss broadband waveguide taper in silicon-on-insulator [J]. Optics Express, 2017, 25(9): 10196 – 10203.

第 3 章　偏振相关波导器件

3.1　引言

近年来,随着信息技术的高速发展,人们对于光子器件的需求也越来越高。其中,提高芯片单片集成能力是一个重要的发展方向。为了达到这个目标,一方面需要优化器件的结构和制备工艺,另一方面也需要进一步缩小光子器件尺寸。在各种材料平台中,SOI 平台具有较高的折射率差,对光的限制能力很强。因此基于 SOI 芯片制备的光子器件相对于其他材料平台尺寸更小,并且与 CMOS 工艺兼容,是集成光学回路的首选材料。

然而,由于微米量级光子器件的设计依赖于材料折射率差,因此具有严重的偏振依赖的特性。这种性质使得单一器件只能对一种模式,即 TE 模或 TM 模进行操作。在 SOI 波导器件这种偏振依赖的性质的背景下,偏振相关器件(如偏振分束器、光学起偏器、偏振不敏感器件等)得到了广泛的关注。这些偏振相关器件是偏振编码的芯片集成量子通信系统的重要元件。相对于经典光通信系统,量子通信系统对这些器件的尺寸、性能、功耗等有着严格的要求。

针对这种需求,本书作者团队进行了一系列研究,主要集中在偏振分束器和偏振不敏感分束器等方面。其中,偏振分束器是将一束具有不同偏振状态的光束分离到不同的输出端口的器件,这种器件可以帮助量子通信系统中光子之间的偏振编码和解码。作者团队利用紧密耦合的极化无关性原理设计了一种高性能的偏振分束器,该器件同时满足了高程值和低插入损耗要求。其性能在注入单光子水平的实验中得到了证实。

另一方面,偏振不敏感分束器是将光束平均分配到不同输出端口的器件。不同于偏振分束器,偏振不敏感分束器对于不同偏振的光束有相同的响应,具有较强的偏振自稳定性。作者团队基于 SOI 平台设计了一种高性能的偏振不敏感分束器,该器件在整个 C 波段具有较低的插入损耗和较好的均匀度。同时,该器件能够在不同的器件长度下实现分离度的可调。

总之,偏振相关器件在量子通信系统中具有非常重要的作用。本章介绍了基于 SOI 平台的偏振分束器和偏振不敏感分束器的研究进展。这些研究成果为量子通信系统中偏振编码和解码提供了有效的解决方案。作者相信,在不久的将来,这些技术将会得到更加广泛的应用和推广。

3.2　定向耦合型 TM 偏振起偏器及分束器的研究

3.2.1　研究背景

偏振起偏器(polarizer),又称作偏振滤波器,主要作用是保留特定模式的光通过,将其他模式的光过滤掉。这种器件具有较高的偏振消光比、能量透过率以及较大的操作波长带宽。针对起偏器的研究有很多,文献[1]介绍了长为 9 μm 的起偏器,偏振消光比可达 27 dB,当操作波长 $\lambda = 1.55$ μm 时插入损耗为 0.5 dB,并且在波长带宽 60 nm 范围内消光比超过 20 dB。文献[2]通过对调节两个光学锥形耦合器的结构实现 TM 模的起偏,但是它是基于顶硅 300 nm 的 SOI 芯片研究的,而大多数器件都是基于顶硅 220 nm 的 SOI 芯片制备,所以该结构的起偏器不利于系统的集成。目前尺寸最小的起偏器是文献[3]介绍的 TE 型起偏器,但是它的消光比只有 15 dB,而起偏器商用化的标准是 20 dB。偏振分束器(polarization beam splitters, PBS)同样要求较高的偏振消光比。当前 PBS 的研究主要关注分束比和传输能量其中一项进行设计,没有同时兼顾高消光比、超大带宽、尺寸小的 PBS 的研究。例如文献[4]虽然尺寸只有 1.3 μm,波长带宽有 160 nm,在该带宽操作范围内消光比仅为 10 dB。文献[5]波长操作带宽也超过了 100 nm,但是消光比没有达到实际应用的水平,而且以上器件只具有单一的功能[6]。

通过缩小器件的尺寸可以有效地提高芯片的集成度。如果一个器件同时具有多种功能可以提高芯片空间的利用率。而且针对缩小器件尺寸的研究方法会受到制备工艺的限制,当工艺水平接近物理极限时器件将无法再缩小,在这种情况下,针对多功能器件的研究就可以成为新的应对方案。本小节主要介绍的就是一种同时可以实现起偏器和 PBS 的结构,如图 3.1。当 TE 和 TM 模的光从 Ch1 入射时,TE 被光栅反射,TM 则从 Ch2 输出,实现起偏器的作用;当这两种模从 Ch2 入射时,TE 沿着 Ch2 直接输出,TM 由 Ch1 输出,实现 PBS 功能。

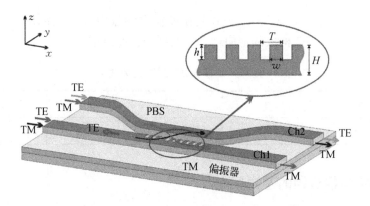

图 3.1　定向耦合型 TM 偏振起偏器及偏振分束器结构图

Ch1、Ch2、H、h、T、w 分别代表波导 1、波导 2、波导 1 的波导宽度、光栅的脊高、周期、脊宽

3.2.2　设计 TM 型偏振起偏器的基本原理

如图 3.1 所示,TM 型起偏器工作的原因是 Ch1 上亚波长光栅结构对 TE 的反射。当光栅对两种模的有效折射率 N_{eff}、占空比 f、周期 T 与入射光波长 λ_0 满足式(3.1)和式(3.2)[1]关系时,光栅结构等效于一维光子晶体,TE 模的光刚好在光子晶体的禁带上不能传输,而 TM 模的光处于光子晶体的导带可以通过晶体进行传输。

$$N_f^{\mathrm{TE}} \times T + N_{1-f}^{\mathrm{TE}} \times T(1-f) = \frac{\lambda_0}{2} \tag{3.1}$$

$$N_f^{\mathrm{TM}} \times T + N_{1-f}^{\mathrm{TM}} \times T(1-f) < \frac{\lambda_0}{2} \tag{3.2}$$

其中,TE 模的有效折射率 $N_{\mathrm{eff}}^{\mathrm{TE}}$ 可以由公式(2.2)求得;TM 模的有效折射率 $N_{\mathrm{eff}}^{\mathrm{TM}}$ 由式(3.3)给出;占空比 f 由式(3.4)给出;硅和空气的折射率 $n_1 = 3.5$,$n_2 = 1$;波导 Ch1 宽度 $H = 500\ \mathrm{nm}$[7]。

$$N_{\mathrm{eff}}^{\mathrm{TM}} = \sqrt{\dfrac{1}{\dfrac{f}{n_1^2} + \dfrac{(1-f)}{n_2^2}}} \tag{3.3}$$

$$f = \frac{h(T-w)}{HT} \tag{3.4}$$

根据式(3.1)~式(3.4),亚波长光栅的关键参数由表 3.1 给出。光栅周期的个数由 Ch1 和 Ch2 构成的定向耦合器的耦合长度决定。

表 3.1　亚波长光栅的关键参数　　　　　　　　（单位：μm）

参数	T	w	h	H
数值	0.632	0.2	0.2	0.5

3.2.3　定向耦合器的基本原理

由于 Ch1 和 Ch2 两波导在中心区域距离很近,构成了一个定向耦合器,当光从 Ch2 入射时,图 3.1 所示的结构构成一个 PBS。定向耦合器的基本原理可以根据耦合模理论[8]给出。定义定向耦合器中光的沿 x 方向传播,输入光场 E_{in}、输出光场为 E_{out} 由式(3.5)给出:

$$\begin{cases} E_{in}(x, y, z) = A_{in}^1(x) E_0^1(x, y, z) + A_{in}^2(x) E_0^2(x, y, z) \\ E_{out}(x, y, z) = A_{out}^1(x) E_0^1(x, y, z) + A_{out}^2(x) E_0^2(x, y, z) \end{cases} \tag{3.5}$$

其中,$A_{in}^1(x)$、$A_{out}^2(x)$、$A_{out}^1(x)$ 和 $A_{out}^2(x)$ 分别是输入光场和输出光场在 Ch1 和 Ch2 中基本模式的振幅;$E_0^1(x, y, z)$、$E_0^2(x, y, z)$ 为两波导中的本征模式。

定向耦合器在 x 方向上传播距离为 L 时的传输矩阵为公式(3.6):

$$\begin{bmatrix} A_{out}^1(L) \\ A_{out}^2(L) \end{bmatrix} = \begin{bmatrix} \cos\phi_t & -i\sin\phi_t \\ -i\sin\phi_t & \cos\phi_t \end{bmatrix} \begin{bmatrix} A_{in}^1(0) \\ A_{in}^2(0) \end{bmatrix} \tag{3.6}$$

其中,ϕ_t 为光从 L 处输出的相位。设光从 Ch2 输入,振幅 $A_{in}^1(0) = 0$,$A_{in}^2(0) = 1$,根据式(3.6)和式(3.5),输出光场为

$$E_{out}(L, y, z) = \cos\phi_t E_0^2(L, y, z) - i\sin\phi_t E_0^1(L, y, z) \tag{3.7}$$

从 Ch2 输出的能量为 $\cos^2\phi_t$,从 Ch1 输出的能量为 $\sin^2\phi_t$。当 $\phi_t = \dfrac{\pi}{4}$,两波导间的相位差为 $\dfrac{\pi}{2}$,可以实现 1 比 1 分束。当传输距离为 $L_\pi = \pi/(\beta_e - \beta_o)$ 时,可以将 Ch2 中的能量完全转移到 Ch1 中去,此时相位差为 π。β_e 和 β_o 分别为光在耦合区域激发的一组正交的准基模的传播常数。L_π 又称为定向耦合器的

耦合长度。定向耦合器的耦合效率 F 由两个波导的耦合系数决定和相位匹配关系决定[9]：

$$F = \frac{1}{1 + \left(\dfrac{\delta}{\kappa}\right)} \tag{3.8}$$

其中，κ 为耦合系数；$\delta = (\beta_1 - \beta_2)/2$ 为相位关系，其中 β_1 和 β_2 是光在波导 Ch1 和 Ch2 中的传播常数。当 $\beta_1 = \beta_2$ 时，相位完全匹配 Ch1 和 Ch2 将可以实现 100% 耦合，耦合长度为 L_π。

根据以上分析，波导 Ch1 的宽度定为 500 nm，Ch2 的宽度定为 480 nm，在耦合区域内引入亚波长光栅结构，TE 模在该 Ch2 中传输，到达耦合区域时不满足相位匹配条件，不发生耦合继续传输，TM 模在耦合器区的相位近似匹配，TM 则发生耦合从 Ch1 中输出实现分束。经计算耦合区域的长度为 19 个光栅周期。

3.2.4 设计 TM 型偏振器参数优化

采用 FDTD solution 软件，按照图 3.1 所给结构和表 3.1 所给参数进行建模。选择 Ch1 作为入射端口，对中心区域的亚波长光栅的参数进行优化。

图 3.2 是结构作为起偏器时，TE 模和 TM 模从 Ch1 和 Ch2 种输出的能量随光栅脊高 h 的变化。保持表 3.1 中其他参数不变，将光栅脊高 h 从 160 nm

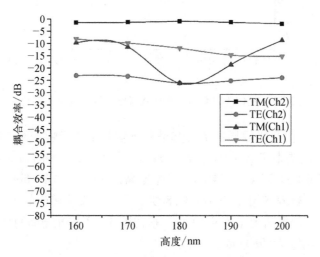

图 3.2 在 Ch1 和 Ch2 中传输效率随光栅脊高 h 的变化

变换到 200 nm。当 $h = 180$ nm 时 TM 模在 Ch2 中的传输效率最高达到 -0.97 dB（79.94%），从 Ch2 中输出的 TE 模能量为 -26.06 dB（0.25%），起偏器的偏振消光比约为 25 dB，由式（3.9）给出：

$$\eta = -10\lg(P_{max}/P_{min}) \tag{3.9}$$

确定脊高 $h = 180$，保持其他参数不变，改变光栅的脊宽 w 为 $100\sim300$ nm，脊宽对传输效率的影响如图 3.3 所示。在脊宽 w 的变化范围内，TM 模在 Ch2 中传输效率超过 -1.55 dB（70%）。当 w 在 $190\sim260$ nm 变化时，TE 模在 Ch2 中的传输效率低于 13 dB（5%）。在 w 的变化范围内，偏振消光比可超过 29 dB。而且光栅脊宽 w 的 200 nm 的制备容差以现有的微纳加工技术是可以实现的。光栅的脊宽 w 保持 200 nm 不变。

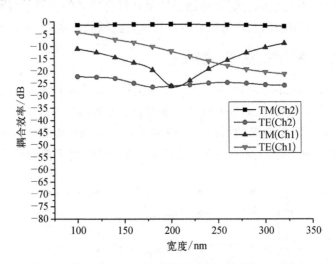

图 3.3   在 Ch1 和 Ch2 中传输效率随光栅脊宽 w 的变化

图 3.4 讨论的是光栅周期 T 对起偏器传输效率的影响。保持其他参数不变，改变光栅的周期 T 从 470 nm 至 750 nm。当 $T = 550$ nm 时，TM 在 Ch2 中的传输效率达到了 -0.75 dB（84%），消光比高达 24%。当 $T = 500\sim600$ nm 时，TM（Ch2）的传输效率超过 -0.97 dB（80%），而从 Ch2 中输出的 TE 偏振光小于 -20 dB（1%），偏振消光比超过 19 dB。根据图 3.4 可知光栅周期具有较大的制备容差，在此确定 $T = 550$ nm。

保证耦合区域的光栅 h、w、T 等参数不变，改变入射光的波长 λ 从 1 480~

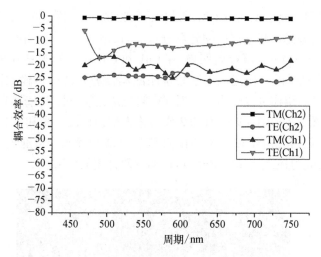

图 3.4　在 Ch1 和 Ch2 中传输效率随光栅周期 T 的变化

1 620 nm,传输效率随波长的变化如图 3.5 所示。波长在此范围内变化时,TM
偏振光从 Ch2 输出的效率变化并不明显,消光比均超过 20 dB。当 $\lambda = 1\,510$ nm
时,消光比达到 29 dB,此时 TM 偏振光,和 TE 偏振光在 Ch2 中的传输效率分别为
-1 dB 和 -30 dB。在波长 $\lambda = 1\,550$ nm 时,TM 偏振光的传输效率可达 -0.75 dB,
只有 -24.33 dB 的 TE 偏振光从 Ch1 耦合进 Ch2,此时消光比约为 24 dB。

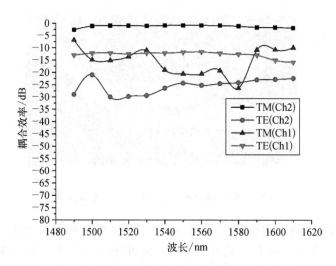

图 3.5　在 Ch1 和 Ch2 中传输效率随波长的变化

通过 FDTD 方法,对图 3.1 所示结构进行模拟仿真,图 3.6~图 3.9 为 TE 偏振光和 TM 偏振光在起偏器中的光场分布。图 3.6 显示,当光由 Ch1 入射时,TE 偏振光被耦合区域的光栅反射回来,在 Ch1 和 Ch2 中没有观察到 TE 偏振光输出。TM 模从 Ch1 的光栅区域由于相位匹配耦合进 Ch2 中传输如图 3.7 所示。此时图 3.1 中的结构可以作为一个对 TM 偏振光透射,对 TE 偏振光反射的,TM 型起偏器。图 3.8 和图 3.9 为当 Ch2 作为输入端,TE 偏振光和 TM 偏振光的光场分布。TE 偏振光由于相位不匹配直接从 Ch2 中输出,TM 偏振光则耦合进 Ch1 中输出,此时该结构作为 PBS,可以实现两种模的分束。

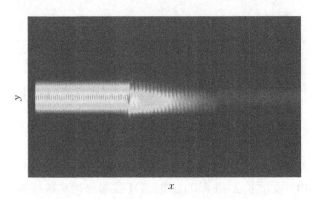

图 3.6　作为起偏器时 TE 偏振光的光场分布

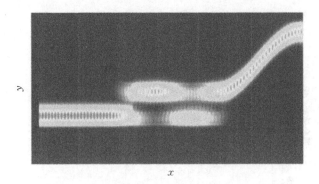

图 3.7　作为起偏器时 TE 偏振光的光场分布

PBS 两种模的传输效率随波长的变化如图 3.10 所示。当入射波长 $\lambda =$ 1 550 nm 时,TE 从 Ch2 耦合到 Ch1 中的能量只有-23.01 dB(5%),TM 偏振光耦合效率高达-1.55 dB(70%)。当波长 $\lambda = 1\,570$ nm 时,Ch1 中偏振消光比可达约

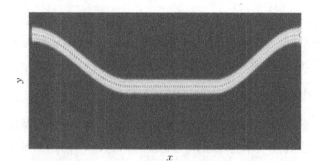

图 3.8　作为 PBS 时 TE 偏振光的光场分布

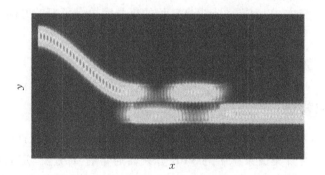

图 3.9　作为 PBS 时 TM 偏振光的光场分布

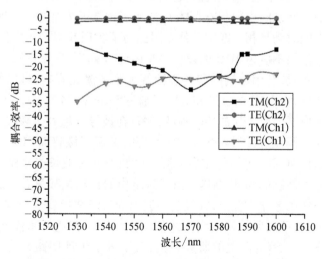

图 3.10　在 Ch1 和 Ch2 中传输效率随波长的变化

29 dB。波长在 $\lambda = 1\,530 \sim 1\,600$ nm 变化时,偏振消光比均高于 20 dB。当波长在 $\lambda = 1\,530 \sim 1\,600$ nm 变化时,Ch2 中会有 -20 dB(1%)的 TM 偏振光的残留。$\lambda = 1\,570$ nm 时,Ch2 中的偏振消光比最大约为 24 dB。

3.2.5　本节小结

通过以上的理论分析和数值模拟,作者团队利用一维光子晶体和定向耦合器的工作原理设计了一种新颖的光子器件,当选用不同的波导通道进行入射时,会实现不同的光学作用。该器件具有较大制备容差。无论是作为起偏器还是 PBS 都具有较高的输出能量和偏振消光比。这种可以用单一器件实现多种光学功能的研究方式,为进一步提高芯片的集成度提供了新的方向。

3.3　偏振不敏感 MMI 分束器

3.3.1　研究背景

光学 3 dB 分束器作为量子干涉回路的重要组成元件,要求严格的分束比以及传输损耗。芯片集成系统中的 3 dB 分束器通常有 Y 分支、定向耦合器和多模干涉耦合器(multimode interference coupler,MMI)等。和这些器件相比,MMI 因为尺寸小、制作容差大、超大的波长操作带宽,得到了广泛的关注。然而,SOI 芯片的偏振敏感问题同样限制着 MMI 的应用。这是因为对同一 MMI 不可能让两种模式的光同时满足相位匹配条件。因此为了实现双偏振的操作,一些研究开始转向针对偏振不敏感 MMI 的设计。2016 年,Pan 等提出了 3 dB MMI,在硅波导上覆盖金属层,利用金属引起的表面等离子体激元影响,可以使两种模同时满足相位条件,该 MMI 的长度和宽度分别为 5 μm 和 24.54 μm[10]。但是在耦合区域引入金属层会引入光的传输损耗,并且在波导区域和多模波导区域还会产生耦合损耗。因此这种引入金属方式实现的偏振不敏感 MMI 不适用于量子干涉系统。2014 年,Xu 等通过在多模波导区域引入亚波长光栅结构的方式实现了一种偏振不敏感的 MMI 结构。虽然该结构的长和宽都只有 2 μm 左右,但是该结构的制作工艺非常复杂,并且输出波导为狭缝波导。这种波导不适用于普通的光学回路,还需要特殊的设计才能把光耦合进普通的单模波导中,不利于系统的集成[11]。综合以上的研究方案,对于量子干涉回路系统需要一种尺寸小(可以用量子通信系统的集成度)、分束比严格、损耗低(降低量子通信系统的误码率)易于加工的 MMI 分束器结构。本节针对集成量子干涉系统的实际需求设计了 MMI 分束器结构。

3.3.2 自成像原理

MMI 耦合分束器主要应用光的自映像原理[12],当从较窄的单模波导入射到较宽的多模波导时,会在多模波导中激发出很多导模,这些导模在光的传播方向上,由于互相干涉而形成单个或多个同向或镜像的像。在成像的位置将向输出,就可以实现分束器的作用。

MMI 耦合分束器的类型根据输入和输出光场的个数可以分为 $1 \times N$ 型和 $N \times N$ 型。图 3.11 为 1×2 型 3 dB MMI 耦合分束器。

图 3.11 1×2 型 3 dB MMI 耦合分束器

由三根单模波导构成输入和输出端,中心位置的多模波导为耦合区域,设置在 SOI 芯片上

设入射光在单模波导中沿 $x-y$(坐标方向同图 3.1)平面的光场分布为 $\varphi(x, y)$,则入射光场在多模区域光场分布可以写成多模波导中各阶导模的叠加,即

$$\varphi(0, y) = \sum_n k_n f_n(y) \tag{3.10}$$

其中,$f_n(y)$ 表示 n 阶本征模式;归一化因子 k_n 由式(3.11)确定:

$$k_n = \frac{\int \varphi(y) f_n(y) \, dy}{\int f_n^2(y) \, dy} \tag{3.11}$$

在 x 处的光场分布为

$$\varphi(0, y) = \sum_n k_n f_n(y) \exp[i(wt - \beta_n)] \tag{3.12}$$

波导中基模和一阶的拍长 L_π 由两种模式的传输常数 β_0 和 β_1 决定:

$$L_\pi = \frac{\pi}{\beta_0 - \beta_1} \tag{3.13}$$

n 阶导模的拍长为

$$\beta_0 - \beta_n = \frac{n(n+2)\pi}{3L_\pi} \tag{3.14}$$

所以

$$\varphi(x, y) = \sum_n k_n f_n(y) \exp\left[-\mathrm{i}\,\frac{n(n+2)\pi}{3L_\pi}x\right] \tag{3.15}$$

归一化因子 k_n 和相位因子 $\exp\left[-\mathrm{i}\,\dfrac{n(n+2)\pi}{3L_\pi}x\right]$ 决定在 y 方向的成像位置。

3.3.3 多模干涉耦合器的干涉模式

1. 一般干涉模式

当入射光可以在多模波导 y 方向任意位置输入时,称为普通干涉,多模波导中所有模式的光均被激发,在 $y = \dfrac{3L_\pi}{N}$,(M 取正整数)位置,可输出 N 个像。这 N 个像的成像位置和相位由式(3.16)决定:

$$\begin{cases} y_i = (2i - N)\,\dfrac{W_e}{N} \\[2mm] \phi_i = (N - i)\,\dfrac{\pi}{N} \end{cases} \tag{3.16}$$

2. 限制干涉

当光从 MMI 的中心区域偏移 1/6 的多模波导宽度时,在干涉区域不会激发出阶数为 $n = 2, 5, 8, \cdots$ 的模式,只有阶数满足 $\mathrm{mod}_3[n(n+2)] = 0$ 的模式才能被激发,致使在 y 方向的成像位置缩小 1/3,此时只能实现两进两出的 MMI 结构,输入输出位置只能位于 $W_{\mathrm{MMI}}/6$ 处。这种形式的干涉称为限制干涉,在 $y = L_\pi/2$ 处可以有两个像输出。

3. 中心对称干涉

当光从 MMI 的中心区域入射时,称为中心对称干涉,这种情况下多模区域将不会激发出奇数模,因为偶数模满足 $\mathrm{mod}_3[n(n+2)]=0$,所以在 y 方向的成像位置缩小 $1/4$,在 $y=3ML_\pi/4N$ 的位置将会输出 N 个光场的像,当 $M=1$ 时 y 的取值最小。相比于限制干涉和一般干涉,中心对称干涉设计的 MMI 结构在相同宽度长度更短,而且功能更强。所以本书中用中心对称干涉的成像原理来设计偏振不敏感光栅耦合器。

3.3.4 多模干涉耦合器的设计

在波导中不同模式的有效折射率不同,所以有效折射率定义的传输常数也可由式(3.17)表示:

$$\beta_i = \frac{2\pi}{\lambda}N_{\mathrm{eff}}^i,\ i=0,\ 1 \tag{3.17}$$

其中,N_{eff}^i 代表波长为 λ 的光在波导 TE/TM 模的基模 $\mathrm{TE}_0/\mathrm{TM}_0$ 和一阶模的 $\mathrm{TE}_1/\mathrm{TM}_1$ 有效折射率。要想使 TE 和 TM 模同时满足公式(3.13),则有

$$\Delta\beta_{\mathrm{TE}} = \Delta\beta_{\mathrm{TM}} \tag{3.18}$$

其中,$\Delta\beta_{\mathrm{TE}}$ 和 $\Delta\beta_{\mathrm{TM}}$ 分别为 TE 和 TM 模在波导中 β_0 和 β_1 的差值。由式(3.17)知,可以通过调节波导的宽度 W 和厚度 H,让 $\Delta N_{\mathrm{eff}}^{\mathrm{TE}}$ 和 $\Delta N_{\mathrm{eff}}^{\mathrm{TM}}$ 相等。设 SOI 芯片硅(Si)的折射率为 3.48,中间氧化层二氧化硅(SiO_2)的折射率为 1.44,在入射波长 $\lambda=1.55\ \mu m$ 的情况下,调制波导的宽度为 $1\sim2.2\ \mu m$,厚度为 $220\sim500\ nm$。ΔN_{eff} 随 W 和 H 的变化如图 3.12 所示。

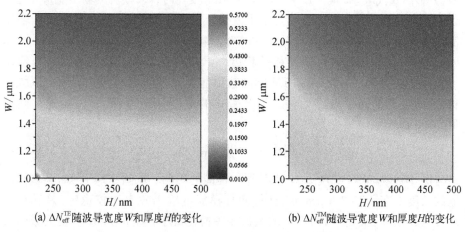

(a) $\Delta N_{\mathrm{eff}}^{\mathrm{TE}}$ 随波导宽度 W 和厚度 H 的变化　　(b) $\Delta N_{\mathrm{eff}}^{\mathrm{TM}}$ 随波导宽度 W 和厚度 H 的变化

图 3.12　有效折射率 ΔN_{eff} 随波导宽度 W 和厚度 H 的变化

如图 3.12 所示,横坐标代表 H,纵坐标代表 W,ΔN_{eff} 则由颜色代表。在图 3.12(a)中可以看出,$\Delta N_{\text{eff}}^{\text{TE}}$ 随 W 的变化特别明显。当 W 保持不变时,$\Delta N_{\text{eff}}^{\text{TE}}$ 并没有随着 H 的变化发生剧烈的变化。和 TE 模相比,$\Delta N_{\text{eff}}^{\text{TM}}$ 则更依赖 H 的变化。因此,通过改变波导的宽度和厚度在理论上是可以使两种模的 ΔN_{eff} 相等。根据图 3.12,当多模波导的宽度 $W=1.58~\mu m$,厚度 $H=320~nm$ 时,$\Delta N_{\text{eff}}^{\text{TE}}$ 和 $\Delta N_{\text{eff}}^{\text{TM}}$ 分别为 0.120 1/0.120 3($N_{\text{eff}}^{\text{TE}_0}=3.036~1$,$N_{\text{eff}}^{\text{TE}_1}=2.916~6$,$N_{\text{eff}}^{\text{TM}_0}=2.627~1$,$N_{\text{eff}}^{\text{TM}_1}=2.506~9$)。根据中心对称干涉,1×2MMI 多模区域的长度对 TE 和 TM 模均为 2.4 μm。

经过理论分析 1×2MMI 的参数如表 3.2 所示。

表 3.2　1×2MMI 的关键参数　　　　　　　　(单位: μm)

参数	W	H	L	λ
数值	1.58	0.32	2.4	1.55

根据以上设计参数,运用 FDTD 方法进行模拟,经计算对于 TE/TM 模,从输出波导 1 和 2(图 3.11)输出的能量差接近 0,两个端口的输出能量分别为 42% 和 48%。计算结果表明,通过以上的设计方案不但可以实现偏振敏感 MMI 分束器,还可以实现能量完美的 3 dB 分束器。为了进一步提升耦合效率,将对多模区域的宽 W、长度 L 进行优化。

图 3.13 为输出功率效率随多模波导宽度 W 的变化,图中圆形曲线代表 TM 模,方形曲线代表 TE 模。在 $W=1.55\sim1.8~\mu m$ 变化时,TM 模总的输出能量变化接近为零,而 TE 模受宽度的影响发生了改变。当 $W=1.66~\mu m$ 时,TE 模总的输出能量为 97%,TM 模的输出能量为 96.4%,偏振相关损耗(polarization dependent loss, PDL)作为描述器件偏振相关程度的参数只有 0.02 dB,由式(3.19)给出(P_{TM} 和 P_{TE} 分别代表 TE 模和 TM 模的输出能量),说明此时器件的偏振依赖性很低,满足了偏振不敏感条件。1 dB 带宽的宽度容差为 220 nm,经优化确定 $W=1.66~\mu m$。

$$\text{PDL} = -10\lg P_{\text{TE}}/P_{\text{TM}} \tag{3.19}$$

图 3.14 为 MMI 长度 L 对 MMI 器件性能的影响。从图 3.14 可知,当多模区域的长度 L 在 $2.2\sim3.8~\mu m$ 变化时,两种模能量输出效率比较稳定,差异小于 5%,当 $L=2.4~\mu m$ 时 TE 和 TM 的偏振相关损耗最小。确定 MMI 多模区域的长度 $L=2.4~\mu m$ 和表 3.2 中一致。

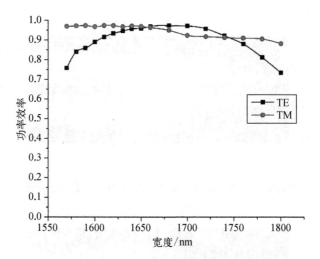

图 3.13　输出功率效率随多模波导宽度 W 的变化

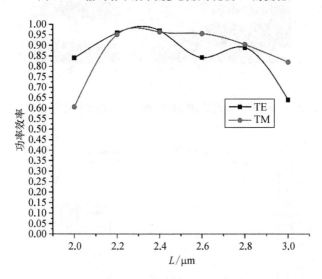

图 3.14　输出功率效率随 L 的变化

　　结合图 3.13 和图 3.14 确定的参数,通过 FDTD 方法进行建模模拟,TE 模和 TM 模的电场分布如图 3.15 和图 3.16 所示。

　　由图 3.15 和图 3.16 可知,TE 模和 TM 模在多模波导场 $L = 2.4\ \mu m$ 的位置被成功分成等比例的两束。图 3.17 表示的是输出功率效率受波长 λ 的影响。当波长 λ 在 1 380 ~ 1 700 nm 范围内变化时,两种模式的能量输出效率变化不大,

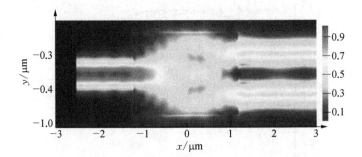

图 3.15　TE 模在 3 dB MMI 耦合分束器中的电场分布

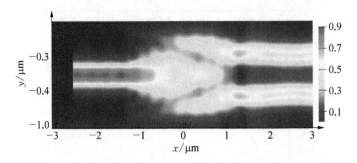

图 3.16　TM 模在 3 dB MMI 耦合分束器中的电场分布

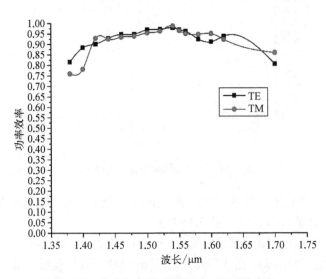

图 3.17　输出功率效率随操作波长 λ 的变化

1 dB 波长带宽大于 300 nm,这是目前为止同类型偏振不敏感 3 dB MMI 耦合分束器中操作波长带宽最大的。在通信波段,TE 模和 TM 模的输出效率超过 90%,此时,偏振相关损耗 PDL≈0。

　　本章对该结构拥有超大的波长带宽的原因作了分析。通过中心对称干涉原理,计算了在不同波长下多模波导的长度 L,波长 λ 与长度 L 的关系如图 3.18 所示。随着 λ 的增长,L 逐渐减小。由图 3.14 可知,当 $\lambda=1.55$ μm 时,多模波导长度的 1 dB 带宽可达 800 nm。L 在 800 nm 的变化范围内,对两种模式输出效率没有很大波动。从图 3.18 可以看出,当波长 λ 在 1.42~1.70 μm 变化时,TM 模的耦合长度较 TE 模的长度变化快,TM 模的耦合长度变化接近 800 nm,而 TE 模的变化较 TM 模小。因此,这些波长的长度都在其耦合区域长度的变化范围内,所以当 $L=2.4$ μm 时,在超过 300 nm 波长范围内还具有较高的输出效率,和极低的偏振相关损耗。

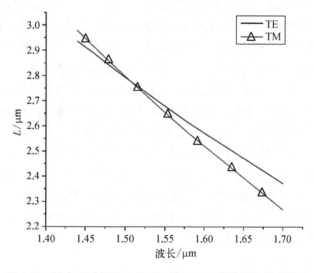

图 3.18　耦合区域长度 L 随 TE 模和 TM 模操作波长的变化

3.3.5　本节小结

　　在这一节中介绍了一种超小型化、超高波长带宽的偏振不敏感 3 dB MMI 耦合分束器。主要具备以下几方面的优点:

　　(1)偏振不敏感可以同时针对 TE 模和 TM 模操作,偏振相关损耗 PDL 接

近 0;

（2）对两种模式具有很高的输出效率，可以实现等比例分束，操作波长带宽可达 300 nm；

（3）中心的耦合区域波导尺寸只有 1.66 μm×2.4 μm，具有较大的加工容差，易于实现。

该结构是基于顶硅 320 nm 的 SOI 芯片实现设计，为未来基于 SOI 芯片的器件研究提供了一个新的方案。从功耗、分束比等方面考虑，该设计特别适用于芯片集成量子通信系统。

3.4 本章总结

本章针对 SOI 芯片中光子器件偏振依赖的性质，以及偏振编码集成化量子通信系统的实际需求，对偏振起偏器、偏振分束器、偏振不敏感 MMI 耦合器等偏振相关器件进行了理论研究。首先提出了一种兼顾两种功能的光子器件，选择合适的输入端口可以分别用于 TM 型光学起偏器和偏振分束器。这种结构的消光比超过 20 dB，中心操作区域的长度约为 13 μm，这种设计方案可以大大提高芯片集成光路的集成度。然后介绍了 MMI 耦合器的成像原理以及干涉方式，并依据这些理论设计了偏振不敏感 3 dB MMI 耦合分束器。当操作波长为 1 550 nm 时，这种分束器对 TE 模和 TM 模的能量传输损耗小于 4%，偏振相关损耗接近于 0，中心尺寸只有 1.66 μm×2.4 μm，不仅可以提高芯片系统的集成度，同时也降低了由于器件本身损耗而造成的量子通信系统的误码率。根据对偏振不敏感 MMI 耦合分束器的设计方案中提出的 320 nm 的 SOI 芯片，为未来硅基量子通信系统提供了新的研究平台。

参考文献

[1] Singh S. The code book: The sicience of secrecy from ancient Egypt to quantum cryptography [M]. London: Fourth Estate, 1999.

[2] Shor P W. Algorithms for quantum computation: Discrete logarithms and factoring [C]. Santa Fe: Proceedings 35th Annual Symposium on Foundations of Computer Science, 1994.

［ 3 ］　Shor P W. Polynomial-time algorithms for prime factorization and discrete logarithms on a quantum computer ［J］. SIAM Journal for Computer, 1999, 41 (2)：303 – 332.

［ 4 ］　Bennett C H, Brassard G. Quantum cryptography：Public key distribution and coin tossing ［J］. Theoretical Computer Science, 2014, 560 (1)：7 – 11.

［ 5 ］　周治平.硅基光电子学［M］.北京：北京大学出版社, 2012.

［ 6 ］　郭弘,李政宇,彭翔.量子密码［M］.北京：国防工业出版社,2016.

［ 7 ］　李承祖,黄明球,陈平形,等.量子通信与量子计算［M］.长沙：国防科技大学出版社, 2000.

［ 8 ］　Wootters W K, Zurek W H. A single quantum cannot be cloned ［J］. Nature, 1982, 299 (5886)：802 – 803.

［ 9 ］　Liu Y, Chen T Y, Wang J, et al. Decoy-state quantum key distribution with polarizaed photons over 200km ［J］. Optics Express, 2010, 18(8)：8587 – 8594.

［10］　Stucki D, Walenta N, Vannel F, et al. High rate, long-distance quantum key distribution over 250km of ultra low loss fibres ［J］. New Journal of Physics, 2009, 11：075003.

［11］　Mo X F, Zhu B, Han Z F, et al. Faraday-Michelson system for quatum cryptography ［J］. Optics Letters, 2005, 30(9)：2632 – 2634.

［12］　Schmit-Manderbach T, Weier H, Fürst M, et al. Experimental demonstration of free-space decoy-state quantum key distribution over 144km ［J］. Physical Review Letters, 2007, 98：010504.

第4章　硅基波导光栅耦合器的设计

4.1　引言

由于光网络面临着低能耗和高集成度的严峻挑战,具有高耦合效率的微型光栅耦合器起着重要作用。这种器件可以应用于很多方面,例如:分束器、功率分配器、滤波器、微型声敏器件等。近几年,Feng 等提出了一种以二元闪耀光栅耦合器为基础的偏振分束器,其耦合长度小于 14 μm,对于两种偏振态的入射光,消光比均大于 20 dB 的情况下波长范围大于 40 nm,并且上下两层的耦合效率分别为 58% 和 50%。Feng 和 Zhou[1] 提出了一种双功能熔融硅光栅和一种正弦型熔融硅光栅模型,其在 TE 和 TM 偏振态下效率能分别达到 95.98% 和 95%。Shao 等提出了一种 T 型槽光栅耦合器,其对波长为 1 480~1 580 nm 的 TE 和 TM 模入射光的输出耦合效率均在 50% 左右,并且入射波长为 1 550 nm 时耦合效率为 58% 左右。

但是,对于微型光栅耦合器的模拟分析仍然存在很多问题,如倾斜入射条件不易于光路集成的应用,以及平板光栅与 CMOS 工艺不兼容。本章将采用第 2 章与第 3 章中的分析方法讨论波导光栅耦合器的设计。从波导光栅耦合器的基本结构开始,基于数学模型分析光栅耦合器中光的传播方向、耦合效率及带宽等特性。对设计参量的选取和设计方法进行讨论,并给出一些设计的计算结果。

4.2　阶梯型波导光栅耦合器的设计及模拟

本节提出了一种新颖的高效率微型多阶梯式光栅耦合器,如图 4.1 所示。这种耦合器以 SOI 材料结构为基础,与前人研究的二元光栅耦合器相比具有超长带宽。并且这种耦合器工作于垂直耦合条件,这方便了与其他器件集成和晶片光测试等。虽然该耦合器由于多阶梯形貌使得在制作时需要多次套刻,但其可以很好地兼容成熟的 CMOS 加工工艺。多阶梯光栅已经被前人利用标量衍射理论讨论过了,但是其讨论的光栅特征尺寸在几十微米量级,而本章中将利用耦合模理论对亚波长量级的多阶梯光栅耦合器进行分析。并且这种光栅耦合器具有极小的尺寸,可以应用于波导与波导之间、芯片与芯片之间的垂直耦合。

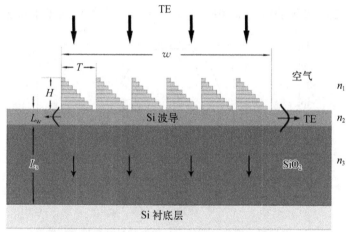

图 4.1　多阶梯光栅耦合器结构示意图

入射光若在波导中耦合,则光栅的周期应该在 $0.455 \sim 1.079 \ \mu m$ 范围内变化,且波导的厚度应小于 270 nm,因此选取波导层厚度为 220 nm。将光栅高度代入下式:

$$(n_2^2 - N_{\text{eff}_m}^2)^{1/2} \cdot \frac{2\pi}{\lambda} H = m\pi + \arctan\left[C_1 \cdot \left(\frac{N_{\text{eff}_m}^2 - n_1^2}{n_2^2 - N_{\text{eff}_m}^2} \right)^{1/2} \right]$$

$$+ \arctan\left[C_2 \cdot \left(\frac{N_{\text{eff}_m}^2 - n_3^2}{n_2^2 - N_{\text{eff}_m}^2} \right)^{1/2} \right] \qquad (4.1)$$

$$\begin{cases} C_1 = C_2 = 1 & \text{TE 模} \\ C_1 = (n_2/n_1)^2; \ C_2 = (n_2/n_3)^2 & \text{TM 模} \end{cases}$$

可求出有效折射率 N_{eff_m},利用垂直入射时 $\theta = 0°$ 的条件,并且对于衍射级次为+1级情况下,由公式(1.8)可以估算出光栅的周期。因此以该计算结果为基础,并在 0.455~1.079 μm 范围内选择最优的光栅周期,利用 FDTD 数值模拟,发现光栅周期为 0.54 μm 时耦合效果最好,以此为基础对其他参数对耦合效率的影响进行分析,从而进行优化。

很多参数都影响着耦合器的耦合效率,如耦合角度、耦合系数和分支比等。这些参数都随着光栅高度的变化而变化。因此可以说光栅高度在很多方面都影响耦合效率。为了获得更高的耦合效率,必须从模拟结果中选择最优的光栅高度。图 4.2 为模拟的数据,从中可以看出 0.4 μm 是最优的光栅高度。

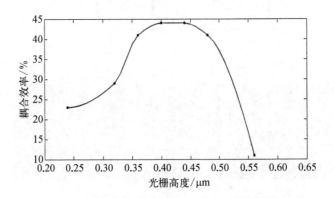

图 4.2   多阶梯光栅耦合器的耦合效率随光栅高度变化关系图

作者团队还对这种结构的光栅长度进行了分析,其结果如图 4.3 所示,发现这种耦合器的光栅长度较短,适合于波导与波导之间的耦合,其最优的光栅长度为 2.7 μm,即 6 个周期。

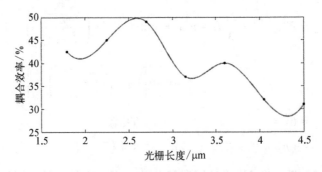

图 4.3   多阶梯光栅耦合器的耦合效率随光栅长度变化关系图

作者团队还对 SiO_2 层对耦合效率的影响进行了分析,模拟结果如图 4.4 所示,SiO_2 层与耦合效率之间的关系大致呈周期性,选择最优的 SiO_2 层厚度为 1 μm。

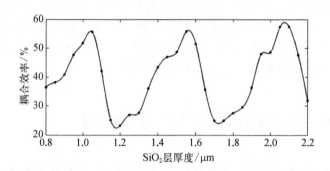

图 4.4　多阶梯光栅耦合器的耦合效率随 SiO_2 层厚度变化关系图

作者团队还对该结构的带宽进行了分析,模拟结果表明该结构具有非常宽的 3 dB 带宽(1 390~1 550 nm),这么宽的带宽基本是普通光栅耦合器的三至四倍,可以说该耦合器基本上在整个通信波段均可用。另外,1 550 nm 附近时耦合效率 50% 左右,当波长为 1.46 μm 时,耦合效率能达到 67.5% 的高耦合效率。图 4.5 中的插图中显示了入射波长为 1.46 μm 时耦合器 E_y 分量的场分布。

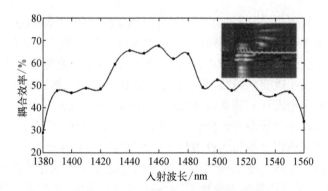

图 4.5　多阶梯光栅耦合器的耦合效率随入射波长变化
关系图及 Poynting 矢量分布模拟结果

在本小节中作者团队提出了一种应用于波导与波导之间耦合的微型多阶梯式光栅耦合器,这种耦合器具有 3 dB 的超长带宽(1 390~1 550 nm)和极小的尺寸(光栅长度仅为 3 μm)。入射光源限定为 TE 偏振光且垂直入射。并且讨论了光栅参数对耦合器耦合效率的影响,如光栅周期、光栅高度、光栅长度和 SiO$_2$ 层厚度等。该耦合器在入射光源波长为 1 550 nm 附近时耦合效率约为 50%,在入射波长为 1 460 nm 时耦合效率能达到 67.5%。模拟结果和理论分析表明这种耦合器可以很好地应用于集成光路中。并且这种结构可以利用方便而成熟的 CMOS 工艺制作而成。另外,可以利用置于衬底的多层反射镜方法以及其他改进技术提高耦合器的耦合效率和带宽。

4.3　二元闪耀光栅耦合器的设计及模拟

二元闪耀光栅是一种具有亚波长突脊、狭缝或刻蚀在介质薄膜中的其他样式的简单几何形状的衍射元件,它由一系列等高不等宽的光栅组成,光栅尺寸处于亚波长量级,是基于亚波长光栅的"等效介质膜"理论的一种光栅结构,二元光栅由于其在特定级次的高衍射效率而备受关注。本节在介绍了等效介质膜理论之后,详细讨论了二元闪耀光栅耦合器的设计原理和各参数对耦合性能的影响,并利用该光栅的特殊性质设计了一种新颖的全刻蚀二元闪耀光栅耦合器。

4.3.1　等效介质膜理论

等效介质膜理论是研究亚波长结构表面比较直观的近似理论。它认为,当入射光波长远大于浮雕结构周期时,只产生零级的透射和反射衍射。在光波由入射媒质通过亚波长结构区域时,光波的性质类似于光波通过一等效媒质,波阵面的形状不发生改变,等效媒质的光学参数由浮雕的结构特征来确定[2]。

二元闪耀光栅设计的基本原则就是根据亚波长光栅的等效介质膜理论,利用一个周期内每个子周期等效折射率不同的结构,获得闪耀光栅的波前调制效果。二元闪耀光栅耦合器的示意图和各个参数定义如图 4.6 所示。

二元光栅与普通光栅结构上主要的不同之处在于其每个光栅周期内有若干个子周期,每个子周期的占空比不同,即每个子周期内的光栅突脊宽度不同。因此在此处讨论的二元闪耀光栅的参数与前面图 1.1 设定的参数一致,只是对子周期数、占空比和光栅突脊宽度进行定义,定义如下:

(1) 假设每个光栅周期内有 M 个子周期,定义光栅的子周期大小为 $\Lambda = T/M$;

(2) 每个子周期内光栅脊宽分别为 w_1, w_2, w_3, $\cdots$,其占空比分别为 $f_1 =$

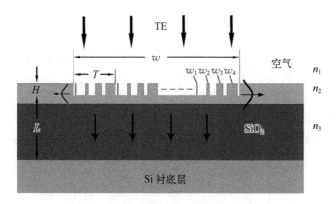

图 4.6　二元闪耀光栅耦合器结构示意图

w_1/Λ, $f_2 = w_2/\Lambda$, $f_3 = w_3/\Lambda$, $\cdots$

二元闪耀光栅是一种亚波长光栅,这种光栅的周期小于波长量级。对于亚波长光栅,必须考虑光的矢量波特性。原则上,其理论模型应该基于严格耦合波理论。然而如果光栅周期远小于波长,也可采用一些近似方法。

假设一个周期为 T 的光栅结构,每一周期由两个矩形区域组成,如图 4.7 所示。其对应介电常数 ε_1 和 ε_2 的截面宽度分别为 w_1 和 w_2。通常对于二元闪耀光栅 ε_1 和 ε_2 分别代表自由空间和 Si 这两种介质的 ε。设元件被真空中波长为 λ 的光照明,如果 $T \ll \lambda$,则整个光栅内部的场可看作是均匀的。

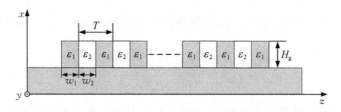

图 4.7　一维亚波长光栅横截面示意图

首先假设入射光是 TE 偏振光,电场矢量唯一的非零分量 E_y 必须在折射率突变边界连续,这样 E_y 在整个光栅区域的值是相等的。相应的电通量密度的分量为 $D_{y1} = \varepsilon_1 E_y$ 和 $D_{y2} = \varepsilon_2 E_y$,则 D_y 的平均值为

$$\overline{D}_y = \frac{w_1 \varepsilon_1 E_y + w_2 \varepsilon_2 E_y}{w_1 + w_2} \tag{4.2}$$

因此等效介电常数的一阶近似为

$$\varepsilon_{\mathrm{TE}}^{(1)} = \frac{\bar{D}}{\bar{E}} = \frac{w_1\varepsilon_1 + w_2\varepsilon_2}{w_1 + w_2} = \frac{w_1\varepsilon_1 + w_2\varepsilon_2}{T} = f\varepsilon_1 + (1-f)\varepsilon_2 \qquad (4.3)$$

其中,$f = w_1/T$ 称为介质 ε_1 的占空比。

对于 TM 模,电矢量仅有的非零分量是 D_z。电通量密度 D_z 在边界连续,从而在整个光栅区域内具有相同的值,电场 E_z 的平均值由下式给出:

$$\bar{E}_z = \frac{w_1 D_z + w_2 D_z}{w_1 + w_2} \qquad (4.4)$$

等效介电常数的一阶近似为

$$\varepsilon_{\mathrm{TM}}^{(1)} = \frac{\bar{D}}{\bar{E}} = \frac{1}{\dfrac{f}{\varepsilon_1} + \dfrac{1-f}{\varepsilon_2}} \qquad (4.5)$$

将式(4.3)和式(4.5)写成折射率的形式有

$$n_{\mathrm{eff}} = \begin{cases} n_{\mathrm{TE}}^{(1)} = \sqrt{\varepsilon_{\mathrm{TE}}^{(1)}} = \sqrt{fn_1^2 + (1-f)n_2^2} \\[4mm] n_{\mathrm{TM}}^{(1)} = \sqrt{\varepsilon_{\mathrm{TM}}^{(1)}} = \sqrt{\dfrac{1}{\dfrac{f}{n_1^2} + \dfrac{1-f}{n_2^2}}} \end{cases} \qquad (4.6)$$

称式(4.6)为亚波长光栅的等效介质膜折射率计算公式。由式(4.3)和式(4.5)可以看出:

$$\varepsilon_{\mathrm{TE}}^{(1)} - \varepsilon_{\mathrm{TM}}^{(1)} = \frac{f(1-f)(\varepsilon_1 - \varepsilon_2)^2}{f\varepsilon_2 + (1-f)\varepsilon_1} \geq 0 \qquad (4.7)$$

所以电场矢量垂直于光轴方向的 o 光(TE 模)比 e 光(TM 模)传播得快。因此在一般的斜入射条件下,光栅等效于一个厚度为 d 的负单轴晶体,其 o 光和 e 光折射率如式(4.6)所示。这种效应也称为亚波长光栅的形式双折射(form birefringence)。虽然式(4.6)是一种近似结果,但它可对亚波长光栅作可靠分析,并可作为一有效工具来设计光学元件。

式(4.6)为亚波长光栅的等效折射率的一阶近似,或称为线性近似。还可以利用求解光栅区域的亥姆霍兹方程并结合泰勒级数展开获得等效折射率的二阶近似:

$$n_{\text{eff}} = \begin{cases} n_{\text{TE}}^{(2)} = \left[n_{\text{TE}}^{(1)2} + \dfrac{1}{3}\left(\dfrac{T}{\lambda}\right)^2 \pi^2 f^2 (1-f)^2 (n_1^2 - n_2^2)^2 \right]^{1/2} \\[3mm] n_{\text{TM}}^{(2)} = \left[n_{\text{TM}}^{(1)2} + \dfrac{1}{3}\left(\dfrac{T}{\lambda}\right)^2 \pi^2 f^2 (1-f)^2 \left(\dfrac{1}{n_1^2} - \dfrac{1}{n_2^2}\right)^2 \times n_{\text{TE}}^{(1)2} n_{\text{TM}}^{(1)2} \right]^{1/2} \end{cases} \quad (4.8)$$

对于 SOI 结构，$n_1 = 3.5$，$n_2 = 1$，取占空比 $f = 0.5$，则等效折射率的一阶、二阶和高阶近似与 T/λ 的关系如图 4.8 所示。

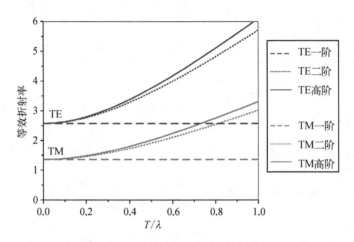

图 4.8 各阶近似下 TE 波和 TM 波等效折射率与 T/λ 关系图

可见当 $T/\lambda \to 0$ 时，高阶和二阶有效折射率将趋向一阶折射率。$T/\lambda \ll 1$ 时各阶近似相差不大，一般可用一阶近似来计算。随着 T/λ 增大，各阶近似相差越来越大。当光栅周期与波长可比拟时，该近似方法不再成立。因此等效折射率近似只在光栅周期相比光波波长很小时才成立[3]。

4.3.2 二元闪耀光栅占空比

二元闪耀光栅的占空比 f 决定了每个周期内的等效折射率分布，由于每个子周期的大小远小于入射光波长，所以可以利用等效介质膜的一阶近似来计算各子周期的等效折射率。

利用等效介质膜理论通过改变光栅占空比，可以实现等效折射率的调制，从而利用不同占空比的等高度光栅结构也可达到闪耀光栅的效果。在某种意义上，二元闪耀光栅可以看作是在宽度方向上离散化的传统闪耀光栅。因此二元闪耀光栅的占空比分布可以由传统的闪耀光栅结构通过离散化推导得到。

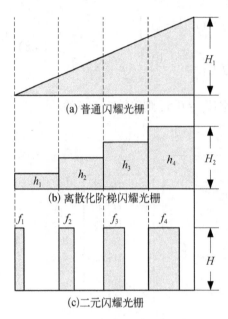

(a) 普通闪耀光栅

h_1 h_2 h_3 h_4

(b) 离散化阶梯闪耀光栅

f_1 f_2 f_3 f_4

(c)二元闪耀光栅

图 4.9　闪耀光栅离散化过程

如图 4.9 所示，设闪耀光栅的折射率为 n_2，周围介质折射率为 n_1，普通闪耀光栅的高度为 H_1，离散的子周期数为 M，离散阶梯闪耀光栅的各阶梯高度分别为 h_i ($i = 1, 2, 3, \cdots, M$)，二元闪耀光栅的高度为 H，各子周期的占空比分别为 f_i ($i = 1, 2, 3, \cdots, M$)，则有

$$h_i = \frac{1}{2}\left[\frac{H_1}{M} \cdot i + \frac{H_1}{M}(i-1)\right] = \frac{(2i-1)H_1}{2M} \tag{4.9}$$

各个子周期的有效折射率可以表示为

$$n_{\text{eff}(i)} = \frac{h_i}{H}n_2 + \frac{H - h_i}{H}n_1 \tag{4.10}$$

同时根据等效介质膜理论，亚波长光栅的一阶等效折射率又可表示为

$$n_{\text{eff}(i)} = \begin{cases} \sqrt{f_i n_1^2 + (1 - f_i)n_2^2} & \text{TE 模} \\[3mm] \sqrt{\dfrac{1}{\dfrac{f_i}{n_1^2} + \dfrac{1 - f_i}{n_2^2}}} & \text{TM 模} \end{cases} \tag{4.11}$$

将式(4.9)和式(4.10)代入式(4.11)得到各个周期占空比的表达式：

$$f_i = \begin{cases} \dfrac{\left[\dfrac{2i-1}{2M}\dfrac{H_1}{H}(n_2 - n_1) + n_1\right]^2 - n_1^2}{n_2^2 - n_1^2} & \text{TE 模} \\[6mm] \dfrac{\left[\dfrac{n_1 n_2}{\dfrac{2i-1}{2M}\dfrac{H_1}{H}(n_2 - n_1) + n_1}\right]^2 - n_1^2}{n_2^2 - n_1^2} & \text{TM 模} \end{cases} \quad (i = 1, 2, 3, \cdots, N) \tag{4.12}$$

根据式 (4.12) 就可确定各个子周期的占空比分布，从而可以确定各个子周期内光栅的宽度 w_1，w_2，w_3，…。

4.3.3 二元闪耀光栅的设计及数值模拟

在设计二元闪耀光栅时，既要充分优化各参数，使光栅的性能达到最好，也要考虑到实际器件的制作难易，使制作加工难度降至最低。通过前面的分析可以知道二元闪耀光栅和传统闪耀光栅是等价的，但由于二元闪耀光栅中的"遮蔽效应"和"波导效应"等，使得二元闪耀光栅有着比传统闪耀光栅更高的衍射效率。而二元光栅在结构上相比于传统闪耀光栅的特殊之处就在于其一系列等高不等宽的光栅突脊，正是通过改变光栅占空比，实现等效折射率的调制，提高了衍射效率。但由于二元闪耀光栅的光栅尺寸为亚波长量级，所以考虑到工艺因素，每个子周期内的占空比不能太小也不能太大，因为占空比太小会造成光栅突脊的线条过小。而占空比过大又造成光栅之间的缝过窄，同样会增加加工难度。

另外，光栅结构还有浅刻蚀、深刻蚀和全刻蚀之分，这三种刻蚀结构均可以通过一步套刻工艺制作而成。但相比于全刻蚀结构，在刻蚀过程中，浅刻蚀或深刻蚀结构需要考虑刻蚀截止层的问题，如果刻蚀截止层控制不好就会造成刻蚀过深或刻蚀过浅的情况。而全刻蚀结构由于是将 SOI 结构中的顶硅层刻穿，所以不需要考虑刻蚀截止层的问题，为制作过程提供了方便。但由于全刻蚀槽中高折射率比，造成光场强烈的周期性串扰，因此耦合光很难进入光栅区域并耦合进波导，从而造成全刻蚀光栅耦合器的耦合效率不高。

因此将二元闪耀光栅高衍射效率和全刻蚀结构加工简单的优势结合起来，设计了一种全刻蚀结构的二元闪耀光栅耦合器，而且该耦合器中最小的光栅突脊尺寸为 51 nm，这一尺寸对于目前的加工工艺来说并不难实现。由于其特征尺寸小于波长，因此采用耦合波理论而非标量衍射理论对该结构进行分析。模拟结果表明该结构具有非常高的耦合效率和很大的制作容差。同时就光栅长度、光栅高度、光栅周期、二氧化硅层厚度、入射角对耦合效率的影响进行分析。该耦合器可以应用于光纤-波导、波导-光纤、波导-波导、芯片-芯片之间的近垂直耦合。其结构如图 4.10 所示。

设计二元闪耀光栅首先从光栅高度出发，由于采用全刻蚀结构，所以光栅高度与波导层厚度相同。由于波导层厚度应该小于 270 nm，因此对于这种全刻蚀结构光栅高度也应该小于 270 nm。同时考虑到现实中 SOI 基片的规

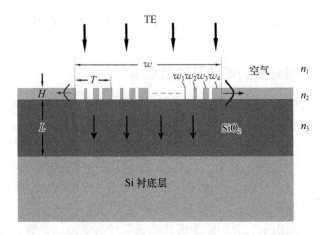

图 4.10　全刻蚀二元闪耀光栅耦合器结构示意图（占空比 $f_4 = 1$）

格,因此选择波导层厚度为 220 nm,也就是光栅高度也为 220 nm。将光栅高度代入公式(4.2)可求出有效折射率 N_{eff_m},再利用垂直入射时 $\theta = 0°$ 的条件,入射波波长 $\lambda = 1\,550$ nm,并且对于衍射级次为 -1 级情况下,由公式(1.8)可以估算出光栅的周期,其波矢图如图 4.11 所示。因此以该计算结果为基础,并在 $0.455 \sim 1.079$ μm 范围内选择最优的光栅周期,利用 FDTD 数值模拟,如表 4.1 中所示数据可以看出光栅周期为 0.70 μm 时耦合效果最好,以此为基础对其他参数对耦合效率的影响进行分析,从而进行优化。

表 4.1　全刻蚀二元闪耀光栅耦合器耦合效率随光栅周期变化的关系

光栅周期 T/μm	0.66	0.68	0.70	0.72	0.74
耦合效率 η/%	4.0	36.1	59.2	20.3	11.7

该耦合器中占空比是一个非常重要的参数,由于考虑到工艺因素,每个子周期内的占空比不能太小也不能太大,所以作者团队设计的耦合器中每个光栅周期中子周期数为 4,且占空比 $f_4 = 1$。将 $f_4 = 1$ 代入公式(4.12)得 $\dfrac{H_1}{H_3} = \dfrac{8}{7}$,从而其余的三个占空比都可以确定下来,其分别为 $f_1 = 0.075$, $f_2 = 0.293$, $f_3 = 0.601$。由于光栅的周期已经确定,且子周期数为 4,所以每个子周期内的光栅突脊宽度都可以确定下来。同时由于 $f_4 = 1$,也就是说每个周期的第四个子周期

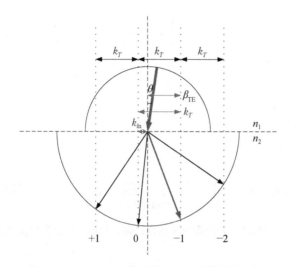

图 4.11　全刻蚀二元闪耀光栅耦合器波矢示意图

的突脊与下一个周期的第一个突脊相连。因此,每个周期中的第二个子周期的突脊为最窄的突脊,而不是第一个子周期的突脊,由图 4.10 中可以很明显地看出这一点。第二个子周期的突脊宽度为 51 nm,这个尺寸对于目前的加工工艺并不难实现。

二元闪耀光栅每个子周期内的光栅线条都很窄,这会使入射光场被分立地限制在光栅缝中。同时由于全刻蚀结构中的光栅缝处为空气/硅的高折射率比界面,造成光源入射至界面处时产生反射,反射光场与限制在光栅缝处的光场形成强烈的相干叠加,会对耦合效率产生影响。而光栅高度直接影响限制在光栅缝处的光场分布,因此需要认真考虑光栅的高度,以使得更多的光耦合入波导。因此作者团队对光栅高度变化对耦合效率的影响进行了分析,如图 4.12 所示。由图中可以看出,当光栅高度在 199～200 nm 和 219～220 nm 范围内变化时,光栅的耦合效率变化得非常明显,这就意味着该结构对光栅高度在该范围内变化非常敏感。但幸运的是,当光栅高度在 200～219 nm 范围内变化时,耦合效率基本不变,这就意味着该结构具有 19 nm 的刻蚀高度制作容差。

入射角度是耦合器的另一个重要参数。由公式(1.8)可知,二元光栅的周期越小,入射角越大,光栅对角度的变化就越敏感。因此,必须仔细分析入射角度对耦合效率的影响。图 4.13 为入射角与耦合效率之间的关系。由图中可以看出当入射角度在 1.5°～8°变化时,耦合效率均高于 50%,且耦合效率的变化小

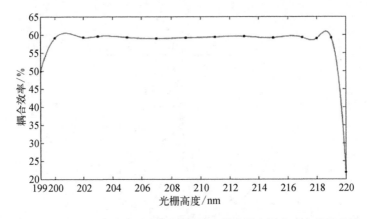

图 4.12　全刻蚀二元闪耀光栅耦合器耦合效率随光栅高度变化关系图

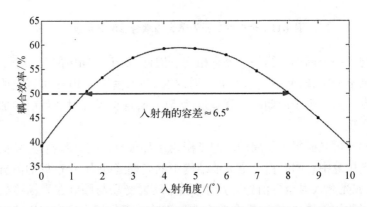

图 4.13　全刻蚀二元闪耀光栅耦合器耦合效率随光源入射角度变化关系图

于 10%，也就是说这种结构的角度容差约 6.5°。同时通过模拟得知，当入射光绝对垂直的条件下，且入射波长为 1 563 nm 时，耦合效率也能达到 47.5%。但是为了避免入射光二级反射，选择入射光不绝对垂直的入射条件。由模拟结果可以看出最优的入射角度为 4°。

　　作者团队还对光栅长度进行了分析，该结构最优的光栅长度选为 9.1 μm（13T），如图 4.14 所示。

　　该耦合器中，SiO_2 层厚度对耦合效率的影响如图 4.15 所示，可见该结果与之前分析的 SiO_2 层与耦合效率之间的关系大致呈周期性的观点完全一致。其最优的 SiO_2 层厚度为 1.2 μm。

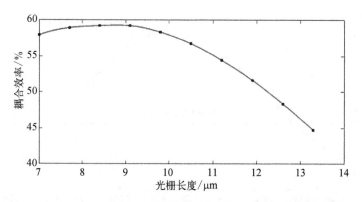

图 4.14　全刻蚀二元闪耀光栅耦合器耦合效率随光栅长度变化关系图

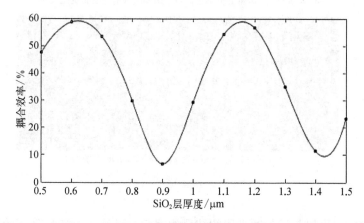

图 4.15　全刻蚀二元闪耀光栅耦合器耦合效率随 SiO₂ 层厚度变化关系图

　　由于各个参数都已经选出最优值,在各个参数均选择最优值的条件下,最后对入射波长对耦合效率的影响进行了分析,由图 4.16(a)中看出当入射波长为 1.55 μm 时,耦合效率可以达到 59.2%,并且这种结构具有 1 546~1 579 nm 的 33 nm 的 3 dB 带宽。同时,由模拟结果可以看出在入射波长为 1 563 nm 时耦合效率可达到 76.9%。图 4.16(b)为利用 FDTD 数值模拟方法获得的入射波长为 1.55 μm 时该结构的 Poynting 矢量分布,由图中可以很明显地看出耦合光向右传输,这与图 4.11 的波矢图相符。

　　在本小节中作者团队提出了一种新型的全刻蚀二元闪耀光栅耦合器。该耦合器具有 33 nm 的 3 dB 带宽,且在入射波长为 1 550 nm 时耦合效率能达到

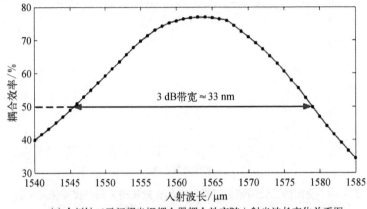

(a) 全刻蚀二元闪耀光栅耦合器耦合效率随入射光波长变化关系图

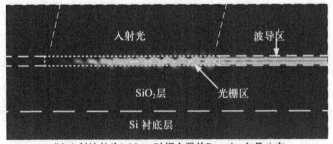

(b) 入射波长为1.55 μm时耦合器的Poynting矢量分布

图 4.16

59.2%,该结果可以与浅刻蚀光栅的结果相媲美。同时其工作于 TE 模偏振光垂直入射的条件下。并且这种结构具有 19 nm 的刻蚀高度容差和 6.5° 的入射角度容差,这大大降低了制作难度。这种结构可以很容易地利用 CMOS 工艺制作而成,并且可以在集成光路中很好地应用。

4.4 对称式全刻蚀啁啾型亚波长二元闪耀光栅分束器

光学分束器作为一种能将单个信息输入变换成多个信息输出的光子器件,在光通信、光计算、光互连、光盘存储处理及精密测量等现代科技的许多领域有着广泛的应用。传统的分束器由于体积大、效率低等缺点,无法满足光学系统小型化、集成化和高效化的要求。近几年随着硅基光子学理论和微纳加工技术的发展,亚波长光栅因其优良的偏振衍射特性,以及体积小、效率高、易集成等优点引起研究人员的广泛关注。

作者团队以上一节中的全刻蚀二元闪耀光栅耦合器为基础提出了一种对称式啁啾光栅耦合器,其核心部分是顶硅层的光栅结构,采用两个宽度调制的啁啾型二元闪耀光栅对称分布而成。啁啾光栅是指光栅栅格间距不等的光栅[4],该结构之所以被称为啁啾光栅体现在光栅宽度的周期性变化和结构的周期性分布,其具体结构如图 4.17 所示。

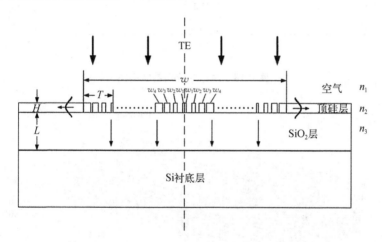

图 4.17 对称式全刻蚀啁啾型亚波长二元闪耀光栅分束器结构示意图

由于图可看出该啁啾光栅分束器实质上是由两个镜像对称的二元闪耀光栅耦合器组成,左右两部分具有相同的设计参数,而采用对称的结构排列,左半部分光栅区域将部分入射光向左耦合,右半部分光栅区域将另一部分入射光向右耦合,以实现分束的功能。

由图 4.11 可知图 4.10 的光栅耦合器结构将光向右耦合,因此采用图 4.17 的对称结构,而非图 4.18 的对称结构,以减小两束耦合光之间的串扰。

利用 FDTD 方法模拟获得的结果表明该种结构具有很好的均匀分束效果,图 4.19 所示为分束器的 Poynting 矢量分布模拟结果,由图可见分束效果很明显。

如图 4.20 所示为波长与耦合效率的关系,由图中可以看出当入射波长为 1 580 nm 时,分束器左右两端的耦合效率最高,分别为 43.627% 和 43.753%,即

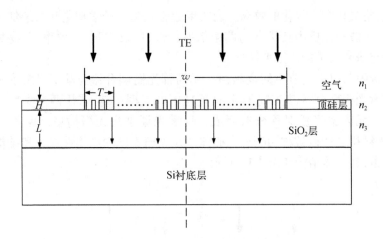

图 4.18　对比的分束器结构图

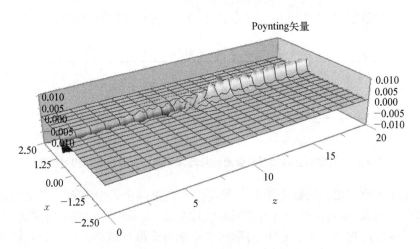

图 4.19　分束器的光场分布模拟结果

左右两端的输出效率差只有 0.126%,此波长便为该分束器的中心波长。由图中还可以看出,两端的耦合效率差最大为 0.133%,最小仅为 0.046%,说明这种分束器结构可以对 TE 模入射光实现均匀分束的效果。同时,当入射波长改变至 1 561 nm 或 1 592 nm 时两端的耦合效率均降低至最高耦合效率时的 80%,即该分束器的 3 dB 带宽为 31 nm,也就是说该分束器在 1 561~1 592 nm 波长范围内可正常工作。

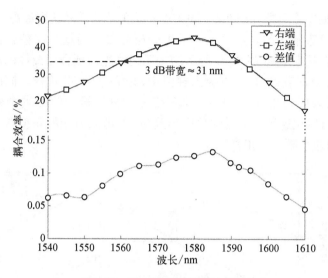

图 4.20　波长与耦合效率的关系

由图 4.21 可以看出,分束器两端的耦合效率对光栅高度的变化很敏感,光栅高度仅变化 20 nm,耦合效率就变化 20% 左右,光栅高度的最优值为 210 nm。同时光栅高度改变至 205 nm 或 225 nm 时耦合效率降至最优值的 80%,因此光栅高度的 3 dB 容差为 20 nm,即光栅高度在 205～225 nm 变化时,分束器均可正常工作。

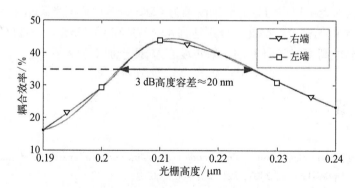

图 4.21　光栅高度与耦合效率的关系

对于这种对称式分束器结构,当信号光垂直入射即入射光角度 $\theta = 0°$ 时实现入射光能量的均匀分束。图 4.22 所示为分束器两端的耦合效率与角度之间的关系,可见左右两端分别在-4°和4°时单边的耦合效率达到最高,而在垂直入射情况下,分束最均匀。这是上一节中分析的二元闪耀光栅耦合器并不是在 $\theta = 0°$ 时耦合效率最高,图 4.10 所示的二元闪耀光栅耦合器最优的耦合效果是在入射角为 4° 时获得的,所以会出现图 4.22 所示的变化规律。同时由图 4.22 可以看到当入射光角度在-1.5° ~ 1.5° 变化时分束器两端的耦合效率差小于 10%,因此可以说这种分束器的角度容差为 3°,即入射光的角度在-1.5° ~ 1.5° 范围变化时耦合器均可正常工作。

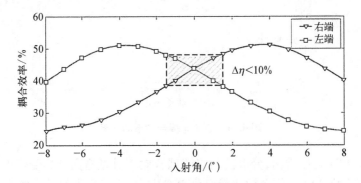

图 4.22 入射角与耦合效率的关系

本小节提出了一种新型的以二元闪耀光栅为基础的对称式啁啾光栅分束器,并采用与 CMOS 工艺兼容且便于加工和集成的全刻蚀结构,该分束器可以对 TE 模入射光实现均匀分束。当波长为 1 580 nm 的 TE 模光源垂直入射时,分束器水平两端的耦合效率能够分别达到 43.627% 和 43.753%。并且该结构具有 20 nm 的刻蚀高度容差和 3° 的入射角度容差,便于加工和集成。

参考文献

[1] Feng Junbo, Zhou Zhiping. Polarization beam splitter using a binary blazed grating coupler [J]. Optics Letters, 2007, 32(12): 1662 – 1664.

[2] 程志军.亚波长抗反射光栅的设计与制作[D].武汉:华中科技大学,2002.

[3] 金国藩,严瑛白,邬敏贤,等.二元光学[M].北京:国防工业出版社,1998.

[4] Miler M. 'Chirped' grating coupler: A holographic approach [J]. Optical and Quantum Electronics, 1979, 11: 359 – 366.

第二部分　石墨烯太赫兹波束调控器件

第 5 章　石墨烯电磁特性及波束调控原理

5.1　引言

太赫兹波的频段处于红外光与微波之间,它的电磁特性非常独特,并在国防、公共安全、医疗卫生等诸多领域拥有广阔的应用前景。随着研究的不断深入,太赫兹技术的发展极大地促进了医疗成像、电子对抗、宽带无线通信、雷达探测等技术的革新。然而,太赫兹功能材料的缺失为太赫兹技术的发展带来了巨大的困扰,因此解决材料匮乏问题并且制备高效稳定的太赫兹功能器件已经成为目前的研究重点。近年出现的超材料有望成为解决太赫兹器件缺失问题的新途径,特别是石墨烯超材料的出现,极大地推动了可调谐太赫兹器件的发展。石墨烯凭借其对表面等离激元的高度局域性和灵活的可调谐特性,迅速成为太赫兹技术发展的新平台。石墨烯的电磁特性可以通过施加偏置电压的方式进行调控,使得石墨烯在制备可调谐的太赫兹功能器件方面具有得天独厚的优势。目前,已有的可调谐太赫兹器件普遍存在功能单一、结构复杂等问题。因此,如何将更多的功能集成在结构简单的单一器件上,将成为下一步研究的热点。

5.2　石墨烯的电磁特性

石墨烯作为第一种被实验证实的二维纳米材料,凭借其极高的载流子迁移率,以及优异的力、热、光、电性能,迅速成为人们关注的热点。石墨烯出色的电磁特性源于其独特的能带结构。此外,通过化学掺杂或者施加偏置电压的方式,可以有效调节石墨烯的载流子浓度,进而实现操控石墨烯电导率的目的。石墨烯的可调谐特性在制备主动式太赫兹超材料器件的过程中发挥了至关重要的作用。本节将分别介绍石墨烯的能带结构、电导率、可调谐特性以及表面等离激元模型。

5.2.1 石墨烯的能带结构

石墨烯是按蜂窝状晶格排列、厚度仅为 0.335 nm 的单原子层状结构。石墨烯的结构中相邻碳原子间是以 sp^2 杂化轨道形成的 σ 键连接的,每个碳原子只与周围最相近的三个碳原子相连。由于碳原子拥有 4 个价带电子,在通过稳定的 σ 键形成六边形环后,每个碳原子会剩一个 p 轨道电子,该电子在垂直于石墨烯平面的位置形成 π 键,石墨烯的晶格结构如图 5.1(a)所示[1]。

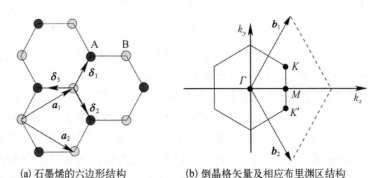

(a) 石墨烯的六边形结构　　　　(b) 倒晶格矢量及相应布里渊区结构

图 5.1　石墨烯晶格结构特性[1]

可以认为,石墨烯的每个晶胞包含两个碳原子,分别为 A 和 B,它们的距离为 $a \approx 0.142$ nm,晶胞内的晶格矢量 $\boldsymbol{a}_1$ 和 $\boldsymbol{a}_2$ 可表示为

$$\boldsymbol{a}_1 = \frac{a}{2}(3, \sqrt{3}), \ \boldsymbol{a}_2 = \frac{a}{2}(3, -\sqrt{3}) \tag{5.1}$$

其对应的倒晶格矢量可表示为

$$\boldsymbol{b}_1 = \frac{2\pi}{3a}(1, \sqrt{3}), \ \boldsymbol{b}_2 = \frac{2\pi}{3a}(1, -\sqrt{3}) \tag{5.2}$$

如图 5.1(b)所示,石墨烯特殊物理特性产生的最重要因素就是布里渊区角落的狄拉克点,也就是 $\boldsymbol{K}$ 和 $\boldsymbol{K'}$ 所在的位置。这两点的位置可表示为

$$\boldsymbol{K} = \left(\frac{2\pi}{3a}, \frac{2\pi}{3\sqrt{3}\,a}\right), \ \boldsymbol{K'} = \left(\frac{2\pi}{3a}, -\frac{2\pi}{3\sqrt{3}\,a}\right) \tag{5.3}$$

在晶格结构中,三个最近邻的矢量可表示为

$$\boldsymbol{\delta}_1 = \frac{a}{2}(1, \sqrt{3}), \boldsymbol{\delta}_2 = \frac{a}{2}(1, -\sqrt{3}), \boldsymbol{\delta}_3 = -a(1, 0) \tag{5.4}$$

除此之外,还存在六个次近邻的点,其矢量为

$$\boldsymbol{\delta}_1' = \pm \boldsymbol{a}_1, \boldsymbol{\delta}_2' = \pm \boldsymbol{a}_2, \boldsymbol{\delta}_3' = \pm(\boldsymbol{a}_2 - \boldsymbol{a}_1) \tag{5.5}$$

通过紧束缚近似,可以计算出单层本征石墨烯的能带关系如下:

$$E_\pm(\boldsymbol{k}) = \pm t\sqrt{3 + f(\boldsymbol{k})} - t'f(\boldsymbol{k})$$

$$f(\boldsymbol{k}) = 2\cos(\sqrt{3}k_y a) + 4\cos\left(\frac{\sqrt{3}}{2}k_y a\right)\cos\left(\frac{3}{2}k_x a\right) \tag{5.6}$$

其中, t 表示最近邻跃迁能量,该过程发生在不同子晶格间; t' 表示次近邻跃迁能量,发生在相同子晶格中的;二维空间中,电子波函数的波矢可用 $\boldsymbol{k}$ 表示。当 $t = 2.7\ \mathrm{eV}$ 且 $t' = -0.2\ \mathrm{eV}$ 时,石墨烯的能带结构如图 5.2 所示。其中, $E(\boldsymbol{k}) = 0$ 所指的平面被称为费米面。在式(5.6)的" $\pm$ "号中," $+$ "号代表位处图 5.2 中费米面上方,对应 π^* 态;"$-$"号代表位于费米面下方,则对应 π 态。由式(5.6)可知,当 $t' = 0$ 时,能带是关于费米面对称分布的。且由于石墨烯的带隙为零, π^* 态和 π 态相交于第一布里渊区的狄拉克点($\boldsymbol{K}$ 和 $\boldsymbol{K}'$)处。而当 $t' \neq 0$ 时,能带关于费米面的对称性就会被打破[2]。

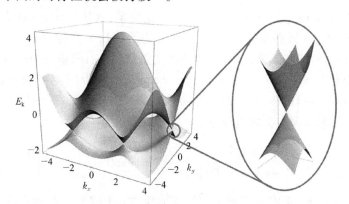

图 5.2　石墨烯的能带结构图[1]

假设当 $t' \neq 0$ 时,可以根据式(5.6)所表示的全能带结构扩展到狄拉克点附近,从而推导出相应能带关系,此时 $\boldsymbol{k} = \boldsymbol{K} + \boldsymbol{q}$,且 $|\boldsymbol{q}| \ll |\boldsymbol{K}|$,能带关系如下:

$$E_{\pm}(\boldsymbol{q}) \approx \pm \nu_{\mathrm{f}} \mid \boldsymbol{q} \mid + O\left[(q/K)^2\right] \tag{5.7}$$

其中，$\boldsymbol{q}$ 代表狄拉克点处的相对动量；$\nu_{\mathrm{f}} = 3ta/2$，该值为费米速度。上述关于石墨烯能带结构的研究可追溯到 20 世纪 40 年代，最早是由 Wallace 于 1947 年提出的[3]。

5.2.2　石墨烯的电导率

由于石墨烯是二维材料，因此本书所说的石墨烯电导率均被默认为是面电导率。由于能带结构极其特殊，使得石墨烯电导率会随电磁波频率的不同而急剧变化。例如在可见光和近红外波段，石墨烯的电导率为恒定值，与频率无关，其值为 $e^2/4\hbar$，式中的 e 表示电子电量，而 $\hbar$ 表示约化普朗克常量。此时，石墨烯的透光率仅与其精细结构常数 α 相关而不受频率的影响，此时透光率约为 97.7%，其中 $\alpha = e^2/\hbar c$，这里 c 表示真空中的光速[4-7]。但是，在频率相对较低的中远红外以及太赫兹波段，石墨烯电导率则会发生极大的变化。本节中，将利用久保（Kubo）模型和德鲁德（Drude）模型来描述石墨烯的电导率。

根据 Kubo 方程，石墨烯的电导率可表示为[8-14]

$$\sigma_{\mathrm{g}}(\omega) = -\frac{\mathrm{i}e^2(\omega + \mathrm{i}\Gamma)}{\pi\hbar^2}\left[\int_{-\infty}^{+\infty}\frac{\mid \varepsilon \mid}{(\omega + \mathrm{i}\Gamma)^2}\frac{\mathrm{d}f_{\mathrm{d}}(\varepsilon)}{\mathrm{d}\varepsilon}\mathrm{d}\varepsilon - \int_0^{+\infty}\frac{f_{\mathrm{d}}(-\varepsilon) - f_{\mathrm{d}}(\varepsilon)}{(\omega + \mathrm{i}\Gamma)^2 - 4(\varepsilon/\hbar)^2}\mathrm{d}\varepsilon\right] \tag{5.8}$$

其中，$f_{\mathrm{d}} = \{1 + \exp[(\varepsilon - E_{\mathrm{f}})/(k_{\mathrm{B}}T)]\}^{-1}$ 是费米-狄拉克分布；ω 为电磁波频率；Γ 表示载流子散射率（与弛豫时间 τ 互为倒数）；ε 为能量；E_{f} 为石墨烯的费米能级；k_{B} 为玻尔兹曼常数；T 为开尔文温度。在石墨烯材料中存在带内电子-光子散射（intraband electron-photon scattering）和带间电子跃迁（interband electron transitions）过程，分别对应着带内电导率 σ_{intra} 和带间电导率 σ_{inter}[11]。式（5.8）中的第一项为带内电导率 σ_{intra}，可以表示为[10]

$$\sigma_{\mathrm{intra}} = \mathrm{i}\frac{e^2 k_{\mathrm{B}}T}{\pi\hbar^2(\omega + \mathrm{i}\Gamma)}\left\{\frac{E_{\mathrm{f}}}{k_{\mathrm{B}}T} + 2\ln\left[\exp\left(-\frac{E_{\mathrm{f}}}{k_{\mathrm{B}}T}\right) + 1\right]\right\} \tag{5.9}$$

从式（5.9）中可知，带内电导率 σ_{intra} 的实部和载流子散射率 Γ 相关，它会影响能量的吸收与耗散过程。

石墨烯的带间电导率 σ_{inter} 对应着式（5.8）的第二项，当满足条件 $\mid E_{\mathrm{f}} \mid \gg k_{\mathrm{B}}T$ 时，它可以被近似地表示为[10]

$$\sigma_{\text{inter}} = i\,\frac{e^2}{4\pi\hbar^2}\ln\left[\frac{2\,|\,E_f\,|\,-\,\hbar(\omega+i\varGamma)}{2\,|\,E_f\,|\,+\,\hbar(\omega+i\varGamma)}\right] \tag{5.10}$$

由式(5.8)~式(5.10)可知,当处于中远红外以及太赫兹波段时,由于带间跃迁几乎可以忽略,因此石墨烯电导率主要受带内电子跃迁的影响,因此石墨烯电导率可变为如下形式[14]:

$$\sigma_g \approx \sigma_{\text{intra}} = i\,\frac{e^2 k_B T}{\pi\hbar^2(\omega+i\varGamma)}\left\{\frac{E_f}{k_B T} + 2\ln\left[\exp\left(-\frac{E_f}{k_B T}\right)+1\right]\right\} \tag{5.11}$$

当石墨烯为弱掺杂,即满足条件 $|\,E_f\,| \gg k_B T$ 和 $\hbar\omega \ll 2\,|\,E_f\,|$ 时,上式可简化为如下 Drude 模型的形式[14]:

$$\sigma_g = \frac{iD}{\pi(\omega+i\varGamma)} \tag{5.12}$$

其中,D 是 Drude 质量(Drude weight):

$$D = \frac{e^2 E_f}{\hbar^2} \tag{5.13}$$

费米能级 E_f 与载流子浓度 n_g 和弛豫时间 τ 之间关系分别如下:

$$E_f = \hbar\nu_f\sqrt{\pi\,|\,n_g\,|} \tag{5.14}$$

$$\tau = \frac{\mu E_f}{e\nu_f^2} \tag{5.15}$$

其中,ν_f 表示费米速度;μ 表示载流子迁移率。

为了计算的简洁与准确,本章在仿真计算和数据处理过程中,都是利用基于 Drude 模型的电导率,在计算过程中,石墨烯在理想情况下的参数取值为:$\nu_f = 10^6$ m/s, $\mu = 10^4$ cm^2/(V · s) [15, 16]。

除电导率外,在计算中还需要关注石墨烯的相对介电常数 ε_g,其表达式为如下形式[17-20]:

$$\varepsilon_g = 1 + \frac{i\sigma_g}{\omega\varepsilon_0 t_g} \tag{5.16}$$

其中,真空介电常数为 ε_0;石墨烯的厚度为 $t_g = 0.335$ nm。

由式(5.12)~式(5.14)可知,$\sigma_g \propto D \propto E_f \propto \sqrt{|\,n\,|}$,即石墨烯的电导率可

以通过改变石墨烯的费米能级(载流子浓度)来进行调节。而石墨烯的费米能级(载流子浓度)的调节可以通过外加偏置电压、外加静电(磁)场及化学掺杂等方式来实现。具体实现方法在下节将会详细介绍。

5.2.3 石墨烯的可调谐特性

与传统材料相比,石墨烯最大的优点是其费米能级是可调控的。石墨烯的费米能级可以通过化学掺杂、增加偏置电压、施加电场、磁场等方法进行调节[21]。目前,较为常用且效果较好的方法是电调控的方式。本节中,主要介绍采用电调控方式实现调整石墨烯费米能级的方法。

为了实现电调控的目的,不可或缺的一步就是构建一个包含"石墨烯-绝缘层-衬底"结构的电容器,其典型结构如图 5.3 所示。根据式(5.14)可知,石墨烯的费米能级与载流子浓度相关,而载流子浓度可以通过调整偏置电压来进行调节。因此,石墨烯的费米能级可以通过偏置电压来调整。

在上述情况下,石墨烯费米能级与电压之间关系可表示为[21]

$$E_f = \hbar \nu_f \sqrt{\pi \frac{C_g \mid V_{biased} \mid}{e}}$$

$$\mid V_{biased} \mid = \mid V_g - V_{dirac} \mid \qquad (5.17)$$

$$C_g = \frac{\varepsilon_0 \varepsilon_d}{t_d}$$

其中,式(5.14)中的载流子浓度 $\mid n_g \mid = C_g \mid V_{biased} \mid / e$; C_g 表示图 5.3 所示结构中的电容; V_{biased}、V_{dirac}、V_g 分别表示施加在石墨烯上的偏置电压、补偿电压和施加在石墨烯上的实际电压; ε_d 表示绝缘层的介电常数; t_g 表示绝缘层的厚度[22]。由式(5.17)可知,石墨烯的费米能级可通过调节施加在石墨烯上的电压 V_g 来进行动态调整。

石墨烯

绝缘体

基底

图 5.3 石墨烯结构施加偏置电压示意图

5.2.4 石墨烯的表面等离激元

表面等离激元是一种电磁表面波,它仅存在于导体与绝缘体交界面,并沿着导体表面进行传播[23]。传统意义上的表面等离激元存在于金属与介质间,它由光子与金属中的电子相互耦合而激发。如图 5.4 所示,表面等离激元在界面处有非常高的场强度,在垂直于界面的方向,其场强度沿远离界面的方向上呈指数衰减,形成了垂直方向上的局域性光场,即倏逝场;在沿着界面的方向,表面等离激元却可以传播较长的一段距离[23, 24]。早在 1902 年,约翰·霍普金斯大学的 Wood 教授首次观察到金属衍射光栅上的反常衍射现象,该现象受表面等离激元的影响而产生,这是与表面等离激元相关的最早的实验报道[25]。直到 1957 年,美国橡树岭国家实验室的 Ritchie 教授等人对金属薄膜中等离子体与电子能量损耗间的关系进行系统的研究之后,人们才逐渐认识了表面等离激元[26]。

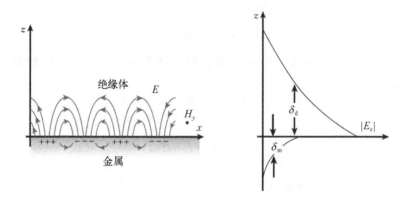

图 5.4　表面等离激元的传播示意图[23]

近年来,表面等离激元已经在微纳光子学领域引起了极大的关注[27]。由于表面等离激元可以将电磁波限制在波长或者亚波长级别,因此可以突破光的衍射极限,使其可以广泛应用在纳米光刻、超分辨成像、高集成度信息处理等方面[28-32]。传统用于产生表面等离激元的材料一般为贵金属(金和银),但是该类型的材料在实际应用过程中存在损耗大以及特性不可调控等缺陷,其应用范围受到了极大的限制。在 Novoselov 等制备出石墨烯之后,人们就推测石墨烯极有可能支持表面等离激元,并且石墨烯表面等离激元对光场拥有更强的局域性和更小的损耗,此外石墨烯还拥有非常强的可调谐特性。因此,石墨烯有望替代金属作为光电子器件的制备材料,推动表面等离激元在光电子领域的发展[33-36]。

5.2.4.1　金属表面等离激元的色散关系

为了方便对比与理解,在介绍石墨烯表面等离激元之前,首先介绍金属表面等离激元的特性。当光照射到金属表面时,在金属表面会产生电磁表面波,下面将从亥姆赫兹方程出发,分析其产生机理[37-39]。

在各向同性的均匀介质中,电磁场的亥姆赫兹方程为

$$\nabla^2 \boldsymbol{E} + k_0^2 \varepsilon \boldsymbol{E} = 0$$
$$\nabla^2 \boldsymbol{H} + k_0^2 \varepsilon \boldsymbol{H} = 0 \tag{5.18}$$

其中,$k_0 = \omega/c$ 表示自由空间中频率为 ω 的电磁波的波矢。为方便分析,仅分析一维情况,此时,电磁波的传播方向将沿着 x 轴,而介电常数仅沿 z 方向变化,即 $\varepsilon = \varepsilon(z)$。此时,电磁场矢量表述如下:

$$\boldsymbol{E}(x, y, z) = \boldsymbol{E}(z)\mathrm{e}^{\mathrm{i}\beta x}$$
$$\boldsymbol{H}(x, y, z) = \boldsymbol{H}(z)\mathrm{e}^{\mathrm{i}\beta x} \tag{5.19}$$

其中,$\beta = k_x$ 表示的是沿 x 方向的传播常数。将式(5.19)代入式(5.18)可得

$$\frac{\partial^2 \boldsymbol{E}(z)}{\partial z^2} + (k_0^2 \varepsilon - \beta^2)\boldsymbol{E}(z) = 0$$
$$\frac{\partial^2 \boldsymbol{H}(z)}{\partial z^2} + (k_0^2 \varepsilon - \beta^2)\boldsymbol{H}(z) = 0 \tag{5.20}$$

根据麦克斯韦方程组,可得如下耦合方程:

$$\frac{\partial E_z}{\partial y} - \frac{\partial E_y}{\partial z} = \mathrm{i}\omega \mu_0 H_x$$

$$\frac{\partial E_x}{\partial z} - \frac{\partial E_z}{\partial x} = \mathrm{i}\omega \mu_0 H_y$$

$$\frac{\partial E_y}{\partial x} - \frac{\partial E_x}{\partial y} = \mathrm{i}\omega \mu_0 H_z$$

$$\frac{\partial H_z}{\partial y} - \frac{\partial H_y}{\partial z} = -\mathrm{i}\omega \varepsilon_0 \varepsilon E_x \tag{5.21}$$

$$\frac{\partial H_x}{\partial z} - \frac{\partial H_z}{\partial x} = -\mathrm{i}\omega \varepsilon_0 \varepsilon E_y$$

$$\frac{\partial H_y}{\partial x} - \frac{\partial H_x}{\partial y} = -\mathrm{i}\omega \varepsilon_0 \varepsilon E_z$$

其中，ε_0 为真空中的介电常数；μ_0 为磁导率。当电磁波沿 x 方向传播时有 $\partial/\partial x = i\beta$ 且 $\partial/\partial y = 0$，式(5.21)可化简为

$$\frac{\partial E_y}{\partial z} = -i\omega\mu_0 H_x$$

$$\frac{\partial E_x}{\partial z} - i\beta E_z = i\omega\mu_0 H_y$$

$$-i\beta E_y = i\omega\mu_0 H_z$$

$$\frac{\partial H_y}{\partial z} = i\omega\varepsilon_0\varepsilon E_x \qquad (5.22)$$

$$\frac{\partial H_x}{\partial z} - i\beta H_z = -i\omega\varepsilon_0\varepsilon E_y$$

$$i\beta H_y = -i\omega\varepsilon_0\varepsilon E_z$$

对于 TM 模来说，E_x、E_z 和 H_y 为非零值，式(5.22)可化简为

$$E_x = -i\frac{1}{\omega\varepsilon_0\varepsilon}\frac{\partial H_y}{\partial z}$$

$$E_z = -\frac{\beta}{\omega\varepsilon_0\varepsilon}H_y \qquad (5.23)$$

且 TM 模的波动方程为

$$\frac{\partial^2 H_y}{\partial z^2} + (k_0^2\varepsilon - \beta^2)H_y = 0 \qquad (5.24)$$

对于 TE 模来说，H_x、H_z 和 E_y 为非零值，可得

$$H_x = i\frac{1}{\omega\mu_0}\frac{\partial E_y}{\partial z}$$

$$H_z = \frac{\beta}{\omega\mu_0}E_y \qquad (5.25)$$

且 TE 模的波动方程为

$$\frac{\partial^2 E_y}{\partial z^2} + (k_0^2\varepsilon - \beta^2)E_y = 0 \qquad (5.26)$$

以上是均匀介质中电磁波的波动方程,接下来将以此为基础,对金属表面等离激元的产生机理进行分析。首先,构建一个简单的金属与介质的交界面模型,金属与介质的介电常数分别为 $\varepsilon_1(\omega)$ 和 ε_2,如图 5.5 所示。在该模型中,材料具有金属特性的条件是 $\mathrm{Re}(\varepsilon_1) < 0$,而对于金属材料来说,当电磁波频率小于等离子体频率 ω_p 的时候,该条件都是满足的。表面等离激元的模式,对应着沿 x 传播且在 z 方向快速衰减的电磁波的波动方程的解。

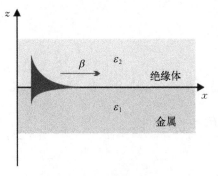

图 5.5 绝缘介质和金属交界面表面等离激元波示意图

首先来分析 TM 模式的情况,根据式(5.23)和式(5.24),在 $z < 0$ 的范围内:

$$H_y(z) = A_1 \mathrm{e}^{\mathrm{i}\beta x} \mathrm{e}^{k_1 z}$$

$$E_x(z) = -\mathrm{i}A_1 \frac{1}{\omega\varepsilon_0\varepsilon_1} k_1 \mathrm{e}^{\mathrm{i}\beta x} \mathrm{e}^{k_1 z} \tag{5.27}$$

$$E_z(z) = -A_1 \frac{\beta}{\omega\varepsilon_0\varepsilon_1} \mathrm{e}^{\mathrm{i}\beta x} \mathrm{e}^{k_1 z}$$

在 $z > 0$ 的范围内:

$$H_y(z) = A_2 \mathrm{e}^{\mathrm{i}\beta x} \mathrm{e}^{-k_2 z}$$

$$E_x(z) = \mathrm{i}A_2 \frac{1}{\omega\varepsilon_0\varepsilon_2} k_2 \mathrm{e}^{\mathrm{i}\beta x} \mathrm{e}^{-k_2 z} \tag{5.28}$$

$$E_z(z) = -A_2 \frac{\beta}{\omega\varepsilon_0\varepsilon_2} \mathrm{e}^{\mathrm{i}\beta x} \mathrm{e}^{-k_2 z}$$

其中,与交接面垂直的波矢分量为 k_1 和 k_2。其中,波矢的倒数 $z_i = 1/|k_i|$($i = 1, 2$)被定义为表面等离激元在介质中的衰减长度,该值的大小表示对波的约束能力的强弱。在金属和介质的交界面,由电磁场的连续性条件要求,可得

$$A_1 = A_2 \tag{5.29}$$

且

$$\frac{k_2}{k_1} = -\frac{\varepsilon_2}{\varepsilon_1} \tag{5.30}$$

根据式(5.27)和式(5.28)中电磁场在交界面处连续的条件可以推出,当 $\varepsilon_2 > 0$ 时,$\text{Re}(\varepsilon_1) < 0$,这种情况说明表面等离激元存的交界面,两种材料的介电常数实部的符号应该相反。此外,H_y 还需要满足式(5.24)所示的波动方程,由此可求出 k_1 和 k_2:

$$k_1^2 = \beta^2 - k_0^2 \varepsilon_1$$
$$k_2^2 = \beta^2 - k_0^2 \varepsilon_2 \tag{5.31}$$

将式(5.30)和式(5.31)联立,就可以推导出表面等离激元在两种材料的交界面传播时的色散关系:

$$\beta = k_0 \sqrt{\frac{\varepsilon_1 \varepsilon_2}{\varepsilon_1 + \varepsilon_2}} \tag{5.32}$$

当 ε_1 为实数或复数时,式(5.32)均成立,即该色散关系不受材料损耗的限制。

接下来分析 TE 模,根据式(5.25)和式(5.26)可知,当 $z < 0$ 时:

$$E_y(z) = A_1 \mathrm{e}^{\mathrm{i}\beta x} \mathrm{e}^{k_1 z}$$
$$H_x(z) = \mathrm{i} A_1 \frac{1}{\omega \mu_0} k_1 \mathrm{e}^{\mathrm{i}\beta x} \mathrm{e}^{k_1 z} \tag{5.33}$$
$$H_z(z) = A_1 \frac{\beta}{\omega \mu_0} \mathrm{e}^{\mathrm{i}\beta x} \mathrm{e}^{k_1 z}$$

当 $z > 0$ 时:

$$E_y(z) = A_2 \mathrm{e}^{\mathrm{i}\beta x} \mathrm{e}^{-k_2 z}$$
$$H_x(z) = -\mathrm{i} A_2 \frac{1}{\omega \mu_0} k_2 \mathrm{e}^{\mathrm{i}\beta x} \mathrm{e}^{-k_2 z} \tag{5.34}$$
$$H_z(z) = A_2 \frac{\beta}{\omega \mu_0} \mathrm{e}^{\mathrm{i}\beta x} \mathrm{e}^{-k_2 z}$$

根据场的连续性条件,可知:

$$A_1(k_1 + k_2) = 0 \tag{5.35}$$

可知,若要保证表面等离激元存在,则需要满足 $\text{Re}(k_1) > 0$ 且 $\text{Re}(k_2) > 0$,此时 $A_1 = A_2 = 0$。因此,TE 模存在的条件不成立。综上可知,金属和介质表面仅存在 TM 模式的表面等离激元。

5.2.4.2 石墨烯表面等离激元的基本特性

接下来讨论石墨烯表面等离激元的特性,以最简单的"介质-石墨烯-介质"的结构为例进行分析,如图5.6所示。在交接面 $z = 0$ 处为石墨烯,则该处存在面电流 $\sigma_g E$[40, 41]。

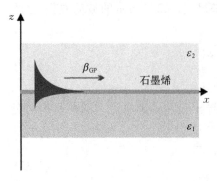

图 5.6　石墨烯表面等离激元波示意图

参照上面分析金属表面等离激元的方法,构建如图5.6所示的结构,其中石墨烯两侧介质的介电常数分别为 ε_1 和 ε_2。对于石墨烯材料,TM 模式的表面等离激元占主导地位,而 TE 模式很弱,因此本节中仅分析 TM 模的情况,其边界条件为($z = 0$)

$$E_x \big|_{z=0-} - E_x \big|_{z=0+} = 0$$

$$H_y \big|_{z=0-} - H_y \big|_{z=0+} = \sigma_g E_x \tag{5.36}$$

将此条件用于式(5.27)和式(5.28)中,并结合式(5.31),可得 TM 模的色散关系如下:

$$\frac{\varepsilon_1}{\sqrt{\beta_{GP}^2 - k_0^2 \varepsilon_1}} + \frac{\varepsilon_2}{\sqrt{\beta_{GP}^2 - k_0^2 \varepsilon_2}} = -\mathrm{i}\sigma \frac{1}{\omega \varepsilon_0} \tag{5.37}$$

其中,β_{GP} 表示石墨烯等离激元在 x 方向上的传播常数。由于在等离共振频率下,等离激元的波矢远大于平面波矢,即 $\beta_{GP}^2 \gg k_0^2 \varepsilon_i (i = 1, 2)$。结合式(5.12)、式(5.13)和式(5.37),石墨烯的色散关系可近似为

$$\beta_{GP} = \frac{\pi \hbar^2}{e^2 E_f} \varepsilon_0 (\varepsilon_1 + \varepsilon_2) \omega (\omega + \mathrm{i}\tau^{-1}) \tag{5.38}$$

石墨烯的等离激元共振波长可表示为

$$\lambda_{GP} = \frac{2e^2 E_f}{\hbar^2 \varepsilon_0 (\varepsilon_1 + \varepsilon_2)} \frac{1}{\omega (\omega + \mathrm{i}\tau^{-1})} \tag{5.39}$$

石墨烯在红外波段拥有强烈的金属性,因此可以支持表面等离激元。与传统的金属结构相比,石墨烯在中远红外及太赫兹波段表面等离激元的约束性更强,且损耗更低。同时,石墨烯最大的优点是其特性可以通过调整费米能级、周围介质的介电常数等方法进行调控,具有较大的灵活性,使石墨烯等离激元的

应用范围得到极大扩展。

5.2.4.3　石墨烯表面等离激元的激发方式

通过上面的分析可知,石墨烯的表面等离激元有效波长远小于真空波长,这就意味着利用电磁波直接照射石墨烯的方式,无法激发表面等离激元。因此,需要采取一些特殊手段用于激发表面等离激元,接下来将介绍两种激发方法:

1. 近场探针激励法

只有当入射光的波矢与表面等离激元的波矢相匹配时,石墨烯表面等离激元才会被激发。一种可行的方式是通过金属近场探针尖端的强聚集场接近石墨烯,从而激发石墨烯的表面等离激元,如图 5.7 所示[42, 43]。然而该种方式存在一些缺陷,比如对实验装置精密度的要求极高,激发效率低下等。因此,该方式很难实际应用于表面等离激元器件的设计。

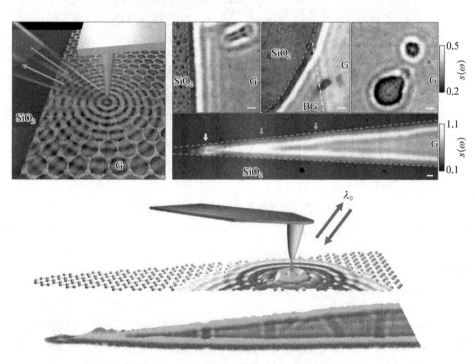

图 5.7　探针法激励石墨烯表面等离激元[42, 43]

2. 图形化方式

图形化的方式,就是利用微纳加工的方式将石墨烯加工成不同的形状,通

过对石墨烯尺寸和形状进行控制,满足表面等离激元的激发条件。加州大学的
Ju 等就是利用石墨烯纳米条带证明了表面等离激元可以被太赫兹波直接激
发[44]。此后,IBM 的 Yan 等将石墨烯微纳结构与表面等离激元之间的关系进
行了系统的理论分析,并证明在石墨烯微盘上表面等离激元可以被入射光直接
激发[45]。在此之后,大量的微纳结构被用于石墨烯表面等离激元器件的制备,
包括纳米带[46]、圆盘、圆环[47]等(图 5.8)。

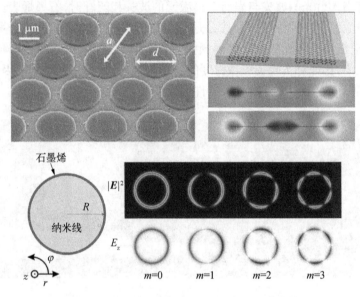

图 5.8 支持表面等离激元的石墨烯图形[45-47]

5.3 广义斯内尔定律

当光波入射到光滑界面时,其入射波、折射波和反射波应该遵循斯内尔定
律(Snell's law)。传统用于波束调控的器件往往是采用改变面型或者利用不同
折射率材料的方式来实现的。为了实现一些特殊的功能,需要将器件设计成特
殊的几何形状。此时,就会出现器件结构复杂、加工难度大和难以集成等问题。
为了解决这个问题,科学家们提出了利用平面结构进行相位调控的概念,利用
这种方式形成不同于斯内尔定律的反常折射与反射现象。实现该功能的基础

是在介质的界面上通过特殊手段引入相位不连续性。哈佛大学的 Yu 等在 2011 年的时候从理论上推导了反常反射与折射的形成条件，并对经典的斯内尔定律进行了扩展，提出了广义斯内尔定律[48]。

广义斯内尔定律的具体内容介绍如下。首先构造如图 5.9 所示的两种介质的交界面，假设在介质的交界面上引入一个相位突变量，此时利用费马原理进行分析推导，则可以重新审视折射和反射定律。

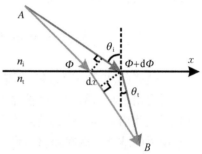

图 5.9　广义斯内尔定律原理示意图

如图 5.9 所示，假设一束平面光以入射角 θ_i 入射到两个介质的交界面，将其路径分为两束极其接近真实的光路，此时它们之间的相位差为零，可表示为

$$\left[k_0 n_i \sin(\theta_i)\mathrm{d}x + (\Phi + \mathrm{d}\Phi)\right] - \left[k_0 n_t \sin(\theta_t)\mathrm{d}x + \Phi\right] = 0 \quad (5.40)$$

其中，$k_0 = 2\pi/\lambda_0$，λ_0 为真空中的波长；θ_t 为折射角；n_i 和分别 n_t 为入射侧与出射侧介质的折射率；Φ 和 $\Phi + \mathrm{d}\Phi$ 分别表示两入射点处的相位突变情况；两点间的距离为 $\mathrm{d}x$。

此时，在界面处引入相位突变，使得相位沿界面的方向呈梯度分布，即相位沿着界面的变化率为非零常数，则由上述方程可以导出新的斯内尔定律：

$$\sin(\theta_t) n_t - \sin(\theta_i) n_i = \frac{\lambda_0}{2\pi}\frac{\mathrm{d}\Phi}{\mathrm{d}x} \quad (5.41)$$

式 (5.41) 表示在沿着介质的方向引入了一个均匀的相位变化梯度 $\mathrm{d}\Phi/\mathrm{d}x$，且随着相位梯度取不同值，折射光束可拥有任意的折射角。由于新的斯内尔定律中引入了非零的相位梯度量，导致对于两束拥有相反入射角（$\pm\theta_i$）的入射光，将会产生不同的折射角值。因此，当 $n_i > n_t$ 时，会出现两个不同的全内反射临界角值：

$$\theta_c = \arcsin\left(\pm\frac{n_t}{n_i} - \frac{\lambda_0}{2\pi n_i}\frac{\mathrm{d}\Phi}{\mathrm{d}x}\right) \quad (5.42)$$

同样地，对于反射波束，有如下关系：

$$\sin(\theta_r) - \sin(\theta_i) = \frac{\lambda}{2\pi n_i}\frac{\mathrm{d}\Phi}{\mathrm{d}x} \quad (5.43)$$

其中，θ_r 为反射角。从式(5.43)中可知，与传统的镜面反射不同，θ_r 和 θ_i 之间是非线性关系。因此，从式(5.43)可推断出，总会存在一个临界角使得反射波转变为倏逝波，该临界角的值为

$$\theta'_c = \arcsin\left(1 - \frac{\lambda_0}{2\pi n_i} \left| \frac{\mathrm{d}\Phi}{\mathrm{d}x} \right| \right) \tag{5.44}$$

上述式(5.40)~式(5.44)所表示的内容就是扩展后的广义斯内尔定律，其被广泛应用于超材料波束调控器件的设计中。在上述推导过程中，相位突变项 Φ 被设定为沿着界面位置连续变化的函数，并由此得到了入射波束反常折射和反常反射的结果。而在超材料设计过程中，需要采用亚波长尺寸的谐振结构阵列来实现波束的控制，当阵列单元之间的相位梯度($\mathrm{d}\Phi/\mathrm{d}x$)为零时，其反射和折射现象会遵循传统的斯内尔定律。而当谐振单元之间的相位梯度常数不为零时，则会产生反常反射现象，即遵循广义斯内尔定律。在图5.10中，所展示的就是基于"V"型金属谐振单元的反常反射超材料[48]。

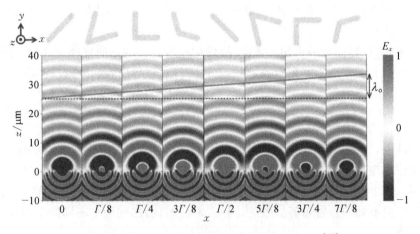

图 5.10　基于"V"型金属结构的反常反射超材料[48]

将广义斯内尔定律用于超材料设计过程中时，需要满足两个条件：首先，谐振单元之间的相位差应符合一定的分布规律；其次，各谐振单元的波束振幅应该尽量保持一致。只有满足上述两个条件，才能保证经过超材料器件后的透射或反射波束的波形保持稳定。

5.4　涡旋光束的基本原理

5.4.1　涡旋光束的性质

　　研究表明,光束具有两种角动量:一种是与光束偏振状态相关的自旋角动量(spin angular momentum, SAM);另一种是与空间相位相关的轨道角动量(orbital angular momentum, OAM)。当光束相位携带了角向因子时,其相位分布呈螺旋或扭转状态,此时认为该光束含有轨道角动量,并将该光束被称为"涡旋光束"(vortex beam)[49-51]。由于涡旋光具有特殊的物理特性,使其在通信、高分辨成像、光学微操控、生物医学等方面具有广阔的应用前景。

　　对于涡旋光的研究,可以追溯到 19 世纪 30 年代,始于 Airy 对透镜焦平面处出现的反常光环的观测[49]。然而,直到 1992 年,Allen 等才证明在近轴传播的条件下,当光束含有螺旋相位因子 $e^{il\varphi}$ 时,其中的光子会携带 $l\hbar$ 的轨道角动量,l 被称为拓扑荷(topological charge)[50]。涡旋光的波前存在周期性的位错,并且波矢方向围着涡旋中心旋转,因此涡旋光束的等相位面呈螺旋状分布。

　　在柱坐标系 (ρ, φ, z) 中构建涡旋光的数学表达式,其中 ρ 表示径向参数,φ 表示旋转方位角,z 表示传播路径。涡旋光的相位与方位角相关,可表示为 $\Phi(\rho, \varphi, z) = l\varphi$,其中拓扑荷 l 取值为整数。由于涡旋光束沿 z 轴方向传输,在相位分布表现为相位因子 $-kz$,其中 $k = 2\pi/\lambda$ 表示波数。上述情况下的涡旋光束相位分布为 $\Phi(\rho, \varphi, z) = l\varphi - kz$,因此涡旋光束可表示为

$$E(\rho, \varphi, z) = E_0(\rho, z)e^{il\varphi}e^{-kz} \tag{5.45}$$

其中,$E_0(\rho, z)$ 表示涡旋光束在传输方向上 z 处的振幅分布。

　　从式(5.45)可知,涡旋光束相位分布受螺旋相位因子 $e^{il\varphi}$ 的影响,涡旋光场绕中心点一周会产生 $2\pi l$ 的相位差,即表明在一个波长范围内相位会旋转 l 个周期。涡旋光束的波前沿着传播方向呈螺旋状,同时在涡旋中心形成相位不确定的奇点,在此处所有的光线干涉相消,形成一个光强为零的区域。在图 5.11 中,展示的是拓扑荷数不同($l = 0, \pm 1, \pm 2$)时,对应的涡旋光束的相位、光强和等相位面的分布图。从图中可以看出,当 $l = 0$ 时,光束为普通光束并没有涡旋特性;当 $l \neq 0$ 时,光束的等相位面呈螺旋状分布,其场强分布为中空的环形,且

随着拓扑荷绝对值的增加,环形逐渐增大;此外,当拓扑荷数符号相反时,其相位变化方向也反向。

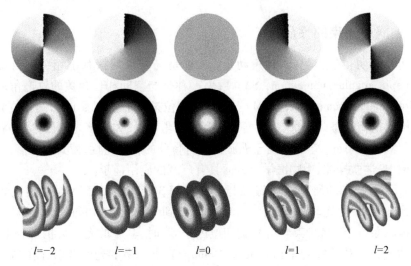

$l=-2$ $l=-1$ $l=0$ $l=1$ $l=2$

图 5.11　不同拓扑荷数涡旋光束的相位、光强和波前示意图

5.4.2　涡旋光束的产生方法

科研人员在实验中利用多种方法产生了涡旋光束,这些光束都含有螺旋相位因子 $e^{il\varphi}$。用于产生涡旋光束的方法主要有以下几种:计算全息法、几何光学模式转换法、螺旋相位板法等。本节中采用的生成方式是基于超材料的螺旋相位板法,因此对螺旋相位板法产生涡旋光束的原理作简要介绍。

螺旋相位板是一种厚度随方位角 φ 线性变化的透明薄板,如图 5.12 所示。当一束平面光入射到螺旋相位板时,光束的光程改变量会随着螺旋相位板的厚度发生改变,从而使透射光束的相位获得随方位角变化的螺旋相位因子 $e^{il\varphi}$。螺旋相位板本质上是通过介质的厚度来取得螺旋相位的结果,该方法是产生螺旋波前最简单的一种方法[51]。虽然螺旋相位板在理论设计方面非常简单,但是对加工精度要求很高,制备难度非常大,并且一旦制备成型其特性随之固定,只能用于生成固定的涡旋光束,无法动态调控。随着超材料的出现,科研人员提出利用超材料构建涡旋相位板的设想[48]。关于利用超材料构建螺旋相位板的工作,将在第 8 章中详细介绍。

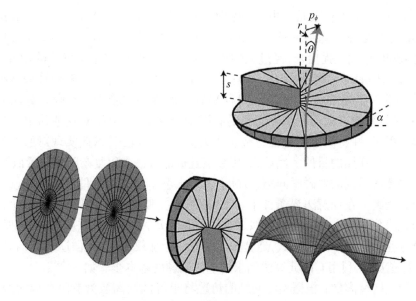

图 5.12　螺旋相位板产生涡旋光的示意图[51]

5.5　有限元算法简介

麦克斯韦方程组是电磁学的核心方程,它是现代电子科学、光通信、太赫兹技术以及微波技术等领域发展的基础。麦克斯韦方程组对电磁场内部的相互作用关系与运动规律进行了直观的展示,它表明电磁场既可以被电流和电荷激发,也可通过变化的电、磁场之间的相互激发形成可运动传播的电磁场。随着各波段电磁波被广泛应用,电磁理论已经深入融合到各个行业。电磁问题的分析其实就是在给定的边界条件下对麦克斯韦方程组进行求解,而在实际工程问题的分析中,几何结构及边界条件的复杂度非常高,几乎无法通过推导获得精确的解析解。而随着计算机技术的飞速发展,计算机科学已经越来越多地融入电磁学的理论分析与计算中。在计算电磁学中,用于分析电磁问题的方法主要有以下几种,分别为有限元算法(finite element method, FEM)、有限积分理论(finite integral theory, FIT)以及有限时域差分法(finite difference time domain, FDTD)等。

本章中,采用有限元算法对电磁理论模型进行仿真与计算。有限元算法主要解决电磁学中的边界问题,所采用的核心技术是近似求解法。该算法最早于20世纪40年代被提出来,经过大约十年的发展后开始被用于飞机的设计[52]。1960年,Clough教授首次提出了"有限元"的概念[53]。自从有限元算法被提出以后,实际中存在的结构复杂等问题都有了被解决的希望。有限元算法的基础,就是将系统离散为更小更简单的有限个分立单元,分别对这些简单的单元构建方程组,并将简单的方程组整合成为更大的方程组,以此实现对原本的复杂结构进行建模的目的。然后,利用数值近似的方法求得复杂问题的近似解。

本章所遇到的电磁学问题,实际上就是求解给定边界条件下的麦克斯韦偏微分方程组。在任意边界条件下,无法求解麦克斯韦方程的解析解,因此只能利用数值分析的方法并借助近似来求解。有限元算法中,最重要的步骤是将偏微分方程转化积分方程形式,通常采用的方法为加权余量法(伽辽金法)和变分法(里兹法)。利用有限元算法的求解电磁问题的基本步骤如下[52]:

(1)区域离散:根据实际问题的情况将求解区域离散为有限个单元网格,通过节点将单元连接起来,该步骤将影响计算精度、计算时间以及所需求的计算机内存等计算资源;

(2)插值函数的选择:根据单元网格中实际情况,选择可以近似表达实际情况的插值函数作为该单元的基函数;

(3)方程组的建立:利用变分法或者加权余量法得出单元方程公式,然后将所有单元的方程进行组合,并结合边界条件,得出待求解方程的最终形式;

(4)方程组的求解:选取合适的方法对上述方程组进行求解,并求得整个区域的近似解,完成求解过程。

由于石墨烯的厚度很薄,仅有0.335 nm,如果在建模中使用实体超薄结构,则会引入大量的网格,这会极大地占用计算资源,并造成计算时间的浪费。为了解决这一问题,在本章的工作中,利用一个具有等效厚度的过渡边界条件来替换石墨烯,这样就可以消除由于石墨烯超薄的厚度带来的网格冗余,从而起到了简化计算的作用。此时,石墨烯的电导率就可以用面电导率的形式替换。

5.6 本章小结

本章是本书的计算理论基础。首先,介绍了石墨烯的电磁特性,包括能带结构、电导率、可调谐性和表面等离激元特性,并介绍了石墨烯材料在太赫兹功能器件中的优势与广阔前景;其次,介绍了波束的调控理论,包括广义斯内尔定律以及涡旋光的特性,该内容为后面的功能器件设计提供了理论依据;最后,介绍了本书中所采用的仿真计算方法为有限元算法,并简要介绍了有限元算法的求解过程。

参考文献

[1] Neto A, Guinea F, Peres N, et al. The electronic properties of graphene [J]. Reviews of Modern Physics, 2009, 81(1): 109 – 162.

[2] Goerbig M O. Electronic properties of graphene in a strong magnetic field [J]. Review of Modern Physics, 2010, 83(4): 1193 – 1243.

[3] Wallace P R. The band theory of graphite [J]. Physical Review, 1947, 71(9): 622 – 634.

[4] Geim A K, Novoselov K S. The rise of graphene [J]. Nature Materials, 2009, 6: 11 – 19.

[5] Kuzmenko A, Van Heumen E, Carbone F, et al. Universal optical conductance of graphite [J]. Physical Review Letters, 2008, 100(11): 117401.

[6] Nair R R, Blake P, Grigorenko A N, et al. Fine structure constant defines visual transparency of graphene [J]. Science, 2008, 320(5881): 1308 – 1308.

[7] Low T, Avouris P. Graphene plasmonics for terahertz to mid-infrared applications [J]. ACS Nano, 2014, 8(2): 1086 – 1101.

[8] Gusynin V P, Sharapov S G, Carbotte J P. Magneto-optical conductivity in graphene [J]. Journal of Physics: Condensed Matter, 2007, 19(2): 026222.

[9] Hanson G W. Dyadic Green's functions for an anisotropic, non-local model of biased graphene [J]. IEEE Transactions on Antennas and Propagation, 2008, 56(3): 747 – 757.

[10] Hanson G W. Dyadic Green's functions and guided surface waves for a surface conductivity model of graphene [J]. Journal of Applied Physics, 2008, 103(6): 064302.

[11] Falkovsky L A. Optical properties of graphene [J]. Journal of Physics Conference Series, 2008, 129: 012004.

[12] Falkovsky L A, Pershoguba S S. Optical far-infrared properties of a graphene monolayer and multilayer [J]. Physical Review. B, 2007, 76(15): 153410.

[13] Hanson G W. Quasi-transverse electromagnetic modes supported by a graphene parallel-plate waveguide [J]. Journal of Applied Physics, 2008, 104(8): 084314.

[14] Chen P Y, Alu A. Terahertz metamaterial devices based on graphene nanostructures [J]. IEEE Transactions on Terahertz Science and Technology, 2013, 3(6): 748 – 756.

[15] Li Z, Yao K, Xia F, et al. Graphene plasmonic metasurfaces to steer infrared light [J]. Scientific Reports, 2015, 5: 12423.

[16] Bonaccorso F, Sun Z, Hasan T, et al. Graphene photonics and optoelectronics [J]. Nature Photonics, 2010, 4(9): 611−622.

[17] Du W, Li E, Hao R. Tunability analysis of a graphene-embedded ring modulator [J]. Photonics Technology Letters IEEE, 2014, 26(20): 2008−2011.

[18] Hao R, Du W, Chen H, et al. Ultra-compact optical modulator by graphene induced electro-refraction effect [J]. Applied Physics Letters, 2013, 103(6): 061116.

[19] Vakil A, Engheta N. Transformation optics using graphene [J]. Science, 2011, 332(6035): 1291−1294.

[20] Phatak A, Cheng Z, Qin C, et al. Design of electro-optic modulators based on graphene-on-silicon slot waveguides [J]. Optics Letters, 2016, 41(11): 2501−2504.

[21] Yan J, Zhang Y, Kim P, et al. Electric field effect tuning of electron-phonon coupling in graphene [J]. Physical Review Letters, 2007, 98(16): 166802.

[22] Thiele S A, Schaefer J A, Schwierz F. Modeling of graphene metal-oxide-semiconductor field-effect transistors with gapless large-area graphene channels [J]. Journal of Applied Physics, 2010, 107(9): 094505.

[23] Barnes W L, Dereux A, Ebbesen T W. Surface plasmon subwavelength optics [J]. Nature, 2003, 424(6950): 824−830.

[24] Ozbay E. Plasmonics: Merging photonics and electronics at nanoscale dimensions [J]. Science, 2006, 311(5758): 189−193.

[25] Wood R W. On a Remarkable case of uneven distribution of light in a diffraction grating spectrum [J]. Philosophical Magazine, 1902, 4(21): 396−402.

[26] Ritchie R H. Plasma losses by fast electrons in thin films [J]. Physical Review, 1957, 106(5): 874−881.

[27] Schuller J A, Barnard E S, Cai W, et al. Plasmonics for extreme light concentration and manipulation [J]. Nature Materials, 2010, 9(4): 193−204.

[28] Baev A, Prasad P N, Gren H, et al. Metaphotonics: An emerging field with opportunities and challenges [J]. Physics Reports, 2015, 594: 1−60.

[29] Lee H, Liu Z, Xiong Y, et al. Development of optical hyperlens for imaging below the diffraction limit [J]. Optics Express, 2007, 15(24): 15886−15891.

[30] Talley C, Jackson J, Oubre C, et al. Surface-enhanced Raman scattering from individual au nanoparticles and nanoparticle dimer substrates [J]. Nano Letters, 2005, 5(8): 1569−1574.

[31] Jackson J B, Westcott S L, Hirsch L R, et al. Controlling the surface enhanced Raman effect via the nanoshell geometry [J]. Applied Physics Letters, 2003, 82(2): 257−259.

[32] Savasta S, Saija R, Ridolfo A, et al. Nanopolaritons: Vacuum rabi splitting with a single quantum dot in the center of a dimer nanoantenna [J]. ACS Nano, 2010, 4(11): 6369 – 6376.

[33] Grigorenko A N, Polini M, Novoselov K S. Graphene plasmonics [J]. Nature Photonics, 2012, 6(11): 749 – 758.

[34] Abajo F. Graphene plasmonics: Challenges and opportunities [J]. ACS Photonics, 2014, 1(3): 135 – 152.

[35] Luo X, Teng Q, Lu W, et al. Plasmons in graphene: Recent progress and applications [J]. Materials Science and Engineering R: Reports, 2013, 74(11): 351 – 376.

[36] Xiao S, Zhu X, Li B H, et al. Graphene-plasmon polaritons: From fundamental properties to potential applications [J]. Frontiers of Physics, 2016, 11(2): 1 – 13.

[37] Prosvirnin S, Papasimakis N, Fedotov V, et al. Metamaterials and plasmonics: Fundamentals, modelling, applications [M]. Amsterdam: Springer Netherlands, 2009.

[38] Maier S A, Zayats A V, Hanham S M. Active plasmonics and tuneable plasmonic metamaterials [M]. New York: John Wiley & Sons, 2013.

[39] Maier S A. Plasmonics: Fundamentals and applications[M]. New York: Springer, 2007.

[40] Jablan M, Buljan H, Soljacic M. Plasmonics in graphene at infrared frequencies [J]. Physical Review, 2009, 80(24): 245435.1 – 245435.7.

[41] Gao W, Jie S, Qiu C, et al. Excitation of plasmonic waves in graphene by guided-mode resonances [J]. ACS Nano, 2012, 6(9): 7806 – 7813.

[42] Fei Z, Rodin A S, Andreev G O, et al. Gate-tuning of graphene plasmons revealed by infrared nano-imaging [J]. Nature, 2012, 487(7405): 82 – 85.

[43] Chen J, Badioli M, Alonso-González P, et al. Optical nano-imaging of gate-tunable graphene plasmons [J]. Nature, 2012, 487(7405): 77 – 81.

[44] Ju L, Geng B, Horng J, et al. Graphene plasmonics for tunable terahertz metamaterials [J]. Nature Nanotechnology, 2011, 6(10): 630 – 634.

[45] Yan H, Xia F, Li Z, et al. Plasmonics of coupled graphene micro-structures [J]. New Journal of Physics, 2012, 14(12): 125001.

[46] Christensen J, Manjavacas A, Thongrattanasiri S, et al. Graphene plasmon waveguiding and hybridization in individual and paired nanoribbons [J]. ACS Nano, 2012, 6(1): 431 – 440.

[47] Gao Y, Ren G, Zhu B, et al. Single-mode graphene-coated nanowire plasmonic waveguide [J]. Optics Letters, 2014, 39(20): 5909 – 5912.

[48] Yu N, Genevet P, Kats M A, et al. Light propagation with phase discontinuities: Generalized laws of reflection and refraction[J]. Science, 2011, 334 (6054): 333 – 337.

[49] Born M, Wolf E, Hecht E. Principles of optics electromagnetic theory of propagation,

interference and diffraction of light [J]. Physics Today, 2000, 53(10): 77-78.

[50] Allen L, Beijersbergen M, Spreeuw R, et al. Orbital angular momentum of light and the transformation of Laguerre-Gaussian laser modes [J]. Physical Review A, 1992, 45(11): 8185-8189.

[51] Yao A M, Padgett M J. Orbital angular momentum: origins, behavior and applications [J]. Advances in Optics and Photonics, 2011, 3(2): 161-204.

[52] 王建国.电磁场有限元方法[M].西安: 西安电子科技大学出版社, 1998.

[53] Samoc A. Dispersion of refractive properties of solvents: Chloroform, toluene, benzene, and carbon disulfide in ultraviolet, visible, and near-infrared [J]. Journal of Applied Physics, 2003, 94(9): 6167-6174.

第6章　基于单电极调控的波束摆扫与动态聚焦器件

6.1　引言

随着太赫兹探测技术和成像技术的不断发展,研究和设计太赫兹快速摆扫器件和可调聚焦器件具有重要的应用价值和战略意义。传统的太赫兹波束调控技术包含了光电导天线设计、硅基集成天线设计等,该类型技术相对成熟,然而其可控性和摆扫速度难以满足目前快速、高集成度、低功耗以及灵活调控的需求。而石墨烯等二维材料出现后,凭借其良好的力、热、光、电、磁等特性,特别是在太赫兹波段的响应特性,可以用于设计和制备具有快速摆扫和高效率辐射等功能的新型太赫兹器件。基于石墨烯超材料器件可以很好地完成简单的调控功能,如状态切换、效率控制等功能。但是,如果要实现比较复杂的波束连续摆扫、连续变焦等功能,则需要非常复杂的调控手段,如使用复杂的结构或者通过烦琐的制备工艺等。这类方法会对器件的复杂度和可集成性造成重大影响,严重影响了该类器件的实用性。

本章中提出了一系列新颖的基于石墨烯的反射型超表面器件的设计方法。该类器件可以在单电压调控的条件下,实现波束的连续摆扫功能和焦距连续可调的聚焦功能。在该工作中,作者团队开创性地引入了非均匀的周期性结构设计方法,在利用单个电极对石墨烯的费米能级进行统一调控的过程中,使结构单元对应的相位变化速率沿器件表面呈梯度分布,即在改变相同的费米能级值时,对应单元的相位变化量与沿器件表面的位移量呈线性关系。然后,采用严格满足特殊相位分布的设计方案,设计出一种单电极控制下的波束摆扫器和可变焦的反射式超透镜。本章所做工作为开发和简化可调波前控制器件提供了一种新颖且有效的方法。

6.2 波束调控器件研究现状

超表面(metasurface)是一种由亚波长结构组成的新型二维人工材料,因其拥有的优异性能而受到广泛关注[1-4]。传统的三维超材料虽然可以实现对波束相位、振幅和偏振等特性的调制,但是由于其本身的固有特性会造成较大的能量损耗,难以消除。而超表面作为一种新型的二维材料,通过对结构单元的合理化设计,可以为电磁波的振幅、偏振和相位引入突变,从而实现对光束波前的深度调制,且不会引入明显的能量损耗[5-7]。基于超表面对光学特性的调制效果,科研人员提出了许多具有新颖特性的器件,如光束偏转器、梯度折射率衍射光栅、表面等离激元耦合器、波片或者全息成像工具等[8-13]。超表面光学器件凭借其超薄的厚度和超高的设计灵活性,为传统光学器件的小型化和集成化提供了巨大的发展空间。

近年来,对光束特性进行动态调控的需求日益增加,响应特性可调的动态超材料迅速引起了人们的关注。目前,大多数可调超材料的调谐方法都是基于机械或者热控的调谐方式,这些方式通常存在可调范围小和响应速度慢的缺点。为解决这一问题,科研人员将超表面与介电常数可调的材料相结合,提出了一种可以对光束特性进行动态调控的新方法。特别地,石墨烯作为一种特性可调的新型材料,在用于制备动态超材料器件方面具有广阔的前景。目前,基于石墨烯的超材料器件所采用的设计方式主要包括两种:一种是基于图形化的石墨烯结构;另一种是基于石墨烯与金属结构相结合形成的复合结构。以上两种方式已经被广泛用于偏振转换、太赫兹天线、完美吸波器和光学变换等器件的设计与制备中[14-16]。以下是几种基于石墨烯的可调超材料器件的介绍。

2012年,洛桑联邦工学院的Gomez-Diaz教授和Carrier教授团队探索了基于石墨烯的贴片天线的辐射和可调谐特性,结构如图6.1所示。在太赫兹波段,该天线中的石墨烯结构可以在无接地的情况下激发表面等离激元,且在调整施加于石墨烯的偏置电压时,会改变石墨烯的费米能级,从而导致天线的谐振频率发生改变[17]。同年,该团队又提出了一种以石墨烯为基础的偶极子贴片天线作为太赫兹辐射源,如图6.1所示。同样,该天线的辐射频率可以通过改变石墨烯的费米能级进行调整[18]。

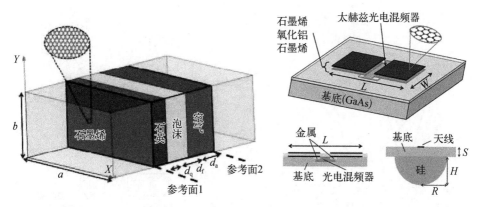

图 6.1   基于石墨烯的太赫兹天线[17, 18]

除了太赫兹辐射天线之外,太赫兹波束调控器件也是太赫兹超材料一个重要的研究方向之一。2013 年,Carrier 教授课题组首先提出了一种基于石墨烯阵列的反射式太赫兹波束调控器件,如图 6.2(a)所示,该器件通过调整石墨烯单元的费米能级实现对波束反射相位的控制,从而实现了对太赫兹波束的整形[19]。次年,该课题组提出了一种基于石墨烯的正弦调制漏波天线,该器件是将单层石墨烯转移到基底上,同时将一组条状的栅压电极放置于石墨烯之下,通过调节栅极上的偏置电压,可以调制石墨烯的费米能级,从而实现对太赫兹波束的连续调控,器件结构如图 6.2(b)所示[20]。2015 年,曼彻斯特大学的 Huang 等设计了一组石墨烯纳米条带阵列,将石墨烯条带分为两组并分别连接不同的电极,通过调整不同组电极的电压,可以控制石墨烯的费米能级,从而改变该阵列的反射性能,实现对太赫兹波束的动态调控,结构如图 6.2(c)所示[21]。

综上所述,已有的动态石墨烯超材料器件有如下特点:当利用比较简单的电极调控方式时,可以实现对响应频率、振幅等参量的调控,或者实现波束在两个方向之间的状态切换等简单功能;如果要实现波束连续摆扫或连续变焦等相对复杂的功能,则需要单独控制每个石墨烯单元的偏置电压,因而需要在器件上添加大量的电极,显然在实验中这一方案是不现实的。为解决这一问题,实现对太赫兹波束状态进行连续调控的目的,本章中提出了一种基于非均匀周期性结构的超材料器件设计方案,该方案可以实现单电极控制下的波束摆扫和连续调焦功能,其概念图如图 6.3 所示。

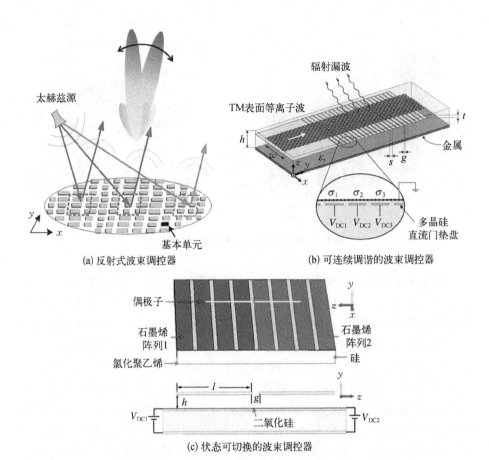

(a) 反射式波束调控器

(b) 可连续调谐的波束调控器

(c) 状态可切换的波束调控器

图 6.2　基于石墨烯的太赫兹波束调控器件[19-21]

图 6.3　单电极控制下波束摆扫器和连续变焦超透镜概念图

6.3 非均匀周期性结构的特性分析

上述基于非均匀周期性超表面的基础单元是一系列不等周期的石墨烯矩形阵列,其结构示意图如图 6.4(a)所示。在透明介质的底部镀一层金,形成"介质-金属"复合衬底,其中介质层的厚度为 $T_{\mathrm{m}} = 11.6\ \mu\mathrm{m}$。 本节使用的石墨烯是采用化学气相沉积(chemical vapor deposition,CVD)法在铜基底上生长而来。将单层石墨烯转移到该复合衬底上,并采用光刻技术对石墨烯进行图形化。在施加偏置电压时,在石墨烯上面涂覆一层厚度为 $0.1\ \mu\mathrm{m}$ 的离子凝胶作为导电层与金属电极相接触。该器件中所使用的透明介质为 $\mathrm{MgF_2}$ 或者 $\mathrm{SiO_2}$,其介电常数为 $\varepsilon_{\mathrm{d}} = 1.90$,离子凝胶的介电常数为 $\varepsilon_{\mathrm{ion-gel}} = 1.82$。 底层的金衬底作为镜面反射层将入射到底部的光波进行反射,并与介质和石墨烯组成谐振腔,对入射的线性偏振光的波前进行调制。图 6.4(b)所展示的为一组石墨烯矩形单元线阵列的俯视图。从图中可以看出,一组石墨烯矩形单元结构可以分为Ⅰ和Ⅱ两个部分。图 6.4(c)中所展示的为一个石墨烯矩形单元的几何参数,其中 P_x 和

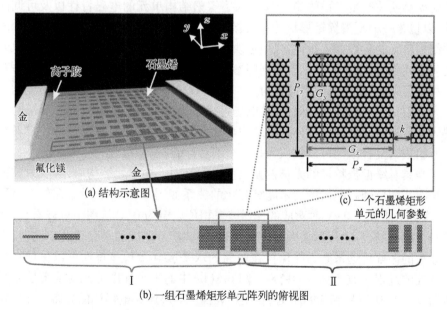

(a) 结构示意图

(c) 一个石墨烯矩形
单元的几何参数

(b) 一组石墨烯矩形单元阵列的俯视图

图 6.4 非均匀周期性超表面的结构示意图

P_y 分别代表该单元在 x 和 y 方向上的尺寸;G_x 和 G_y 分别代表石墨烯矩形块在 x 和 y 方向上的尺寸;k 表示两个石墨烯矩形之间的间距。

与以往器件在 x 和 y 方向上周期性为固定值不同,本章中所提出的结构仅在 y 方向上有固定的周期值 $P_y = 6.0\ \mu m$,而在 x 方向上的横向周期值 P_x 并非为固定值,P_x 与石墨烯矩形块在 x 方向上的横向尺寸 G_x 之间的关系为 $P_x = G_x + k$。该器件单元结构的参数取值同样分为 Ⅰ 和 Ⅱ 两个部分。在第 Ⅰ 部分,器件单元的周期为 P_x 和 P_y,石墨烯矩形块的横向尺寸 G_x,而石墨烯的纵向尺寸 G_y 则沿着 x 方向从左到右逐渐递增,直到第 Ⅰ 部分的最右端达到最大值 $G_{y,\max}$。在第 Ⅱ 部分中,器件的单元周期仅在 y 方向为固定值 P_y,在 x 方向为 $P_x = G_x + k$,其中石墨烯矩形块的横向尺寸 G_x 从左到右逐渐递减,而纵向尺寸保持不变为 $G_{y,\max}$。在上述各项参数中,石墨烯矩形块之间的间距 $k = 0.5\ \mu m$ 是一个非常重要的参数,对波束进行动态调控的过程中,该参数与器件效率的稳定性有着紧密联系。

6.3.1 结构单元特性分析

在特定的费米能级下,图形化的石墨烯单元上能够激发表面等离激元,从而对太赫兹波产生极强的响应[22]。为了探索结构单元的电磁特性以及可调谐性,以包含一个石墨烯矩形块的单元结构为例进行分析,如图 6.5(a)所示。图中结构单元的参数如下,石墨烯矩形块的参数为 $G_x = G_y = 5.0\ \mu m$,石墨烯单元之间的间隔为 $k = 0.5\ \mu m$,单元周期参数为 $P_y = 6.0\ \mu m$ 且 $P_x = G_x + k$。在仿真计算过程中,入射波的频率被定为 $f_0 = 5.0\ THz$。该模型中所采用的入射光为偏振方向沿 x 方向的线性偏振光,其电场可表述为 E_x。在上述模型中,顶层的石墨烯与金属衬底分别为部分反射结构与全反射结构,这两种材料与介质材料结合所组成的复合结构可以被认为是一个不对称的“法布里-珀罗”腔。

当具有线偏振特性的太赫兹波束垂直入射到上述单元结构时,其反射波束的振幅和相位随石墨烯的费米能级变化的关系如图 6.5(b)所示。在仿真过程中,将费米能级为 0 eV 时对应的反射波束相位设定为 0°。从图中可以看出,随着费米能级的提高,反射波束的相位实现了从 0° 到 200° 的平稳变化。同时,反射波束的振幅传递系数始终保持在较高的水平(≥0.8),该特性可以保证在后续调控的过程中波束能量的稳定。图 6.5(b)中的三个插图分别对应着费米能级为 0.1 eV、0.5 eV 和 0.9 eV 时,石墨烯表面上等离激元电场模的分布情况。显然,从电场强度的差异中可以推断出,该超表面结构单元的电磁响应可以通过

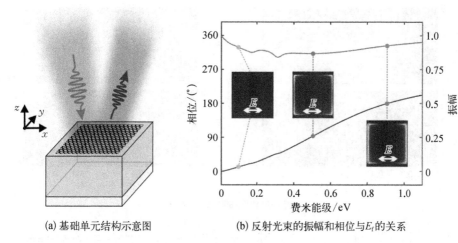

(a) 基础单元结构示意图　　　　(b) 反射光束的振幅和相位与E_f的关系

图 6.5　单元结构特性分析

控制石墨烯的费米能级进行有效的调控。

　　为了实现单电极控制下的波束摆扫功能,首先要满足反射波束随 E_f 调整的相位变化速率沿着器件表面呈梯度变化。传统的设计方法中,结构单元的周期通常为固定值,且石墨烯矩形块的横向尺寸 G_x 和纵向尺寸 G_y 同步变化,此类方法得到的数据范围有限,无法满足设计需求,具体原因将在 6.2.3 节中详细阐述。

　　为了解决上述问题,本章中提出了非均匀周期性结构的设计方案,同时将石墨烯矩形块横向尺寸 G_x 和纵向尺寸 G_y 调整变成非同步的方式,以此来扩充数据变化的自由度。如图 6.4(b)所示,将几何参数的调整方式分为两部分:第 I 部分,结构单元的周期 $P_x = 5.5\ \mu m$ 且 $P_y = 6.0\ \mu m$,石墨烯矩形块的横向尺寸为 $G_x = 5.0\ \mu m$,纵向尺寸 G_y 从 $0\ \mu m$ 逐渐递增到 $5.0\ \mu m$;第 II 部分,石墨烯矩形块在 y 方向上的尺寸保持不变 $G_y = 5.0\ \mu m$,其横向尺寸 G_x 从 $5.0\ \mu m$ 逐渐递减到 $0\ \mu m$,结构单元的纵向周期为 $P_y = 6.0\ \mu m$,其横向周期值满足 $P_x = G_x + k$。基于以上参数取值,反射波束的相位和振幅随费米能级的变化情况如图 6.6 所示。

　　图 6.6(a)中所示为取值参数分别位于第 I 部分和第 II 部分时,不同参数取值对应的反射波束相位和振幅随费米能级的变化分布图。从图中可以看出,从底部到顶部,相位随费米能级的变化速率逐渐增大,上述设计方法可以实现相位变化速率的梯度分布。但是,对于白色虚线以上的部分,随着费米

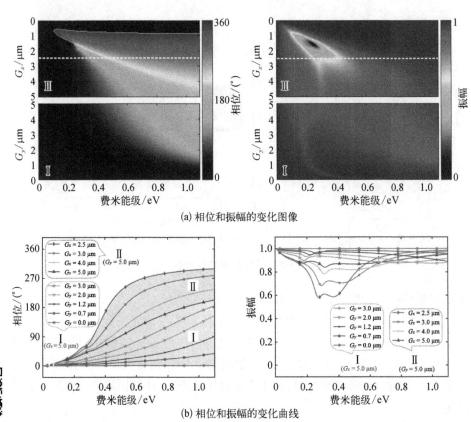

(a) 相位和振幅的变化图像

(b) 相位和振幅的变化曲线

图 6.6　反射波束的相位和振幅取不同结构参数时随费米能级的变化情况

能级的改变,虽然相位的变化范围较大,但是相应的振幅取值存在低谷区域,波动范围很大。当响应振幅过小时,会对波束的质量产生极大的影响,因此在划定取值范围时,将虚线以上的部分舍弃,仅保留虚线以下的参数值。为了更清晰地表达不同参数取值时,相位和振幅随费米能级的变化情况,从虚线以下部分的数据集中选取了几组参数取值数据,并将其对应的相位和振幅的变化情况绘制在图 6.6(b)中。从图中可以看出,随着费米能级从 0 eV 调整到 1.1 eV 的过程中,反射波束最大的相位变化范围达到 300°,同时该区域对应的反射波束的振幅始终保持在 0.6 以上,足以保证摆扫过程中波束质量的稳定。基于上述特性分析可知,计算所得数据集中的结构参数可以满足目标功能器件的设计需求。

6.3.2　绝缘介质层厚度的优化

本章中所提出的结构可以被等效为一个结构不对称的"法布里–珀罗"腔,其光学响应特性会受到绝缘层厚度 T_{m} 的影响。接下来,将通过一系列的优化仿真计算,得出介质厚度的最优解。为了使结果具有普适性,以最经典的方形结构为例,该模型中结构单元的横向周期和纵向周期相等,且石墨烯结构也为正方形。在该结构模型中,结构单元的周期为 $P_x = P_y = 6.0\ \mu\mathrm{m}$,石墨烯结构的尺寸为 $G_x = G_y$。在仿真过程中,入射光的频率为 $f_0 = 5.0\ \mathrm{THz}$,石墨烯的费米能级为 $E_{\mathrm{f}} = 0.64\ \mathrm{eV}$。所计算的数值为:在不同的介质厚度条件下,反射波的相位和振幅随石墨烯尺寸改变而变化的关系,计算结果如图 6.7 所示。其中介质层的厚度 T_{m} 的变化范围为 $0 \sim 20\ \mu\mathrm{m}$,方形石墨烯尺寸 $G_x(G_y)$ 的变化范围为 $0.5 \sim 5.5\ \mu\mathrm{m}$。

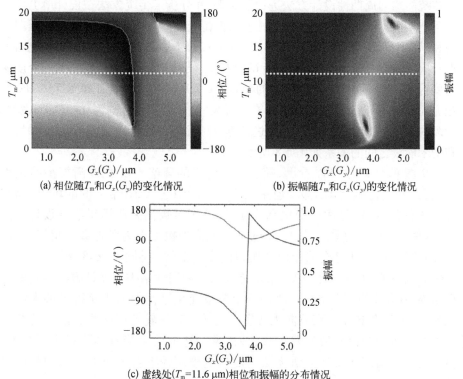

(a) 相位随 T_{m} 和 $G_x(G_y)$ 的变化情况　　　　(b) 振幅随 T_{m} 和 $G_x(G_y)$ 的变化情况

(c) 虚线处 $(T_{\mathrm{m}} = 11.6\ \mu\mathrm{m})$ 相位和振幅的分布情况

图 6.7　经典方形单元的光学响应 T_{m} 和 $G_x(G_y)$ 的变化情况

在数值选取的过程中需遵循一定的原则,既要保证相位变化范围尽量大,又要使振幅维持在较高的水平且波动范围尽量小。从图 6.7(a)和(b)可以看出,当石墨烯方形块的尺寸为 4.0 μm 附近时,会出现明显的等离激元共振特征,此时反射波束的相位和振幅会随着参数的改变发生快速变化。当介质层厚度取值在某些范围内时,随着石墨烯尺寸的变化,反射波束的振幅几乎会降为零,这种情况并不是所需要的。通过计算,发现当介质层的厚度 T_m = 11.6 μm 时,随着石墨烯尺寸的变化,相位变化趋势平稳,且跨度范围较大(约 230°),同时在整个区域内反射振幅维持在较高水平(>0.76),如图 6.7(c)所示。综上所述,本章所涉及结构的介质层厚度统一取值为 T_m = 11.6 μm。

6.3.3　传统设计方法的缺陷

为了凸显本章所提的非均匀周期性结构设计方案存在的必要性,本小节对了传统的均匀周期性设计方法进行了探索,并分析了传统方法在设计单电极控制下波束摆扫器件时存在的局限性。根据传统的设计方法,结构单元的横向周期和纵向周期相等且取值为 $P_x = P_y$ = 6.0 μm,石墨烯结构为正方形,在此将方形石墨烯的边长定为 G_{xy},即 $G_{xy} = G_x = G_y$。根据上节的分析,该模型的介质层厚度为 T_m = 11.6 μm。入射波束的参数与 6.1.1 节相同,均为频率为 5.0 THz,偏振方向沿 x 方向的线偏光。其中,石墨烯尺寸 G_{xy} 的变化范围为 0~5.0 μm,费米能级的变化范围为 0~1.1 eV。经过计算,反射波束的相位和振幅与石墨烯尺寸和费米能级之间的关系如图 6.8 所示。

从图 6.8(a)中可以看出,随着费米能级的调整,G_{xy} 在逐渐缩小的过程中,相位变化范围逐渐增大,但是在 2.0 μm < G_{xy} < 3.0 μm 的区域内,存在振幅极低的区域,且相位变化趋势陡峭,该区域数据无法用于器件设计。因此,选择石墨烯尺寸位于 3.0~5.0 μm 区域内的数据作为备选数据集,从中取 G_{xy} 的 5 组数值,其对应的相位和振幅的变化曲线绘制于图 6.8(b)中。将图 6.8(b)与图 6.6(b)对比可知,采用传统均匀周期性结构的设计方法得到的计算结果,相位的覆盖区域小,使得费米能级变化过程中无法获得足够大的相位差,该因素会导致波束方向无法发生偏转或者偏转范围很小;此外,传统方法中波束传输振幅的波动范围大,该因素会造成波束能量的不稳定。综上,传统的均匀周期性设计方法无法满足单电极调控下实现波束摆扫功能的设计需求。

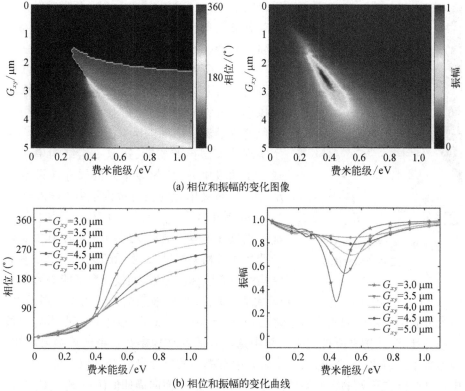

(a) 相位和振幅的变化图像

(b) 相位和振幅的变化曲线

图 6.8　均匀周期结构中相位和振幅随石墨烯尺寸和费米能级的变化情况

6.4　单电极调控的波束摆扫器件

6.4.1　单电极控制的波束摆扫器件设计

　　到目前为止,科研人员已经设计出一系列以石墨烯超材料为基础的超材料器件用于实现对电磁波的动态调控,如波束调控器件、平面聚焦超透镜等[23, 24]。在本章中,设计的第一种功能器件为波束方向连续可调的反射型波束摆扫器,其结构如图 6.9 所示。为了实现对反射波束方向的控制,利用第 2 章介绍的广义斯内尔定律中的式(5.43),来计算沿着器件表面呈线性变化的相位分布。其中($\mathrm{d}\varPhi/\mathrm{d}x$)为超表面的结构单元引入的相位突变值。由于入射光是

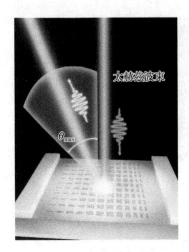

图 6.9　连续可调波束摆扫器的示意图

垂直照射,因此入射角为 $\theta_i = 0°$, 此时反射角为反射光束与截面法线的夹角为 θ, 其值为 $\theta = \arcsin[\lambda \, d\Phi/(2\pi dx)]$。

在上面所做的仿真计算与响应分析的基础上,严格按照实现波束摆扫功能的需求计算了应该选取的结构参数,使得各单元对应的相位变化速率沿着超表面的 x 方向呈梯度分布。为了实现波束摆扫的功能,选取一组结构单元组成一个超级单元,该超级单元的尺寸被设定为 L。首先,超级单元的长度被设定为 $L \approx 2.0\lambda \approx 120\ \mu m$,其中 $\lambda = c/f$, $f_0 = 5.0\ THz$。其次,超表面的相位分布应该满足 $d\Phi(x)/x = b$,其中 b 是与费米能级相关的量, x 表示超级单元中石墨烯结构的中心坐标。最后,假设当费米能级为 $E_f = 0.8\ eV$ 时,相位的变化范围达到最大值 $\Delta\Phi_{max}$,此时波束的偏转角 θ 达到最大。每个分立单元对应的相位分布满足 $\Phi(x) = \Delta\Phi_{max} \cdot x/L$。以上述三点为初始条件进行计算,从仿真所得的数据集中选取合适的结构参数。由计算结果可知,该超级单元包含 25 个单元,每个单元中石墨烯的尺寸参数 G_x 和 G_y 列于表 6.1 中,其中,分立单元的纵向周期值为 $P_y = 6.0\ \mu m$,横向周期值满足 $P_x = G_x + k$。由上述数据构建的摆扫器表面的相位分布图和波束的辐射方向图如图 6.10 所示。

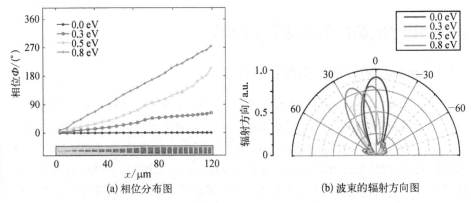

(a) 相位分布图　　　　　　(b) 波束的辐射方向图

图 6.10　不同费米能级时摆扫器表面的相位分布图和波束的辐射方向图

表 6.1　摆扫器尺寸为 2.0λ 时对应的单元参数表

		$L \approx 120\ \mu m$　$E_f = 0.8\ eV$							
序号	$x/\mu m$	$\Phi(x)/(°)$	$G_x/\mu m$	$G_y/\mu m$	序号	$x/\mu m$	$\Phi(x)/(°)$	$G_x/\mu m$	$G_y/\mu m$
1	2.75	9.2	5.0	0.4	14	74.15	168.0	4.8	5.0
2	8.25	16.2	5.0	0.6	15	79.30	178.3	4.5	5.0
3	13.75	33.0	5.0	1.0	16	84.15	190.5	4.2	5.0
4	19.25	43.0	5.0	1.2	17	88.70	204.0	3.9	5.0
5	24.75	57.3	5.0	1.5	18	93.00	214.3	3.7	5.0
6	30.25	67.3	5.0	1.7	19	97.15	219.6	3.6	5.0
7	35.75	82.7	5.0	2.0	20	101.15	231.0	3.4	5.0
8	41.25	91.8	5.0	2.2	21	105.00	237.3	3.3	5.0
9	46.75	107.1	5.0	2.6	22	108.70	249.1	3.1	5.0
10	52.25	121.1	5.0	3.0	23	112.25	256.5	3.0	5.0
11	57.75	132.6	5.0	3.4	24	115.70	261.8	2.9	5.0
12	63.25	143.2	5.0	3.9	25	119.00	273.9	2.7	5.0
13	68.75	156.9	5.0	4.7					

在当前参数取值的情况下,费米能级取值为 0 eV、0.3 eV、0.5 eV 和 0.8 eV 时,对应的相位分布情况如图 6.10(a) 所示,从图中可以看出,当费米能级取值从 0 eV 增加到 0.8 eV 的过程中,相位的覆盖范围逐渐增大,同时相位分布斜率也逐渐增大。图 6.10(b) 所示为费米能级取上述四组值时,反射波束对应的辐射方向图。显然,随着费米能级的增加,波束的偏转角 θ 不断增大,且相对辐射强度均维持在 0.75 以上。当费米能级达到 0.8 eV 时,偏转角度达到最大,最大偏转角为 $\theta_{max} = 22.2°$,对应的超级单元中相位覆盖范围达到 290°。此时,四组不同偏转角波束对应的电场分布图如图 6.11 所示,不同偏转角波束对应的电场

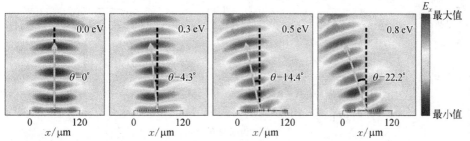

图 6.11　超级单元尺寸为 $L \approx 2\lambda$ 时对应的反射波的电场分布情况

分布均匀且稳定。当对石墨烯的费米能级进行往复且连续的调控时,可以实现对波束方向的连续调节,即实现了单电极控制下的连续波束摆扫功能。

6.4.2 不同尺寸器件的性能对比

接下来,对该波束摆扫器的性能进行进一步的探索和优化。优化的目的是在保证波束质量的情况下,尽可能扩展波束的摆扫范围,增大最大摆扫角度 $\theta_{\max}$。本小节中为增加摆扫范围采用了控制超级单元长度 L 的方式,为此分别构建了 $L \approx 1.5\lambda \approx 90\,\mu m$ 和 $L \approx 1.0\lambda \approx 60\,\mu m$ 两种超级单元组合。两组超级单元中单元结构的选取均是以费米能级为 $E_f = 0.8\,eV$ 时达到最大偏转角为基准,各组超级单元中包含的单元参数分别列于表 6.2 和表 6.3 中,其对应的相位分布图和辐射方向图绘制于图 6.12 中。

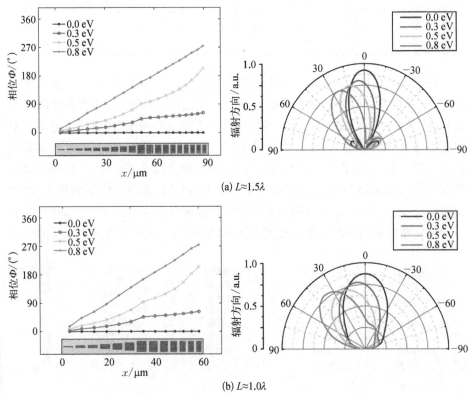

(a) $L \approx 1.5\lambda$

(b) $L \approx 1.0\lambda$

图 6.12 两组优化后的器件对应的相位分布图和辐射方向图

表 6.2　摆扫器尺寸为 1.5λ 时对应的单元参数表

序号	$x/\mu m$	$\Phi(x)/(°)$	$G_x/\mu m$	$G_y/\mu m$	序号	$x/\mu m$	$\Phi(x)/(°)$	$G_x/\mu m$	$G_y/\mu m$
				$L \approx 90\ \mu m$　$E_f = 0.8\ eV$					
1	2.75	12.6	5.0	0.5	11	57.55	174.1	4.6	5.0
2	8.25	28.7	5.0	0.9	12	62.45	190.5	4.2	5.0
3	13.75	43.0	5.0	1.2	13	67.00	204.0	3.9	5.0
4	19.25	62.2	5.0	1.6	14	71.28	216.8	3.7	5.0
5	24.75	77.2	5.0	1.9	15	75.33	228.3	3.5	5.0
6	30.25	91.8	5.0	2.2	16	79.12	240.0	3.3	5.0
7	35.75	110.5	5.0	2.7	17	82.83	252.0	3.1	5.0
8	41.25	126.5	5.0	3.2	18	86.30	261.8	2.9	5.0
9	46.75	143.2	5.0	3.9	19	89.60	273.9	2.7	5.0
10	52.25	160.6	5.0	4.9					

表 6.3　摆扫器尺寸为 1.0λ 时对应的单元参数表

序号	$x/\mu m$	$\Phi(x)/(°)$	$G_x/\mu m$	$G_y/\mu m$	序号	$x/\mu m$	$\Phi(x)/(°)$	$G_x/\mu m$	$G_y/\mu m$
				$L \approx 60\ \mu m$　$E_f = 0.8\ eV$					
1	2.75	16.2	5.0	0.6	8	40.78	187.4	4.3	5.0
2	8.25	43.0	5.0	1.2	9	45.33	206.9	3.9	5.0
3	13.75	62.2	5.0	1.6	10	49.50	225.4	3.5	5.0
4	19.25	87.1	5.0	2.1	11	53.35	243.7	3.2	5.0
5	24.75	114.1	5.0	2.8	12	56.90	261.8	2.9	5.0
6	30.25	139.6	5.0	3.7	13	60.20	273.9	2.7	5.0
7	35.70	164.9	4.9	5.0					

图 6.12(a)为 $L \approx 1.5\lambda$ 时对应的相位分布图和辐射方向图,图 6.12(b)对应着 $L \approx 1.0\lambda$ 时的结果。在两组器件中,均是当费米能级为 $E_f = 0.8\ eV$ 时相位覆盖范围达到最大值 290°。当相位覆盖范围一致时,器件尺寸越小,对应的相位分布斜率越大,同时对应的偏转角也越大。从图 6.12(a)和(b)中可以看出,这两组器件的波束摆扫功能保持良好,在费米能级的调整过程中,偏转波束的方向发生连续变化,同时波束的强度保持稳定。两组器件的最大偏转角分别为 26.4°($L \approx 1.5\lambda$)和 35.5°($L \approx 1.0\lambda$)。 对比图 6.12(a)和(b)的右图可以发

现,当器件尺寸减小时,最大偏转角度增大,但同时波束的方向性会变差。其中的原因可能是由于器件尺寸与波长大小相当,当器件尺寸减小时,对波束的散射效应增强,导致波束方向性变差。

6.4.3 波束摆扫器的宽带特性分析

在上述研究中,所设计器件的工作频率被限定为 $f_0 =$ 5.0 THz。实际上,上述波束扫描器的波束摆扫功能在宽带内都是有效的,本小节研究了上述三组器件的宽带特性。根据上述分析可知,当费米能级为 0.8 eV 时,波束摆扫器的偏转角达到最大。为了探究其宽带特性,将器件的费米能级固定为 0.8 eV,在 4.0~6.4 THz的频带范围内,计算了波束摆扫器的最大偏转角情况,其结果如图 6.13 所示。

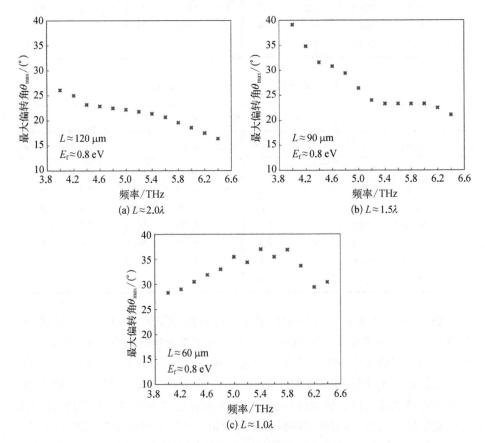

图 6.13 不同尺寸器件的宽带响应特性

图 6.13(a)和(b)所示分别为 $L \approx 2.0\lambda$ 和 $L \approx 1.5\lambda$ 对应器件的宽带特性图,从中可以看出,波束摆扫器件的最大偏转角度会随着入射波频率的增大而减小,这与广义斯内尔定律相符。而图 6.13(c)对应的为 $L \approx 1.0\lambda$ 时器件的宽带特性,从图中可以看出,最大偏转角随着频率的增大先增大而后减小。据分析,造成该现象的原因有两个:首先,器件的相位调控能力在偏离初始频率后,随着频率的偏离而减弱;其次,该器件的超级单元尺寸与波长的比例随着频率的减小而减小,导致该器件的散射效应增强,而散射效应是无方向性的,这会对偏转波束的方向性造成严重干扰。因此,在实际应用中需要考虑器件的扫描范围与方向性之间的平衡。

6.5　单电极调控的可变焦超透镜

6.5.1　可变焦超透镜的设计

本章中所设计的第二个器件为单电极控制下的可调焦反射型超透镜,其结构如图 6.14 所示。在超透镜设计过程中,取超透镜的中心作为 x 坐标轴的原点,则超透镜表面的相位分布情况应该满足如下关系[25]:

$$\varphi(x) = \frac{2\pi}{\lambda}(\sqrt{F^2 + x^2} - F) \qquad (6.1)$$

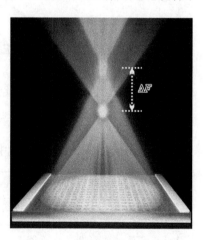

其中,x 表示石墨烯单元中心位置的坐标;F 表示所设计超透镜的焦距。根据 6.3.1 节中对单元特性的分析,选取超透镜的各个单元结构参数。选定的结构参数要保证超透镜边缘结构的相位变化速率快于中心位置,这样才能使相位分布曲线对应的理论焦距随费米能级的改变而发生变化。

图 6.14　可变焦反射型超透镜的
结构示意图

在超透镜的设计过程中,预置参数设置如下:工作频率设置为 f_0 = 5.0 THz,石墨烯的费米能级设置为 E_f = 0.5 eV,超透镜焦距预设为 F_0 = 600 μm。根据式(6.1)的相位方程,可计算出所设计超透镜相位分布的理论结果如图 6.15(a)

所示。根据 6.3.1 节中单元特性分析的结果,选取相应的结构参数使其相位分布与图 6.15(a)中的理论结果相匹配。由于超透镜结构关于 $x = 0$ 对称,在选取结构参数的时候仅需选取其中的一半参数即可,另一半可通过镜面对称的方法获得,选取结果列于表 6.4 中。此时,电场沿 x 方向的线性偏振光 E_x 垂直入射到超透镜表面,其反射场的强度分布情况如图 6.15(b)所示。从图中可以看出,反射波束有明显的聚焦效果,且实际焦距为 $F = 530~\mu\text{m}$,与设计值结果相符。图 6.15(b)中聚焦光场中超材料器件表面的相位分布曲线如图 6.14(a)所示,可见相位分布情况的仿真值与理论值基本符合,其中存在一定差异的原因可能是有限的器件尺寸引入了部分散射干扰。

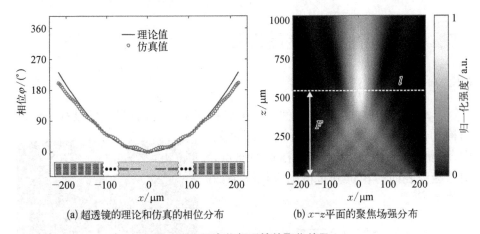

(a) 超透镜的理论和仿真的相位分布 (b) x-z 平面的聚焦场强分布

图 6.15 可变焦超透镜的聚焦效果

表 6.4 可变焦距超透镜对应的结构参数

$F_0 = 600~\mu\text{m}$ $E_f = 0.5~\text{eV}$								
序号	$x/\mu\text{m}$	$\Delta\varphi(x)/(°)$	$G_x/\mu\text{m}$	$G_y/\mu\text{m}$	序号	$x/\mu\text{m}$	$\Delta\varphi(x)/(°)$	$G_x/\mu\text{m}$	$G_y/\mu\text{m}$
1	2.75	0.0	5.00	0.00	8	41.25	9.3	5.00	0.70
2	8.25	1.0	5.00	0.10	9	46.75	11.0	5.00	0.80
3	13.75	0.7	5.00	0.20	10	52.25	14.6	5.00	1.00
4	19.25	2.7	5.00	0.30	11	57.75	18.5	5.00	1.20
5	24.75	4.2	5.00	0.40	12	63.25	20.4	5.00	1.30
6	30.25	5.9	5.00	0.50	13	68.75	24.3	5.00	1.50
7	35.75	7.6	5.00	0.60	14	74.25	28.3	5.00	1.70

$F_0 = 600\,\mu m$　$E_f = 0.5\,eV$								
序号	$x/\mu m$	$\Delta\varphi(x)/(°)$	$G_x/\mu m$	$G_y/\mu m$	序号	$x/\mu m$	$\Delta\varphi(x)/(°)$	$G_x/\mu m$	$G_y/\mu m$
15	79.75	32.4	5.00	1.90	32	167.15	134.9	3.50	5.00
16	85.25	36.6	5.00	2.10	33	171.10	140.5	3.40	5.00
17	90.75	40.6	5.00	2.30	34	174.95	147.4	3.30	5.00
18	96.25	46.6	5.00	2.60	35	178.73	150.6	3.25	5.00
19	101.75	50.7	5.00	2.80	36	182.43	159.8	3.15	5.00
20	107.25	56.7	5.00	3.10	37	186.05	162.4	3.10	5.00
21	112.75	62.8	5.00	3.40	38	189.63	166.5	3.05	5.00
22	118.25	68.5	5.00	3.70	39	193.13	178.8	2.95	5.00
23	123.75	75.6	5.00	4.10	40	196.55	182.4	2.90	5.00
24	129.25	81.2	5.00	4.40	41	199.93	187.1	2.85	5.00
25	134.75	90.4	5.00	4.90	42	203.25	193.3	2.80	5.00
26	140.10	96.4	4.70	5.00	43	206.50	204.7	2.70	5.00
27	145.15	102.9	4.40	5.00	44	209.68	210.9	2.65	5.00
28	149.93	109.5	4.15	5.00	45	212.83	210.9	2.65	5.00
29	154.50	113.4	4.00	5.00	46	215.95	219.2	2.60	5.00
30	158.88	122.7	3.75	5.00	47	219.03	223.6	2.55	5.00
31	163.08	127.2	3.65	5.00					

6.5.2　可变焦超透镜的可调特性分析

为了验证上述超透镜的可调谐特性,本小节计算了超透镜在不同费米能级(0.4~0.9 eV)情况下的聚焦效果,其结果如图 6.16 所示。根据推断,当费米能级增大时,超透镜靠近边缘的单元对应的相位增速比中心位置快,由此造成的结果是焦距的减小。图 6.16(a)所示为费米能级取不同值时,对应的相位分布情况,相位的变化趋势与推论相符。图 6.16(c)为不同费米能级对应的聚焦场强分布,而图 6.16(b)所示为聚焦场中心线上的强度分布情况。随着费米能级从 0.9 eV 逐渐降到 0.4 eV 的过程中,超透镜的焦距从 385 μm 增大到 666 μm,焦距的变化范围为 281 μm。从图 6.16(c)所示的场强分布可以看出,在费米能级调整的过程中聚焦效果维持良好。至此,单电极调控下的可调焦超透镜已设计完成,其焦距的可调谐性能表现良好。

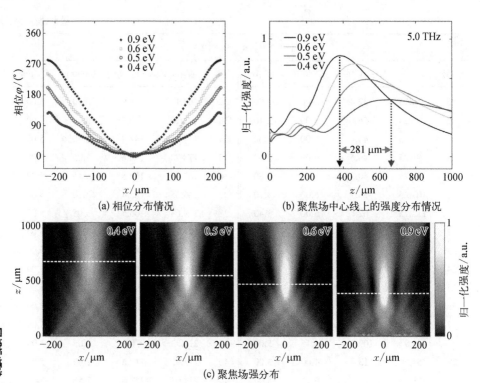

(a) 相位分布情况　　　　　　(b) 聚焦场中心线上的强度分布情况

(c) 聚焦场强分布

图 6.16　不同费米能级条件下对应的聚焦效果

6.5.3　可变焦超透镜的宽带特性分析

　　根据上面的分析,所设计的可调谐变焦超透镜,在预设的工作频率 $f_0 = 5.0\text{ THz}$ 处,可以很好地实现单电极控制下的动态调焦功能。此外,该器件的动态调焦作用在宽带范围内是有效的,本小节中主要探究可变焦超透镜的宽带响应特性。

　　在计算过程中,将费米能级的调控范围设定为 0.4~0.9 eV,频带范围控制在 3.6~5.6 THz,在该范围内取 11 个频点,分别探究上述超透镜在每个频点处的焦距调控范围,其结果如图 6.17 所示。从图中可以看出,焦距的变化范围随着频率的增加而增加,在 5.0 THz 时达到最大值 281 μm;此后,随着频率的增加,超透镜焦距的变化范围略有缩小。造成这种变化趋势的原因有两个:首先,在相同费米能级时焦距随频率的增大而增大,同时在固定的费米能级范围内焦距可调范围呈现逐渐增加的趋势,该现象可以利用轴向色差理论进行解释[26];其次,在频率偏离了预置工作频率时,焦距的可调范围呈现下降趋势,原因是入射光频率的偏离导致结构对入射波的调制效果减弱,造成了可控调焦范围的缩减。至此,本书提出的设计单电极调控下可调焦超透镜的设计方案被证明是可行的,且在较宽频带内都具有较为理想的调控效果。

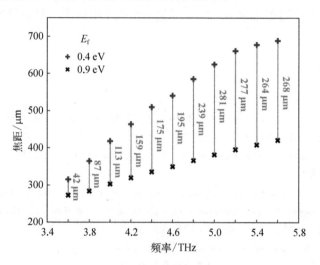

图6.17　超透镜焦距可调范围的宽带分析

6.6　本章小结

本章中作者团队主要提出了一种基于非均匀周期性结构的石墨烯超材料设计方法。该方法打破了传统的设计模式,引入了两种新颖的结构参数调整方式:一是非均匀周期性结构的设计模式;二是将传统结构单元中石墨烯块的形状由方形转换为矩形,并且将石墨烯块横向和纵向的尺寸参数进行分段调整。在费米能级变化范围固定的情况下,基于以上设计方法获得的相位变化范围相比于传统方法得到了极大的扩展。同时,采用新型设计方法,可以实现相位随费米能级的变化速率沿超表面呈梯度分布。利用上述特性,作者团队设计了两类新型功能器件,这两类器件在单电极控制下即可分别实现波束连续摆扫功能和焦距可调的聚焦功能。

作者团队所设计的两种器件分别为单电极控制下的波束摆扫器和可调焦

距超透镜。其中波束摆扫器的最大扫描范围可达 $0° \sim 35.5°$,可调焦距超透镜的焦距调节范围可达 $385 \sim 666 \, \mu m$。这两种器件预设的工作频率均为 5.0 THz,但是经过验证,这两类器件都具有良好的宽带响应特性,因此具有广阔的应用前景。本章中提出的非均匀周期性超薄石墨烯超表面器件设计理念为太赫兹通信、全息成像和安全检测等光学系统的集成化和小型化提供了一种极具潜力的方法。

参考文献

[1] Kildishev A V, Boltasseva A, Shalaev V M. Planar photonics with metasurfaces [J]. Science, 2013, 339(6125): 1232009.

[2] Yu N, Capasso F. Flat optics with designer metasurfaces [J]. Nature Materials, 2014, 13: 139 – 150.

[3] Holloway C, Kuester E, Gordon J, et al. An overview of the theory and applications of metasurfaces: The two-dimensional equivalents of metamaterials [J]. IEEE Antennas and Propagation Magazine, 2012, 54(2): 10 – 35.

[4] Luo X. Principles of electromagnetic waves in metasurfaces [J]. Science China Physics, Mechanics and Astronomy, 2015, 58(9): 1 – 18.

[5] Yu N, Genevet P, Kats M A, et al. Light propagation with phase discontinuities: Generalized laws of reflection and refraction[J]. Science, 2011, 334 (6054): 333 – 337.

[6] Liu Y, Zhang X. Metamaterials: A new frontier of science and technology [J]. Chemical Society Reviews, 2011, 40(5): 2494 – 2507.

[7] Soukoulis C M, Wegener, M. Past achievements and future challenges in the development of three-dimensional photonic metamaterials [J]. Nature Photonics, 2011, 5: 523 – 530.

[8] Tsai Y J, Larouche S, Tyler T, et al. Design and fabrication of a metamaterial gradient index diffraction grating at infrared wavelengths [J]. Optics Express, 2011, 19(24): 24411 – 24423.

[9] Nemati A, Qian W, Hong M, et al. Tunable and reconfigurable metasurfaces and metadevices [J]. Opto-Electronic Advances, 2018, 1(5): 180009.

[10] Pfeiffer C, Emani N K, Shaltout A M, et al. Efficient light bending with isotropic metamaterial Huygens' surfaces [J]. Nano Letters, 2014, 14(5): 2491 – 2497.

[11] Neu J, Beigang R, Rahm M. Metamaterial-based gradient index beam steerers for terahertz radiation [J]. Applied Physics Letters, 2013, 103(4): 241116.

[12] Lin J, Mueller J, Wang Q, et al. Polarization-controlled tunable directional coupling of surface plasmon polaritons [J]. Science, 2013, 340(6130): 331 – 334.

[13] Yu N, Aieta F, Genevet P, et al. A broadband, background-free quarter-wave plate based on plasmonic metasurfaces [J]. Nano Letters, 2012, 12(12): 6328 − 6333.

[14] Vakil A, Engheta N. Transformation optics using graphene [J]. Science, 2011, 332(6035): 1291 − 1294.

[15] Fang Z, Thongrattanasiri S, Schlather A, et al. Gated tunability and hybridization of localized plasmons in nanostructured graphene [J]. ACS Nano, 2013, 7(3): 2388 − 2395.

[16] Fallahi A, Perruisseau-Carrier J. Design of tunable biperiodic graphene metasurfaces [J]. Physical Review B, 2012, 86(19): 4608 − 4619.

[17] Gomez-Diaz J S, Perruisseau-Carrier J. Microwave to THz properties of graphene and potential antenna applications [C]. Nagoys: 2012 IEEE International Symposium on Antennas and Propagation (ISAP), 2012.

[18] Tamagnone M, Gomez-Diaz J, Mosig R, et al. Reconfigurable terahertz plasmonic antenna concept using a graphene stack [J]. Applied Physics Letters, 2012, 101(21): 836 − 842.

[19] Carrasco E, Tamagnone M, Perruisseau-Carrier J. Tunable graphene reflective cells for THz reflectarrays and generalized law of reflection [J]. Applied Physics Letters, 2013, 102(10): 104103.

[20] Esquius-Morote M, Gomez-Diaz J S, Perruisseau-Carrier J. Sinusoidally-modulated graphene leaky-wave antenna for electronic beamscanning at THz [J]. IEEE Transactions on Terahertz Science and Technology, 2017, 4(1): 116 − 122.

[21] Huang X, Leng T, Hu Z, et al. Graphene array based beam-scanning terahertz antenna [C]. Bali Island: 2015 IEEE 4th Asia-Pacific Conference on Antennas and Propagation (APCAP), 2015.

[22] Christensen J, Manjavacas A, Thongrattanasiri S, et al. Graphene plasmon waveguiding and hybridization in individual and paired nanoribbons [J]. ACS Nano, 2012, 6(1): 431 − 440.

[23] Deng L, Wu Y, Zhang C, et al. Manipulating of different-polarized reflected waves with graphene-based plasmonic metasurfaces in terahertz regime [J]. Scientific Reports, 2017, 7(1): 10558.

[24] Zhang X, Tian Z, Yue W, et al. Broadband terahertz wave deflection based on C-shape complex metamaterials with phase discontinuities [J]. Advanced Materials, 2013, 25(33): 4567 − 4572.

[25] Wei M, Zhong H, Bai X, et al. Dual-band light focusing using stacked graphene metasurfaces [J]. ACS Photonics, 2017, 4(7): 1770 − 1775.

[26] Tang D, Wang C, Zhao Z, et al. Ultrabroadband superoscillatory lens composed by plasmonic metasurfaces for subdiffraction light focusing [J]. Laser and Photonics Reviews, 2016, 9(6): 713 − 719.

第7章 基于开口谐振环的可调偏振转换与波束调控器件

7.1 引言

本章提出了基于开口谐振环结构且具有复合功能的新型石墨烯超材料器件的设计方案。首先,以周期性石墨烯开口谐振环为基础构建了一种较简单的超表面器件,该器件可实现在宽带范围内对线偏振太赫兹光的偏振态进行转换的功能。然后,通过调整开口谐振环单元的结构参数,使转换后波束的相位在宽频域内发生 2π 范围的平稳变化。以此为基础,根据超表面功能器件的相位分布,合理地选取结构参数,成功地设计出了偏振转换与分束功能相结合以及偏振转换与聚焦功能相结合的复合功能器件。更重要的是,该类型器件的偏振转换效率、偏振分束比和偏振聚焦强度等特性参数,全部可以通过简单地调整石墨烯的费米能级来进行调控。

7.2 可调偏振转换超材料的研究现状

光学偏振技术在光通信、全息成像以及传感等领域具有重要的应用价值。为了实现对波束偏振状态的调控,传统方式往往是采用双折射晶体或利用磁光效应等。该类方法所需器件具有体积大、损耗高、难以集成等缺陷。此外,对于太赫兹波段的波束而言,缺少功能材料造成了偏振调控器等功能器件的缺失。而超材料的出现,为弥补太赫兹波段功能器件的缺失带来了希望。自太赫兹超材料器件出现以来,已经有许多具有奇异特性的器件被设计出来,如反常折射器件[1]、表面等离激元耦合器[2]、全息成像器件[3]以及宽带四分之一波片[4]等。到目前为止,针对超材料器件的应用研究大多致力于提升波束的操控效率[5-7]、扩展带宽[8, 9]以及校正像差[10]等方面。而偏振与相位这两个在通信、成像和传感等领域极为重要的电磁波特性,却很少被人们关注[11, 12]。

近年来,对波束的偏振态和相位的调控逐渐引发了科研人员的研究热情。随着研究的深入,从可见光到微波波段,许多基于超材料的偏振转换器和相位调制器被设计出来[13]。然而,大多数超材料器件都是基于金属的纳米结构,虽然其响应特性良好,但却存在结构复杂、制备过程烦琐、成型后特性无法调控等缺点[14]。

石墨烯超材料的出现,为可调谐超材料器件的发展注入了新的活力。许多基于石墨烯的超材料器件如雨后春笋般不断被设计出来,如基于石墨烯的偏振转换器[15, 16]和光学变换器件[17]等。2018 年,南开大学的 Wang 等利用基于石墨烯的十字形交叉结构实现了对圆偏光偏振状态的调控,使其偏振状态发生了反转,同时通过调整石墨烯结构的旋转角度实现了对偏振态转换后波束相位的控制,进而实现了在对偏振态进行转换的同时产生反常反射现象[18]。该器件实现了同时控制波束偏振态和相位的功能,但是该类器件所对应的入射光均是圆偏振光,其对应的偏振转换过程也是圆偏光之间的转换。

到目前为止,对于线性偏振光偏振态和相位的动态调控研究较少。本章重点关注如何使线性偏振光发生偏振转换,产生与入射光偏振态呈正交关系的正交分量,同时通过调整结构参数实现对正交分量相位的调控,并利用石墨烯费米能级可调的特性对偏振转换和相位调制过程进行动态调控。

7.3 超薄的可调偏振转换器件

7.3.1 结构设计与响应特性分析

本章所提出的偏振转换器件的设计方案是以石墨烯开口谐振单元为基础的,其结构如图 7.1 所示。将采用 CVD 法生长在铜基底上的单层石墨烯转移到透明的绝缘介质层上,利用光刻的方式将石墨烯制备成开口环的形状,之后在石墨烯上覆盖一层离子凝胶作为石墨烯和金属调控电极之间的导电介质[18]。图形化后石墨烯的单元结构示意图及其结构参数如图 7.1 右图所示。该器件中所采用绝缘介质的材质为 MgF_2 或者 SiO_2,绝缘介质的介电常数设定为 $\varepsilon_d = 1.90$。离子凝胶的厚度为 1.0 μm,其介电常数为 $\varepsilon_{ion\text{-}gel} = 1.82$。在计算过程中,初始的工作频率设定为 f_0 = 1.0 THz，石墨烯在太赫兹波段的表面电导率由 5.2.2 节中介绍的 Drude 模型导出。图 7.1 右图中所示结构单元的参数如下：结构单元的周期为 $P_x = P_y = 70$ μm，开口谐振环的外圆半径为 $r = 34$ μm，环的宽度为 $w = 25$ μm，开口角为 $\alpha = 50°$，开口环对称轴与 x 轴的夹角为 $\beta = 45°$。

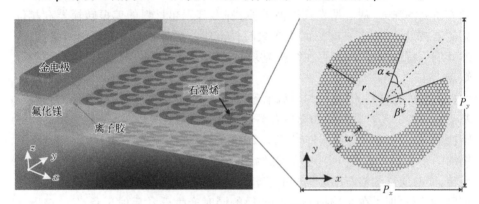

图 7.1　基于石墨烯开口谐振环的偏振转换器示意图

以上述偏振转换器件的一个结构单元为例，分析该器件对入射光的响应特性。该结构单元为包含一个石墨烯开口谐振环的正方形结构。由于该结构单元关于对角线对称，因此入射光的偏振方向无论是沿 x 方向的 E_x 还是沿 y 方向的 E_y，其效果是等价的，本章中入射光的偏振方向被设定为 E_x。如图 7.2（a）所示，入射光 E_x 从底部垂直入射到该器件上。当入射光照射到石墨烯结构上且其频率位于石墨烯结构的共振频率时，会在谐振环上激励起表面等离激元[19]。由于石墨烯开口谐振环对于入射波的偏振方向来说是不对称的，这会导致石墨烯上沿 x 方向的表面等离激元模式发生转变，从而产生强烈的波束偏振转换效果[20]。上述过程会产生如下影响，入射光照射到超表面结构上，其中一部分透射光的偏振发现会发生 90° 的偏转从而产生正交分量，该现象的成因将会在下一小节具体介绍。

本章中所提出的器件工作在透射模式，因此在后面的分析中将重点关注出射光的透射部分，其中透射光包含两部分：一部分透射光的偏振方向与入射光相同，称为原始分量，记为 $E_{co\text{-}pol}$；另一部分透射光的偏振方向与入射光偏振方向垂直，称为正交分量，记为 $E_{cross\text{-}pol}$。当石墨烯的费米能级为 $E_f = 0.8$ eV 时，该结构单元的振幅谱如图 7.2（b）所示。从振幅传递谱中可以看出，在宽频范围内透射光的原始分量传输谱 $T_{co\text{-}pol}$ 存在一个凹陷，而正交分量传输谱 $T_{cross\text{-}pol}$ 相应

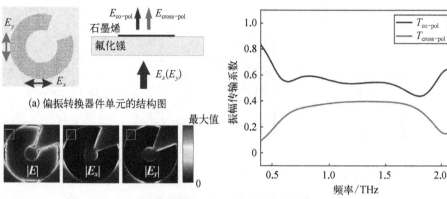

(a) 偏振转换器件单元的结构图

(c) 频率为1.0 THz时石墨烯表面的电场模分布

(b) 透射光原始分量和正交分量的振幅传递系数

图 7.2　偏振转换效果

的有一个宽带峰,表明在该宽带区域内,存在明显的从原始分量 $E_{\text{co-pol}}$ 到正交分量 $E_{\text{cross-pol}}$ 的能量转换,即发生了强烈的偏振转换过程。图 7.2(c)中的三个插图为电场模分布图,分别对应入射光频率为 1.0 THz 时,石墨烯表面等离激元的总电场模 $|E|$、x 方向的分量 $|E_x|$ 和 y 方向的分量 $|E_y|$。

7.3.2　偏振转换原理分析

如前所述,由于单元结构形状是关于对角线对称的,因此入射光偏振方向沿 x 轴和 y 轴的效果是一样的。在本章的计算中,入射光偏振方向统一沿 x 轴方向,表示为 E_x。入射光沿垂直表面方向入射到器件后,出射光的情况如图 7.3(a)所示。从图中可以看出,当入射光经过该器件后,分成了五部分,分别为:透射部分的原始分量 $E_{\text{co-pol}}^{\text{T}}$ 和正交分量 $E_{\text{cross-pol}}^{\text{T}}$;同样反射部分也存在原始分量 $E_{\text{co-pol}}^{\text{R}}$ 和正交分量 $E_{\text{cross-pol}}^{\text{R}}$;最后一部分为石墨烯结构的对光的吸收量 A。当石墨烯的费米能级为 $E_{\text{f}} = 0.8$ eV 时,这五个量对应的能量谱如图 7.3(b)所示,在宽频范围内,无论是透射还是反射部分的正交分量都存在宽带的峰值,表明在经过偏振转换器件后波束的偏振方向确实发生了 90° 的偏转。上述五个分量之间的关系为

$$E_{\text{co-pol}}^{\text{T}} + E_{\text{cross-pol}}^{\text{T}} + E_{\text{co-pol}}^{\text{R}} + E_{\text{cross-pol}}^{\text{R}} + A = 1 \tag{7.1}$$

由于本章重点关注的为透射部分,因此下面用 $E_{\text{co-pol}}$ 和 $E_{\text{cross-pol}}$ 分别代表 $E_{\text{co-pol}}^{\text{T}}$ 和 $E_{\text{cross-pol}}^{\text{T}}$。

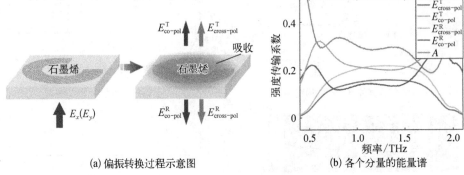

(a) 偏振转换过程示意图　　　　　　　(b) 各个分量的能量谱

图 7.3　偏振转换过程及转换效率

在分析影响偏振转换效率的因素时,发现偏振转换效率与石墨烯开口环对称轴和 x 轴间的夹角 β 有关。当入射光照射到石墨烯结构上时,会在石墨烯表面激励起等离激元,如图 7.4(a)所示。由于开口谐振环为轴对称结构,石墨烯表面等离激元的总电场 E^{SPP} 也会呈现对称模式,等离激元振荡方向与开口环的对称轴方向一致,表面等离激元的强度与入射光之间的关系为:$|\,E^{\mathrm{SPP}}\,|\propto$ $|\,E_x\cos(\beta)\,|$。从表面等离激元的模式分析偏振转换过程,可描述为:入射光 E_x 垂直照射到石墨烯开口环结构,并在其上激励起表面等离激元,然后以表面等离激元在 y 方向上的分量 $E^{\mathrm{SPP}}_{\mathrm{cross\text{-}pol}}$ 作为激发源,辐射出偏振方向为 y 的正交分量偏振光,该部分光又分为两部分,一部分沿波束原来方向透射 $E_{\mathrm{cross\text{-}pol}}$,另一部分则与入射光方向相反形成反射 $E^{\mathrm{R}}_{\mathrm{cross\text{-}pol}}$。本节所关注的是透射正交分量的情况,当计算参数与图 7.3 中的设置相同时,正交分量的振幅与相位随 β 的变化情况分别如图 7.4(b)和(c)所示。正交分量的透射谱满足如下关系:

$$|\,T_{\mathrm{cross\text{-}pol}}\,|\propto|\,E^{\mathrm{SPP}}_{\mathrm{cross\text{-}pol}}\,|$$
$$\propto|\,E^{\mathrm{SPP}}\sin(\beta)\,|$$
$$\propto|\,E_x\cos(\beta)\sin(\beta)\,|=1/2\,|\,E_x\sin(2\beta)\,| \tag{7.2}$$

该关系式与图 7.4(b)中的情况相符,从中可以看出,当开口环对称轴与 x 轴的夹角为 $\beta=\pm\pi/4+n\pi/2\,(n=0,\ \pm1)$ 时,偏振转换效率达到最大。如图 7.4(c)所示,正交分量的相位随 β 呈周期性变化,且当开口谐振环对称轴与坐标轴重合时,相位会发生 π 的突变。图 7.4(c)中的两个插图为 $\beta=\pm45°$ 处石墨烯表面的电场分布图,从图中可以看出,两处的电场分布情况相反,即存在 π 的相位

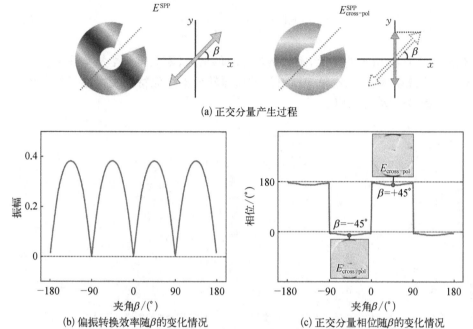

(a) 正交分量产生过程

(b) 偏振转换效率随 β 的变化情况

(c) 正交分量相位随 β 的变化情况

图 7.4 偏振转换效率和正交分量相位与 β 之间的关系

差。此外,透射正交分量的相位随着 β 变化的过程中,除了存在 π 的相位突变,其他 β 值对应的相位没有发生明显的变化。

7.3.3 偏振转换效率的可调性

与传统的偏振转换器相比,基于石墨烯的偏振转换器有两个非常重要的优点:其一,该器件具有超薄的单原子尺寸厚度;其二,该器件可以通过调节石墨烯的费米能级实现对其响应特性的动态调控,而石墨烯的费米能级可通过改变偏置电压的方式进行直接调节。

为了验证上述偏振转换器的可调性,计算了频率为 $f_0 = 1.0\,\mathrm{THz}$ 时,原始分量和正交分量的振幅传输系数随着费米能级的变化情况,其结果如图 7.5(a) 所示。结果表明,当费米能级从 0 eV 增大到 1.0 eV 的过程中,正交分量的传递系数 $T_{\mathrm{cross-pol}}$ 从 0 增长到 0.4,而原始分量的传递系数 $T_{\mathrm{co-pol}}$ 从 1.0 下降到 0.55。将器件对线偏光进行偏振转换的能力称为偏振转换率(polarization conversion rate,PCR),其定义如下:

$$PCR = \frac{T_{cross\text{-}pol}}{T_{cross\text{-}pol} + T_{co\text{-}pol}} \tag{7.3}$$

根据图 7.5(a)所示的情况,随着费米能级的增大,偏振转换率从 0 逐渐提升到 0.42。上述结果表明,本章中所设计的偏振转换器响应特性可以通过石墨烯的费米能级进行动态调控。

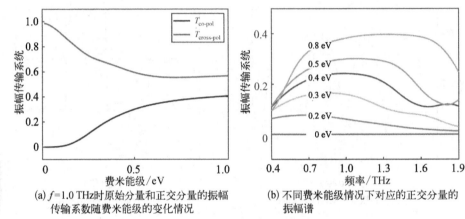

(a) f=1.0 THz时原始分量和正交分量的振幅 传输系数随费米能级的变化情况

(b) 不同费米能级情况下对应的正交分量的 振幅谱

图 7.5　振幅传输系数

图 7.5(b)中所示为不同费米能级条件下,正交分量的振幅谱。从图中可以看出,在 0.9~1.8 THz 的宽带范围内,当费米能级为 0.8 eV 时,正交分量的振幅传递系数保持在 0.4 附近,可见该器件的偏振转换效果稳定且具有良好的宽带响应特性。当费米能级为 0 eV 时,正交分量的振幅传递系数为 0。在宽带范围内,随着费米能级的增大,透射光中的正交分量占比逐渐增大。该器件可以被认为是一个正交分量的偏振调制器,为了描述其偏振调制特性,用 A_{ON} 代表 E_f = 0.8 eV 时对应正交分量振幅传输系数的状态,A_{OFF} 代表 E_f = 0 eV 时对应的状态,则偏振调制深度定义 m_a 如下:

$$m_a = \frac{A_{ON} - A_{OFF}}{A_{ON} + A_{OFF}} \times 100\% \tag{7.4}$$

其中,$A_{OFF} = 0$,因此 $m_a = 100\%$。因此,上述偏振调制器对正交分量的调制深度可达 100%。

7.4　偏振转换与分束器件

7.4.1　开口谐振环的相位特性分析

　　根据上面的分析可知,石墨烯开口环的对称线与 x 轴的夹角 β,只影响偏振转换效率,而不会对正交分量的相位产生明显影响。经过对开口环结构参数的进一步研究,发现正交分量的相位与开口环的开口角 α 有紧密联系。由于 $\beta = +45°$ 与 $\beta = -45°$ 两种情况下,相位存在 π 的突变。因此,在费米能级 $E_{\mathrm{f}} = 0.8$ eV、工作频率为 $f_0 = 1.0$ THz 的情况下,分别研究了 β 取 $+45°$ 与 $-45°$ 时,正交分量的相位与振幅随着开口角 α 之间的关系,其结果如图 7.6 所示。

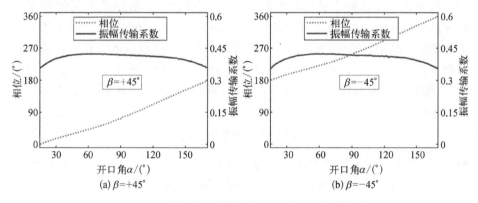

图 7.6　正交分量的相位与振幅随开口角度的变化情况

　　从图中可以看出,当开口角 α 从 $16°$ 增大到 $176°$ 的过程中,正交分量的相位覆盖度已经达到 π。将 $\alpha = 16°$、且 $\beta = +45°$ 时对应的相位设置为 $0°$,则随着开口角的逐渐增大,正交分量的相位也逐渐增大,并在 $\alpha = 176°$ 的时候达到 π。当 $\beta = -45°$ 时,正交分量的相位与 $\beta = +45°$ 的情况存在 π 的相位差,因此当 α 从 $16°$ 增大到 $176°$ 的过程中,正交分量的相位从 π 逐渐增大到 2π。在上述参数变化过程中,正交分量的振幅传输率始终平稳地保持在 0.4 附近,波动较小。因此,理论上可以通过调整 α 与 β 的值,得到任意的正交分量的相位值,并且保证振幅均维持在较为稳定的范围。上述针对正交分量相位与振幅的分析,为后续功能器件的设计奠定了基础。

7.4.2 偏振分束器的结构设计与分析

根据上述分析,基于石墨烯的开口谐振环器件可以实现 90° 的偏振转换,同时转换产生的正交分量的相位可以通过调整开口角 α 和结构对称线与 x 轴的夹角 β 来实现。因此,以石墨烯开口谐振环为基础,可以设计许多具有特殊功能的可调超表面器件。本小节中,设计了一种可同时实现偏振转换和偏振分束效果的复合功能器件。

为了实现偏振分束的效果,首先需要针对正交分量构建一个可以对波束方向进行调控的超表面结构。为了实现上述功能,则需要先选择合适的结构参数,组成相应的阵列单元。选取 8 个开口谐振环结构为一组形成一个超级单元,然后以此超级单元为基础进行周期性阵列排布,形成偏振分束器。该结构中所采用开口谐振环单元的参数与 7.2 节介绍的相同,结构单元的周期为 $P_x = P_y = 70\ \mu\mathrm{m}$,开口谐振环的外圆半径为 $r = 34\ \mu\mathrm{m}$,环的宽度为 $w = 25\ \mu\mathrm{m}$。为方便分析结构参数,将选取的 8 个单元命名为 U1 ~ U8,这 8 个单元沿着 x 方向排布,选取每个结构单元的中心作为每个单元的位置坐标。器件设计过程中,工作频率设置为 $f_0 = 1.0\ \mathrm{THz}$,石墨烯的费米能级为 $E_f = 0.8\ \mathrm{eV}$,每个单元对应的相位关系如下:

$$\varphi(x) = 2\pi(x/8P_x) \tag{7.5}$$

根据式 (7.5),可计算出 8 个单元结构对应的相位,结合 7.3.1 节中的相位分析,即可得出对应的 8 个结构单元对应的结构参数,如表 7.1 所示。

表 7.1　偏振分束器的结构参数

编号	$x/\mu\mathrm{m}$	$\varphi(x)/(°)$	$\alpha/(°)$	$\beta/(°)$
U1	0	0	25	+45
U2	70	45	79	+45
U3	140	90	116	+45
U4	210	135	150	+45
U5	280	180	25	−45
U6	350	225	79	−45
U7	420	270	116	−45
U8	490	315	150	−45

从表中可以看出,单元 U1~U4 与 U5~U8 对应的开口角 α 相同,它们之间的区别在于 β 值,这是由于当 β 分别为+45°与−45°结构单元对应的相位之间存在 π 的相位差。此外,对比图 7.6 发现,上述 8 个单元结构对应的相位随 x 呈线性分布,同时其振幅均保持在 0.4 附近,这样可以保证正交分量波束的传播方向发生偏折时波形保持稳定。根据广义斯内尔定律中的式(5.41),入射光 E_x 沿垂直方向入射时的入射角为 $\theta_i = 0°$,因此可求得正交分量波束的出射角为

$$\theta_{\text{cross-pol}} = \arcsin\left(\frac{\lambda}{2\pi}\frac{\mathrm{d}\varphi(x)}{\mathrm{d}x}\right) \tag{7.6}$$

其中,$\theta_{\text{cross-pol}}$ 表示正交分量出射光与入射光传播方向的夹角,即为偏转角。

如图 7.7(a)所示,即为选取基础单元组成的超级单元的结构示意图。根据 7.2 节的分析,此类石墨烯开口环谐振单元具有宽带的响应特性,因此也对所选取的 8 个基础单元结构的宽带特性进行分析。在费米能级固定的情况下,8 个基础单元对应的正交分量的相位谱和振幅谱分别绘制于图 7.7(b)和(c)。在宽带频域内,将所有 U1 单元对应的正交分量相位设定为 $\varphi(x_1) = 0°$。从图 7.7(b)中可知,在上述设定的基础上,所有单元对应的相位在宽带范围内保持稳定且分别位于 $\varphi(x_n)$ 附近,而 $\varphi(x_n)$ 为表 7.1 中 $f = 1.0\,\text{THz}$ 时 8 个单元分别对应的相位值,其

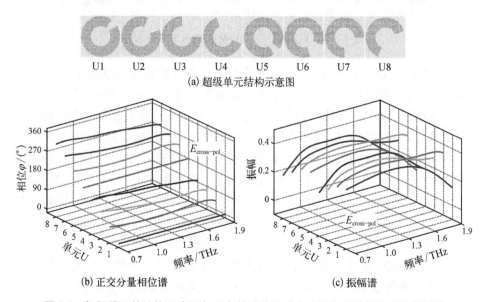

图 7.7　超级单元的结构示意图与 8 个基础单元对应的正交分量相位谱和振幅谱

中 $n = 1, 2, \cdots, 8$。从图 7.7(c)中可知,在 0.8~1.6 THz 宽频带范围内,8 个基础单元对应的正交分量的振幅传输系数保持稳定,且幅值均保持在 0.4 附近。

根据广义斯内尔定律分析可知,当入射光垂直入射到由超级单元组成的超表面器件后,透射光中的正交分量的传播方向会发生变化,在宽频范围内,其偏转角 $\theta_{\text{cross-pol}}$ 会随着入射光频率的变化而改变。分析了 0.8~1.4 THz 范围内,透射光中正交分量的传播情况,其结果如图 7.8 所示。从图中可以看出,不同频率对应的偏转角分别为:$\theta_{f=0.8\,\text{THz}} = 42°$、$\theta_{f=1.0\,\text{THz}} = 32°$、$\theta_{f=1.2\,\text{THz}} = 28°$ 和 $\theta_{f=1.4\,\text{THz}} = 23°$。在不同的频率下,透射光中正交分量的传播电场非常稳定,且偏转角随着频率的增加而减小,这一趋势与广义斯内尔定律中对偏折角的分析一致。

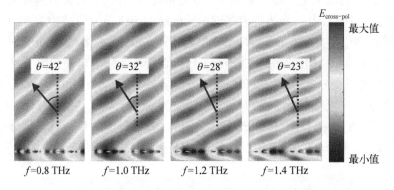

图 7.8 不同频率下正交分量的透射电场分布图

根据偏振分束器的原理可知,为了实现分束的效果,透射部分正交分量波束与原始分量波束的传输方向应该有明显差别。通过上述分析可知,正交分量波束的传播方向在宽带范围内都会发生明显的偏折。为了分析该器件的分束特性,下面将对原始分量的情况进行分析,其相位谱与振幅谱如图 7.9 所示。

同样地,取 U1 单元对应的原始分量相位为 0°参考值,其余结构单元的相位谱如图 7.9(b)所示。从图中可以明显地看出,不同单元对应原始分量的相位在宽带范围内均接近于 0°,可见调整开口谐振环的结构参数 α 与 β,对原始分量的相位无明显影响。在 0.8~1.4 THz 的频率范围内,原始分量的振幅传输系数可以保持稳定,如图 7.9(c)所示。通过以上分析,该超级单元结构并没有为原始分量波束的波前引入相位突变,因此原始分量波束的传播方向并未发生改变,与入射光传播方向的夹角为 $\theta_{\text{co-pol}} = 0°$。在宽带范围内,透射光的原始分量电场分布如图 7.10 所示。

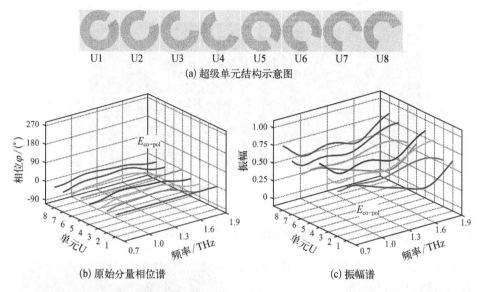

(a) 超级单元结构示意图

(b) 原始分量相位谱　　　　　　　　　(c) 振幅谱

图 7.9　超级单元的结构示意图与 8 个基础单元对应的原始分量相位谱和振幅谱

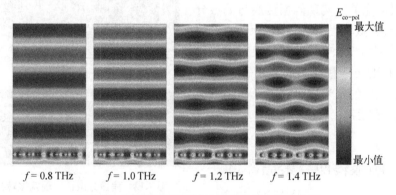

$f = 0.8\ \text{THz}$　　$f = 1.0\ \text{THz}$　　$f = 1.2\ \text{THz}$　　$f = 1.4\ \text{THz}$

图 7.10　不同频率下原始分量的透射电场分布图

　　为了更准确地分析该偏振分束器件的宽带特性,计算了宽带范围内的正交分量和原始分量的波束偏转角。在入射光垂直入射、石墨烯费米能级为 0.8 eV 的条件下,正交分量和原始分量的波束偏转角与波束强度随频率的变化关系如图 7.11 所示。从图中可以看出,对于原始分量,波束偏转角为 0°,即传播方向不变。对于正交分量,在 0.7~2.1 THz 的宽带范围内,其波束偏转角随着频率的减小而增加,该结果与广义斯内尔定律的推论一致。正交分量的波束强度约为

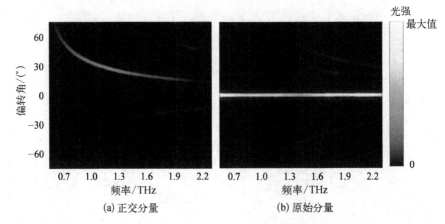

图 7.11　正交分量与原始分量的波束偏转角与波束强度随频率的分布

入射波束的 15%,该结果与振幅传输系数的值(约 0.4)相对应。

综上所述,本小节中设计的偏振分束器可以完美地实现偏振转换与偏振分束功能,其效果图如图 7.12 所示。除此之外,根据 7.2.3 节对偏振转换效率的分析可知,正交分量波束的强度可以通过调整石墨烯的费米能级实现从 0 到最大值的连续调控。

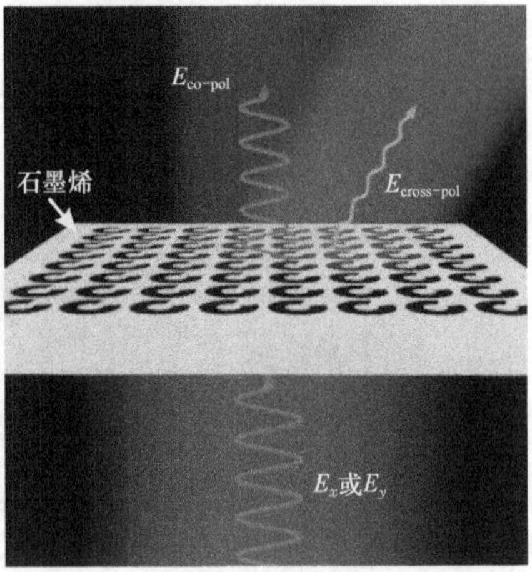

7.5　偏振转换与聚焦器件

7.5.1　偏振聚焦超透镜设计

图 7.12　偏振分束器实现偏振转换和偏振分束功能的效果图

本节设计的基于石墨烯开口谐振环的超材料器件,是可同时实现偏振转换与聚焦效果的复合功能器件,也可称为具有偏振聚焦功能的超透镜。该器件的功能可描述为:首先将入射的线性偏振光经过偏振转换得到正交分量的波束,然后使正交分量波束透过该器件后发生聚焦。

在偏振聚焦超透镜的设计过程中,为了实现聚焦功能,正交分量相位应该满足式(6.1)所表述的相位分布公式,式中超透镜的焦距为 F,各单元的中心位

置坐标为 x，入射波长为 λ，各单元对应的相位 $\varphi(x)$ 是与坐标 x 相关的函数。在设计过程中，初始条件为：工作频率为 $f_0 = 1.0\,\mathrm{THz}$，焦距为 $F_0 = 3.0\,\mathrm{mm}$，石墨烯费米能级为 $E_f = 0.8\,\mathrm{eV}$，坐标 x 的取值为 $x = mP_x$ 且 $m = 0,\ \pm 1,\ \pm 2,\ \cdots$，其中 P_x 为基础单元沿 x 轴的周期。将上述条件代入式(6.1)，可求得超表面各处对应的相位如图 7.13 所示。将求得的相位分布与图 7.6 中数据相结合，即可获得每个基础单元的结构参数。本节设计的超透镜包含的基础单元个数共计 61 个，除去中心位置处的单元，剩余 60 个单元分布相对于 $x = 0$ 处对称，因此只需要确定 $x \geqslant 0$ 范围内的 31 个单元的参数即可，所选取的单元结构参数列于表 7.2 中。

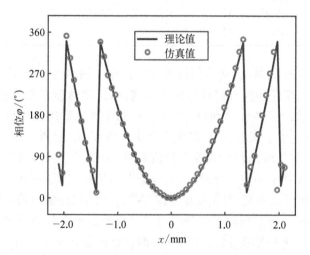

图 7.13　偏振聚焦超透镜的相位分布的理论值与仿真值

表 7.2　偏振聚焦透镜基础单元的结构参数

序号	$x/\mu m$	$\varphi(x)/(°)$	$\alpha/(°)$	$\beta/(°)$	序号	$x/\mu m$	$\varphi(x)/(°)$	$\alpha/(°)$	$\beta/(°)$
1	0	0.0	16	+45	9	560	62.2	85	+45
2	70	1.0	17	+45	10	630	78.6	99	+45
3	140	3.9	20	+45	11	700	96.8	113	+45
4	210	8.8	24	+45	12	770	116.8	128	+45
5	280	15.7	32	+45	13	840	138.6	145	+45
6	350	24.4	42	+45	14	910	162.1	162	+45
7	420	35.1	56	+45	15	980	187.3	23	-45
8	490	47.7	72	+45	16	1 050	214.3	55	-45

续　表

序号	$x/\mu m$	$\varphi(x)/(°)$	$\alpha/(°)$	$\beta/(°)$	序号	$x/\mu m$	$\varphi(x)/(°)$	$\alpha/(°)$	$\beta/(°)$
17	1 120	242.9	86	-45	25	1 680	166.4	166	+45
18	1 190	273.1	111	-45	26	1 750	208.1	47	-45
19	1 260	304.8	134	-45	27	1 820	251.1	92	-45
20	1 330	338.2	159	-45	28	1 890	295.3	127	-45
21	1 400	13.0	29	+45	29	1 960	340.7	161	-45
22	1 470	49.2	73	+45	30	2 030	27.3	46	-45
23	1 540	86.9	106	+45	31	2 100	74.9	95	-45
24	1 610	126.0	135	+45					

　　根据表 7.2 中的数据,构建偏振聚焦超透镜。频率为 1.0 THz,沿 x 轴偏振的线偏光 E_x 从底部垂直入射到超表面结构,透过超透镜正交分量与原始分量的场强度分布如图 7.14(a)和(b)所示。从图中可以看出,只有正交分量波束经过超透镜后发生了聚焦现象,其聚焦效率约为 19%,而原始分量波束并未发生聚焦效果。图 7.14(a)中,正交分量波束聚焦的焦距为 $F = 2.94$ mm,该结果与设计值 3 mm 几乎一致。此时,正交分量在超透镜表面的相位分布如图 7.13 所示,通过对比可以发现,聚焦波束对应相位分布的理论值与仿真值完全匹配。图 7.14(c)展示了焦平面处正交分量与原始分量的场强分布情况,该图说明在焦点处,正交分量占据绝对的强度优势,即使该区域的电场为正交分量与原始分量的混合场,也可以明确地识别出正交分量的聚焦效果。

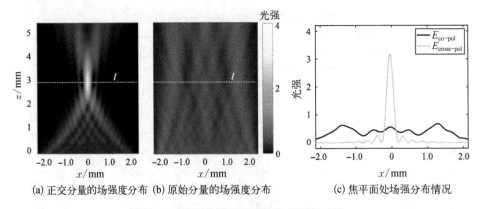

(a) 正交分量的场强度分布　(b) 原始分量的场强度分布　　　(c) 焦平面处场强分布情况

图 7.14　正交分量与原始分量的聚焦效果

7.5.2 　偏振聚焦超透镜特性分析

为分析上述超透镜的可调谐特性,计算了石墨烯费米能级从 0 eV 增大到 0.8 eV 的过程中,聚焦效果的变化情况。结果发现,在费米能级改变的过程中,只会影响聚焦强度而不会对焦距产生影响,焦平面处的场强分布如图 7.15 所示。由图可知,在费米能级从 0 eV 增大到 0.8 eV 的过程中,偏振转换的强度逐渐增加,进而导致焦平面处正交分量的聚焦强度逐渐增大。因此,该超透镜的聚焦强度可以通过费米能级来进行完全调控。

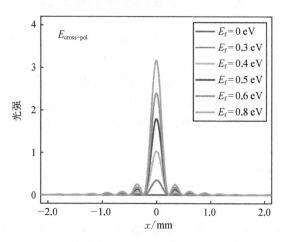

图 7.15 　不同费米能级时焦平面处正交分量的场强

接下来,分析偏振聚焦透镜的宽带响应特性。将石墨烯的费米能级固定在 0.8 eV,分别计算入射光频率不同时,对应的正交分量和原始分量的聚焦效果,其结果分别如图 7.16 和图 7.17 所示。从图 7.16 可以看出,对于正交分量,焦距

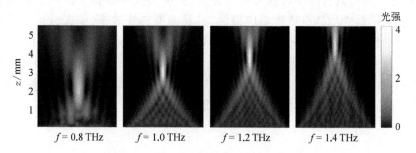

图 7.16 　不同频率时正交分量的聚焦效果

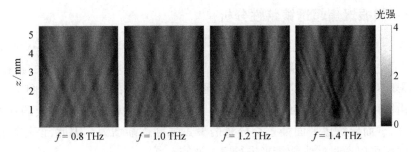

图 7.17　不同频率时原始分量的聚焦效果

会随着频率的增加而增加,其变化趋势与式(6.1)所对应的理论推导结果相同,不同频率时的焦距分别为:$F_{f=0.8\,THz}$ = 2.22 mm、$F_{f=1.0\,THz}$ = 2.94 mm、$F_{f=1.2\,THz}$ = 3.62 mm 和 $F_{f=1.4\,THz}$ = 4.37 mm。从图 7.17 可以看出,在宽频范围内,原始分量的光束均不会发生聚焦效果。综上,本节中设计的偏振聚焦透镜的偏振转换效果和对正交分量波束聚焦的功能,在宽带范围内是有效的。

7.6　本章小结

　　本章中以石墨烯开口谐振环结构为基础,提出了一系列具有复合功能的超表面器件。利用石墨烯开口谐振环结构,在宽带范围内使线性偏振入射光的偏振方向发生了 90°的旋转产生了正交分量的线性偏振光,实现了对线偏光的偏振转换功能。通过调整开口谐振单元的结构参数,实现了对正交分量相位的调控。根据广义斯内尔定律和聚焦相位分布公式的计算结果选取合适的结构参数,构建了同时具有偏振转换和偏振分束、偏振转换和偏振聚焦功能的超表面器件。上述器件均具有宽带响应特性,且其偏振转换效率、偏振分束和偏振聚焦效果的强弱等参数,均可以通过石墨烯的费米能级进行调控。综上,本章中提出的复合功能器件的设计方法,突破了传统器件存在的功能单一、可调性差等限制,有力地推动了太赫兹光学系统的小型化和集成化进程,对太赫兹通信、成像、雷达及探测等技术的发展具有重要意义。

参考文献

[1] Yu N, Genevet P, Kats M A, et al. Light propagation with phase discontinuities: Generalized laws of reflection and refraction[J]. Science, 2011, 334 (6054): 333 - 337.

[2] Lin J, Mueller J, Wang Q, et al. Polarization-controlled tunable directional coupling of surface plasmon polaritons [J]. Science, 2013, 340(6130): 331 - 334.

[3] Huang L, Chen X, Mühlenbernd H, et al. Three-dimensional optical holography using a plasmonic metasurface [J]. Nature Communications, 2013, 4(2): 808.

[4] Yu N, Aieta F, Genevet P, et al. A broadband, background-free quarter-wave plate based on plasmonic metasurfaces [J]. Nano Letters, 2012, 12(12): 6328 - 6333.

[5] Zheng G, Mühlenbernd H, Kenney M, et al. Metasurface holograms reaching 80% efficiency [J]. Nature Nanotechnology, 2015, 10(4): 308 - 312.

[6] Sun S, Yang K Y, Wang C M, et al. High-efficiency broadband anomalous reflection by gradient meta-surfaces [J]. Nano Letters, 2012, 12(12): 6223 - 6229.

[7] Headland D, Carrasco E, Nirantar S, et al. Dielectric resonator reflectarray as high-efficiency nonuniform terahertz metasurface [J]. ACS Photonics, 2016, 3: 1019 - 1026.

[8] Yang Y, Wang W, Moitra P, et al. Dielectric meta-reflectarray for broadband linear polarization conversion and optical vortex generation [J]. Nano Letters, 2014, 14(3): 1394 - 1399.

[9] Wang Q, Zhang X, Xu Y, et al. Broadband metasurface holograms: Toward complete phase and amplitude engineering [J]. Scientific Reports, 2016, 6: 32867.

[10] Aieta F, Kats M A, Genevet P, et al. Multiwavelength achromatic metasurfaces by dispersive phase compensation [J]. Science, 2015, 347(6228): 1342 - 1345.

[11] Gruev V, Perkins R, York T. CCD polarization imaging sensor with aluminum nanowire optical filters [J]. Optics Express, 2010, 18(18): 19087 - 19094.

[12] Zhao X, Boussaid F, Bermak A, et al. High-resolution thin "guest-host" micropolarizer arrays for visible imaging polarimetry [J]. Optics Express, 2011, 19(6): 5565 - 5573.

[13] Hao J, Yuan Y, Ran L, et al. Manipulating electromagnetic wave polarizations by anisotropic metamaterials [J]. Physical Review Letters, 2007, 99(6): 063908.

[14] Luo S, Li B, Yu A, et al. Broadband tunable terahertz polarization converter based on graphene metamaterial [J]. Optics Communications, 2018, 413: 184 - 189.

[15] Cheng H, Chen S, Yu P, et al. Mid-infrared tunable optical polarization converter composed of asymmetric graphene nanocrosses [J]. Optics Letters, 2013, 38(9): 1567 - 1569.

[16] Cheng H, Chen S, Yu P, et al. Dynamically tunable broadband mid-infrared cross polarization converter based on graphene metamaterial [J]. Applied Physics Letters, 2013, 103(22): 151107.

[17] Vakil A, Engheta N. Transformation optics using graphene [J]. Science, 2011, 332(6035): 1291 – 1294.

[18] Chao W, Liu W, Li Z, et al. Dynamically tunable deep subwavelength high-order anomalous reflection using graphene metasurfaces [J]. Advanced Optical Materials, 2018, 6(3): 1701047.

[19] Fan Y, Zhang F, Zhao Q, et al. Tunable terahertz coherent perfect absorption in a monolayer graphene [J]. Optics Letters, 2014, 39(21): 6269 – 6272.

[20] Cheng H, Chen S, Yu P, et al. Dynamically tunable broadband infrared anomalous refraction based on graphene metasurfaces [J]. Advanced Optical Materials, 2015, 3(12): 1744 – 1749.

第8章 基于交叉形结构的可调涡旋光生成器件

8.1 引言

涡旋光束具有非常奇特的光学特性,这些特性被广泛应用于光镊、光操控、光存储、非线性光学以及量子通信等前沿技术[1-5]。目前,用于生成涡旋光束的方法主要有以下几种,包括螺旋相位板法、计算全息法和柱透镜转换法等[6-11]。在上述的方法中,利用螺旋相位板产生涡旋光的方法是已知方法中较为简单的一种,但是由于螺旋相位板对制备工艺要求很高,制备难度也非常大。此外,这些涡旋光生成器往往具有较大的尺寸和体积,因而无法应用于对器件尺寸有严格要求的集成光学系统中。为了解决上述问题,实现涡旋光束生成器件在集成光学系统中的应用,科研人员进行了一系列的探索。

近些年,超材料凭借其特殊光电响应特性,迅速引起了研究人员的关注。由于超材料具有操控光束相位的功能,可以在结构表面引入相位梯度,因此超材料可以被用于设计具有涡旋光生成效果的螺旋相位板,这种器件称为平面螺旋相位板[11-14]。2014 年,范德堡大学的 Yang 等利用基于硅的超材料结构实现了对线性偏振光的偏振转换,并且通过调整矩形硅单元的结构参数,构建了平面螺旋相位板,实现了基于正交偏振分量的涡旋光束的生成[15]。2015 年,加州理工大学的 Arbabi 等利用基于硅的椭圆柱结构,实现了对线性偏振光的偏振转换和相位控制,实现了正交偏振分量的涡旋光束生成[16]。2016 年,新加坡国立大学的 Mehmood 等采用构建方形金属孔阵列的方式,设计出可同时实现涡旋光生成与波束聚焦功能的超材料器件,该器件在将入射圆偏振光的偏振态进行转换的同时,将入射波束划分为不同部分,并分别为各个部分引入不同的聚焦相位分布和拓扑荷数不同的螺旋相位波前,从而产生可聚焦于不同焦面的多束涡旋聚焦光束[17]。

随着研究的不断深入,已经有大量的基于超材料的平面螺旋相位板被设计并制备出来。但是,无论对于线偏光还是圆偏光,这些器件在生成涡旋光的过程中,都先要对入射光的偏振态进行转换,然后再将转换后的波束生成涡旋光束。造成这一现象的原因是,利用现有的超材料结构对波束进行相位调控时,在保证波束偏振状态不变的情况下,相位的调控范围无法达到 2π,也就无法构建相位连续的螺旋相位面,因此需要借助偏振转换过程实现对相位覆盖范围的扩展。除此之外,还存在另一个问题,即超材料器件一旦设计完成其特性也会随之固定,无法进行动态调控。石墨烯材料出现后,凭借其可通过费米能级进行调节的电磁特性迅速成为研究人员关注的热点。基于石墨烯超材料器件的不断出现,极大地推动了可控涡旋光束生成器件研究进展。经过上述分析,可以发现探索如何在保持波束原有偏振态的前提下生成状态可调的涡旋光束,将会是一项非常有挑战性的研究工作。

本章中提出了一种基于交叉形石墨烯结构的可调谐太赫兹涡旋光生成器件的设计方案,其本质为基于石墨烯超材料的螺旋相位板。经过严格的参数设计,该螺旋相位板可以在保持偏振状态不变的情况下,将线性偏振的平面入射光转化为涡旋光束,同时涡旋光的拓扑荷数可以通过石墨烯的费米能级进行动态调控。由于基于常规形状的超材料结构,对波束相位的调控能力有限,通常难以达到螺旋相位板所需的 2π 的相位覆盖范围,或者在相位覆盖范围足够大的情况下,振幅传递系数会出现剧烈的波动。本章工作中,提出了一种新型的基于交叉形石墨烯材料的反射式结构,该结构增加了可调参数个数,扩展了对太赫兹波相位和振幅的调谐范围。利用该类型结构,在结构参数和费米能级的调整过程中,可以使相位覆盖范围完全达到 2π,同时在相位调整的过程中,可以保证波束的振幅传输系数不会出现太大的波动且保持在较高水平。以上述结构为基础,根据不同拓扑荷数螺旋相位板的设计需求选取对应的结构参数,可以将线偏振入射光转换为具有不同拓扑荷数涡旋光束。此外,还可以通过计算选取固定的结构参数组成螺旋相位板,通过调整不同区域石墨烯的费米能级,可以实现太赫兹涡旋光束在不同拓扑荷数状态之间进行转换。本章的研究内容,为线性偏振光的相位调控提供了更大的调控自由度,同时推动了可控太赫兹涡旋光束生成器的发展。

8.2 基于超表面方式产生涡旋光的机理分析

在涡旋光束产生方式中,利用螺旋相位板法生成涡旋光是其中一种比较简单的方法。本章采用的利用超材料生成涡旋光的方式,就是利用亚波长的超材料单元构建平面螺旋相位板。从 5.4 节的分析可知,涡旋光束的螺旋相位因子为 $e^{il\varphi}$,其中 l 为涡旋光束的拓扑荷数,拓扑荷数越大,相位随方位角的变化速度越快[18]。本章中,将器件表面分为围绕中心的 8 个区域,在构建平面螺旋相位板时,每个区域对应的相位分布如图 8.1 所示。从图中可以看出,相位分布情况会随着拓扑荷数 l 的改变而改变。图 8.1(a) 和 (b) 分别对应 $l = 1$ 和 $l = 2$ 的情况,其相位沿逆时针方向呈递增趋势,当拓扑荷数为负时相位分布方向正好相反。

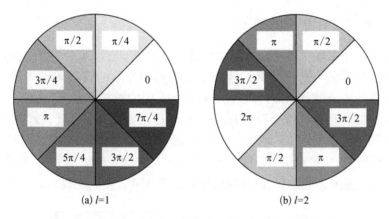

(a) $l=1$ (b) $l=2$

图 8.1 $l = 1$ 和 $l = 2$ 时螺旋相位板的相位分布

为了便于描述,将平面螺旋相位板的 8 个区域分别命名为 U1~U8。为了分析涡旋光拓扑荷数调节的过程,本章以拓扑荷数在 1 和 2 之间的状态切换为例,将 U1~U8 对应的相位列于表 8.1 中。从表中数据可知,为了实现不同拓扑荷数之间的切换,超材料单元对应的相位调节范围必须完全覆盖 2π。综合上述

表 8.1 $l = 1$ 与 $l = 2$ 时平面螺旋相位板各单元对应的相位

序号	$\varphi /(°)$		序号	$\varphi /(°)$	
	$l = 1$	$l = 2$		$l = 1$	$l = 2$
U1	0	0	U5	π	0
U2	π/4	π/2	U6	5π/4	π/2
U3	π/2	π	U7	3π/2	π
U4	3π/4	3π/2	U8	7π/4	3π/2

分析可知,设计的单元结构需满足以下条件:① 保持入射光束的偏振状态不变;② 实现 2π 的相位覆盖范围;③ 保持波束的传输效率稳定维持在较高的水平。从前面的分析可知,采用传统结构无法同时满足以上三点设计需求,因此需要探索全新的设计方法。

8.3 交叉形谐振单元的提出与特性分析

8.3.1 常规设计结构的缺陷

在正式介绍本章所探索的新型设计方法之前,先对基于传统结构的设计方案中存在的缺陷进行分析。本节中以圆形和方形的石墨烯结构单元为例进行分析。传统超材料器件设计方案中所采用的结构如图 8.2 所示,将图形化的石墨烯转移到绝缘介质层表面,并在介质层背面镀上金属反射层,构成经典的"石墨烯-介质-金属"结构。结构单元的参数如图所示,在 x 方向和 y 方向的周期相同为 P,绝缘层的厚度为 t_m,方形石墨烯结构的边长为 L,圆形石墨烯结构的半径为 R。在这里,绝缘层的材料选用 MgF_2,介电常数为 $\varepsilon_d = 1.90$。在

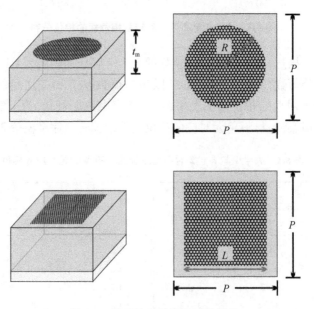

图 8.2　基于传统设计方法的结构

计算过程中,入射光的工作频率设定为 f_0 = 5.0 THz,其电场的偏振状态沿 y 方向,即入射电场可表述为 E_y,结构单元的周期值设定为 P = 6.0 μm。通过第 6 章工作内容的验证,在工作频率为 5.0 THz 时,反射型结构的最优厚度为 t_m = 11.6 μm。

当入射光垂直入射到结构表面时,无论是固定结构参数调整石墨烯的费米能级,还是固定费米能级调整石墨烯的结构参数,都可以对反射波的相位和振幅产生调制效果。本节中,将费米能级分别固定在 0.1~1.1 eV 范围内的不同值,对石墨烯的结构参数进行调整,据此来分析该类型结构单元对反射波相位和振幅的调控能力。两组结构的参数变化情况如下:圆形结构,石墨烯结构的半径变化范围为 0.1~2.9 μm;方形结构,石墨烯结构的边长变化范围为 0.1~5.9 μm。对应的相位和振幅随石墨烯结构参数的变化情况如图 8.3 所示。

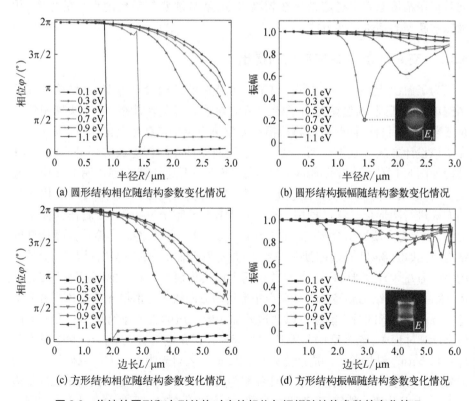

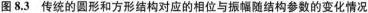

图 8.3 传统的圆形和方形结构对应的相位与振幅随结构参数的变化情况

从图 8.3(a)和(c)中可以看出,圆形和方形这两种基础结构形状的响应特性随结构参数的变化规律比较类似。根据计算结果可知,在费米能级为 0.5 eV 的时候,随着结构参数的调整,相位变化范围达到最大,约为 $3\pi/4$;而当费米能级取其他值的时候,相位变化范围则会有不同程度的减小。此外,对于圆形结构,当半径处于 1.5 μm 附近处时,$E_f = 0.3$ eV 对应的相位曲线在此处发生快速变化。从 $E_f = 0.3$ eV 对应的振幅曲线来看,在 $R = 1.5$ μm 处波束的振幅传递系数非常低,图 8.3(b)中的插图为此时石墨烯表面的电场分布情况,说明此时在石墨烯表面产生了强烈的等离激元共振,对反射波的效率造成了极大的影响。如果将此类结构单元用于功能器件的构建中,将会对波束的调控效果造成极大的干扰。根据图 8.3(c)和(d)中的情况分析,方形结构和圆形结构都存在类似的问题。由此可知,对于传统结构来说,相位覆盖范围和波束的传输效率这两组参数是一对矛盾项,往往顾此而失彼。因此,为了获得较大的相位覆盖范围,同时将振幅传输效率稳定维持在较高水平,就必须要打破传统设计的枷锁,积极探索新型的结构设计方法。

8.3.2 交叉形谐振结构单元的提出

为了解决上述困境,本章提出了一种新颖的结构设计方案,该结构以交叉结构单元为基础,通过调整石墨烯的结构参数或者费米能级,可以实现相位完全覆盖 2π 的目标,同时可以将振幅传输效率稳定维持在较高的水平,下面具体介绍该设计方法。基于交叉形结构的超表面器件在结构组成方面并不复杂,其结构如图 8.4 所示。与前面的结构类似,将单层石墨烯转移到透明的介质基底上,并在透明的介质基底背面镀上一层金属反射层,顶层石墨烯可以利用光刻的方式进行图形化。该结构中,石墨烯可作为不完全反射层,金属作为完全反射层,两者与介质层结合构成了非对称的"法布里-珀罗"腔。本章中所要构建的结构单元如图 8.4(b)和(c)所示,沿 x 轴方向和 y 轴方向的周期相同为 P,介质层的厚度为 t_m。交叉形的石墨烯结构由两个边长分别为 a 和 b 的矩形垂直交叠而成,然后将交叉结构旋转 45°,使两个矩形边的方向与正方形单元的对角线方向保持平行。石墨烯的费米能级可以通过外加偏置电压的方式进行调节。在本章的仿真计算过程中,绝缘层的材料选取为 MgF_2,其介电常数为 $\varepsilon_d = 1.90$,厚度为 $t_m = 11.6$ μm,结构单元的周期为 $P = 6.0$ μm。入射光为沿 y 方向偏振的线性偏振光 E_y,入射方向为垂直入射,工作频率为 $f_0 = 5.0$ THz。石墨烯结构单元的长边 a、短边 b 以及费米能级 E_f 为可调参数,具体情况将在下面的分析中具体说明。

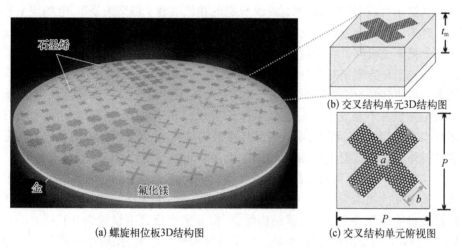

(a) 螺旋相位板3D结构图

(b) 交叉结构单元3D结构图

(c) 交叉结构单元俯视图

图 8.4　基于交叉结构的螺旋相位板的结构示意图

8.3.3　交叉结构谐振单元的特性分析

　　本章中提出的交叉形结构设计的方案,相较于传统方案的最大的区别是,利用组合式石墨烯结构替代了传统的简单结构单元,增加了一个可调结构参数,提高了参数的可调自由度。虽然可调结构参数的数量仅是从一个变为两个,但是该结果让电磁波束的调控范围获得了极大的扩展。如图 8.5 所示,当 $a = 5.0\ \mu m$、$b = 2.5\ \mu m$ 且 $E_f = 0.7\ eV$ 时,入射光照射到石墨烯表面所产生表面等离激元的相位分布为图 8.5(b),电场模的分布情况为图 8.5(c)。

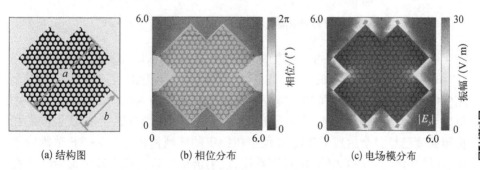

(a) 结构图

(b) 相位分布

(c) 电场模分布

图 8.5　交叉结构石墨烯的表面等离激元

$E_f = 0.7\ eV,\ a = 5.0\ \mu m,\ b = 2.5\ \mu m$

从图中可以看出,等离激元在 y 分量的相位沿着 y 轴交错分布,电场模 y 分量同样沿 y 轴方向分布。同时,计算结果显示,电场模在 x 轴方向上的分量相较于 y 分量来说极其微弱,可忽略不计。类比 7.3.2 节中的分析过程,由于石墨烯结构相对于 y 方向呈对称分布,在石墨烯表面激励起的表面等离激元不会向其他方向发生转移,也就不会产生沿 x 轴的分量,因此线性偏振入射光 E_y 经过该单元结构后并不会发生偏振旋转,而依旧会保持其原来的偏振状态。在改变石墨烯参数 a 和 b 的过程中,不会破坏其原来的对称性,因此调整结构参数只会影响经过该结构后反射光的相位和振幅,而不会对反射光的偏振状态造成影响。

接下来,分析交叉形结构单元的参数对波束相位和振幅的调控情况。由于该结构单元的周期为 $P = 6.0\ \mu m$,为了控制石墨烯结构不会超越单元边界,同时最大可能地保持交叉形状的结构特点,将 a 的变化范围设置为 $0.1 \sim 5.0\ \mu m$,b 设置为 $0.1 \sim 3.2\ \mu m$。当石墨烯的费米能级为 $0.7\ eV$ 时,反射光的相位与振幅的分布情况图 8.6 所示。

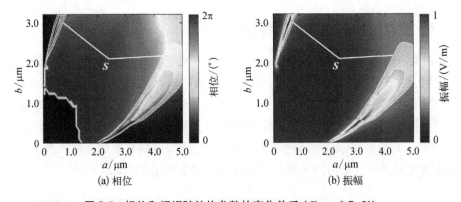

(a) 相位　　　　　　　　　　　　　(b) 振幅

图 8.6　相位和振幅随结构参数的变化关系 ($E_f = 0.7\ eV$)

在参数调节过程中,当 a 的取值范围为 $0.1 \sim 3.2\ \mu m$ 且 b 取值范围处于 $0.1 \sim 3.2\ \mu m$ 时,当 (a, b) 和 (b, a) 的取值关于直线 $a = b$ 对称时,石墨烯形状是完全相同的,因此图 8.6 中相位和振幅分布情况是关于 $a = b$ 对称的。从图 8.6(a) 中可以看出,在费米能级固定的情况下,随着石墨烯结构参数的变化,反射波的相位覆盖度已经完全达到了 2π,并且存在特定的区域使相位在 $0 \sim 2\pi$ 范围内平稳、连续变化。从图 8.6(b) 中可以看出,反射波的振幅传递系数大部分维持在较高水平,但是对于一些特殊的区域,存在振幅传输系数的低谷区。在图 8.6 中存在标记为浅白色的 S 区域,在该区域内相位变化范围为 $0 \sim 2\pi$,同时振幅传输系数均在 0.7~0.8。从上述分析可知,利用本章提出的交叉形石墨烯结构的设计方案,可以将相位调控范围提高到完全覆盖 2π 的程度,同时又可以保证振幅传输效率稳定地保持在较高水平。因此,该交叉形结构单元可以满足平面螺旋相位板的设计需求。

8.4　不可调控涡旋光生成器设计

8.4.1　不可调控螺旋相位板的结构设计

为了验证利用交叉形石墨烯超材料构建平面螺旋相位板的可行性,首先以构建拓扑荷数为固定值的涡旋光生成器为目标。在此过程中,将费米能级设为固定值,并根据表 8.1 中 U1~U8 单元在不同拓扑荷数条件下对应的相位分析,选取合适的结构参数,构建平面螺旋相位板。

在上节中,已经分析了费米能级为 0.7 eV 时,调整结构参数对反射光相位和振幅的调控情况。为了获得更完整的数据集,确定器件设计过程中费米能级的最佳取值,分别分析费米能级取不同值($E_f = 0.1$ eV, 0.2 eV, 0.3 eV, $\cdots$, 1.1 eV)时,反射波的相位和振幅随结构参数的分布情况。图 8.7 展示了费米能

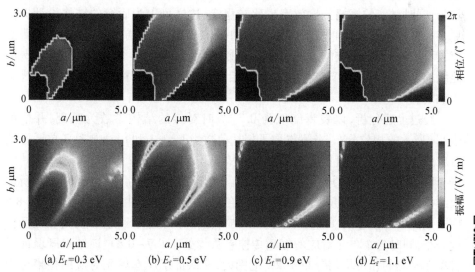

(a) $E_f = 0.3$ eV　　(b) $E_f = 0.5$ eV　　(c) $E_f = 0.9$ eV　　(d) $E_f = 1.1$ eV

图 8.7　不同费米能级条件下相位和振幅与结构参数之间的关系

级取 0.3 eV、0.5 eV、0.9 eV 和 1.1 eV 时,反射波相位和振幅与结构参数之间的关系。

从图 8.6 和图 8.7 中可以发现,在相位变化图中,对于参数 a 左半部和参数 b 下半部的区域来说,存在相位的突变区域,这两个区域的相位值分别在 0 和 2π 附近,也就是说这两处区域相位基本相同。在参数 a 右半部和参数 b 上半部区域,相位随着参数的改变呈现平稳变化的状态。对于反射波的振幅分布情况来说,在一些相位突变区域和相位变化速度较快的位置,对应的振幅传输系数会出现低谷。

将费米能级取不同值时的情况进行汇总,对相位和振幅随结构参数变化情况进行简单的分析:当费米能级为 0.3 eV 时,相位的变化范围很小,产生该现象的原因是费米能级过低,造成石墨烯载流子浓度降低,从而无法激励起明显的表面等离激元,也就无法有效调控反射波的相位;当费米能级从 0.3 eV 逐渐升高到 0.7 eV 的过程中,相位覆盖范围逐渐增大,同时随着结构参数的调整,相位改变的速度逐渐变缓,对应振幅低谷区域也逐渐缩小;当费米能级大于 0.7 eV 时,反射波对应的相位均可随着结构参数的调整而连续变化,但是当费米能级较高时,在参数调整过程中,相位会快速从低相位变化到高相位区,造成处于中间状态的参数量减少,不利于设计参数的选取。综合上述分析结果,发现当费米能级为 0.7 eV 时,在较大的参数取值区域内相位分布会比较均匀,同时对应的振幅传输效率也比较稳定,这样可以为后续的结构设计提供更多的参数可选项。此外需特别说明的是,该结构设计结果并不唯一,当费米能级取其他值时,对应的结构参数也可以满足设计需求。本章中,选择将费米能级的值固定为 0.7 eV 的原因是此时相位和振幅随着结构参数的变化趋势更为稳定。

经过上述分析,以费米能级为 0.7 eV 时对应的结构参数为基础,并根据表 8.1 所示的相位分布,分别选取了拓扑荷数为 $l = \pm 1$ 和 $l = \pm 2$ 时各单元区域对应的结构参数,8 组单元对应的结构参数分别如表 8.2 和表 8.3 所示,其中 U1~U8 沿顺时针方向排列时拓扑荷数为正,反之为负。为了更直观地显示所选取结构对应的相位和振幅的分布情况,将表 8.2 和表 8.3 中的数据绘制于图 8.8 中。从图中可以看出,8 组单元对应的结构在拓扑荷数为不同值时,其相位呈梯度分布,同时各个单元对应的振幅传输系数均处于 0.7~0.8。该结果既保证了各单元对应的相位均匀分布于 2π 范围内,又保证了所有单元对应的振幅传输系数相对稳定且保持在较高水平。

表8.2　拓扑荷数 $l = \pm 1$ 时的结构参数 ($E_f = 0.7\,\mathrm{eV}$)

序号	$a/\mu m$	$b/\mu m$	$\varphi/(\,^\circ\,)$	$A/(\mathrm{V/m})$
U1	0.21	2.09	0.260	0.79
U2	3.88	0.93	1.045	0.77
U3	4.69	1.53	1.831	0.73
U4	4.91	2.04	2.617	0.75
U5	4.62	2.1	3.402	0.74
U6	4.27	2.05	4.187	0.78
U7	3.67	1.38	4.972	0.79
U8	2.52	0.47	5.761	0.77

表8.3　拓扑荷数 $l = \pm 2$ 时的结构参数 ($E_f = 0.7\,\mathrm{eV}$)

序号	$a/\mu m$	$b/\mu m$	$\varphi/(\,^\circ\,)$	$A/(\mathrm{V/m})$
U1	0.21	2.09	0.260	0.79
U2	4.69	1.53	1.831	0.73
U3	4.62	2.1	3.402	0.74
U4	3.67	1.38	4.972	0.79
U5	0.21	2.09	0.260	0.79
U6	4.69	1.53	1.831	0.73
U7	4.62	2.1	3.402	0.74
U8	3.67	1.38	4.972	0.79

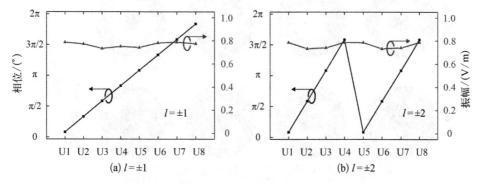

(a) $l = \pm 1$　　　　(b) $l = \pm 2$

图8.8　不可调螺旋相位板选定单元对应的相位和振幅

8.4.2 不可调涡旋光生成器的效果分析

根据表8.2和表8.3中选定的数据,构建如图8.4(a)所示的平面螺旋相位板结构。在沿 y 方向线性偏振的入射光垂直入射的情况下,反射波束在超表面界面处的相位分布如图8.9下面一排所示,生成的涡旋光束的光强分布如图8.10下面一排所示。图8.9和图8.10中为拓扑荷数分别为 $l = \pm 1$ 和 $l = \pm 2$ 时理想涡旋光束对应的相位和光强的分布图。将理论值与仿真值进行对比,可以发现设计的不同拓扑荷数的螺旋相位板,产生的涡旋光束的特性与理想涡旋光束的特性基本一致。

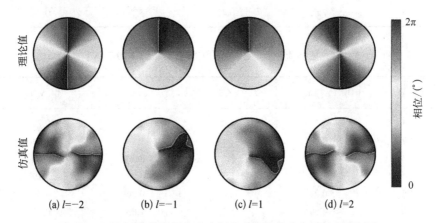

图8.9 不同拓扑荷数涡旋光束相位分布的仿真与理论结果对比

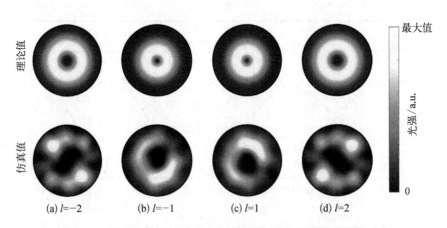

图8.10 不同拓扑荷数涡旋光束光强分布的仿真与理论结果对比

但是,从图中也可以清晰地看出,仿真所得的相位和光强分布与理论值相比还是存在较大的形变。造成该结果的原因是,在设计平面螺旋相位板的过程中,将本来连续变化的相位离散为 8 个区域,这本身就会造成光束质量的劣化。同时,受计算资源的限制,在构建模型时所选取的单元数有限,有限的尺寸会引入散射和衍射等额外干扰因素,造成计算结果的进一步劣化。尽管如此,从图中所示的结果还是可以明显看出,上述平面螺旋相位板所生成的光束具有明显的涡旋光束特性。并且,在拓扑荷数不同时,所产生的涡旋光束的特性也存在显著的差别。

8.5 可调控涡旋光束生成器设计

8.5.1 可调螺旋相位板的参数选取

前面已经验证了利用交叉形石墨烯结构设计螺旋相位板方法的可行性。上述设计方案中,要实现拓扑荷数的调整,需要重新选取结构参数来重新设计器件,无法实现动态调控涡旋光束拓扑荷数的效果。本节探索了拓扑荷数可调的平面螺旋相位板的设计方法。

实现拓扑荷数可调功能的方式,是通过调整石墨烯的费米能级来调控各组单元对应的相位,因此需要分析石墨烯费米能级对反射波束的影响效果。由于交叉形石墨烯结构单元有两个结构参数 a 和 b,若将每组参数对应结构的特性随费米能级的变化关系都分析一遍的话,将需要巨量的计算资源,会造成成本的浪费。因此,等间距地选取几组 b 参数值作为计算节点,分别计算固定 b 数值时反射波的相位和振幅随参数 a 与费米能级 E_f 的变化情况,其结果如图 8.11 与图 8.12 所示。

从图中可以看出,当参数 a 取值较小时,图 8.11 所示的相位图中红色区域和蓝色区域存在明显的边界,该处是由于绘图过程中将相位数据变换至 $0\sim2\pi$ 范围内时额外引入的突变区域,实际上该类边缘处两侧的相位差距并不大。而在 a 较大的半区内,相位随费米能级的增大而逐渐增大,这一类区域才是本书所寻找的相位调控区。从图 8.11 中可以看出,随着 b 的不断增大,相位随费米能级变化过程中处于 $0\sim2\pi$ 的中间状态数据越多,表明相位随费米能级的变化趋势越平稳。

为了设计拓扑荷数可调的螺旋相位板,以拓扑荷数为 1 与 2 两种状态之间

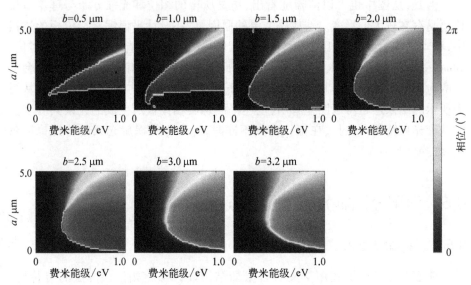

图 8.11　b 取不同值时相位随 a 和 E_f 的变化情况

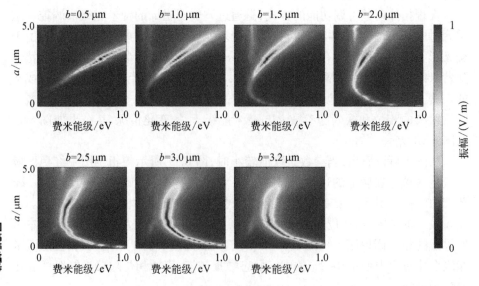

图 8.12　b 取不同值时振幅随 a 和 E_f 的变化情况

的切换为例,在选取 8 组结构单元的时候,要使每组单元在取第一个费米能级时满足 $l = 1$ 时的相位值,同时在取第二个费米能级的时候满足 $l = 2$ 时的相位,并且还要避免振幅传输效率出现在传输低谷范围内。根据表 8.1 中的数据情况,发现当 $l = 1$ 时相位分布范围是 $0 \sim 7\pi/4$,而当 $l = 2$ 时 U1~U8 所需要的相位改变量又各不相同。从图 8.11 中可以看出,无法利用同一组 a 和 b 的参数值完成设计需求,因此需要选取多组不同的 a 和 b 构成 8 组结构单元,同时在选取参数的过程中,还要对照图 8.12 避免数据出现在传输低谷区域。经过综合考量,最终确定了 8 组结构单元,其对应的结构参数与费米能级如表 8.4 所示,其中拓扑荷数为 1 和 2 时对应的各组单元费米能级分别为 $E_f^{l=1, n}$ 和 $E_f^{l=2, n}$($n = 1$, 2, …, 8)。对于拓扑荷数为 −1 和 −2 时的情况,只需要将 U1~U8 的排列顺序从逆时针改为顺时针即可。将表 8.4 中各组单元对应的相位和振幅绘制于图 8.13 中,可见不同拓扑荷数对应的相位数据呈线性分布,而振幅传输系数整体保持在 0.7 以上,但是振幅的波动性相较于 8.3 节中的数据稍大。

表 8.4　可调螺旋相位板的结构参数

序号	$a/\mu m$	$b/\mu m$	$l = \pm 1$			$l = \pm 2$		
			$E_f^{l=1, n}/$ eV	$\varphi/$ (°)	$A/$ (V/m)	$E_f^{l=2, n}/$ eV	$\varphi/$ (°)	$A/$ (V/m)
U1	2.2	0.5	0.45	0.270	0.80	0.45	0.270	0.80
U2	4.2	3.0	0.38	1.037	0.82	0.48	1.870	0.72
U3	5.0	3.0	0.52	1.849	0.81	0.78	3.411	0.87
U4	4.5	2.5	0.58	2.650	0.71	1.10	4.944	0.96
U5	4.6	1.5	0.83	3.458	0.72	0.20	0.208	0.81
U6	4.1	3.0	0.70	4.160	0.83	0.47	1.821	0.71
U7	4.0	3.2	0.94	4.964	0.95	0.60	3.414	0.72
U8	2.6	3.2	0.90	5.760	0.98	0.52	4.986	0.77

8.5.2　可调涡旋光束生成器效果分析

同样的,根据表 8.4 中选定的数据,分别沿顺时针和逆时针排列,构建如图 8.4(a) 所示的平面螺旋相位板结构,该结构中 8 组石墨烯结构单元的费米能级需单独调控。在线偏振光垂直入射的情况下,生成的涡旋光束的相位分布与

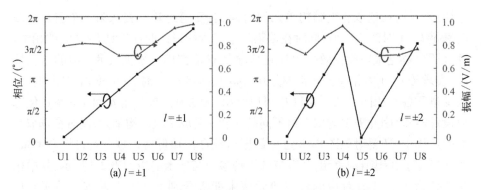

(a) $l = \pm 1$　　　　　　　(b) $l = \pm 2$

图 8.13　可调螺旋相位板选定单元对应的相位和振幅

光强分布如图 8.14 所示。当费米能级取 $E_{\mathrm{f}}^{l=1, n}$ 时,对应拓扑荷数为 $l = -1$ 和 $l = 1$ 时的情况,其相位分布情况如图 8.14(b)和(c)上图所示,光场分布情况如图 8.14(b)和(c)下图所示。而当费米能级取 $E_{\mathrm{f}}^{l=2, n}$ 时,沿顺时针排列的器件产生的涡旋光的拓扑荷数从 $l = -1$ 切换为 $l = -2$,其相位和光强的分布情况分别如图 8.14(a)所示;沿逆时针排列的器件产生的涡旋光束的拓扑荷数从 $l = 1$ 切换为 $l = 2$,对应的相位和光强分布如图 8.14(d)所示。将上述不同拓扑荷数的涡旋光束对应的相位和光强分布图分别与图 8.9 和图 8.10 中的理想涡旋光束进行对比,发现上述可调螺旋相位板产生的不同状态的涡旋光束与理想涡旋光束的相位和光强特性基本一致。上述结果证明,本节中提出的可调螺旋相位板的设计方案是可行的。

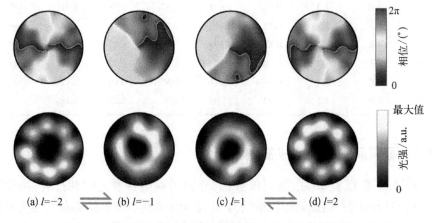

(a) $l = -2$　⇌　(b) $l = -1$　　(c) $l = 1$　⇌　(d) $l = 2$

图 8.14　不同拓扑荷数涡旋光束的相位和光强分布的仿真结果

8.6　本章小结

在传统基于超材料的相位调控器件设计过程中,如果要使出射光的偏振状态与入射光束保持相同,则相位调控范围最多可以达到接近 2π 的程度,而无法完全覆盖 2π 的范围,同时还会造成传输效率存在低谷区域。而为了实现相位调控范围达到 2π,同时保证传输效率尽可能在所有相位对应的区域保持平稳,目前已有的方法都是将相位调控与偏振转换相捆绑。无论是对于线偏光还是圆偏光,都是先将入射光的偏振状态进行转换,然后对转换后波束的相位进行调控。到目前为止,已知的相位调控超材料结构还无法在保持光束偏振状态不变的情况下,实现相位变化范围完全覆盖 2π 的同时消除传输效率低谷的功能。

本章中提出的基于交叉形石墨烯的新型结构,打破了上述相位调控范围与偏振状态转换捆绑的困境。该结构在保持光束偏振状态与入射光一致的条件下,实现了相位调控范围完全覆盖 2π 且保持传输效率稳定维持在较高水平的功能。同时,利用该结构设计出了拓扑荷数可调的平面螺旋相位板,通过调整平面螺旋相位板上不同组石墨烯结构的费米能级,可以动态调控生成涡旋光束的拓扑荷数。本章中的设计方法为涡旋光束的调控提供了一种新的方法,该工作对基于涡旋光束的光操纵、光镊、光通信等技术的发展起到了一定的推动作用。

参考文献

[1]　Molloy J E, Padgett M J. Lights, action: optical tweezers [J]. Contemporary Physics, 2002, 43(4): 241 - 258.

[2]　Padgett M, Bowman R. Tweezers with a twist [J]. Nature Photonics, 2011, 5(6): 343 - 348.

[3]　Braat J, Nes A, Pereira S F, et al. The use of orbital angular momentum of light beams for optical data storage [C]. Monterey: Optical Data Storage Topical Meeting, 2004.

[4]　Ding D S, Zhou Z Y, Shi B S, et al. Linear up-conversion of orbital angular momentum [J]. Optics Letters, 2012, 37(15): 3270 - 3272.

[5]　Zou X B, Mathis W. Scheme for optical implementation of orbital angular momentum beam splitter of a light beam and its application in quantum information processing [J]. Physical

Review A, 2005, 71(4): 527 – 532.

[6] Sueda K, Miyaji G, Miyanaga N, et al. Laguerre-Gaussian beam generated with a multilevel spiral phase plate for high intensity laser pulses [J]. Optics Express, 2004, 12 (15): 3548 – 3553.

[7] Turnbull G A, Robertson D A, Smith G M, et al. The generation of free-space Laguerre-Gaussian modes at millimetre-wave frequencies by use of a spiral phaseplate [J]. Optics Communications, 1996, 127: 183 – 188.

[8] Heckenberg N R, Mcduff R, Smith C P, et al. Generation of optical phase singularities by computer-generated holograms [J]. Optics Letters, 1992, 17(3): 221 – 223.

[9] Arlt J, Dholakia K, Allen L, et al. The production of multiringed Laguerre-Gaussian modes by computer-generated holograms [J]. Optica Acta International Journal of Optics, 1998, 45(6): 1231 – 1237.

[10] Beijersbergen M W, Allen L, Veen H, et al. Astigmatic laser mode converters and transfer of orbital angular momentum [J]. Optics Communications, 1993, 96(1 – 3): 123 – 132.

[11] Padgett M J, Allen L. Orbital angular momentum exchange in cylindrical-lens mode converters [J]. Journal of Optics B Quantum and Semiclassical Optics, 2002, 4(2): S17 – S19.

[12] Gorodetski Y, Niv A, Kleiner V, et al. Observation of the spin-based plasmonic effect in nanoscale structures[J]. Physical Review Letters, 2008, 101(4): 043903.

[13] Kim H, Park J, Cho S W, et al. Synthesis and dynamic switching of surface plasmon vortices with plasmonic vortex lens [J]. Nano Letters, 2010, 10(2): 529 – 536.

[14] Gorodetski Y, Drezet A, Genet C, et al. Generating far-field orbital angular momenta from near-field optical chirality [J]. Physical Review Letters, 2013, 110(20): 203906.

[15] Yang Y, Wang W, Moitra P, et al. Dielectric meta-reflectarray for broadband linear polarization conversion and optical vortex generation [J]. Nano Letters, 2014, 14(3): 1394 – 1399.

[16] Arbabi A, Horie Y, Bagheri M, et al. Dielectric metasurfaces for complete control of phase and polarization with subwavelength spatial resolution and high transmission [J]. Nature Nanotechnology, 2015, 10: 937 – 943.

[17] Mehmood M Q, Mei S, Hussain S, et al. Visible-frequency metasurface for structuring and spatially multiplexing optical vortices [J]. Advanced Materials, 2016, 28(13): 2533 – 2539.

[18] Allen L, Beijersbergen M, Spreeuw R, et al. Orbital angular momentum of light and the transformation of Laguerre-Gaussian laser modes [J]. Physical Review A, 1992, 45(11): 8185 – 8189.

第三部分　超表面和光子晶体器件

第9章 基于相变材料的近红外可调平面透镜

9.1 引言

自 2011 年 Yu 等提出广义折反射定律验证了异常折射和反射以来[1],对超表面的研究工作开始进入了爆炸式增长期。作为一种可以人工设计的二维超材料,超表面可以对光场的振幅、偏振、相位等进行灵活操控,因而迅速被应用于多个领域。近年来,各种基于超表面的研究如聚焦成像[2]、光束偏折[3]、全息[4]、隐身[5]、非线性[6]、涡旋光[7]、求解器[8]等得到了快速的发展。考虑到现代光学成像系统正不断朝着小型化、轻量化的方向发展,其对平面透镜的需求也更加迫切,在此驱动下,很多科研工作者将精力投入到对平面透镜功能的扩充与完善,使平面透镜成为超表面研究领域最热门、最实用的研究领域之一。而且由于超表面设计的灵活性,平面透镜的研究范围也覆盖了从可见光到微波的整个电磁波段。

进入 20 世纪 90 年代,由于光谱分析技术[9-12]以及光纤通信[13-15]、片上量子通信技术[16-18]的快速发展以及广泛应用,使近红外成为电磁领域的热门研究波段之一。因此不少关于平面透镜的研究工作也在此波段展开,用于提高相应光学系统的性能与便携性[19-23]。将近红外波段的高性能平面透镜运用到光谱分析设备中,可以提高光谱分析技术的分辨能力;平面透镜与红外医学成像系统的结合则可以在进一步缩小医疗设备的体积的同时提高成像分辨率,推动医疗技术的进步与发展;将平面透镜与光纤通信相结合,在光纤端面设计透射式平面透镜,则可以替代常规的拉锥光纤,改变光束直径,进一步提高系统的集成度。

然而普通的平面透镜虽然提高了近红外光学系统的性能与集成度,但功能多样性并未得到改善,系统的功能还是比较单一,无法实现光学系统的智能化发展。为了丰富光学系统的性能(比如光谱分析中同一器件既能滤波也能聚焦,光纤传输中端面既能改变光束直径耦合也能正常传输),则需要可调平面透镜的协助。其中基于相变材料的平面透镜作为非常具有潜力的一种可调平面透镜吸引了一些科研工作者的目光,如 Yin 等在 2017 年设计的二维可调平面透镜[24],但其中金属散射单元的加入增加了器件的损耗(效率低于 10%),且金属-相变材料的双层结构也增加了器件的复杂度,难以满足现代光学系统智能化和集成化的要求。

本章设计了一种将相变材料融合进单元结构,且工作在近红外波段(目标波长 1.55 μm)的聚焦效率大幅度可调的全介质透射式平面透镜。该平面透镜基于几何相位原理设计,由一系列特殊排列的 GST 纳米立方体构成。通过对 GST 进行调控,整个平面透镜不仅可以实现开关的效果,其聚焦效率在一定范围内也可以连续调节,而其他参数不受影响。通过让该平面透镜在 1.49~1.65 μm 的入射光照射下工作,验证了其在整个波段范围内的光学性能及调节能力。最后又验证了该平面透镜良好的鲁棒性,降低了其对加工工艺的要求,使其更能面向实用化。

9.2 设计方法

9.2.1 几何相位原理

1956 年,印度科学家 Pancharatnam 在研究相干光干涉的过程中发现,当电磁波进行偏振转换时将会引入一个额外的相位,而且附加相位只与转化路径有关[25]。相位的概念则最早由英国科学家 Berry 与 1984 年提出,他在研究过程中发现,当一个本征态量子系统缓慢地在一个闭合回路中传播时,除了其本身的相位积累外,还会附带一个额外的相位因子。该相位因子也只与系统传播的几何路径有关,因此被定义为几何相位[26]。Berry 用几何相位解释了阿哈罗诺夫-玻姆效应(Aharonov-Bohm effect)并提出该现象不仅适用于量子力学,还可以被推广到自然延拓参数空间埃尔米特矩阵特性向量的相位中,对几何相位进行了扩展补充。而在光学领域,该现象通过庞加莱球可以得到一个更为直观的解释(关于庞加莱球的说明可以参考文献[27])。如图 9.1

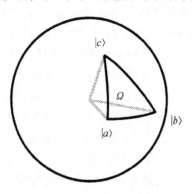

图 9.1　几何相位的庞加莱球表示[28]

所示,任意的初始偏振态在庞加莱球上可以用 $|a\rangle$ 来表示,其通过两个中间态 $|b\rangle$ 和 $|c\rangle$ 后又回到初始的偏振态,该转变过程可以用如下方程来表示[28]:

$$|a'\rangle = |a\rangle\langle a|b\rangle\langle b|c\rangle\langle c|a\rangle \qquad (9.1)$$

$|a\rangle$ 和 $|a'\rangle$ 偏振态完全相同,仅仅只有相位和振幅的差异。其相位差异可以通过对转变过程求幅角得出:

$$\phi_p = \arg(\langle a|b\rangle\langle b|c\rangle\langle c|a\rangle) \qquad (9.2)$$

Pancharatnam 的研究表明,该相位差异与其在庞加莱球上的运动路径有关:

$$|\phi_p| = \Omega/2 \qquad (9.3)$$

其中,Ω 为该路径的方位角。而相位的符号则与偏振转化的过程有关,$|a\rangle - |b\rangle - |c\rangle - |a\rangle$ 和 $|a\rangle - |c\rangle - |b\rangle - |a\rangle$ 就意味着两个相反的符号。1986 年,Berry 在提出几何相位的基础上对 Pancharatnam 的研究进行了拓展,认为任意偏振态在庞加莱球上沿任意形状的闭合路径转变在回到初态时,其产生的附加相位都可以用如下公式来计算:

$$|\phi_b| = \Omega/2 \qquad (9.4)$$

该相位就被称为 Pancharatnam-Berry(P - B)相位。

P - B 相位在微纳光学设计中的应用可以通过琼斯矩阵来得到更加直观的数学化表达式。由光学基本原理可知,任意状态的偏振光都可以用相互正交的 x 和 y 分量来表示,光场的传输可以通过琼斯矩阵来计算。因此当入射光透过各向异性的微结构时,其电场分布可以由如下方程得出:

$$E_{out} = J_T E_{in} \qquad (9.5)$$

其中,E_{in} 为入射光场矩阵表示;E_{out} 为出射光场矩阵表示;J_T 为透射式琼斯传输矩阵,其表达式如下:

$$J_T = \begin{bmatrix} J_{T11} & J_{T12} \\ J_{T21} & J_{T22} \end{bmatrix} \qquad (9.6)$$

假设各向异性微结构主轴与 x 轴成 θ 角,且其沿长轴和短轴的复振幅透过系数分别为 T_o 和 T_e,如图 9.2 所示。则透射式琼斯矩阵可以表达为

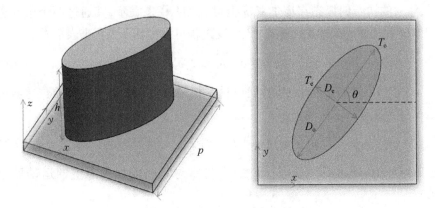

图 9.2 各向异性结构调控几何相位

$$\boldsymbol{J}_{\mathrm{T}} = \boldsymbol{R}(-\theta)\boldsymbol{T}\boldsymbol{R}(\theta) = \begin{bmatrix} \cos\theta & -\sin\theta \\ \sin\theta & \cos\theta \end{bmatrix} \begin{bmatrix} T_{\mathrm{o}} & 0 \\ 0 & T_{\mathrm{e}} \end{bmatrix} \begin{bmatrix} \cos\theta & \sin\theta \\ -\sin\theta & \cos\theta \end{bmatrix}$$

$$= \begin{bmatrix} \cos\theta^2 T_{\mathrm{o}} + \sin\theta^2 T_{\mathrm{e}} & \sin\theta\cos\theta(T_{\mathrm{o}} - T_{\mathrm{e}}) \\ \sin\theta\cos\theta(T_{\mathrm{o}} - T_{\mathrm{e}}) & \sin\theta^2 T_{\mathrm{o}} + \cos\theta^2 T_{\mathrm{e}} \end{bmatrix}$$

$$(9.7)$$

为简单起见,先将入射光设定为沿 x 方向偏振的单位线偏振光,将公式 (9.7)代入公式(9.5),则得到入射光通过该各向异性介质后的出射光场为

$$\boldsymbol{E}_{\mathrm{out}} = \boldsymbol{J}_{\mathrm{T}}\boldsymbol{E}_{\mathrm{in}} = \begin{bmatrix} \cos\theta^2 T_{\mathrm{o}} + \sin\theta^2 T_{\mathrm{e}} & \sin\theta\cos\theta(T_{\mathrm{o}} - T_{\mathrm{e}}) \\ \sin\theta\cos\theta(T_{\mathrm{o}} - T_{\mathrm{e}}) & \sin\theta^2 T_{\mathrm{o}} + \cos\theta^2 T_{\mathrm{e}} \end{bmatrix} \begin{bmatrix} 1 \\ 0 \end{bmatrix}$$

$$= \begin{bmatrix} \cos\theta^2 T_{\mathrm{o}} + \sin^2 T_{\mathrm{e}} \\ \sin\theta\cos\theta(T_{\mathrm{o}} - T_{\mathrm{e}}) \end{bmatrix}$$

$$(9.8)$$

从公式(9.8)可以看出,对于只有 x 方向偏振的入射光,经过各向异性微结构后,其出射场不仅有 x 方向分量,同时还多了与 x 方向正交的 y 方向分量,其振幅大小为 $|\sin\theta\cos\theta(T_{\mathrm{o}} - T_{\mathrm{e}})|$,不仅受到微结构本身透过率的影响,还和结构与 x 轴的夹角有关。

P-B 相位在光学领域最广泛的用途体现在其对圆偏振光的操控,假设一束圆偏振光入射到同样的微结构表面,根据透射琼斯矩阵,出射光的光场分布为

$$E_{\text{out}} = J_{\text{T}}E_{\text{L/R}} = \begin{bmatrix} \cos\theta^2 T_{\text{o}} + \sin\theta^2 T_{\text{e}} & \sin\theta\cos\theta(T_{\text{o}} - T_{\text{e}}) \\ \sin\theta\cos\theta(T_{\text{o}} - T_{\text{e}}) & \sin\theta^2 T_{\text{o}} + \cos\theta^2 T_{\text{e}} \end{bmatrix} \frac{1}{\sqrt{2}} \begin{bmatrix} 1 \\ \pm\mathrm{i} \end{bmatrix}$$

$$= \frac{1}{2\sqrt{2}}(T_{\text{o}} + T_{\text{e}}) \begin{bmatrix} 1 \\ \pm\mathrm{i} \end{bmatrix} + \frac{1}{2\sqrt{2}}(T_{\text{o}} - T_{\text{e}})(\cos 2\theta \pm \mathrm{i}\sin 2\theta) \begin{bmatrix} 1 \\ \pm\mathrm{i} \end{bmatrix}$$

$$= \frac{1}{2\sqrt{2}}\left[(T_{\text{o}} + T_{\text{e}})E_{\text{L/R}} + (T_{\text{o}} - T_{\text{e}})\mathrm{e}^{\pm\mathrm{i}2\theta}E_{\text{R/L}} \right] \tag{9.9}$$

其中,"+"代表左旋圆偏振光;"-"代表右旋圆偏振光。由式(9.9)可知,当圆偏振光透过结构向前传播时,其出射场被分为两部分:一部分为同偏振的出射光,该分量只有振幅调制 $1/2|(T_{\text{o}} - T_{\text{e}})|$,而不具有任何相位调制;另一部分为交叉偏振的出射光,其不但有 $1/2|(T_{\text{o}} - T_{\text{e}})|$ 的振幅调制,同时还伴随着与结构旋向密切相关的 $\phi = 2\theta$ 的相位调制。

入射光被微结构反射后的光场分布也可以通过相似的方法来计算。同样的结构,假设其沿长轴和短轴的复振幅反射系数分别为 R_{o} 和 R_{e},则反射式琼斯矩阵 J_{R} 为

$$J_{\text{R}} = \begin{bmatrix} \cos\theta^2 R_{\text{o}} + \sin\theta^2 R_{\text{e}} & \sin\theta\cos\theta(R_{\text{o}} - R_{\text{e}}) \\ \sin\theta\cos\theta(R_{\text{o}} - R_{\text{e}}) & \sin\theta^2 R_{\text{o}} + \cos\theta^2 R_{\text{e}} \end{bmatrix} \tag{9.10}$$

在圆偏振入射条件下,反射光场可以表达为

$$E_{\text{out}} = \begin{bmatrix} \cos\theta^2 R_{\text{o}} + \sin\theta^2 R_{\text{e}} & \sin\theta\cos\theta(R_{\text{o}} - R_{\text{e}}) \\ \sin\theta\cos\theta(R_{\text{o}} - R_{\text{e}}) & \sin\theta^2 R_{\text{o}} + \cos\theta^2 R_{\text{e}} \end{bmatrix} \frac{1}{\sqrt{2}} \begin{bmatrix} 1 \\ \pm\mathrm{i} \end{bmatrix}$$

$$= \frac{1}{2\sqrt{2}}\left[(R_{\text{o}} + R_{\text{e}})E_{\text{L/R}} + (R_{\text{o}} - R_{\text{e}})\mathrm{e}^{\pm\mathrm{i}2\theta}E_{\text{R/L}} \right] \tag{9.11}$$

同样,圆偏振光经过微结构反射后,也会产生伴随着振幅及相位调制的交叉偏振光,相位调制仍然为 $\phi = 2\theta$。因此利用几何相位调控原理,在可以调节偏振转化系数的同时,还可以通过改变微结构的旋转方向,调控其偏振转化时带来的相位突变,且其不受材料色散特性影响,为平面透镜在微纳尺度内对相位的精准调控提供了理论依据。

9.2.2　相变材料调控

由以上分析可知,当单元结构的参数都固定后,其引入的相位和振幅也不

会再发生改变,而平面透镜调节过程中要求对相位与振幅分布的实时调节,因此仅仅采用上述方法难以实现可调平面透镜,需要其他调节手段的辅助。下面将简要介绍相变材料如何在结构固定的情况下继续对单元结构的性能产生影响。

相变材料在光学调控领域最具有吸引力的一点就是其在不同状态下的巨大折射率差异(在中红外波段可以达到 2 左右[29],相比之下,热光材料的折射率调节一般在 $10^{-2} \sim 10^{-1}$ 量级)。光学常数的巨大差异表明了在不同状态下相变材料的原子排布方式大不相同。如图 9.3 所示,当相变材料处于非晶态时,其电阻较高,原子排布处于混乱无序的状态。通过外界激励(热、电、光)可以增加材料内的原子迁移率,将原子排列成一种较为有序的状态,此时相变材料电阻变低,转为晶态。为了将相变材料重新转化为非晶态,则需要通过大电流或高能激光脉冲将相变材料加热到其熔点以上使其液化再通过退火技术(与低温环境接触)冷却。此时原子排列重新回归到无序状态,相变材料退回为非晶态[30]。

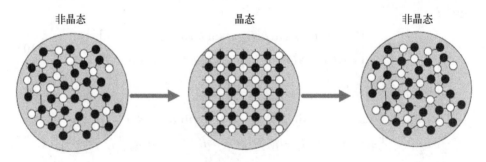

图 9.3　相变材料状态转化过程,引自文献[30]

以相变材料 $Ge_2Sb_2Te_5$(GST,后面的 GST 均代指该材料)为例,当其处于非晶态时,介电常数主要受原子间的半导体共价键所主导,而当其转化为晶态时,介电常数则会因为共振键合效应而大大提高[29]。在非晶态时,GST 原子排布杂乱无章,其介电常数可以由陶克-洛伦兹振荡模型(Tauc-Lorentz oscillator)给出[31, 32]:

$$\varepsilon(\omega) = \varepsilon_{const} + \varepsilon_{Tauc-Lorentz}(\omega)$$

$$\text{Im}\left[\varepsilon_{Tauc-Lorentz}(\omega)\right] = \frac{1}{\omega}\frac{A\omega_0\gamma(\omega - \omega_{gap})^2}{(\omega^2 - \omega_0^2)^2 + \omega^2\gamma^2} \tag{9.12}$$

其中,$\varepsilon_{\text{const}}$ 代表高频段极化率对介电常数的影响;A 为光学传输矩阵;ω_0 为真空介电常数;ω_{gap} 为带隙频率;γ 为碰撞频率。当 GST 温度升高至其转变温度(160℃)与熔点(640℃)之间时,其原子排布从杂乱无章的状态转化为面心立方(亚稳态),GST 转化为晶态。此时,其介电常数可由如下公式给出:

$$\varepsilon(\omega) = \varepsilon_{\text{const}} + \varepsilon_{\text{Tauc-Lorentz}}(\omega) + \varepsilon_{\text{Drude}}(\omega)$$

$$\varepsilon_{\text{Drude}}(\omega) = \frac{\omega_{\text{p}}^2}{\omega(\omega + i\gamma)} \tag{9.13}$$

其中,ω_{p} 为等离子体频率。相比于非晶态的介电常数模型,晶态的介电常数多了一项类德鲁(Drude-like)模型[29, 33],该项对应于晶态下的共振键合效应。

除了状态转换时光学常数的巨大差异,将相变材料应用在光学器件调谐领域还有一些其他的优势[34-36],比如:在常态下有着极高的稳定性;调节方式简单、灵活多变;调节转化速度极快,目前最高可以达到皮秒(ps)量级;使用寿命长,非晶态与晶态之间可逆转化次数可高达 10^{15}。

因此采用相变材料设计超表面结构,当单元结构的形状、大小、旋向等参数都保持不变时,还可以在相变材料对光学常数的调控的基础上进一步分析其对单元结构振幅和相位的影响。由公式(9.9)可知,当圆偏振光入射时,只有交叉偏振光会产生相位调制,且其只与结构的旋转角度有关,因此无法再对相位进行调制。但交叉偏振光振幅却和结构的透射系数密切相关。随着相变材料介电常数的变化,结构沿长轴和短轴的透射系数发生改变,从而可以影响单元结构出射光的振幅,调控整个器件的光学效率。

9.2.3　单元结构设计

由前面的分析可知,几何相位可以分开调节圆偏振出射光的偏振转化系数和相位,两者互不影响,调节方式比较灵活,因此本章将主要采用几何相位来设计可调平面透镜。

目前报道的将 GST 应用于可调器件的方案大多只是将 GST 作为一层电介质调节层,而主要的相位排布功能往往还需要另外设计一层结构(大多数情况下为金属结构,效率较低)来完成[37-39],这种多层的设计方法无形中就增加了器件的厚度以及复杂度,与微纳光学器件简化系统结构的初衷相违背。而本章则提出了一种新的设计方案,将 GST 的调节功能与微纳散射单元相结合,采用单层结构设计,使 GST 既可以实现其对器件的调节功能,同时也可以通过将其图形化设计超表面完成对相位排布的人为操控,进一步降低了器件的设计与加工难度。这种设计方法将使得可调平面透镜在光学系统的集成化应用中更为有利。

设计的几何相位调控单元整体结构如图 9.4 所示。图形化的 GST 纳米长方体位于基底 SiO₂ 之上,而透明介质 ITO 则被夹在中间。由于 ITO 只是作为导电加热层而存在,所以其厚度非常薄(0.03 μm)且分布均匀,对单元结构的振幅及相位控制几乎不产生任何影响。各向异性单元结构长轴与坐标轴 x 轴的夹角为 θ,俯视图如图 9.4(b) 所示。

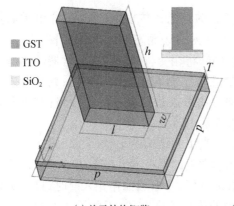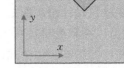

(a) 单元结构概览   (b) 单元结构俯视图,结构长轴与x轴夹角为θ

图 9.4　单元结构示意图

SiO₂ 为基底结构,一层 0.03 μm 厚的氧化铟锡(ITO)作为导电层沉积在 SiO₂ 基底上,图形化的 GST 纳米长方体在 ITO 导电层之上;结构参数周期 $p = 0.7$ μm,长 $l = 0.35$ μm,宽 $w = 0.1$ μm,高 $h = 0.7$ μm;插图为单元结构侧视图

假设入射平面波其通过单元结构沿+z 方向传播,其简化电场可以由下面这个方程表示:

$$E = E_0 e^{ik_0 z} = E_0 e^{i\omega(n+ik)z/c} = E_0 e^{Az} e^{i\omega n z/c} \tag{9.14}$$

其中,$n = ik$ 为 GST 复折射率;$A = -\omega k/c$ 为吸收系数,与 GST 复折射率虚部有关。图 9.5(a) 和(b) 分别为在 1~2 μm 范围内不同状态下 GST 复折射率的实部和虚部随波长变化关系[该数据来自文献[29],文中通过红外光谱仪(infrared spectroscope)和椭偏仪(spectroscopic ellipsometry)对 GST 的介电常数进行了实验测量,本图通过介电常数与折射率之间的换算关系得到]。由图 9.5 可以看出,相变材料的不同状态在整个研究波段都有很大的折射率差异(实部和虚

部差异 Δn、Δk 都在 1~2.8 范围内波动),为平面透镜的调节及其宽带验证提供了理论依据。在本章的设计波长 1.55 μm 处,当 GST 从非晶态转化为晶态时,相应的折射率从 $n_{\text{amorphous}} = 4.48+0.16i$ 变为 $n_{\text{crystalline}} = 6.96+1.93i$,$\Delta n = 2.48$,$\Delta k = 1.77$。因此 GST 的状态转化将对单元结构的吸收系数产生很大影响,且有关系式:

$$A + T + R = 1 \tag{9.15}$$

由式(9.15)可知,GST 的复折射率可以对单元结构的透射和反射系数产生影响。再结合公式(9.9),当几何相位被采用时,出射光的相位可以通过单元结构与 x 轴的夹角来调节,而偏振转化系数则可以通过单元结构内 GST 的折射率变化来调节。所以图 9.4 所示的结构可以对入射光的相位和振幅分别调制,为平面透镜的设计增加了灵活性。

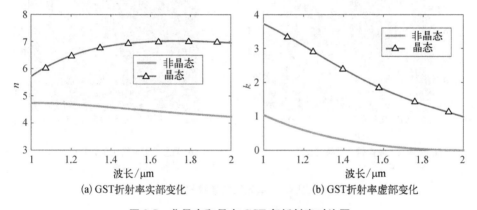

(a) GST折射率实部变化　　　　　(b) GST折射率虚部变化

图 9.5　非晶态和晶态 GST 复折射率对比图

由图 9.4 可知,在材料参数不变的情况下,单元结构的参数设计主要包括周期 p、长度 l、宽度 w、高度 h 以及长方体与 x 轴的夹角 θ。其中 θ 主要用来调控单元结构的相位突变,而其他参数则共同决定了单元结构的偏振转化系数。本次可调平面透镜的主要研究目的是实现在焦点不动的情况下调节平面透镜的聚焦效率,因此需要满足:在目标波长 1.55 μm 处,当 GST 处于非晶态时,单元结构拥有足够高的偏振转化系数;而当 GST 处于晶态时,单元结构的偏振转化系数尽可能接近于 0。然后以此为目标进行优化。对单元结构的仿真采用频域有限元方法,xy 方向的边界条件为单元结构边界条件,光的传播方向 z 方向边界条件为开放性边界条件。网格的特征尺寸为 7.4 nm。在仿真计算中左旋圆偏振入射光入射到基底上透过结构沿+z 方向向前传播。由于四个参量的优化过程过于复杂,不便全部展示,在此只给出确定了周期 p 和高度 h 后的优化过程,如图 9.6 所示。在设计过程中,为了避免单元结构之间相互耦合影响调节性能,同时保证平面透镜相位分布具有一定的连续性,一般要求单元结构周期尺寸处于 $1/2\lambda \sim \lambda$,但该条件在设计过程中可以根据实际要求适当放宽。图 9.6(a)为非晶态下偏振转化系数随长度 l 与宽度 w 的变化关系,其中长度 l 变化范围为 0.3~0.6 μm,宽度 w 变化范围为 0.05~0.29 μm。图 9.6(b)为晶态下偏振转化系数随长度 l 与宽度 w 的变化关系。经过综合考量后,单元结构的参数最终确定为周期 p = 0.7 μm,长度 l = 0.35 μm,宽度 w = 0.1 μm,高度 h = 0.7 μm。

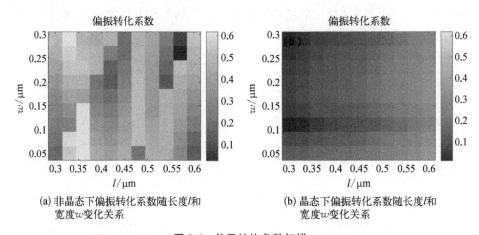

(a)非晶态下偏振转化系数随长度l和
宽度w变化关系

(b)晶态下偏振转化系数随长度l和
宽度w变化关系

图 9.6　单元结构参数扫描

　　该结构可以通过电子束刻蚀(electron beam lithography,EBL)系统以及反应离子刻蚀(reactive ion etching,RIE)系统来加工实现。首先通过热蒸发或磁控溅射的方法将相变材料 GST 蒸镀在基底表面,在 GST 表面旋涂正性光刻胶,通过电子束刻蚀系统曝光在光刻胶上得到结构模型,然后通过反应离子刻蚀系统刻蚀掉曝光区域的相变材料,最后洗去残留的光刻胶就可以得到所设计的结构[40]。

　　单元结构在非晶态和晶态下的偏振转化系数随波长变化如图 9.7(a)所示,虽然单独来看非晶态单元结构在目标波长处的偏振转化系数不是很高(50%左右),但其晶态下的偏振转化系数极低(5%左右),非晶态与晶态之间的效率对比才是调节的关键所在。由图可知在目标波长 1.55 μm 处,该单元结构非晶态下的偏振转化系数为晶态下的十倍,足以实现调节甚至开关功能。然后在其他结构参数保持不变的情况下,只改变单元结构与 x 轴的夹角,计算此时单元结构的偏振转化系数与相位突变。按照理论分析可知,出射光将被分为两部分:其中一部分为出射相位与旋转角度无关的左旋圆偏振光,另一部分则被转化为右旋圆偏振光并且伴随着 2θ 的相位突变。在 $1.55~\mu\mathrm{m}$ 处,单元结构在不同状态下相位随结构旋转角度的变化如图 9.7(b) 所示。在非晶态下,突变相位与旋转角度满足严格的 $\phi = 2\theta$ 的线性变化关系。晶态下由于单元结构周期略小于 $1/2\lambda$,相位调制略微有所波动,但由于其偏振转化系数过低,在本次研究中并不关键。图 9.7(c) 为在 $1.55~\mu\mathrm{m}$ 处偏振转化系数与旋转角度的变化关系,从图中可知,结构旋转角度的变化对偏振转化系数几乎没有影响,保证了结构的稳定性和有效性。

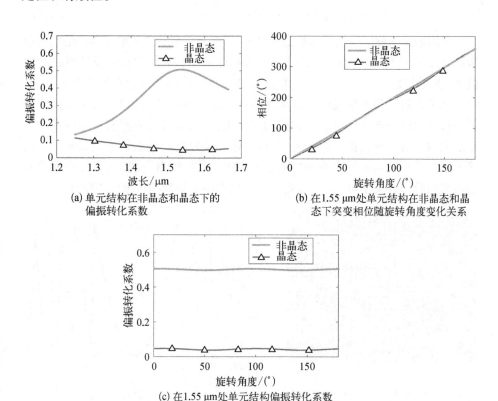

(a) 单元结构在非晶态和晶态下的
偏振转化系数

(b) 在 1.55 μm 处单元结构在非晶态和晶
态下突变相位随旋转角度变化关系

(c) 在 1.55 μm 处单元结构偏振转化系数
随旋转角度变化关系

图 9.7　单元结构响应

9.2.4 平面透镜设计

为使平面透镜实现聚焦或成像功能,平面透镜的相位分布应满足以下的双曲线关系式:

$$\phi(x, y, f) = -k_0(\sqrt{x^2 + y^2 + f^2} - f) \qquad (9.16)$$

其中, $k_0 = 2\pi\lambda$ 代表自由空间波矢; (x, y) 为平面透镜面上任意坐标位置; f 为平面透镜焦距。由 9.2.1 小节可知,当采用 P-B 相位时,微纳单元结构产生的突变相位与结构夹角存在 $\phi = 2\theta$ 的相位变化关系,因此在设计平面透镜过程中,只需要使坐标 (x, y) 处的单元结构与 x 轴夹角 θ 满足公式(9.17)就可以实现平面透镜的功能,公式如下:

$$\theta(x, y, f) = -k_0(\sqrt{x^2 + y^2 + f^2} - f)/2 \qquad (9.17)$$

平面透镜的整体结构排布如图 9.8(a)所示,在任意位置处单元结构的旋向都满足公式(9.17)。该平面透镜设计波长为 1.55 μm,半径为 20 μm,设计焦距为 20 微米,数值孔径为 0.71。当 $y=0$ 时,透镜截面沿 x 轴的相位分布如图 9.8(b)所示。其采样间隔等于单元结构的周期为 0.7 μm。从图中可以看出,实际设计的平面透镜相位分布并没有满足理想的双曲线分布,这是因为亚波长结构在小尺寸范围内只能实现近似的连续相位分布,这种误差在设计过程中难以避免。虽然更小的单元结构能够实现更为理想的相位分布,但当周期过小时,相邻单元结构之间的耦合又不可忽略,因此在设计过程中需要牺牲一定的相位连续性。

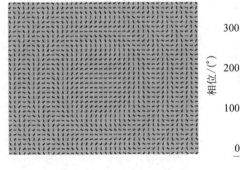
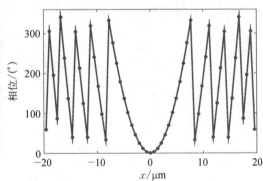

(a) 平面透镜俯视图,每个单元结构都满足 $\theta(r, f) = \varphi(r, f)/2$

(b) 透镜截面沿 x 轴相位分布

图 9.8 平面透镜结构排布及相位分布

9.3　平面透镜调控效果

9.3.1　平面透镜开关调控效果

对平面透镜的全局计算采用时域有限积分方法,xyz 方向的边界条件全部为开放边界条件,仿真网格的特征尺寸为 20 nm。通过相应的仿真软件计算后,平面透镜出射面的相位分布如图 9.9所示,仿真计算结果与理论设计相吻合,平面透镜出射面相位覆盖了从 $-\pi$到 π 的整个 2π 相位区间并且呈双曲线式相位分布,理论上就可以将入射平面波会聚至一点。

当 GST 处于非晶态时,平面透镜在 yz 平面内的光场分布如图 9.10(a)所示。平面透镜的焦距为 20.4 μm,焦深为 5.0 μm。根据分析,仿真得到的焦距与设计焦距的细微的差别($\Delta f = 0.4\ \mu m$,2%)来自设计过程中

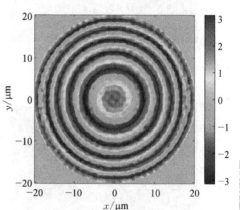

图 9.9　平面透镜出射面相位分布

相位的非连续分布,且该微小误差在可接受范围之内并可以通过设计参数补偿来消除。平面透镜在焦平面内的光场分布如图 9.10(c)所示,由于相位分布非连续性的影响,图中焦点位置沿 x 和 y 轴都偏离了 0.5 μm。焦平面内焦点沿 x 轴和 y 轴的归一化强度分布分别如图 9.11(a)和(b)所示。从图中可知 x 和 y 方向焦点的半高全宽(full width at half maximum,FWHM)都为 1.02 μm,证明该平面透镜产生了标准的圆形对称焦点。与此同时,由于焦点半高全宽小于 $0.61\lambda/NA$(1.44 μm),证明了该平面透镜拥有达到衍射极限的超高分辨率,从而可以使其在探测、成像等领域拥有超高的分辨精度。在非晶态时,该平面透镜的聚焦效率为 32.82%,相比于 Yin 等的工作(最大 10%)[24],有了大幅的提高。此处聚焦效率的定义为焦平面内光能量与入射光能量之比。

随后将 GST 调节为晶态,在本次仿真中只考虑 GST 非晶态与晶态之间转化带来的 6%的厚度减小[29],平面透镜其他参数全部保持不变。此时平面透镜在 yz 平面内的光场分布如图 9.10(b)所示(图 9.10 中光强全部按非晶态下光强最

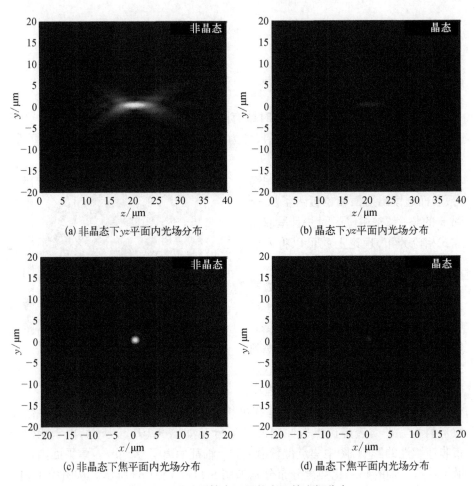

(a) 非晶态下 yz 平面内光场分布　　(b) 晶态下 yz 平面内光场分布

(c) 非晶态下焦平面内光场分布　　(d) 晶态下焦平面内光场分布

图 9.10　平面透镜在不同状态下的光场分布

大值做归一化处理)。图中几乎看不到焦点分布,整体仿真结果与单元结构仿真结果自洽,晶态下过低的偏振转化效率使平面透镜几乎不能聚焦,证明了 GST 对平面透镜明显的调节能力。通过数据处理得到晶态下焦距为 20.6 μm,焦深 5.0 μm,其与非晶态下的差异主要来自图 9.7(b)中晶态单元结构相位随角度的非线性变化。图 9.10(d)为焦平面内的光场分布,焦点在 x 和 y 方向的偏移量都为 0.55 μm,且如图 9.11(a)和(b)所示,焦点的半高全宽为 0.94 μm。平面透镜在晶态下的聚焦效率为 2.01%,仅为非晶态的 1/16,在大多数情况下都可以忽略不计,证明了设计的平面透镜通过调节自身 GST 的状态就可以实现开关的功能(传统透镜需要借助其他辅助器件如光阑等才能实现),增加了平面透镜的灵活程度。

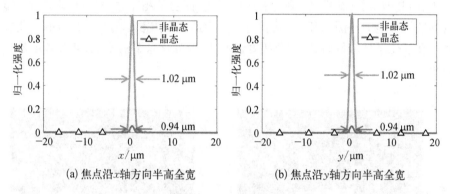

(a) 焦点沿 x 轴方向半高全宽　　　　(b) 焦点沿 y 轴方向半高全宽

图 9.11　焦点半高全宽

9.3.2　平面透镜连续调控效果

最近有研究表明,GST 不仅可以处在非晶态与晶态两个稳态,还可以通过飞秒激光脉冲激励使 GST 出现多级晶化,处于中间亚稳态(介于非晶态和晶态之间)[41, 42]。因此基于相变材料 GST 的平面透镜其聚焦效率可以在一定范围内连续调节,而不光只是处于开和关的状态。GST 中间态的介电常数可由其非晶态和晶态下的介电常数共同求出[43]:

$$\frac{\varepsilon_{\text{eff}}(p) - 1}{\varepsilon_{\text{eff}}(p) + 2} = p\, \frac{\varepsilon_{\text{c}} - 1}{\varepsilon_{\text{c}} + 2} + (1 - p)\, \frac{\varepsilon_{\text{a}} - 1}{\varepsilon_{\text{a}} + 2} \tag{9.18}$$

其中, ε_{c} 为晶态 GST 介电常数; ε_{a} 为非晶态介电常数; $\varepsilon_{\text{eff}}(p)$ 为中间态介电常数; p 为 GST 晶化系数(范围 0~1)。通过公式(9.18)可以计算 GST 在各种晶化状态下的介电常数,将其代入平面透镜电磁场仿真计算中就可以预测平面透镜在中间态时的表现。图 9.12(a)、(b)、(c)为 GST 晶化状态分别为 10%、25% 和 50% 时,平面透镜在 yz 平面内的电场分布(图 9.12 中所有电场强度都按照图 9.10 中非晶态下电场强度的最大值做了归一化处理)。非晶态和晶态下平面透镜性能此处不再赘述。在 10% 的晶化状态下,平面透镜焦距 f 为 20.4 μm,聚

焦效率为 28.50%；在 25% 的晶化状态下，平面透镜焦距 f 为 20.5 μm，聚焦效率
为 11.72%；在 50% 的晶化状态下，平面透镜焦距 f 为微米 20.6 μm，聚焦效率为
2.62%。由图可知，随着 GST 晶化系数的增加，平面透镜的只有聚焦效率在逐渐
减小，而其他参数（焦距等）则几乎保持不变，证明了相变材料 GST 对平面透镜
的连续调节能力。图 9.12(d) 为拟合的平面透镜聚焦效率随晶化系数的变化关
系。在晶化系数较低时，其调节幅度较大，随着晶化系数的增加，调节幅度越来
越小。

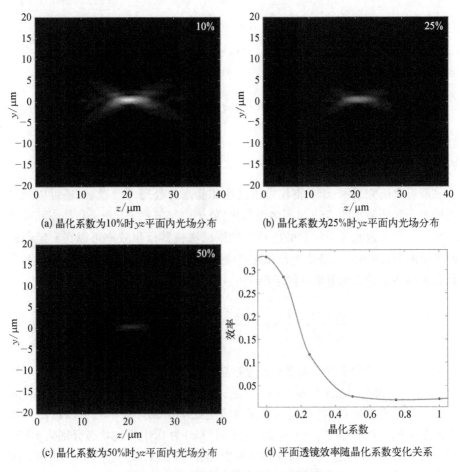

(a) 晶化系数为10%时yz平面内光场分布

(b) 晶化系数为25%时yz平面内光场分布

(c) 晶化系数为50%时yz平面内光场分布

(d) 平面透镜效率随晶化系数变化关系

图 9.12　平面透镜中间态光场及效率变化

9.4　平面透镜宽带特性与鲁棒性

9.4.1　平面透镜宽带特性

由公式(9.9)可知,采用几何相位调控的另一好处就是其突变相位只与单元结构的旋转角度有关,而与材料本身的色散特性无关,所以该平面透镜具有一定的宽带调节能力。当入射光波长在 $1.49 \sim 1.65\ \mu m$ 时,平面透镜在非晶态下的聚焦效率如图9.13(a)所示(图中黑线),在整个宽带范围内,平面透镜的聚焦效率都能保持在23%以上。同时,平面透镜在整个宽带范围内仍然保持着优异的调节能力(图中灰线)。在 $1.49\ \mu m$ 处,平面透镜效率最低、调节能力最差,但非晶态与晶态效率之比也几乎有十倍。由图中灰色曲线可知,在研究波段内,平面透镜的调节能力随波长的增加而增加。在 $1.49\ \mu m$ 处,透镜的焦距为 $21.5\ \mu m$,焦深为 $5.1\ \mu m$,焦点半高全宽为 $1.02\ \mu m$。而在 $1.65\ \mu m$ 处,非晶态与晶态效率之比最高可以达到20,透镜焦距为 $18.8\ \mu m$,焦深为 $4.9\ \mu m$,焦点半高全宽为 $1.02\ \mu m$。在整个波段范围内平面透镜焦距(黑线)及焦点半高全宽(虚线)随波长变化关系如图9.13(b)所示。其中焦点半高全宽几乎不随波长的变化而变化,而焦距则随波长增大而逐渐减小,与公式(9.16)相符。如有必要,该色散特性还可以通过某些特殊的设计方法如双面透镜等来进行校正[44, 45]。

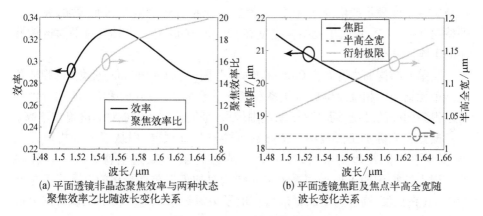

(a) 平面透镜非晶态聚焦效率与两种状态　　　(b) 平面透镜焦距及焦点半高全宽随
聚焦效率之比随波长变化关系　　　　　　　　　波长变化关系

图9.13　平面透镜宽带特性

9.4.2　平面透镜鲁棒性

平面透镜的鲁棒性指平面透镜的加工误差容忍能力。其鲁棒性越好,对加工的要求也就越宽松。成品率越高,加工成本也就越低,越利于将其推广,面向实用化。在加工过程中该平面透镜主要考虑的参数有三个:长度 l、宽度 w 以及高度 h。由理论分析可知,平面透镜的突变相位主要受旋转角度的影响而与上述参数无关,这三个参数的改变只会轻微影响平面透镜在非晶态下(晶态下效率本身就很低,影响可以忽略不计)的聚焦效率而不会影响其性能,预示着该平面透镜拥有较好的鲁棒性。下面将从单元结构性能到平面透镜性能方面对这三个参数进行逐一分析,以验证该推论。

首先使单元结构的长度 l 改变 ±20 nm,而其他参数保持不变。通过旋转单元结构与 x 轴夹角 θ,得到在不同长度单元结构突变相位与旋转角度的关系如图 9.14(a)所示。由图可以看出,当长度在 ±20 nm 范围内变化时,单元结构引入相位仍然与旋转角度满足严格 $\phi = 2\theta$ 关系,相互之间的固定差值来自介质波导变化引入的相位,但并不影响平面透镜的相位梯度分布,设计的透镜仍然能满足双曲线式相位分布。不同长度单元结构偏振转化系数与旋转角度的关系如图 9.14(b)所示。单元结构的偏振转化系数随着长度的增加而增加,虽然有所波动,但在整个范围内都保持在 0.45 以上($\Delta < 10\%$),单元结构仍然保持着良好的性能。

当单元结构的宽度 w 改变 ±10 nm 时,旋转角度与单元结构的突变相位及偏振转化系数变化关系如图 9.14(c)和(d)所示。从图中同样可以得到突变相位与旋转角度满足严格的线性关系,偏振转化系数随宽度增加而增加,并始终保持在 0.45 以上,说明单元结构宽度在 ±10 nm 范围内变化时其对平面透镜性能的影响同样很小。

当单元结构的高度 h 在 0.66~0.8 μm 范围内($\Delta h = 140$ nm)变化时,旋转角度与单元结构的相位及偏振转化系数变化关系如图 9.14(e)和(f)所示。由图可以得到同样的结论,而且该变动范围较大,证明该平面透镜对高度要求不高。

虽然在实际加工过程中三个参数可能有交叉误差,但从以上分析可以预测,其对结果同样影响不大,鉴于交叉误差组合众多,这里就不一一计算说明。以上结果说明了该平面透镜单元结构对加工误差最严格的容忍尺度也有 ±10 nm(在长度、高度上更加宽松),在电子束刻蚀系统等精密加工设备的可控范围之内。

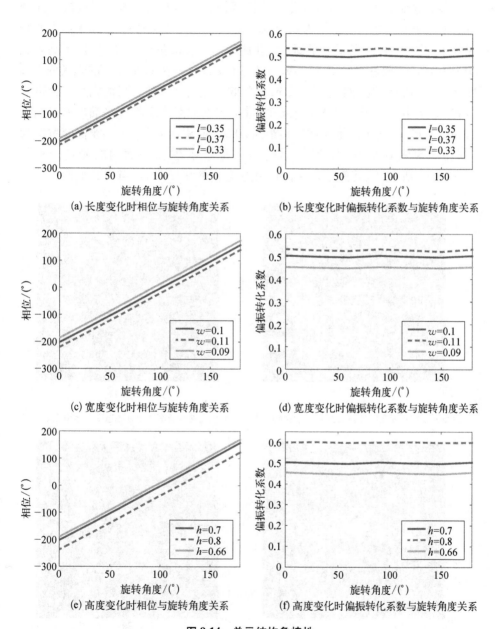

(a) 长度变化时相位与旋转角度关系　　　(b) 长度变化时偏振转化系数与旋转角度关系

(c) 宽度变化时相位与旋转角度关系　　　(d) 宽度变化时偏振转化系数与旋转角度关系

(e) 高度变化时相位与旋转角度关系　　　(f) 高度变化时偏振转化系数与旋转角度关系

图 9.14　单元结构鲁棒性

最后验证上述三个参数变化对平面透镜整体表现的影响。当构成平面透镜的所有单元结构长度均变为 0.36 μm 时,非晶态下平面透镜在 yz 平面内的光场分布如图 9.15(a)所示。平面透镜焦距为 20.4 μm,焦点 x 和 y 方向半高全宽均为 1.03 μm,聚焦效率为 33.95%。晶态下平面透镜在 yz 平面内的光场分布如图 9.15(b)所示,焦距变为 20.6 μm,聚焦效率变为 2.30%。当构成平面透镜的所有单元结构宽度均变为 0.11 μm 时,非晶态下平面透镜在 yz 平面内的光场分布如图 9.15(c)所示。平面透镜焦距为 20.5 μm,焦点 x 和 y 方向半高全宽均为 1.03 μm,聚焦效率为 31.57%。晶态下平面透镜在 yz 平面内的光场分布如图 9.15(d)所示,焦距变为 20.4 μm,聚焦效率变为 1.98%。当构成平面透镜的

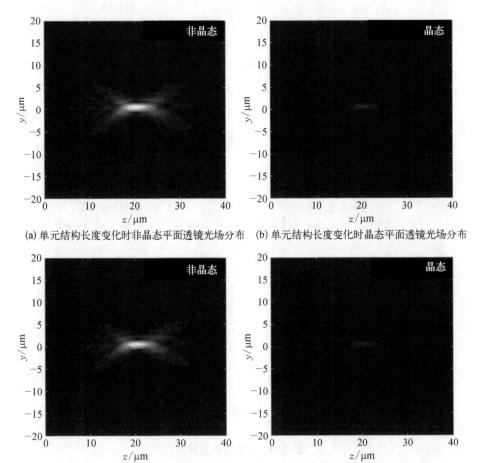

(a) 单元结构长度变化时非晶态平面透镜光场分布　　(b) 单元结构长度变化时晶态平面透镜光场分布

(c) 单元结构宽度变化时非晶态平面透镜光场分布　　(d) 单元结构宽度变化时晶态平面透镜光场分布

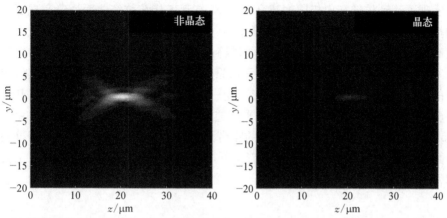

(e) 单元结构高度变化时非晶态平面透镜光场分布　(f) 单元结构高度变化时晶态平面透镜光场分布

图 9.15　可调平面透镜鲁棒性

所有单元结构高度均变为 $0.66~\mu m$ 时,非晶态下平面透镜在 yz 平面内的光场分布如图 9.15(e) 所示。平面透镜焦距为 $20.4~\mu m$,焦点半高全宽 x 和 y 方向半高全宽仍然为 $1.03~\mu m$,聚焦效率为 30.31%。晶态下平面透镜在 yz 平面内的光场分布如图 9.15(f) 所示,焦距变为 $20.6~\mu m$,聚焦效率变为 2.28%。以上结果证明了设计的平面透镜拥有良好的鲁棒性,当结构尺寸(长、宽、高)在一定范围内波动时,平面透镜的非晶态下的光学性能及整体调节功能几乎可以不受影响。

9.5　本章小结

　　本章基于相变材料 GST 设计了一种在工作在近红外波段的透射式可调平面透镜。首先介绍了几何相位调控原理,分析了相变材料复折射率变化对几何相位单元产生的影响,并基于几何相位调控提出了一种新的可控单元结构设计方法:GST 作为调节材料调控偏振转化系数的同时还作为散射结构单元通过几何相位原理调控突变相位,使单元结构简化为单层设计,进一步降低了结构设计和加工的复杂度。单元结构的设计需要满足在非晶态下拥有足够高的偏振转化系数,相比之下在晶态偏振转化系数要大幅降低。单元结构参数确定后通过改变不同位置处的旋转角度使相位满足双曲线式分布来完成平面透镜的设计,并介绍了一种目前可行的加工方案。在目标波长 $1.55~\mu m$ 处,非晶态平面透镜实现了达到传统衍射极限的超高分辨率,有利于代替传统曲面透镜实现更高的探测与成像精度,并且有 32.82% 的较高聚焦效率,相比之前的工作有了大幅提高。当 GST 被调节为晶态时,平面透镜的效率下降为 2.01%,效率调节高达 16 倍,在大部分情况下都可以视为无法聚焦,因此该平面透镜在不借助其他器件的情况下就可以实现开关的效果,将进一步简化光学系统的构成。然后基于相变材料的多级调控现象研究了该平面透镜的连续调节能力。最后又在 $1.49 \sim 1.65 \ \mu m$ 范围内讨论了该平面透镜的宽带聚焦能力,得到了与理论预期相符的仿真结果,并证明了该平面透镜有着良好的鲁棒性,降低了平面透镜的加工要求,拓宽了其应用范围。

参考文献

[1] Yu N, Genevet P, Kats M A, et al. Light propagation with phase discontinuities: Generalized laws of reflection and refraction[J]. Science, 2011, 334(6054): 333 – 337.

[2] Khorasaninejad M, Chen W T, Devlin R C, et al. Metalenses at visible wavelengths diffraction-limited focusing and subwavelength resolution imaging[J]. Science, 2016, 352 (6290): 1190 – 1194.

[3] Shaltout A, Liu J, Kildishev A, et al. Photonic spin Hall effect in gap plasmon metasurfaces for on chip chiroptical spectroscopy[J]. Optica, 2015, 2(10): 860 – 863.

[4] Zheng G, Mühlenbernd H, Kenney M, et al. Metasurface holograms reaching 80% efficiency[J]. Nature Nanotechnology, 2015, 10(4): 308.

[5] Yang Y, Wang H, Yu F, et al. A metasurface carpet cloak for electromagnetic, acoustic and water waves[J]. Scientific Reports, 2016, 6: 20219.

[6] Lee J, Tymchenko M, Argyropoulos C, et al. Giant nonlinear response from plasmonic metasurfaces coupled to intersubband transitions[J]. Nature, 2014, 511(7507): 65.

[7] Kuznetsov A I, Miroshnichenko A E, Brongersma M L, et al. Optically resonant dielectric nanostructures[J]. Science, 2016, 354(6314): aag2472.

[8] Chizari A, Abdollahramezani S, Jamali M V, et al. Analog optical computing based on a dielectric meta-reflect array[J]. Optics Letters, 2016, 41(15): 3451 – 3454.

[9] Cairns T, Luke M A, Chiu K S, et al. Multiresidue pesticide analysis by ion-trap technology: A clean-up approach for mass spectral analysis[J]. Rapid Communications in Mass Spectrometry, 1993, 7(12): 1070 – 1076.

[10] Chang C F, Chen J J. Vibration monitoring of motorized spindles using spectral analysis

techniques[J]. Mechatronics, 2009, 19(5): 726 - 734.

[11] Alonso-Abella M, Chenlo F, Nofuentes G, et al. Analysis of spectral effects on the energy yield of different PV (photovoltaic) technologies: The case of four specific sites [J]. Energy, 2014, 67: 435 - 443.

[12] Wu X, Zhang Z. Research advances in water quality monitoring technology based on UV-Vis spectrum analysis [J]. Spectroscopy and Spectral Analysis, 2011, 31(4): 1074 - 1077.

[13] Wang J, Petermann K. Small signal analysis for dispersive optical fiber communication systems[J]. Journal of Lightwave Technology, 1992, 10(1): 96 - 100.

[14] Rao Y J, Zhu T, Ran Z L, et al. Novel long-period fiber gratings written by high-frequency CO_2 laser pulses and applications in optical fiber communication[J]. Optics Communications, 2004, 229(1 - 6): 209 - 221.

[15] Yonemura M, Kawasaki A, Kato S, et al. Polymer waveguide module for visible wavelength division multiplexing plastic optical fiber communication [J]. Optics Letters, 2005, 30(17): 2206 - 2208.

[16] Orieux A, Diamanti E. Recent advances on integrated quantum communications [J]. Journal of Optics, 2016, 18(8): 083002.

[17] Mazeas F, Traetta M, Bentivegna M, et al. High-quality photonic entanglement for wavelength-multiplexed quantum communication based on a silicon chip [J]. Optics Express, 2016, 24(25): 28731 - 28738.

[18] Wang J, Bonneau D, Villa M, et al. Chip-to-chip quantum photonic interconnect by path-polarization interconversion[J]. Optica, 2016, 3(4): 407 - 413.

[19] Yang H, Li G, Cao G, et al. Broadband polarization resolving based on dielectric metalenses in the near-infrared[J]. Optics Express, 2018, 26(5): 5632 - 5643.

[20] Schlickriede C, Waterman N, Reineke B, et al. Imaging through nonlinear metalens using second harmonic generation[J]. Advanced Materials, 2018, 30(8): 1703843.

[21] Shrestha S, Overvig A C, Lu M, et al. Broadband achromatic dielectric metalenses[J]. Light: Science and Applications, 2018, 7(1): 85.

[22] Engelberg J, Zhou C, Mazurski N, et al. Near-IR wide field-of-view Huygens metalens for outdoor imaging applications[C]. San Jose: 2019 Conference on Lasers and Electro-Optics (CLEO), 2019.

[23] Kyamo M J, Lail B A. A novel near-infrared metalens using type I hyperbolic metamaterial [C]. Nanjing: 2019 International Applied Computational Electromagnetics Society Symposium (ACES), 2019.

[24] Yin X, Steinle T, Huang L, et al. Beam switching and bifocal zoom lensing using active plasmonic metasurfaces[J]. Light Science and Applications, 2017, 6(7): e17016.

[25] Pancharatnam S. Generalized theory of interference and its applications[J].Proceedings of the Indian Academy of Sciences-Section A, 1956, 44(6): 398−417.

[26] Berry M V. Quantal phase factors accompanying adiabatic changes[J]. Proceedings of the Royal Society of London. A. Mathematical and Physical Sciences, 1984, 392(1802): 45−57.

[27] M. 玻恩, E. 沃耳夫. 光学原理：光的传播、干涉和衍射的电磁理论[M]. 北京：科学出版社,1978.

[28] Courtial J. Wave plates and the Pancharatnam phase[J]. Optics Communications, 1999, 171(4−6): 179−183.

[29] Shportko K, Kremers S, Woda M, et al. Resonant bonding in crystalline phase change materials[J]. Nature materials, 2008, 7(8): 653.

[30] Wuttig M, Yamada N. Phase-change materials for rewriteable data storage[J]. Nature Materials, 2007, 6(11): 824.

[31] von Blanckenhagen B, Tonova D, Ullmann J. Application of the Tauc-Lorentz formulation to the interband absorption of optical coating materials[J]. Applied Optics, 2002, 41(16): 3137−3141.

[32] Schubert M. Infrared ellipsometry on semiconductor layer structures phonons, plasmons, and polaritons[M]. Heidelberg: Springer Berlin, 2004.

[33] Mendoza-Galvan A, Gonzalez-Hernandez J. Drude-like behavior of Ge : Sb : Te alloys in the infrared[J]. Journal of Applied Physics, 2000, 87(2): 760−765.

[34] Loke D, Lee T H, Wang W J, et al. Breaking the speed limits of phase-change memory [J]. Science, 2012, 336(6088): 1566−1569.

[35] Cao T, Wei C, Simpson R E, et al. Rapid phase transition of a phase-change metamaterial perfect absorber[J]. Optical Materials Express, 2013, 3(8): 1101−1110.

[36] Kim I S, Cho S L, Im D H, et al. High performance PRAM cell scalable to sub-20 nm technology with below 4F2 cell size, extendable to DRAM applications[C]. Hsin Chu: 2010 Symposium on VLSI Technology, 2010.

[37] de Galarreta C R, Alexeev A M, Au Y Y, et al. Nonvolatile Reconfigurable Phase-Change Metadevices for Beam Steering in the Near Infrared[J]. Advanced Functional Materials, 2018, 28(10): 1704993.

[38] Zhang M, Pu M, Zhang F, et al. Plasmonic metasurfaces for switchable photonic spin-orbit interactions based on phase change materials[J]. Advanced Science, 2018, 5(10): 1800835.

[39] Ding F, Zhong S, Bozhevolnyi S I. Vanadium dioxide integrated metasurfaces with switchable functionalities at terahertz frequencies[J]. Advanced Optical Materials, 2018, 6(9): 1701204.

［40］　Shalaginov M Y, An S, Zhang Y, et al. Reconfigurable all-dielectric metalens with diffraction limited performance［J］. Nature Communications, 2019, 12: 1225.

［41］　Wang Q, Maddock J, Rogers E T F, et al. 1.7 Gbit/in.² gray-scale continuous-phase-change femtosecond image storage［J］. Applied Physics Letters, 2014, 104(12): 121105.

［42］　Wright C D, Liu Y, Kohary K I, et al. Arithmetic and biologically-inspired computing using phase-change materials［J］. Advanced Materials, 2011, 23(30): 3408 – 3413.

［43］　Chen Y G, Kao T S, Ng B, et al. Hybrid phase-change plasmonic crystals for active tuning of lattice resonances［J］. Optics Express, 2013, 21(11): 13691 – 13698.

［44］　Arbabi A, Arbabi E, Kamali S M, et al. Miniature optical planar camera based on a wide-angle metasurface doublet corrected for monochromatic aberrations ［J］. Nature Communications, 2016, 7: 13682.

［45］　Groever B, Chen W T, Capasso F. Meta-lens doublet in the visible region［J］. Nano Letters, 2017, 17(8): 4902 – 4907.

第 10 章 中红外动态可调平面透镜阵列

10.1 引言

前面讨论了利用相变材料设计的平面透镜在通信波段的优异性能及其改进设计,提高了可调平面透镜的适用范围,为光学系统的智能化应用进行了一定的尝试与探索。尽管如此,在某些特殊的应用场合,例如在超高精度的波前探测及显示等领域,一块单一的透镜还是难以完成探测任务。例如在自适应光学的哈特曼波前传感技术中,微透镜阵列通过 $n\times n$ 个子孔径对待测波前进行切割并分别聚焦,通过测量聚焦位置与标准参考焦点位置的偏移量计算出待测波前的畸变,在自适应光学测量中发挥着重要的作用[1]。受此启发,平面透镜阵列的概念应运而生。平面透镜阵列由大量可以独立聚焦成像的平面透镜整齐排列组合而成。相比于微透镜阵列,平面透镜阵列的体积可以做到更小,更加符合现代光学设备小型化的趋势。而且更小的体积就意味着更高的切割精度,再结合平面透镜超高的分辨率,可以使平面透镜阵列在光学探测领域的精度大幅提高。最近,平面透镜阵列展现出的巨大潜力已经逐渐吸引了一批科研工作者的注意力。例如 2015 年,Wang 等就利用 C 形金属开口谐振环在太赫兹波段设计并验证了平面透镜阵列的优异性能,但金属结构的设计在一定程度上增加了损耗[2];2018 年,Yang 等又在近红外波段提出了基于介质硅的透射式夏克-哈特曼透镜阵列,进一步拓展了平面透镜阵列的应用[3]。然而这些设计还是面临同样的问题,一旦它们被加工制造,它们的功能也就被限定,难以实现智能化应用。

虽然之前也有对可控微透镜阵列的尝试,如 2017 年,Wu 等就在可见光及近红外波段设计了基于石墨烯电极的液晶微透镜阵列[4],如图 10.1 所示。通过改变石墨烯电极上所加电压,该微透镜阵列的焦距、焦斑大小等都可以调节。但相比于平面透镜阵列,液晶微透镜阵列的光学性能却不够理想,比如其在可见光波段的焦斑大小达到了 10 μm 左右[图 10.1(b)],远小于同数值孔径下平面透镜的分辨率。目前关于可调平面透镜阵列的研究还没有展开,因此本章将基于相变材料对平面透镜阵列展开研究。由文献[5]可知,相变材料不仅在近红外有明显的折射率调节,在中红外波段同样有着显著的调节能力,甚至损耗更低。鉴于前面已经验证了相变材料在近红外波段的可调谐性,而中红外作为军事应用的重要波段[6-9],也具有重要的应用潜力,因此本章将对可调平面透镜阵列的研究波段扩展至中红外,当然在近红外波段该方法也同样适用。

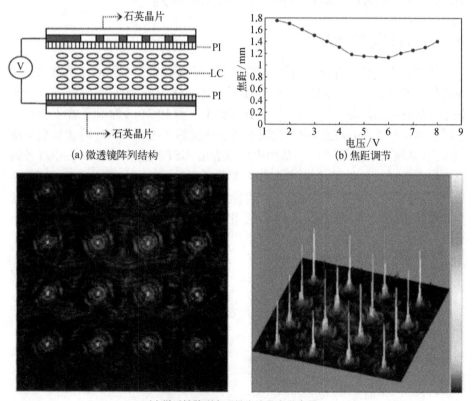

(a) 微透镜阵列结构　　　　(b) 焦距调节

(c) 微透镜阵列在可见光波段光学表现

图 10.1　液晶可调微透镜阵列,引自文献[4]

本章内容将主要围绕中红外波段(4.6 μm)的平面透镜来展开,并在此基础上进一步开展了对平面透镜阵列的研究,使其能应用到诸如波前探测等更加复杂精细的场合。再通过与相变材料 GST 相结合,使平面透镜阵列同时具有多种功能,应用更加灵活多变,不仅可以实现超高分辨率的超高速动态显示,也为AR显示成像技术提供了一种新思路,并对其宽带(4.5~5.2 μm)性能也进行了适当的探究。最后又利用了另外一种低相变温度的相变材料二氧化钒(VO₂)对平面透镜阵列进行了设计,扩大了中红外波段可调平面透镜阵列的材料选择性,增强了调节能力。

10.2 相变材料 GST 可调平面透镜阵列

10.2.1 材料与设计方法

通过对原子排布方式的调节,相变材料 GST 不同状态之间的光学常数不仅在近红外波段差异巨大,在中波红外段的对比同样明显,而且在中红外不论是处于非晶态还是晶态,材料的损耗系数都更小。图 10.2(a)为 GST 在不同状态下波长在 4.5~5.5 μm 范围内变化时的折射率实部变化,图 10.2(b)为折射率虚部变化(数据来自文献[5])。从图中可以看出,GST 折射率实部 n 在中红外的调节幅度仍有 2 左右,而折射率虚部 k 调节幅度为 0.2 左右。相比于近红外波段,中红外波段的损耗明显降低。在目标波长 4.6 μm 处,当 GST 从非晶态转变为晶态时,其折射率从 $n_{amorphous}$ = 3.94 变化至 $n_{crystalline}$ = 5.90+0.20i。

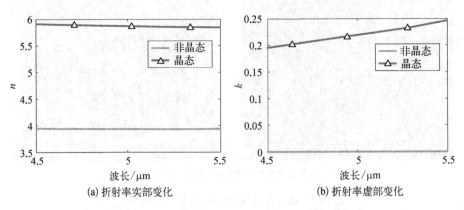

(a) 折射率实部变化   (b) 折射率虚部变化

图 10.2 中红外波段 GST 不同状态折射率变化

本章同样采用几何相位来设计平面透镜阵列,平面透镜局部示意图如图 10.3(a)所示,图 10.3(b)为单元结构组成,图 10.3(c)为单元结构俯视图。

前面讨论超表面相位调控时提到,单元结构的尺寸会随着波长的变化而变化。当波长增加到中红外时,单元结构的尺寸也会相应增大。由于相变材料 GST 在中红外波段的耗散很低,本章的单元结构还可以经过特殊设计使其可以同时利用同偏振以及交叉偏振透射光,在 AR 显示等领域也能发挥适当的作用。为了起到调节作用,且有一定的宽光谱响应能力,要求波长在 4.5～5.2 μm 范围内变化时,当 GST 处于非晶态时,单元结构偏振转化系数要尽可能高,而同偏振透过系数尽可能趋近于 0。而当 GST 处于晶态时,则要求同偏振透过系数要尽可能高,而偏振转化系数尽可能趋近于 0。在目标波长 4.6 μm 处,设计了周期及结构高度后,当 GST 处于非晶态和晶态时,单元结构偏振转化系数随长度 l 及宽度 w 变化关系如图 10.4(a)和(b)所示。由于单元结构吸收及反射很低,其同偏振透过系数可以通过互补关系近似得出。按照单元结构设计要求,经过综合考虑后,单元结构参数确定为周期 $p = 3$ μm,高度 $h = 2.5$ μm,长度 $l = 1$ μm,宽度 $w = 0.7$ μm。

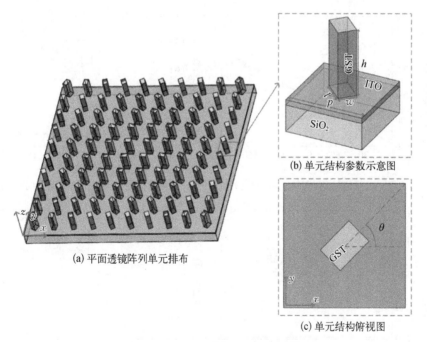

(a) 平面透镜阵列单元排布

(b) 单元结构参数示意图

(c) 单元结构俯视图

图 10.3　平面透镜阵列结构示意图

入射光为左旋圆偏振光时,单元结构的光学响应如图 10.5 所示。图 10.5(a)为在目标波长 4.6 μm 处,单元结构在不同状态下交叉偏振光相位调制随旋

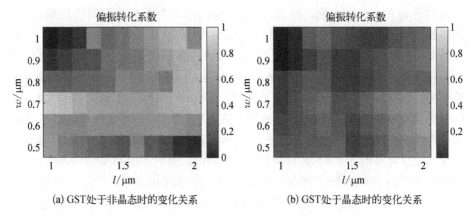

(a) GST处于非晶态时的变化关系　　　(b) GST处于晶态时的变化关系

图 10.4　单元结构偏振转化系数随长度 l 和宽度 w 变化关系

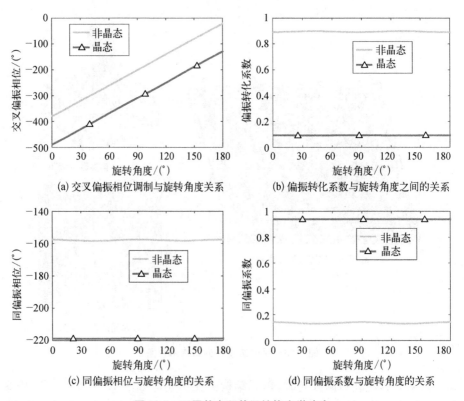

(a) 交叉偏振相位调制与旋转角度关系　　(b) 偏振转化系数与旋转角度之间的关系

(c) 同偏振相位与旋转角度的关系　　　(d) 同偏振系数与旋转角度的关系

图 10.5　不同状态下单元结构光学响应

转角度的变化关系,从图中可以看出,随着旋转角度 θ 从 0 变化至 π,相应的相位调制线性的覆盖了整个 2π 范围。图 10.5(b)为不同状态下单元结构偏振转化系数与旋转角度的变化关系,非晶态偏振转化系数远高于晶态,随着旋转角度的变化,偏振转化系数几乎不受影响,证明了单元结构的稳定性。作为对比,图 10.5(c)为在目标波长处,单元结构在不同状态下同偏振光相位调制与旋转角度的关系。不论处在哪种状态,随着旋转角度从 0 变化至 π,相位调制几乎没有波动,与公式(9.9)预测相符。图 10.5(d)为同偏振透过系数随旋转角度的变化关系,当单元结构处于非晶态时同偏振透过系数较低,而晶态下同偏振透过系数较高,接近于 1 (94%)。这也就意味着当 GST 处于非晶态时,入射光透过该单元结构就像透过一层透明介质一样,不附带任何相位调制,为后续的 AR 应用奠定了理论基础。

在实验中为了避免相变材料被氧化,往往还需要再额外覆盖一层透明介质作为保护层。附加的透明介质相当于改变了单元结构的参数,使长度 l、宽度 w 及高度 h 都有所增加,然而作者团队设计的结构在第 3 章就已经证明了其良好的鲁棒性,所以可以预测透明介质的覆盖层不会影响单元结构的光学表现。不论如何,为了验证覆盖层的影响,仍然仿真计算了设计的单元结构在各个方向加了一层 2 nm 厚的 SiO_2 后的光学表现。为简便起见,在这里只给出了偏振转化系数及相位调制与旋转角度的关系,如图 10.6 所示。单元结构的性能几乎没有发生任何变化,证明了所设计结构与实验的兼容性。

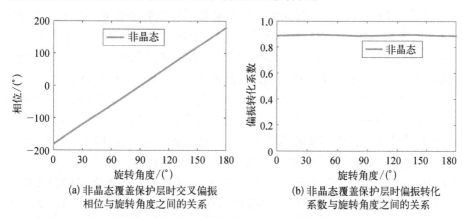

(a)非晶态覆盖保护层时交叉偏振　　　(b)非晶态覆盖保护层时偏振转化
相位与旋转角度之间的关系　　　　　系数与旋转角度之间的关系

图 10.6 　保护层对单元结构光学性能影响

在设计平面透镜阵列之前,需要先设计单独的平面透镜,按照公式(9.17)排布每个单元结构的旋转角度。在本次设计中,$x_d = 0\ \mu m$, $y_d = 0\ \mu m$, $f = 60\ \mu m$,

$\lambda = 4.6~\mu m$。单个平面透镜半径为 $30~\mu m$,数值孔径 $NA=0.45$。然后将设计的平面透镜用作次级单元结构来继续组成平面透镜阵列。由于计算资源有限,本章中先设计了一个 3×3 的平面透镜阵列如图 10.7 所示。图 10.7 中绿色立方体代表处于非晶态的 GST,而红色立方体代表处于晶态的 GST。由单元结构分析可知,绿色立方体所在区域拥有很高的偏振转化系数并伴随着设计的双曲线式相位分布,因而能将入射光在其前方会聚至焦点处,而红色立方体所在区域因为偏振转化系数很低,几乎所有透射光都保持与入射光相同的偏振态且没有相位调制,因此入射光就像透过一块透明玻璃一样继续向前传播而无法会聚。

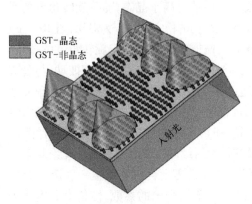

图例:
- GST-晶态
- GST-非晶态

入射光

图 10.7 可调平面透镜阵列示意图

绿色立方体区域代表非晶态 GST 可以会聚入射光,而红色立方体区域代表晶态 GST 无法会聚入射光,通过动态调节各个平面透镜单元所在区域的状态,就可以控制整个平面透镜的光学性能

10.2.2 可调平面透镜阵列

波长为 $4.6~\mu m$ 的左旋圆偏振入射光照射到整个平面透镜阵列上。为简单起见,首先讨论最具有代表性的调节方式。当 GST 全部处于非晶态时,左旋圆偏振入射光将被全部转化为右旋圆偏振光,平面透镜阵列在 xz 平面内的光场分布如图 10.8(a)所示。平面透镜阵列的焦距为 $62.4~\mu m$,与设计值的差异主要来自相位分布的非连续性。图 10.9(a)计算了在 $x=y=0$ 的条件下光场沿 z 轴的归一化强度,透镜的焦深约有 $30~\mu m$,达到了焦距的 50%,这使得其可以在显微镜、内窥镜及探测相机等领域的应用中发挥很大的作用。图 10.8(c)为平面透镜阵列在焦平面内的光场分布,3×3 的焦点阵列清晰可见。每个焦点都位于其所在透镜区域的正中心且强度一致,说明了所设计平面透镜阵列的稳定性与均匀性。平面透镜阵列的聚焦效率高达 80.2%,相比于在相变材料在近红外的表现,中红外的聚焦效率有了大幅的提高。图 10.9(b)为焦平面内沿焦点处沿 x 轴的光场归一化强度,焦点半高全宽为 $4.6~\mu m$,同样达到了传统衍射极限的超高分辨率,比微透镜阵列拥有更高的探测与成像精度。而如果不需要平面透镜阵列进行聚焦或者对物体成像,只需将 GST 全部调节为晶态,这时所有出

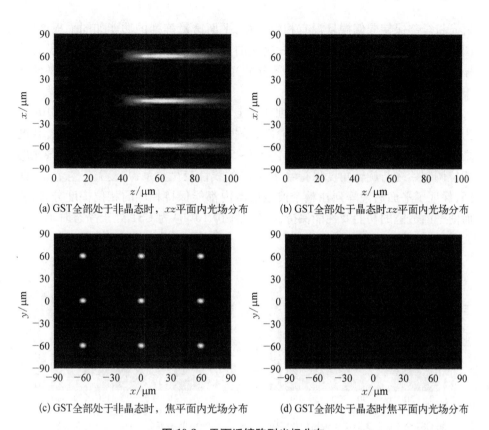

(a) GST全部处于非晶态时，xz平面内光场分布

(b) GST全部处于晶态时xz平面内光场分布

(c) GST全部处于非晶态时，焦平面内光场分布

(d) GST全部处于晶态时焦平面内光场分布

图 10.8　平面透镜阵列光场分布

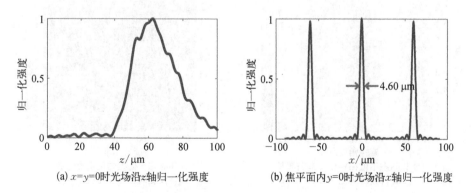

(a) $x=y=0$时光场沿z轴归一化强度

(b) 焦平面内$y=0$时光场沿x轴归一化强度

图 10.9　非晶态平面透镜光场归一化强度

射光将全部保持同偏振且没有相位突变,平面透镜阵列的功能如同平板玻璃。图 10.8(b)和(d)为提取只提取右旋光的光场分布,可以看到光场几乎没有偏振转化,聚焦效率低至 1.72%,大部分的光能都以左旋光的形式穿过了平面透镜阵列向前传播。

接下来将验证该平面透镜阵列在一定宽带范围内的工作能力。图 10.10(a)为当 GST 处于非晶态时单元结构交叉偏振透射光相位调制与波长和旋转角度之间的关系,由图可知,随着波长在 4.5~5.2 μm 的范围内变化,交叉偏振光的相位调制始终与旋转角度保持着 $\phi = 2\theta$ 的线性变化关系,并覆盖了整个 2π 区间,保证了平面透镜阵列在整个波段范围内都能保持相同的相位梯度分布,从而使平面透镜的功能及性能保持稳定。图 10.10(b)为 GST 处于晶态时单元结

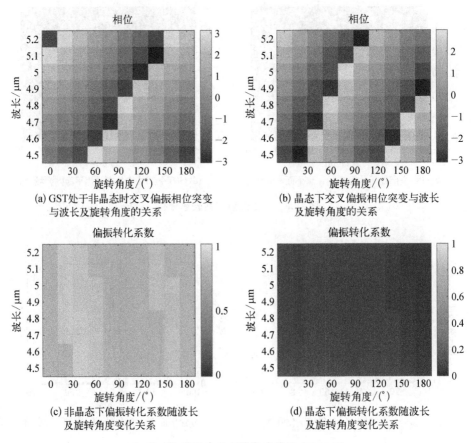

(a) GST处于非晶态时交叉偏振相位突变
与波长及旋转角度的关系

(b) 晶态下交叉偏振相位突变与波长
及旋转角度的关系

(c) 非晶态下偏振转化系数随波长
及旋转角度变化关系

(d) 晶态下偏振转化系数随波长
及旋转角度变化关系

图 10.10　单元结构宽带能力

构交叉偏振透射光相位调制与波长及旋转角度之间的关系,同样保持着线性分布。图 10.10(c)为单元结构在非晶态下偏振转化系数随旋转角度及波长之间的变化关系,由图可知,随着旋转角度的变化,单元结构在整个波段范围内都保持着高于 76%的偏振转化系数,保证了其宽带工作的效率。而当相变材料处于晶态时,单元结构偏振转化系数与波长及旋转角度的关系如图 10.40(d)所示,在任何波长任何旋转角度下偏振转化系数都低于 10%,完全可以满足宽带调节的设计要求。

图 10.11(a)、(c)和(e)为入射波长分别为 4.5 μm、4.85 μm 及 5.2 μm 时平面透镜阵列在 xz 平面内的光场分布,其对应的焦距分别为 63.2 μm、58.2 μm 及 53.6 μm,符合衍射光学元件的色散特性。图 10.12 验算了这三个波长在各自对应焦距下的相位分布,从图中可以看出三条曲线完全重合,表明该平面透镜为三种波长都提供了相同的相位梯度,与单元结构的计算结果一致。图 10.11(b)、(d)和(f)为平面透镜阵列在三种入射波长对应焦平面内的光场分布,焦点半高全宽分别为 4.5 μm、4.8 μm 和 4.9 μm,随着波长的增加而增加,同时平面透镜阵列在整个波段内的聚焦效率都保持在 50%以上,证明了该设备高效的宽带工作能力。

本章设计的动态可调平面透镜阵列不仅可以用于聚焦成像或者当作透明平板玻璃,通过对不同透镜所在区域的灵活调节还可以用于实现一些新奇的功能。鉴于相变材料 GST 在电激励或者光激励下超快的转化速度(纳秒或更快),设计的可调平面透镜阵列将在超快超高分辨率动态显示领域具有一定的应用价值。通过单独地控制每个平面透镜中 GST 的状态,这该平面透镜阵列就能通过焦点在焦平面内的排列显示出任意的图形。以本节简单设计的 3×3 平面透镜阵列为例,如图 10.13 所示,通过调节,该平面透镜阵列可以在焦平面内可以分别显示出"H""L""+""-"等字母与符号。当平面透镜阵列的个数被扩展到 N×N 时,还可以显示更为复杂的图案。同时,本节设计的平面透镜阵列也为 AR 显示带来了一种新的思路。由于当相变材料 GST 处于晶态时不附带相位调制,其表现如同一块透明的平板玻璃,则可以接受来自现实世界的光而直接在人眼中成像。而虚拟的图像则通过非晶态 GST 所在区域的平面透镜成像到人眼中,这样通过单个器件就可以实现虚拟与现实的交互,大大降低了 AR 设备的复杂度。

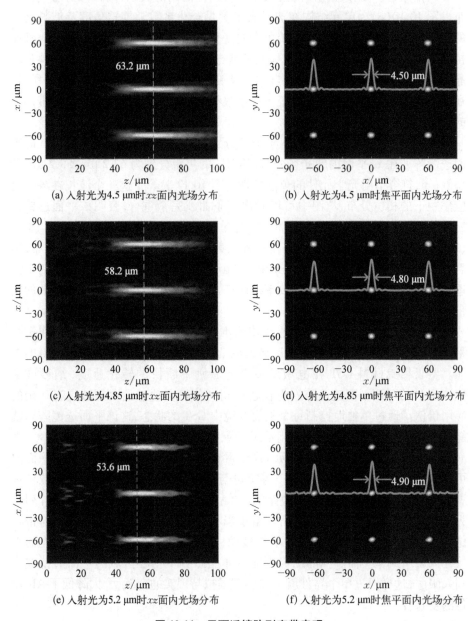

(a) 入射光为4.5 μm时xz面内光场分布

(b) 入射光为4.5 μm时焦平面内光场分布

(c) 入射光为4.85 μm时xz面内光场分布

(d) 入射光为4.85 μm时焦平面内光场分布

(e) 入射光为5.2 μm时xz面内光场分布

(f) 入射光为5.2 μm时焦平面内光场分布

图 10.11 平面透镜阵列宽带表现

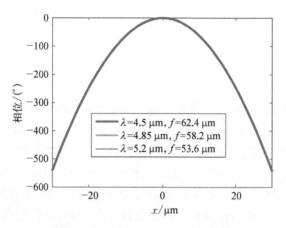

图 10.12　平面透镜阵列色散特性

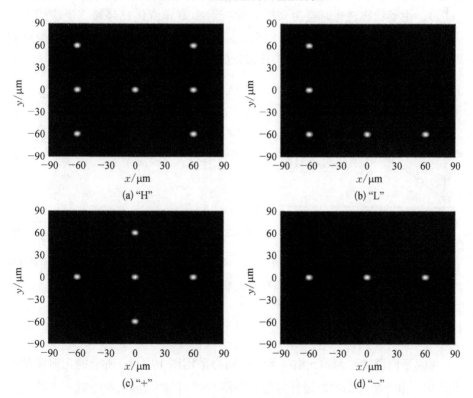

图 10.13　平面透镜阵列动态显示

通过对相同的平面透镜阵列进行调节,不同的字母和符号显示在焦平面上

10.3　VO₂平面透镜阵列

相变材料种类众多,除了常见的 Ge、Sb、Te 系化合物以外,VO₂也是常见的相变材料之一。相比于 GST,VO₂的相变温度更低。当处于 68℃ 以上的环境中,VO₂的原子排布方式就会可逆地从单斜晶相转变为金红石相,材料相应的从介质态(insulator)转变为金属态(metal)。相变材料 VO₂的相变速度同样很快,可以在皮秒量级内通过热激励、电激励或光激励完成。当相变材料 VO₂由介质态向金属态转变时,其电导率会上升四个量级左右,同时材料的损耗增加,透过率降低[10]。VO₂在不同状态下的折射率变化如图 10.14 所示(图中数据来自文献[11])。由于状态转化时会带来明显的折射率差异,VO₂已经被广泛应用于如完美吸收器、过滤器、传感器、结构色显示等领域[12-17]。本章将应用相变材料 VO₂来设计可调平面透镜阵列,使其在更低的相变温度下就能完成调节。

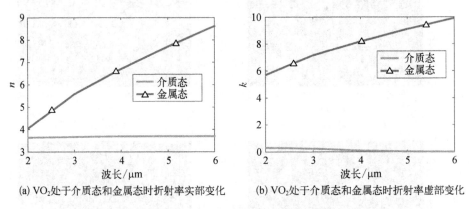

(a) VO₂处于介质态和金属态时折射率实部变化　　(b) VO₂处于介质态和金属态时折射率虚部变化

图 10.14　VO₂不同状态下折射率调节

10.3.1　单元结构设计

VO₂平面透镜阵列单元结构的设计同样采用图 10.1(b)所示的几何相位调控结构。由于单元结构的设计过程与采用 GST 时基本相同,此处就不再给出参数扫描过程,直接给出最终的设计结果。VO₂单元结构参数为周期 $p = 3$ μm,高度 $h = 2.3$ μm,长度 $l = 1$ μm,宽度 $w = 0.7$ μm。单元结构的光学性能如图 10.15

所示。图 10.15(a)为 VO_2 在不同状态下偏振转化系数随波长的变化关系,从图中可以看出,相比于基于 GST 的单元结构,VO_2 单元结构处于介质态时在整个宽波段范围内偏振转化系数也普遍不高,只在目标波长 $4.6~\mu m$ 处达到了最大的 63%,但当其处于金属态时,单元结构几乎没有任何偏振转化效果(3% 左右),更好地起到了关闭的作用。虽然该单元结构对光能的利用率偏低,但其在介质态与金属态下的偏振转化系数更大,达到了 20 左右(GST 为 10 左右),证明其开关调控的效果将比基于 GST 的平面透镜阵列更加明显。此外,由于 VO_2处于金属态时复折射率虚部较高,材料损耗较强,因此该单元结构不存在 GST单元结构那样的透明介质属性。图 10.15(b)为 VO_2 处于不同状态时偏振转化相位调制与旋转角度的关系,随着旋转角度的变化,相位调制线性的覆盖了整个 2π 区间,达到了理论预期的结果,再一次证明了几何相位调控主要依靠结构

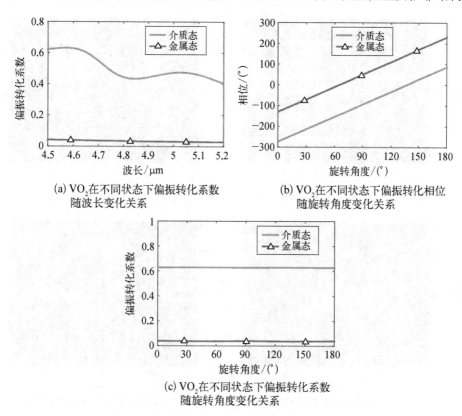

(a) VO_2在不同状态下偏振转化系数
随波长变化关系

(b) VO_2在不同状态下偏振转化相位
随旋转角度变化关系

(c) VO_2在不同状态下偏振转化系数
随旋转角度变化关系

图 10.15　VO_2单元结构光学性能

而对材料本身的依赖性不高。图 10.15(c) 为 VO$_2$ 处于不同状态时偏振转化系数随旋转角度的变化关系,随着单元结构旋转半个周期,偏振转化系数不受任何影响,排列在平面透镜阵列各处的角度不同的单元结构都保持着相同偏振转化系数,保持了平面透镜聚焦效率的稳定性。

10.3.2　VO$_2$ 可调平面透镜阵列调控效果

　　为方便对比,该平面透镜阵列的设计参数(焦距、半径等)与 10.2 小节中 GST 平面透镜阵列参数保持一致。波长为 4.6 μm 的左旋圆偏振入射光照射到整个平面透镜阵列上。虽然该平面透镜阵列也可以通过灵活调控 VO$_2$ 用于动态显示,但为简单起见,本小节只展示该平面透镜阵列开关的效果。当 VO$_2$ 全部处于介质态时,平面透镜阵列在 yz 平面内的光场分布如图 10.16(a) 所示。平面透

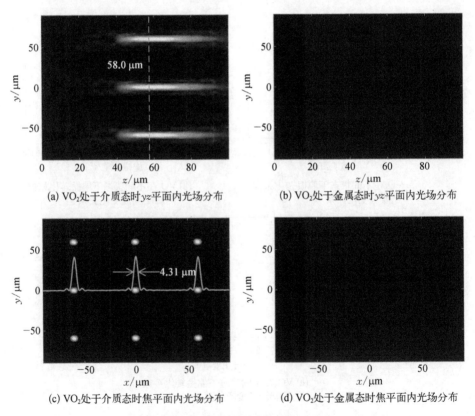

(a) VO$_2$处于介质态时yz平面内光场分布　(b) VO$_2$处于金属态时yz平面内光场分布

(c) VO$_2$处于介质态时焦平面内光场分布　(d) VO$_2$处于金属态时焦平面内光场分布

图 10.16　VO$_2$平面透镜阵列光场分布

镜阵列的焦距为 58.0 μm,焦深为 30.5 μm。图 10.16(c)为平面透镜阵列在焦平面内的光场分布,可以看到 3×3 个整齐排列的均匀对称光斑,所有焦点的半高全宽均为 4.31 μm。平面透镜阵列在介质态时聚焦效率为 61.98%,相比于相变材料 GST 平面透镜阵列 80.2%的聚焦效率有所下降。将 VO_2 全部调节为金属态时,平面透镜阵列在 xz 平面及焦平面内的光场分布(光强按介质态做归一化处理)分别如图 10.16(b)和(d)所示,平面透镜阵列聚焦效率仅为 0.94%,介质态与金属态聚焦效率之比达到了 66,实现了更加完美的开关效果。

10.4　本章小结

　　本章在前面几章工作的基础上,通过不同的相变材料设计了两种可调平面透镜阵列,将获得更高的探测成像精度。首先以几何相位调控原理为基础设计单元结构。以 GST 为材料设计的单元结构,当处于非晶态时,在目标波长 4.6 μm 处单元结构有极高的偏振转化系数且带有相位调制,可以用作平面透镜的设计;当处于晶态时,单元结构就如同透明介质一般,几乎所有透射光都未发生偏振转化且不存在相位调制。再将以此为基础设计的平面透镜当作次级结构单元组成平面透镜阵列。通过对相变材料 GST 的调节,该平面透镜阵列同时具有多种功能。既可以用作聚焦成像接收虚拟的图像信息,也可以用作透明玻璃接收现实物体的信息,为 AR 显示成像技术提供了一种新途径。而且该可调平面透镜阵列在超快超高分辨率动态显示领域也有一定的应用价值(本章中仅展示了几个简单的图案"H""L""+""-")。此外,GST 平面透镜阵列在 4.5~5.2 μm 范围内良好的调节能力也得到了验证,拓宽了其应用范围。最后,又利用相变材料 VO_2 设计了另一块可调平面透镜阵列,其不仅相变温度更低,而且介质态聚焦效率为金属态聚焦效率的 66 倍,进一步增强了开关的效果。表 10.1 为本章设计的两种平面透镜阵列性能的简单比较。

表 10.1　平面透镜阵列对比

平面透镜阵列类型	GST 平面透镜阵列	VO_2平面透镜阵列
是否可调	是	是
转变温度	160℃	68℃

续　表

平面透镜阵列类型	GST 平面透镜阵列	VO$_2$平面透镜阵列
最高效率	80.20%	61.98%
调节能力	46	66
能否应用于 AR	能	不能

参考文献

［1］ 张雨东,饶长辉,李新阳. 自适应光学及激光操控［M］. 北京：国防工业出版社,2016.

［2］ Wang Q, Zhang X, Xu Y, et al. A broadband metasurface-based terahertz flat-lens array［J］. Advanced Optical Materials, 2015, 3(6)：779 - 785.

［3］ Yang Z, Wang Z, Wang Y, et al. Generalized Hartmann-Shack array of dielectric metalens sub-arrays for polarimetric beam profiling［J］. Nature Communications, 2018, 9(1)：4607.

［4］ Wu Y, Hu W, Tong Q, et al. Graphene-based liquid-crystal microlens arrays for synthetic-aperture imaging［J］. Journal of Optics, 2017, 19(9)：095102.

［5］ Shportko K, Kremers S, Woda M, et al. Resonant bonding in crystalline phase change materials［J］. Nature Materials, 2008, 7(8)：653.

［6］ Becker L. Influence of IR sensor technology on the military and civil defense［C］. San Jose：Integrated Optoelectronic Devices 2006, 2006.

［7］ Sijan A. Development of military lasers for optical countermeasures in the mid-IR［C］. Berlin：SPIE Security + Defence, 2009.

［8］ Zhao K, Zhong H, Yuan P, et al. Generation of 120 GW mid-infrared pulses from a widely tunable noncollinear optical parametric amplifier［J］. Optics Letters, 2013, 38(13)：2159 - 2161.

［9］ Jackson S D. Towards high-power mid-infrared emission from a fibre laser［J］. Nature Photonics, 2012, 6(7)：423.

［10］ Dicken M J, Aydin K, Pryce I M, et al. Frequency tunable near-infrared metamaterials based on VO$_2$ phase transition［J］. Optics Express, 2009, 17(20)：18330 - 18339.

［11］ Kaplan G, Aydin K, Scheuer J. Dynamically controlled plasmonic nano-antenna phased array utilizing vanadium dioxide［J］. Optical Materials Express, 2015, 5(11)：2513 - 2524.

[12] Seo M, Kyoung J, Park H, et al. Active terahertz nanoantennas based on VO$_2$ phase transition[J]. Nano Letters, 2010, 10(6): 2064 – 2068.

[13] Shu F Z, Yu F F, Peng R W, et al. Dynamic plasmonic color generation based on phase transition of vanadium dioxide[J]. Advanced Optical Materials, 2018, 6(7): 1700939.

[14] Strelcov E, Lilach Y, Kolmakov A. Gas sensor based on metal- insulator transition in VO$_2$ nanowire thermistor[J]. Nano Letters, 2009, 9(6): 2322 – 2326.

[15] Nouman M T, Hwang J H, Faiyaz M, et al. Vanadium dioxide based frequency tunable metasurface filters for realizing reconfigurable terahertz optical phase and polarization control[J]. Optics Express, 2018, 26(10): 12922 – 12929.

[16] Song Z, Wang K, Li J, et al. Broadband tunable terahertz absorber based on vanadium dioxide metamaterials[J]. Optics Express, 2018, 26(6): 7148 – 7154.

[17] Ding F, Zhong S, Bozhevolnyi S I. Vanadium dioxide integrated metasurfaces with switchable functionalities at terahertz frequencies[J]. Advanced Optical Materials, 2018, 6(9): 1701204.

第 11 章　基于混合材料超表面的可调电磁感应透明效应

11.1　引言

随着超表面研究的迅速发展,人们逐渐意识到被动式超表面在实际应用中的局限性。所谓被动式超表面,即其功能取决于其本身的材料与几何结构,一旦加工定型后便无法改变,导致相应的工作带宽和功能无法按照实际需求灵活地调整和重构,这严重限制了其在实际应用中的适应性和多样性,以及相应的市场化进展。因此,主动式可调超表面目前是热门的研究方向[1],而其可调策略主要分为两大类,一类是依赖于可以主动改变超表面几何结构的微系统,如基于微机电系统的超表面。这种策略拥有多种自由度,但受限于电子传输和结构形变的速度,不适用于超快调制;另一类则是利用可以人为改性的材料去制作超表面,如液晶、相变材料、二维材料等。其中,相变材料的性质能通过热、电、光等多种手段进行调节,而光调节则由于其较快的响应速度能够胜任于未来超快的全光调制系统。

在超表面的研究中,对电磁感应透明效应(electromagnetically induced transparency, EIT)的模拟是一个热门的研究主题。电磁感应透明效应本起源于原子的三能级系统,是由两条不同激发路径之间的量子干涉所引起的[2]。这种效应能够在光谱中引入尖锐的透明窗口,并在滤波、传感和慢光方面具有潜在应用。然而,其实验条件需要稳定的泵浦光和低温环境,严重地限制了其进一步走向实际应用。令人兴奋的是,这种量子效应能够通过经典光学系统中模式之间的耦合进行模拟和重现,而超表面便是其中最为便捷的光学平台之一[3]。相比于原子系统,超表面不需要严格的实验条件,体积更小,且能够在多种波段实现其所带来的功能,具有更加广阔的应用前景。最近,相关的研究方向也更进一步地转向了主动可调的电磁感应透明效应[4],以实现对电磁波透射强度和相位的动态调节。

由于光学材料的多样性和单元结构的丰富性,超表面所能工作的波段(频段)几乎横跨了整个电磁波谱。其中,近红外波段是人们最早发现的非可见光波段,在生物与医学光谱分析、全光通信等领域具有重要应用;而近些年引起巨大关注的太赫兹波段处于红外光与毫米波之间,是电子学向光子学的过渡区域,可广泛应用于遥感、雷达、大气与环境监测以及医学诊断等领域。可见,这两种波段都对电磁波调制器件具有较大的需求。因此,本章的工作立足于超表面结构,并聚焦于这两种波段,探究实现可调电磁感应透明效应的可行性。首先,本章先对研究所涉及的材料与物理背景进行介绍,包括相变材料的光学特性与电磁感应透明效应的物理原理;然后对相关两个科研工作内容进行详细的介绍,包括基于相变材料 $Ge_2Sb_2Te_5$ 和硅的主动式超表面在近红外波段实现可调电磁感应透明效应,以及基于相变材料 VO_2 和金属的主动式超表面在太赫兹波段实现可调电磁感应透明效应;最终对本章做出总结。

11.2　相变材料的光学特性

自然界中,非晶态和晶态固体中的原子以不同的方式进行排列,具有不同的平移周期。然而,对于大多数固体而言,其非晶态和晶态的光学特性仍然非常相似,因为这两种状态通常具有相同的键合机制。最常见的例子之一是玻璃(非晶态的二氧化硅)和石英晶体(晶态的二氧化硅)具有相同的结构单元,这些单元由具有共价键连接的四氧化硅四面体组成。因此,玻璃和石英晶体的光学特性仅表现出由于材料密度和能隙附近电子态的细微变化所导致的微小差异。与此形成强烈对比的是,由于两种状态下完全不同的键合机制,相变材料在非晶态和晶态之间表现出显著的光学特性变化。当对相变材料施加热、电或光激励时,非晶态和晶态之间的相变将导致相邻原子的价态发生重大变化,从而影响化学键的性质。通常,相变材料的非晶态具有普通共价键,而晶态的键合机制与传统的键合机制(如金属键、离子键和共价键)则有很大不同[5]。

当涉及在光子学和超表面中的应用时,相变材料的光学性质最好能在非晶态和晶态之间拥有尽可能大的对比度,这能够增强器件功能的有效调谐和带来具有更多自由度的电磁波操纵。除此之外,相变材料还在许多其他特性方面具有要求,包括非晶和晶态之间的快速转变、在工作光谱范围内按需的低或高损耗、高化学稳定性和长期稳定性,以及尽可能多的相变循环次数。因此,尽管自 20 世纪 60 年代末 Ovshinsky 的开创性工作以来[6]人们已经探索了多种类型的相变材料,但迄今为止只有一小部分硫属化合物,如 GeSbTe,可以同时具有上述有趣的性质。GeSbTe 是一类由锗(germanium, Ge)、锑(antimony, Sb)和碲(tellurium, Te)三种元素所构成的三元合金材料,具有多种允许材料稳定存在的组分配比,而其下标便标志着这种配比。图 11.1(a)展示了 GeSbTe 化合物的三元相图,其中还包括几个最受研究的伪二元合金。特别地,图中凸显了 GeTe-Sb$_2$Te$_3$ 连接线沿线的合金,包括 Ge$_2$Sb$_2$Te$_5$(后面就简称其为 GST)和 Ge$_3$Sb$_2$Te$_6$,因为它们是商业存储介质中最早使用的相变材料,也是迄今为止超表面研究中相变材料最好的选择之一。

图 11.1(b)展示了在 GST 中所发生的典型的相变过程。在超表面的大多数应用中,GST 通常以非晶态薄膜的形式溅射沉积在基底上。因此,非晶态 GST 的原子排列相对随机,缺乏长程有序性。当非晶态 GST 受外部激励(如热、电或光激励)导致局部加热并高于玻璃化转变温度时,温度将增加原子的迁移率,从而使它们形成具有优异的能量稳定性的晶态。值得注意的是,晶态 GST 中存在大量空位,这有助于形成自由电荷载流子和相关的吸收损耗,如图 11.1(c)所示。在对含有 GST 材料超表面的大多数研究中,从非晶态到晶态的转变通常比其相反过程更容易实现,这是因为结晶过程通常要慢得多,且可以通过各种简易方法实现,比如在加热板上直接加热。相比之下,从晶态到非晶态的可逆转变通常需要电或光的短脉冲以及适当的缓冲层和覆盖层,这需要在超表面的设计中额外考虑。除了非晶态和晶态之外,最近研究还通过热学和光学的方法证明了多重中间态的存在[7, 8]。这一重大发现更赋予 GST 多层次编码的能力,可以极大地扩大其在可重写光学存储器和可重构超表面方面的潜力。

非晶态和晶态 GST 的介电函数 ε_1 和 ε_2 如图 11.1(c)所示。可以看到,在整个光谱范围,非晶态和晶态 GST 之间的介电常数都具有显著的光学对比度。对于低于非晶态 GST 能隙(约 0.7 eV)的频率,带间跃迁的缺失使其表现为无损耗,而晶态 GST 中存在的结构空位所产生的自由载流子使其有较小的吸收损耗。这种低损耗的光谱窗口[图 11.1(c)中的阴影区域]使 GST 成为能跨中红外和远红外范围工作的动态超表面的极有潜力的原材料,且特别适用于传感和热管理。此外,晶态 GST 中的共振键合机制具有高电子极化率,从而导致其具有更高的介电常数。对于较高的频率例如近红外范围,尽管 GST 有一定的损耗,但 GST 强烈光学对比度仍然可以促进某些设备的应用例如光开关。GST 在

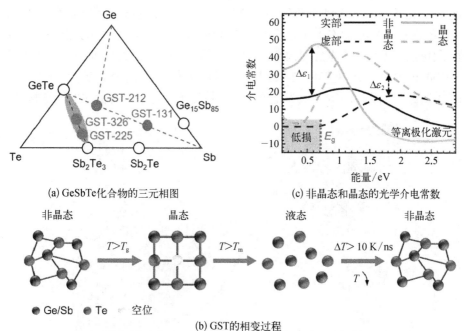

(a) GeSbTe化合物的三元相图

(c) 非晶态和晶态的光学介电常数

(b) GST的相变过程

图 11.1　GeSbTe 化合物的材料特性[5]

非晶态和晶态下的高介电常数也使得直接构建有源超光栅[9]和米氏共振腔[10]成为可能。此外,非晶态 GST 可以在可见光[图 11.1(c)中的灰色阴影区域]的宽带范围内显示负的介电常数,呈现贵金属的等离极化激元特性。因此,在此光谱范围内,非晶态和晶态 GST 之间的相变将呈现从介电向金属材料的跃迁,反之亦然。这种奇特的效应使 GST 在可见光下具有一定潜在的应用,如可编程彩色显示和智能窗户[11]。最后需要提到,尽管 $Ge_2Sb_2Te_5$ 是超表面中使用最流行的相变材料,但其他 GST 合金可能会根据不同的具体应用能表现出更优异的性能。例如,与 $Ge_2Sb_2Te_5$ 相比,$Ge_3Sb_2Te_6$ 在中红外范围内表现出更低的损耗和更大的光学对比度[12]。最近还发现,在 GST 中掺杂硒等其他元素能进一步在宽带范围降低其光学损耗[13]。总之,关于 GST 的研究还在如火如荼地进行当中。

　　另外一种在微纳光学器件中具有较大潜在应用的相变材料是二氧化钒(VO_2)。氧化钒可以以各种形式存在,例如 VO、V_2O_3、V_2O_5 和 V_2O_7,这具体取决于氧的浓度。Morin 在 1959 年首次报告了 VO_2 的可逆绝缘体-金属相变的特性[14]。在基态下,VO$_2$处于单斜态,如图 11.2 左下所示;但通过施加外部激励,VO$_2$会经历相变,单斜态下扭曲的钒原子对会沿轴扩展到原子之间,当钒原子变得等距时,会变成四方金红石构型,如图 11.2 右上所示。通过这种手段,VO$_2$的晶格中原子位置的物理变形可以导致其光学特性从绝缘体到金属的转变,即电导率的显著变化。因此,VO$_2$被认为是下一代可控光子器件中很有前途的候选材料。

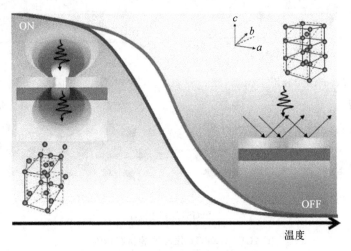

图 11.2　VO$_2$的相变过程示意图[22]

　　然而,这种特殊相变的基本原理仍然是一个关键的研究领域,尚未完全了解。为了理解 VO$_2$相变背后的物理机制,人们探索了各种方法。能带理论可以用来预测材料的能量和载流子分布,从而确定材料的物理性质。在能带理论中,绝缘体在带隙中存在一个费米能级,而金属则是在部分重叠的带内有一个费米能级。然而,对于某些材料,能带理论是不成立的,VO$_2$就是其中之一。在室温下,VO$_2$有一个部分完整的 d 电子带[15],而根据能带理论,这意味着它应该具有金属一样的性质。相反地,它却变现为绝缘体的性质。因此,一些过渡金属氧化物以及 VO$_2$的意外性质无法用能带理论充分解释,这归因于能带理论中未考虑的电子间强库仑排斥效应[16]。而能对其进行解释的一种理论是莫特(Mott)相变,它根据电子之间的相关性来研究物质所处的相[17]。简单来说,此理论表明绝缘体的特性抑制了其电子组分与物质内部存在的电子之间的强库仑排斥效应,因此失去了自由电子的功能。这意味着平衡态的坍缩改变了电子之间的相关性,从而触发 VO$_2$中的相变。外部热刺激可以破坏平衡态,将原子结构改变为高温金红石相,从而释放受约束的电子,允许自由电子行为,从而导致导电金属特性。而相变可以理解为来自电子相互作用的结果。另一方面,派尔斯(Peierls)相变则通过晶格变形引发的能量减少所导致的能带结构的转换来解释相变[18]。这种方法首先假设每个一维导体系统由被自由电子包围的均匀分布的原子组成。电子和晶格之间的相互作用使一维系统不稳定,导致室温下原子对的晶格畸变。在一定的费米波矢量条件下,费米面和布里渊区之间的边界重叠,导致带隙打开。当耗散能量大于畸变晶格的弹性能量时,便会降低电子晶格系统的总能量。因此,可以通过从单斜到金红石(等距)形式的结构转换来理解相变。然而,VO_2 的相变更加复杂,也不能用 Mott 或 Peierls 概念完全解释[19]。新提出的解释则采用了中间过程具有 Mott 相变辅助的 Peierls 相变来试图全面描述 VO_2 的相变[20]。因此,对 VO_2 在理论上的研究目前仍是前沿问题。在应用方面,与 GST 相比,VO_2 在 68℃ 左右表现出相变,具有较低的相变温度;且已经证明,通过掺杂可以很容易地调节 VO_2 的相变温度,从而允许对相变特性进行额外的控制[21]。对 VO_2 物理特性的持续探索有望通过充分理解控制 VO_2 光学特性的基本物理,来帮助实现下一代光子器件,特别是太赫兹器件[22]。

11.3　电磁感应透明效应

在量子力学主导过程中的不同路径之间的干涉是物理学中普遍存在的效应之一。这种干涉类似于经典波之间的相干干涉和相消干涉,但对于经典波,干涉的是电磁场的振幅;而在量子情况下,必须从直觉上调用不太确定的量(如概率振幅)来解释量子干涉现象。物质波的干涉测量,尤其是在空间分离的光束路径之间的原子束干涉,已经受到了相当多的理论和实验关注[23]。这不仅是因为其具有构造超灵敏干涉仪的潜力,而且还能用于具有极高灵敏度的原子和分子间相互作用的测量,以及测试量子力学的基本原理。其中一种干涉现象是发生在原子和分子的内部量子态在耦合到一个或多个激光场时产生的跃迁路径之间。特别地,耦合到两个激光场的三能级原子和分子系统表现出的干涉效应可导致共振跃迁频率下吸收的消失和光学响应的改变[24]。

研究已经发现,如果一个原子态通过几个可能互相替代的跃迁过程进行耦合,那么这些过程的振幅之间的干涉可能会导致总跃迁概率的增强(相干干涉)或完全消失(相消干涉)[25]。这些效应的产生是因为在量子力学中,计算过程

的总跃迁概率所求和的是概率振幅(可正可负)而不是概率。其中一个例子便是法诺干涉,最初发现于在原子中辐射跃迁到自电离态的过程中以及半导体量子阱中,其会导致不对称的光谱分布[25-27]。如图 11.3 所示,一个具有束缚态特征且能量为 E_2 的原子双激发态 $|2\rangle$ 与一个连续态 $|E_2, k\rangle$ 在能量 E_2 上简并,并通过两个电子之间的库仑相互作用与之耦合。一个处于紫外波段的电磁场将诱导光致电离,并使原子从基态 $|1\rangle$ 跃迁到连续态 $|E_2, k\rangle$。这种光致电离可以通过两种可能的途径进行:直接跃迁 $|1\rangle \rightarrow |E_2, k\rangle$,或间接跃迁,即首先跃迁到束缚态上 $|1\rangle \rightarrow |2\rangle$,然后通过电子间库仑相互作用进行快速的无辐射跃迁 $|2\rangle \rightarrow |E_2, k\rangle$。而量子干涉会发生在这两个途径之间,相干或相消与否可以用紫外线电磁场的频率来进行改变。通常,原子跃迁会产生强烈的吸收;而法诺干涉所带来的最令人兴奋的结果之一是便是吸收的消失,即电磁感应透明效应[2, 24]。这种效应是法诺干涉下的一种特殊情况,也是由电磁场在原子中激发的相干性之间的干涉引起的,并导致最初高度不透明的介质变得几乎透明,而介质的折射特性可能也会大大改变。通过这种方法,可能可以打破自然材料中高折射率与高吸收之间的通常关联,从而产生具有非常不寻常光学色散特性的介质,具有较大潜在应用,例如慢光效应[28]。

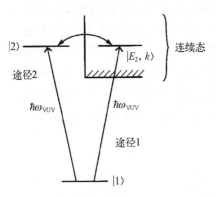

图 11.3　原子三能级系统中法诺干涉示意图[24]

　　近年来,在经典共振系统中对电磁感应透明效应的模拟与重现引起了人们的广泛关注,这些系统包括耦合微共振腔[29]、电路[30]、微腔-波导耦合系统[31]和超表面[3, 4, 32, 33]。特别地,在基于等离极化激元的金属超表面中,这种对于电磁感应透明效应的模拟又被称为等离感应透明效应(plasmon-induced transparency, PIT)。通过精确设计和制造,超表面不仅能够在多种波段实现感应透明[34],还能够支持多重的和宽带的透明窗口[35, 36],为电磁感应透明的模拟提供了前所未有的多种自由度。在超表面中,原子态通常由光学共振模式来进行模拟,而跃迁则是对应于模式间的近场倏逝波耦合效应。

　　以一篇经典文献[33]为例,如图 11.4(a)所示,在这篇文献中,超表面的单元结构由一个横向的金属棒(都由金加工而成)堆叠在一对纵向的金属棒上构成。通过垂直照射一个具有横向电场分量的平面波电磁场,顶部金属棒所支持

的等离极化激元偶极子模式可以被直接激发,即为亮模式;底部金属棒对可以
支持具有反对称电场分布的电四极子模式,但是这种模式由于与外加电场的
对称性不匹配,无法被其直接激发,即为暗模式。然而,顶部金属棒上被直接
激发的亮模式可以通过近场耦合的方式去激发此暗模式,即此暗模式可以被
间接激发。模式间的耦合强度可以通过调整顶部金属棒和底部金属棒对之间
的相对位移 s 来调节,如图 11.4(b)所示,当相对位移为 0 nm 时,暗模式无法被
亮模式有效地激发,因此透射谱上只存在对应于亮模式的共振谷;而当相对位
移为 50 nm 时,暗模式可以被亮模式有效地激发,因此相消干涉在模式之间发
生,在透射谱中出现了透明窗口,即实现了对电磁感应透明效应的经典模拟。
这种模拟如图 11.4(c)所示,其中|0⟩代表了三能级原子系统中的基态,而|1⟩和
|2⟩代表了两个具有更高能量的激发态且它们之间也具有一定的跃迁概率,但
基态无法直接跃迁到激发态|2⟩。而从基态跃迁到激发态|1⟩则有两种途径,即
|0⟩→|1⟩,以及|0⟩→|1⟩→|2⟩→|1⟩,且这两种路径会发生量子干涉效应,带
来电磁感应透明现象。在此超表面系统中,被直接激发的亮模式是模拟原子系
统中的激发态|1⟩,其能量由其光子的共振频率 ω_0 决定,并由于金属欧姆损耗
以及辐射损耗的存在而具有一定的耗散率 γ_1;不能被直接激发但能被间接激发
的暗模式则代表着激发态|2⟩,其具有 $\omega_0+\delta$ 的共振频率以及值为 γ_2 的耗散率;
而这两种模式之间的耦合系数则为 κ,对应于原子系统中的跃迁概率。因此,此
超表面系统中出现的感应透明效应就可以被理解为对量子干涉效应的一种经
典模拟。另外,当观察透明窗口频率处的超表面单元结构电场分布时,可以发
现底部金属棒对的反对称电四极子模式已经被充分地激发,如图 11.4(d)所示,
进一步验证了之前的理论。

经典系统中的电磁感应透明效应可以利用耦合谐振子理论(coupled
harmonic oscillators model,CHOM)来进行充分的理论解释。两种模式可以被视
为两个互相耦合的谐振子,且其中一个谐振子被外部驱动场所驱动。谐振子的
耦合微分方程如下所示[37]:

$$\ddot{x}_1(t) + \gamma_1\dot{x}_1(t) + \omega_1^2 x_1(t) - \kappa_{12}x_2(t) = gE(t)$$
$$\ddot{x}_2(t) + \gamma_2\dot{x}_2(t) + \omega_2^2 x_2(t) - \kappa_{12}x_1(t) = 0$$

$$(11.1)$$

其中,$x_j(j=1,2)$ 为谐振子的位移振幅;γ_j 为谐振子的耗散率;ω_j 为谐振子的
共振频率;κ_{12} 为两者之间的耦合系数。另外,g 代表着外加驱动场 $E(t)$ 与第一
个谐振子之间的耦合系数。下一步,假设谐振子振幅和驱动场的解都具有时谐

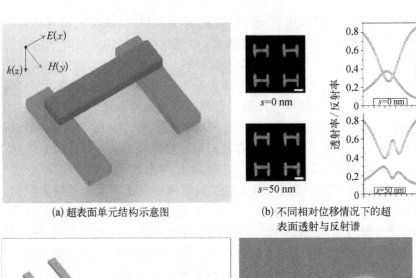

(a) 超表面单元结构示意图

(b) 不同相对位移情况下的超
表面透射与反射谱

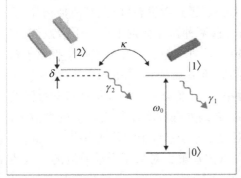

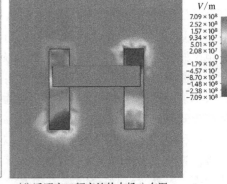

(c) 原子三能级系统与超表面结构的对应图

(d) 透明窗口频率处的电场分布图

图 11.4 超表面实现电磁感应透明效应[33]

形式, 即 $E(t) = E_0 \mathrm{e}^{-\mathrm{i}\omega t}$, $x_j(t) = x_j \mathrm{e}^{-\mathrm{i}\omega t}$, 并取近似 $\omega \approx \omega_j \gg \kappa_{12}$, 那么便可以求得这个系统的能量耗散可以表达为

$$P(\omega) \propto \frac{\omega_2 - \omega - \mathrm{i}\dfrac{\gamma_2}{2}}{\left(\omega_1 - \omega - \mathrm{i}\dfrac{\gamma_1}{2}\right)\left(\omega_2 - \omega - \mathrm{i}\dfrac{\gamma_2}{2}\right) - \dfrac{\kappa_{12}^2}{4}} \tag{11.2}$$

因此, 超表面电磁感应透明效应所带来的光谱便可以用此方程进行拟合。特别地, 当考虑更复杂的情况, 即有两个暗模式与一个亮模式耦合, 且两个暗模式之间无耦合时, 谐振子的耦合微分方程可以表达为[35]

$$\ddot{x}_1(t) + \gamma_1 \dot{x}_1(t) + \omega_1^2 x_1(t) - \kappa_{12} x_2(t) - \kappa_{13} x_3(t) = gE(t)$$

$$\ddot{x}_2(t) + \gamma_2 \dot{x}_2(t) + \omega_2^2 x_2(t) - \kappa_{12} x_1(t) = 0 \tag{11.3}$$

$$\ddot{x}_3(t) + \gamma_3 \dot{x}_3(t) + \omega_3^2 x_3(t) - \kappa_{13} x_1(t) = 0$$

同样可以求得此系统的能量耗散可以表达为

$$P(\omega) \propto \frac{\left(\omega_2 - \omega - \mathrm{i}\dfrac{\gamma_2}{2}\right)\left(\omega_3 - \omega - \mathrm{i}\dfrac{\gamma_3}{2}\right)}{A}$$

$$A = \left(\omega_1 - \omega - \mathrm{i}\frac{\gamma_1}{2}\right)\left(\omega_2 - \omega - \mathrm{i}\frac{\gamma_2}{2}\right)\left(\omega_3 - \omega - \mathrm{i}\frac{\gamma_3}{2}\right) \tag{11.4}$$

$$- \frac{\kappa_{12}^2}{4}\left(\omega_3 - \omega - \mathrm{i}\frac{\gamma_3}{2}\right) - \frac{\kappa_{13}^2}{4}\left(\omega_2 - \omega - \mathrm{i}\frac{\gamma_2}{2}\right)$$

可以发现,当第三个暗模式谐振子消失,即 x_3、ω_3、γ_3 和 κ_{13} 为零时,式(11.4)将退化为式(11.2)。

11.4　基于相变材料-硅超表面的近红外可调电磁感应透明效应

　　如前所述,对电磁感应透明效应的模拟已经在超表面平台上吸引了广泛的关注,而同时主动式超表面由于其可调的特性正在越来越多地吸引着产业界的注意。因此,本节想探究在超表面上实现可调电磁感应透明效应的可能性,而相变材料则非常有助于实现这一目的。因此,在接下来介绍的工作中,仿真设计了一种基于 GST 和硅的混合电介质超表面。由于非晶态 GST 和硅在短波红外波段具有相近的折射率,因此具有相近体积的 GST 和硅纳米颗粒可以支持具有相近共振波长的米氏共振,这为把它们集成在同一个周期性单元中提供了机会。因此,本节所设计的超表面的结构单元中具有混合材料结构,包含一根硅棒和一对 GST 棒。利用 GST 从非晶态(amorphous GST, aGST)到晶态(crystalline GST, cGST)的相变过程,可以调节硅棒中的电偶极子模式与 GST 棒中的电四极子模式之间的干涉效应,以实现可以主动可调的电磁感应透明效应,从而进一步实现了光开关和逻辑门功能。得益于相变过程的光学可控性、可逆性和超快转变时间(在纳秒甚至亚纳秒区间[38]),这种超表面器件是可重构的,且同时具有超快的响应时间。这项工作可以在未来的光通信和信息处理纳米光子系统中找到潜在的应用。

11.4.1　结构、材料与仿真方法

图 11.5 展示了此超表面的周期性单元的俯视图和前视图,包括一根垂直硅(Si)棒和一对水平的 aGST 棒,其几何参数如下：长度 $L_1 = 1\,000$ nm,宽度 $w_1 = 200$ nm,长度 $L_2 = 540$ nm,宽度 $w_2 = 150$ nm,耦合间隙 $g = 40$ nm,间距 $d = 150$ nm,周期 $P_x = P_y = 1\,300$ nm,结构厚度 $t_1 = 250$ nm,以及基底厚度 $t_2 = 500$ nm。

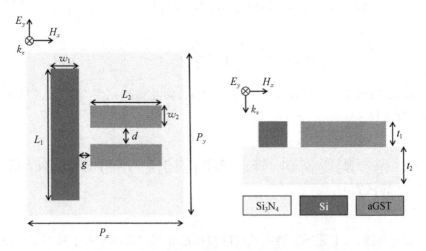

图 11.5　超表面的周期性单元的俯视图和前视图

在这里,本节关注的是短波红外波段,因此图 11.6 给出了仿真所使用的硅、aGST 和 cGST 在此波段的折射率和消光系数($n+\mathrm{i}k$)[38, 39],而衬底则选择为 $n = 1.98$ 的氮化硅($\mathrm{Si_3N_4}$)[40]。根据 Lorentz–Lorenz 关联,可以计算出不同结晶度的 GST 的有效介电常数[41]：

$$\frac{\varepsilon_{\mathrm{GST}}(\lambda,\,C) - 1}{\varepsilon_{\mathrm{GST}}(\lambda,\,C) + 2} = C \times \frac{\varepsilon_{\mathrm{cGST}}(\lambda) - 1}{\varepsilon_{\mathrm{cGST}}(\lambda) + 2} + (1 - C) \times \frac{\varepsilon_{\mathrm{aGST}}(\lambda) - 1}{\varepsilon_{\mathrm{aGST}}(\lambda) + 2} \quad (11.5)$$

其中,$\varepsilon_{\mathrm{aGST}}$ 和 $\varepsilon_{\mathrm{cGST}}$ 分别是 aGST 和 cGST 的介电常数;C 是 GST 的结晶度,可以从 0 变化到 100%。

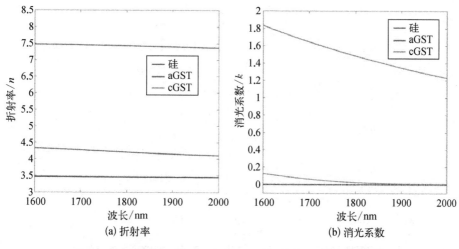

图 11.6　短波红外波段硅、aGST 和 cGST 的折射率和消光系数

　　本节采用了时域有限差分法分析了该结构的光学响应。在仿真域中,沿 x 和 y 方向上设置了周期性边界条件,在 z 方向上则采用完美匹配层条件。为确保精度,网格大小设置为 10 nm。同时,将一个具有 y 轴方向偏振电场的具有能量 $P_S(\lambda)$ 的垂直入射平面波光源放置于结构顶部用来激发结构的光学响应,将一个二维能量监视器置于基底底部,通过对监视器表面上接收的能量进行积分可以得到总透过的能量 $P_T(\lambda)$ 以计算归一化透射谱 $T(\lambda) = P_T(\lambda)/P_S(\lambda)$,并将另一个二维能量监视器置于光源上方以探测反射的能量 $P_R(\lambda)$ 以计算归一化反射谱 $R(\lambda) = P_R(\lambda)/P_S(\lambda)$。

11.4.2　结果与讨论

　　图 11.7(a)展示了此超表面的透射谱,表现出了电磁感应透明效应典型的光谱形貌。如之前所述,这种效应是法诺共振的一种特殊情况,硅棒所支持的米氏共振可以形成电偶极子模式,作为亮模式。这种模式可以被 y 轴方向偏振的垂直入射光有效激发。一对 aGST 棒则可支持电四极子暗模式,该模式不能通过沿 y 轴方向偏振的平面波直接激发,但可以通过近场耦合的方式被亮模式激发,如图 11.7(b)和(c)所示。如图 11.7(a)的内插图所示,具有相同共振波长的亮模式和暗模式之间的相消干涉可以模拟典型的原子三能级系统,从而在 1 770 nm 处产生感应透明窗口,即实现了对电磁感应透明效应的模拟。

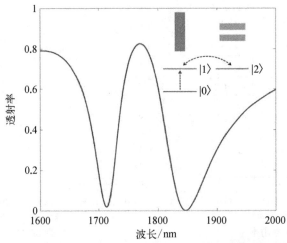

(a) 超表面的透射谱，内插图展示了超表面与原子三能级系统的对应图

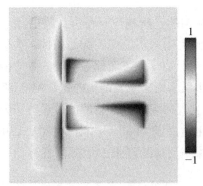

(b) 透明窗口处的电场z分量示意图，可以
看到电四极子暗模式被充分激发

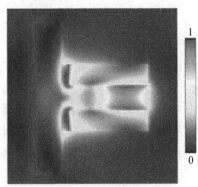

(c) 透明窗口处的能量分布示意图，可以看到
明暗模式之间强烈的近场耦合效应

图 11.7　超表面的光学响应

　　通过热、电或光的方式激励，aGST 可以经历相变并转变为 cGST。图 11.8（a）给出了在不同结晶度的 GST 情况下的透射谱，结果表明当结晶度增加时，干涉诱导的透明峰会发生红移。这是因为随着 aGST 转变为 cGST，折射率会增加，从而导致暗模式共振波长的红移。同时，由于 GST 的消光系数的增加，将带来更多的内禀损耗，使透明峰值下降。此外，亮模式和暗模式之间共振波长的失谐量也变得更加明显，这也会打破它们之间的干涉效应。当 GST 达到 100% 结晶即 cGST 时，干涉彻底消失，在透射谱 1 770 nm 处只留下了一个共振谷，

这即代表着亮模式的共振位置。图 11.9(a)和(b)给出了 GST 结晶度为 50%和 100%时的单元内能量分布。显然,硅棒与 GST 棒之间的耦合间隙中的能量随着结晶度的增加而下降,表明在 1 770 nm 处两个模式之间的耦合逐渐减弱至消失。图 11.8(b)展示了 GST 为非晶态时不同耦合间隙距离 g 下的透射谱。间隙距离的增加将导致更窄和更低的透明峰值,这归因于两个模式之间耦合强度的变化。本节还探究了 GST 完全结晶时的相应透射谱,如图 11.8(c)所示。由于在这种情况下 1 770 nm 处的两个模式之间没有耦合,所以间隙距离对透射谱的影响很小。

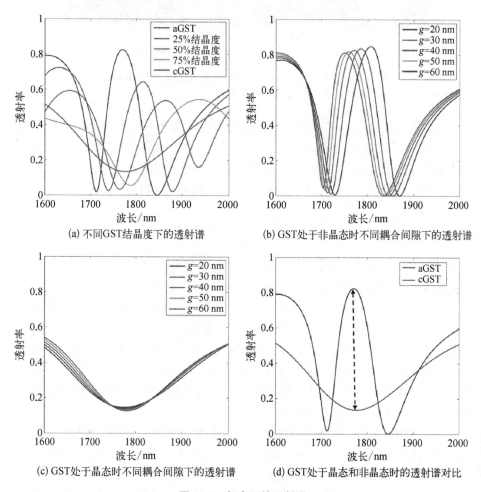

(a) 不同GST结晶度下的透射谱　　　(b) GST处于非晶态时不同耦合间隙下的透射谱

(c) GST处于晶态时不同耦合间隙下的透射谱　　(d) GST处于晶态和非晶态时的透射谱对比

图 11.8　超表面的透射谱

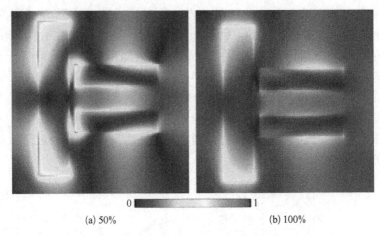

(a) 50%   (b) 100%

**图 11.9　当 GST 处于 50%和 100%结晶度时,1 770 nm 处
单元内的能量分布示意图**

这种可调的电磁感应透明效应可以用于实现全光开关的功能。如图 11.8 (d)所示,当间隙距离为 40 nm 时,aGST 相变为 cGST 会带来 1 770 nm 处的透射率从 83%下降到 13%的变化,并且这种相变可以通过泵浦光进行激发。为了表征这种调制性能,定义了调制深度(modulation depth, MD):

$$\text{MD} = \frac{T_{\max} - T_{\min}}{T_{\max}} \times 100\% \tag{11.6}$$

其中,$T_{\min}$ 和 $T_{\min}$ 分别代表了 1 770 nm 处的最大和最小透射率。计算结果得到的调制深度为 84%,与类似的器件相比具有较好的性能[42]。

此外,本节提出这种超表面可以作为空间中的全光逻辑门,且可以满足下一代全光网络的要求[43]。在这里,将由泵浦光输入状态决定的两个 GST 棒的非晶态或晶态定义为 0 或 1,如图 11.10(a)所示。同时,当透射(反射)率低于或高于参考值 20%时,输出状态定义为 0 或 1[44]。如图 11.10(b)所示,当输入状态为 0 或 1 时,1 770 nm 处的透射率分别为 83%和 13%,对应于输出状态的 1 或 0。因此,非门(NOT)得以实现。

此外,如果两个 GST 棒的结晶度可以分别独立控制,还可以引入双输入状态,如图 11.11(a)所示。a/aGST、a/cGST、c/aGST 和 c/cGST 棒组合分别对应输入状态 00、01、10 和 11。与参考值相比,输入状态 00 在 1 770 nm 处导致 83%的高透过率,这表示输出状态 1,而其他输入状态导致低透射率,对应输出状态 0,

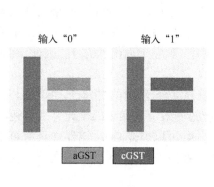

输入 "0"　　　输入 "1"

aGST　　cGST

(a) 不同状态的GST对应的输入状态

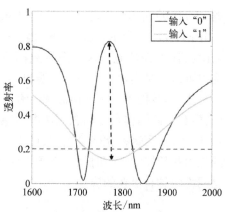

(b) 不同输入状态下的透射谱所对应的输出
状态，灰色虚线代表参考值

图 11.10　非门实现示意图

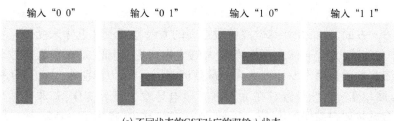

输入 "0 0"　　　输入 "0 1"　　　输入 "1 0"　　　输入 "1 1"

(a) 不同状态的GST对应的双输入状态

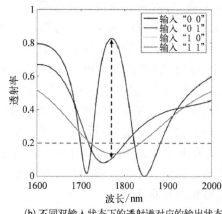

(b) 不同双输入状态下的透射谱对应的输出状态

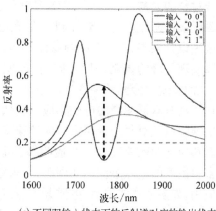

(c) 不同双输入状态下的反射谱对应的输出状态

图 11.11　或非门和或门实现示意图

灰色虚线表示参考值

如图 11.11(b)所示。因此,或非门(NOR)得以有效建立。同时,如果关注反射谱,如图 11.11(c)所示,或门(OR)也可以实现,即输入状态 00 对应于低反射率即输出状态 0,而其他输入状态导致高反射率,对应于输出状态 1。因此,在此结构中可以同时实现三个不同的逻辑门。

总之,本节提出了一种由硅和 GST 组成的混合超表面,并基于 GST 的相变效应,研究了此结构利用动态可调电磁感应透明效应来实现的全光开关和逻辑门功能。考虑到这种相变是快速、可逆的,并且可以被光激发,该器件具有可重构的能力和超快的响应时间。由于工作频段在短波红外中,该设备在下一代光信息网络中具有潜在的应用前景。

11.5 基于相变材料-金属超表面的太赫兹可调电磁感应透明效应

另一方面,位于红外与微波波段之间的太赫兹频段在近年来受到广泛的关注,并在传感、无线通信方面拥有较大的应用潜力,因此,工作于太赫兹频段的超表面非常适合用作设计下一代太赫兹调制器件[45]。特别地,由于 VO_2 的绝缘体-金属相变过程能导致其在太赫兹频段电导率的显著变化,其非常适用于主动式太赫兹超表面器件中[46]。因此,在本节工作中,提出了一种基于 VO_2-金属混合材料的太赫兹超表面,以实现对单透明窗口、双透明窗口和宽透明窗口的电磁感应透明效应的主动控制。在单元结构中,VO_2 被嵌入金属共振腔中。通过这种设计策略,在 VO_2 的绝缘体-金属相变下,电磁感应透明窗口峰值的振幅可以实现显著的调制深度。同时,透明窗口内光的群速度也可以实现动态调节,从而实现对慢光效果的主动控制。此外,通过耦合多个金属共振腔,本节还实现了具有双透明峰的电磁感应透明效应,而 VO_2 的相变可以实现对每个透明峰值振幅以及对每个透明窗口内群速度延迟的独立调谐。最后,本节基于宽带电磁感应透明效应实现了对透明峰共振品质因子的调谐。这项工作实现了具有多自由度的电磁感应透明调制,在未来的太赫兹 6 G 无线通信系统中有潜在的应用,如多通道滤波器、电磁开关、延迟器和调制器等。

11.5.1 结构、材料与仿真方法

图 11.12(a)展示了包含嵌入式二氧化钒(VO_2)微粒的超表面单元的三

维结构图和俯视图,其几何参数如下:宽度 $w = 5\ \mu m$,长度 $L = 85\ \mu m$,耦合间隙 $s = 7\ \mu m$,缺口间隙 $g = 5\ \mu m$,长度 $l = 29\ \mu m$,周期 $P_x = 80\ \mu m$,以及周期 $P_y = 120\ \mu m$。单元微结构的高度为 200 nm。单元包括一对劈裂方环型共振腔与一个线形共振腔。共振腔均由铝(Al)制成,环型共振腔的间隙均嵌入了 VO_2 微粒,而所选择的基底为硅(Si)。结构单元沿 x 和 y 方向呈周期性排列。材料特性方面,铝的导电率为 3.72×10^7 S/m,而硅的折射率则为 3.42,并且无损耗[47]。VO_2 的相对介电常数可以用杜德(Drude)模型来表示[48]:

$$\varepsilon(\omega) = \varepsilon_\infty - \frac{\omega_p^2 \dfrac{\sigma}{\sigma_0}}{\omega^2 + i\omega \cdot \omega_d} \tag{11.7}$$

其中,无限频率下的介电常数 $\varepsilon_\infty = 12$;体等离子体频率 $\omega_p = 1.4 \times 10^{15}\ s^{-1}$;衰减频率 $\omega_d = 5.75 \times 10^{13}\ s^{-1}$;$\sigma_0 = 3 \times 10^5$ S/m。特别地,当 VO_2 经历绝缘体到金属的相变时,其电导率 σ 可以连续地增加多个数量级。当其分别处于绝缘体态和金属态时,其电导率分别为 10 S/m 和 10^5 S/m[46,49]。

本节采用时域有限差分法对其进行数值模拟。在仿真中,x 和 y 方向采用了周期性边界条件,z 方向采用完美匹配层。在结构的顶部设置一个具有 y 向偏振和 z 向注入的太赫兹平面波源,并在无损基底中放置了一个能量监测器来探测透射谱线。

11.5.2　结果与讨论

首先,本节基于图 11.12(a)中提出的超表面结构对电磁感应透明效应进行了研究,此时环形共振腔的间隙中先不放入 VO_2,如图 11.12(b)的内插图所示。当单元中只有线形共振腔时,y 方向的偏振光可以在 0.65 THz 处激发其所支持的偶极子共振模式,这种由光源直接激发的模式即为亮模式(bright mode)。而当单元内只有两个环形共振腔时,其可以在相同的共振频率下支持电感-电容共振模式,但此模式不能被光源直接激发,因此用作暗模式(dark mode)。图 11.12(b)展示了这两种单元各自的透射谱,图 11.12(c)则展示了它们在 0.65 THz 下的电场强度分布图,与上述描述一致。然而,当单元内引入相互耦合的环形共振腔和线形共振腔时,环形共振腔的共振模式可以通过线形共振腔上支持的偶极子共振模式激发。因此,亮模式和暗模式之间的近场耦合将产生相消干涉,导致在 0.62 THz 处的透射谱中出现透明峰,如图 11.12(b)所示,而透明窗口处的电

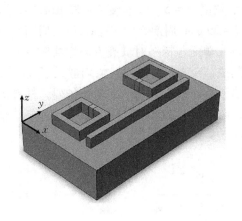
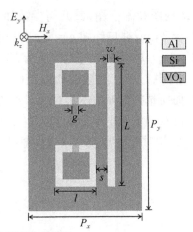

(a) 超表面单元结构的三维图和俯视图

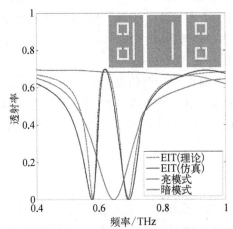

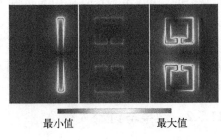

(b) 超表面的透射谱,其中蓝色和绿色感应透明谱线分别对应于仿真和理论拟合结果,红色和棕色谱线分别对应于亮模式和暗模式的仿真结果,内插图为三种单元的俯视图

(c) 超表面单元在0.65 THz处的电场强度示意图

图 11.12 超表面结构与光学响应

场强度分布如图 11.12(e) 所示。这种现象便实现了太赫兹波段的电磁感应透明效应,且透射谱可以用耦合谐振子模型定量描述。利用式(2.2)定量拟合的透射谱结果也绘制在图 11.12(b) 中,与模拟结果吻合良好。

接下来,图 11.13(a) 展示了将 VO_2 嵌入环形共振腔间隙后在其不同电导率下的透射谱。当 VO_2 处于电导率为 10 S/m 的绝缘体状态时,透明峰是显著的。

然而,当其向金属态过渡时,电导率的增加将导致峰值振幅的持续下降。当其达到导电率为 10^5 S/m 的金属态时,透明峰则被完全地抑制。同时,透明窗口内存在相移调制效应。如图 11.13(b) 所示,透射电磁波的相移(定义为监测器处与光源处之间的相位差)会发生显著变化,这将导致电磁波群速度的变化,其群速度的延迟,即慢光效应,可以通过延迟时间来评估[47]:

$$\tau_{\mathrm{g}} = \frac{\mathrm{d}\psi(\omega)}{\mathrm{d}\omega} \tag{11.8}$$

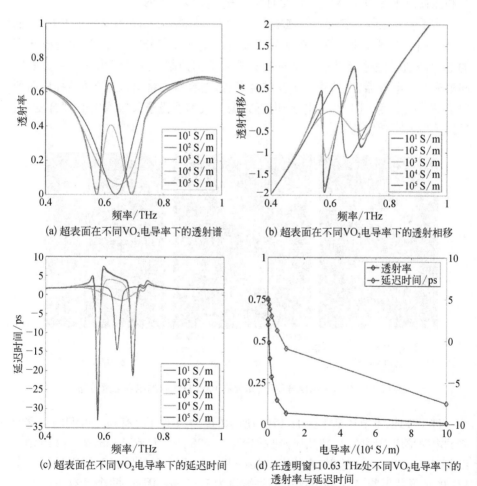

(a) 超表面在不同VO₂电导率下的透射谱　　(b) 超表面在不同VO₂电导率下的透射相移

(c) 超表面在不同VO₂电导率下的延迟时间　　(d) 在透明窗口0.63 THz处不同VO₂电导率下的透射率与延迟时间

图 11.13　超表面单通道慢光调制

其中,τ_g是延迟时间;$\psi(\omega)$是不同频率处的相移。图 11.13(c)中展示了在 VO_2 不同电导率下的延迟时间。显然,随着透明峰值的下降,透明窗口内的延迟时间将同时下降。为了定量评估调制,图 11.13(d)绘制了不同电导率下 0.63 THz 处的透射率和延迟时间。利用 VO_2 的相变,在 0.63 THz 处的透射率可以从 63% 切换到 0.97%。根据式(11.6)的定义,其调制深度为 98.46%。同时,其延迟时间可以从 5.06 ps 调控到负值。显然,这种结构可以实现对透射太赫兹辐射强度和群速度的主动控制,且具有显著的性能。然而,必须指出的是,由于相变动力学和热耗散率的限制,VO_2的相变时间限制在皮秒量级内[50]。

为了研究这种调制背后的物理机制,图 11.14 展示了当 VO_2 电导率为 10 S/m、10^3 S/m 和 10^5 S/m 时,单元在 0.63 THz 处的电场强度分布。显然,随着电导率的增加,环形共振腔上支持的共振模式不断受到抑制。这是因为环形共振腔的间隙充当了电容器,而随着 VO_2 变成金属态,电容器内将引入更多损耗,从而削弱了其共振强度。因此,从电容-电感共振模式到偶极子共振模式的耦合变弱,导致感应透明效应消失。

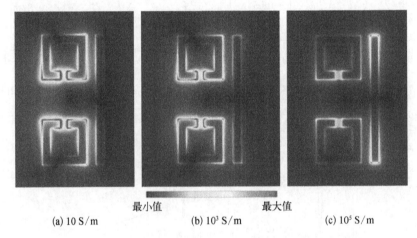

最小值　　　　　最大值

(a) 10 S/m　　　　　(b) 10^3 S/m　　　　　(c) 10^5 S/m

图 11.14　VO_2不同电导率下,单元在 0.63 THz 处的电场强度分布

进一步地,本节还基于图 11.15(a)所示的结构实现了具有独立可调的双透明峰的电磁感应透明效应,其几何参数如下:$l_1 = 28$ μm, $l_2 = 32$ μm, $P_x = 116$ μm,以及 $P_y = 120$ μm。这里,在线形共振腔两侧引入了两对具有不同边长的含有 VO_2 的环形共振腔,VO_2 的电导率预先被设为 10 S/m。因此,两个具有不同共振频率的暗模式与亮模式之间的耦合和干涉将引入具有双透明峰的电磁感应透明效应,仿真和理论拟合的透射谱如图 11.15(b)所示,其中理论拟合是根据式(11.4)得到。

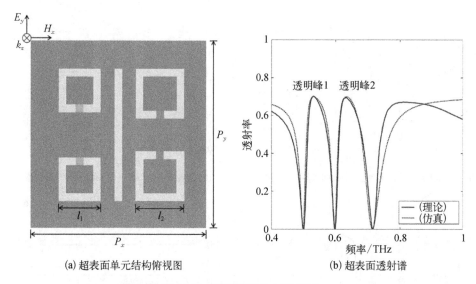

(a) 超表面单元结构俯视图　　　　(b) 超表面透射谱

图 11.15　超表面结构与透射谱

接下来将独立激励线形共振腔左侧的 VO_2 并考察其反应。当 VO_2 的电导率升高时,透明峰 2 将下降,而透明峰 1 的幅值则保持不变,如图 11.16(a)所示。同时,如图 11.16(b)和(c)所示,其还伴随着相移以及群延迟的变化。显然,相位和群速度的色散调制主要在右侧的透明窗口内引入。图 11.16(d)展示了在不同 VO_2 电导率下位于 0.56 THz 和 0.65 THz 两个透明峰内的透射率和延迟时间。对于透明峰 2,0.65 THz 处的透射率可以在调制深度为 99.45% 的情况下从 66% 切换到 0.36%,而延迟时间可以从 3.20 ps 调整为负值。然而,对于透明峰 1,这些值都是稳定的,在 0.56 THz 处的透射率保持在 62%,而延迟时间也仅从 3.76 ps 变为 3.03 ps。

同样,如果仅激励右侧的 VO_2,透明峰 1 的强度以及其中的色散将被调谐,而透明峰 2 将保持稳定。图 11.17(a)~(c)显示了在不同 VO_2 电导率下的相应透射谱、相移和延迟时间,图 11.17(d)绘制了 0.56 THz 和 0.65 THz 处的透射率和延迟时间的详细值。正如预期,在 0.56 THz 下,透射率可以从 59% 调制到 2.3%,调制深度为 96.1%,而延迟时间从 3.72 ps 变为负值。同时,0.65 THz 处的透射率和延迟时间分别保持在 69% 和 3.34 ps。因此,以上结果表明两个透

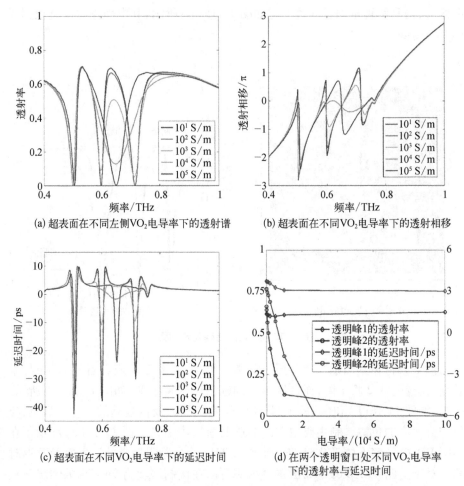

(a) 超表面在不同左侧VO₂电导率下的透射谱

(b) 超表面在不同VO₂电导率下的透射相移

(c) 超表面在不同VO₂电导率下的延迟时间

(d) 在两个透明窗口处不同VO₂电导率
下的透射率与延迟时间

图 11.16　超表面双通道慢光调制(高频通道)

明峰的振幅以及两个透明窗口内的群延迟可以利用 VO₂ 的相变实现独立调谐。更重要的是,通过引入更多不同的耦合暗模式,可以实现具有更多透明峰的感应透明效应,并且每个峰值也可以使用该策略进行独立控制。

最后,基于图 11.18(a)所示的结构,本节研究了具有可调品质因子的电磁感应透明效应。这里,品质因子定义为 $Q = \omega/\text{FWHM}$,其中 FWHM(full width at half maximum)表示透明峰的半高宽。首先,宽带电磁感应透明通过耦合线形共振腔两侧的四个完全相同的环形共振腔来实现,其具体几何参数如下: $l = 29\ \mu\text{m}$,

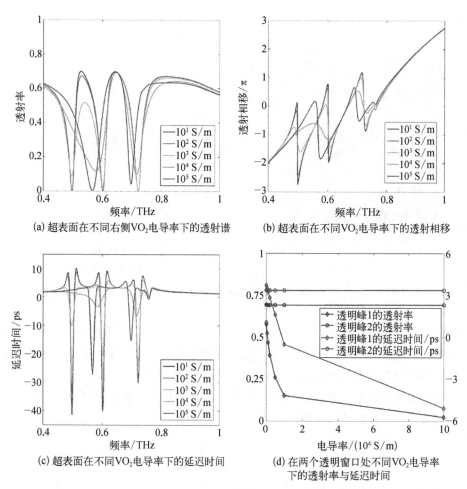

(a) 超表面在不同右侧VO_2电导率下的透射谱

(b) 超表面在不同VO_2电导率下的透射相移

(c) 超表面在不同VO_2电导率下的延迟时间

(d) 在两个透明窗口处不同VO_2电导率下的透射率与延迟时间

图 11.17　超表面双通道慢光调制(低频通道)

$P_x = 116\ \mu m$,以及 $P_y = 120\ \mu m$。仿真和理论拟合的透射谱如图 11.18(b)所示,其中理论拟合是基于式(11.4)。

接下来,通过将 VO_2 嵌入线形共振腔一侧的环形共振腔间隙中,可以实现对透明峰品质因子的调谐,如图 11.19(a)所示,相应的相移和延迟时间随着 VO_2 电导率的变化在图 11.19(b)和(c)中展示。在 VO_2 的不同电导率下,中心透明频率 0.61 THz 处的群延迟和透明峰的半高宽如图 11.19(d)所示。随着电导率的增加,半高宽可以从 0.15 THz 缩小到 0.09 THz,而品质因子也从 4.07 切

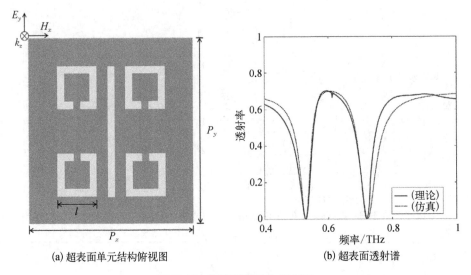

<table>
<tr><td>(a) 超表面单元结构俯视图</td><td>(b) 超表面透射谱</td></tr>
</table>

图 11.18　超表面结构与透射谱

换到 6.78。同时,中心频率的透射率几乎没有变化。此外,透明窗口内的延迟时间从 2.45 ps 增加到 3.64 ps,但代价是有效慢光带宽的降低。这是正常的,因为透明峰的尖锐暗示着更强烈的色散,这将带来更显著的慢光效应。这种结构提供了一种调制透射波带宽以及有效慢光区域的方法。然而,在慢光效应的带宽和强度之间需要进行权衡。

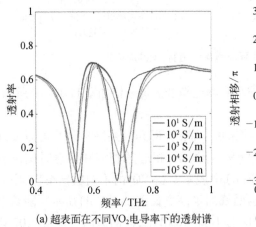

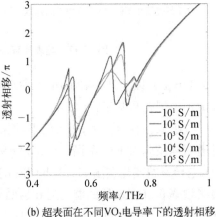

<table>
<tr><td>(a) 超表面在不同VO₂电导率下的透射谱</td><td>(b) 超表面在不同VO₂电导率下的透射相移</td></tr>
</table>

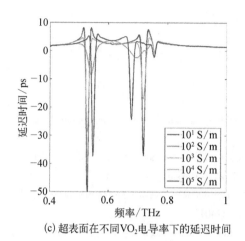

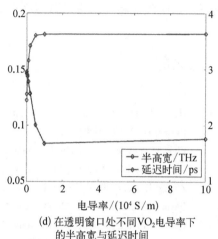

(c) 超表面在不同VO₂电导率下的延迟时间

(d) 在透明窗口处不同VO₂电导率下的半高宽与延迟时间

图 11.19　超表面宽通道慢光调制

　　总之,这项工作提出了一种基于 VO₂ 辅助超表面的太赫兹可调电磁感应透明效应。利用 VO₂ 的绝缘体-金属相变,本节实现了多种感应透明效应的调制,包括对透明峰振幅、群延迟、透明峰数量以及品质因子的调制。这项工作为电磁感应透明引入了更多的主动控制自由度,并在未来的无线太赫兹通信系统中具有潜在的应用。

11.6　本章小结

　　在本章里,首先介绍了相变材料 GST 和 VO₂ 的材料背景与相变特性,然后进一步地介绍了量子系统中的电磁感应透明效应概念与原理,以及基于经典光学超表面结构对其进行的模拟方法,并着重介绍了耦合谐振子模型。接下来,基于主动式超表面结构开展了对可调电磁感应透明效应的研究。首先是基于 GST 和硅设计了能够在近红外波段实现可调电磁感应透明效应的主动式超表面,其能够应用于光通信波段的全光开关和逻辑门;然后基于 VO₂ 和金属设计了在太赫兹波段实现可调电磁感应透明效应的主动式超表面,其在未来无线太赫兹 6G 器件中有潜力扮演滤波器、相位调制器和延迟器的角色。总之,主动式超表面由于其优越性正在如火如荼地发展当中,而在多种频段能够被实现的电磁感应透明效应将为其带来诸多潜在的应用。

参考文献

[1] He Q, Sun S, Zhou L. Tunable/reconfigurable metasurfaces: Physics and applications[J]. Research, 2019: 1849272.

[2] Fleischhauer M, Imamoglu A, Marangos J P. Electromagnetically induced transparency: Optics in coherent media[J]. Reviews of Modern Physics, 2005, 77(2): 633.

[3] Zhang S, Genov D A, Wang Y, et al. Plasmon-induced transparency in metamaterials[J]. Physical Review Letters, 2008, 101(4): 047401.

[4] Gu J, Singh R, Liu X, et al. Active control of electromagnetically induced transparency analogue in terahertz metamaterials[J]. Nature Communications, 2012, 3(1): 1−6.

[5] Ding F, Yang Y, Bozhevolnyi S I. Dynamic metasurfaces using phase-change chalcogenides [J]. Advanced Optical Materials, 2019, 7(14): 1801709.

[6] Ovshinsky S R. Reversible electrical switching phenomena in disordered structures[J]. Physical Review Letters, 1968, 21(20): 1450.

[7] Chen Y G, Kao T S, Ng B, et al. Hybrid phase-change plasmonic crystals for active tuning of lattice resonances[J]. Optics Express, 2013, 21(11): 13691−13698.

[8] Wang Q, Rogers E T F, Gholipour B, et al. Optically reconfigurable metasurfaces and photonic devices based on phase change materials[J]. Nature Photonics, 2016, 10(1): 60−65.

[9] Karvounis A, Gholipour B, MacDonald K F, et al. All-dielectric phase-change reconfigurable metasurface[J]. Applied Physics Letters, 2016, 109(5): 051103.

[10] Tian J, Luo H, Yang Y, et al. Active control of anapole states by structuring the phase-change alloy $Ge_2Sb_2Te_5$[J]. Nature Communications, 2019, 10(1): 1−9.

[11] Gholipour B, Karvounis A, Yin J, et al. Phase-change-driven dielectric-plasmonic transitions in chalcogenide metasurfaces[J]. NPG Asia Materials, 2018, 10(6): 533−539.

[12] Michel A K U, Chigrin D N, Maß T W W, et al. Using low-loss phase-change materials for mid-infrared antenna resonance tuning[J]. Nano Letters, 2013, 13(8): 3470−3475.

[13] Zhang Y, Chou J B, Li J, et al. Broadband transparent optical phase change materials for high-performance nonvolatile photonics[J]. Nature Communications, 2019, 10(1): 1−9.

[14] Morin F J. Oxides which show a metal-to-insulator transition at the Neel temperature[J]. Physical Review Letters, 1959, 3(1): 34.

[15] Eyert V. VO_2: A novel view from band theory[J]. Physical Review Letters, 2011, 107(1):

016401.

[16] Thimsen E, Biswas S, Lo C S, et al. Predicting the band structure of mixed transition metal oxides: Theory and experiment[J]. The Journal of Physical Chemistry C, 2009, 113(5): 2014 – 2021.

[17] Mott N. Metal-insulator transitions[M]. Boca Raton: CRC Press, 2004.

[18] Peierls R, Salpeter E E. More surprises in theoretical physics[J]. Physics Today, 1992, 45(8): 68.

[19] Nag J, Haglund Jr R F, Payzant E A, et al. Non-congruence of thermally driven structural and electronic transitions in VO$_2$[J]. Journal of Applied Physics, 2012, 112(10): 103532.

[20] Appavoo K, Lei D Y, Sonnefraud Y, et al. Role of defects in the phase transition of VO$_2$ nanoparticles probed by plasmon resonance spectroscopy[J]. Nano Letters, 2012, 12(2): 780 – 786.

[21] Paik T, Hong S H, Gaulding E A, et al. Solution-processed phase-change VO$_2$ metamaterials from colloidal vanadium oxide (VO$_x$) nanocrystals[J]. ACS Nano, 2014, 8(1): 797 – 806.

[22] Seo M, Kyoung J, Park H, et al. Active terahertz nanoantennas based on VO$_2$ phase transition[J]. Nano Letters, 2010, 10(6): 2064 – 2068.

[23] Cronin A D, Schmiedmayer J, Pritchard D E. Optics and interferometry with atoms and molecules[J]. Reviews of Modern Physics, 2009, 81(3): 1051.

[24] Marangos J P. Electromagnetically induced transparency[J]. Journal of Modern Optics, 1998, 45(3): 471 – 503.

[25] Fano U. Effects of configuration interaction on intensities and phase shifts[J]. Physical Review, 1961, 124(6): 1866.

[26] Madden R P, Codling K. Two-electron excitation states in helium[J]. The Astrophysical Journal, 1965, 141: 364.

[27] Maschke K, Thomas P, Göbel E O. Fano interference in type-II semiconductor quantum-well structures[J]. Physical Review Letters, 1991, 67(19): 2646.

[28] Hau L V, Harris S E, Dutton Z, et al. Light speed reduction to 17 metres per second in an ultracold atomic gas[J]. Nature, 1999, 397(6720): 594 – 598.

[29] Xu Q, Sandhu S, Povinelli M L, et al. Experimental realization of an on-chip all-optical analogue to electromagnetically induced transparency[J]. Physical Review Letters, 2006, 96(12): 123901.

[30] Garrido Alzar C L, Martinez M A G, Nussenzveig P. Classical analog of electromagnetically induced transparency[J]. American Journal of Physics, 2002, 70(1): 37 – 41.

[31] Waks E, Vuckovic J. Dipole induced transparency in drop-filter cavity-waveguide systems

[J]. Physical Review Letters, 2006, 96(15): 153601.

[32] Papasimakis N, Fedotov V A, Zheludev N I, et al. Metamaterial analog of electromagnetically induced transparency[J]. Physical Review Letters, 2008, 101(25): 253903.

[33] Liu N, Langguth L, Weiss T, et al. Plasmonic analogue of electromagnetically induced transparency at the Drude damping limit[J]. Nature Materials, 2009, 8(9): 758 – 762.

[34] Luk'yanchuk B, Zheludev N I, Maier S A, et al. The Fano resonance in plasmonic nanostructures and metamaterials[J]. Nature Materials, 2010, 9(9): 707 – 715.

[35] Miyata M, Hirohata J, Nagasaki Y, et al. Multi-spectral plasmon induced transparency via in-plane dipole and dual-quadrupole coupling[J]. Optics Express, 2014, 22(10): 11399 – 11406.

[36] Zhu Z, Yang X, Gu J, et al. Broadband plasmon induced transparency in terahertz metamaterials[J]. Nanotechnology, 2013, 24(21): 214003.

[37] Garrido Alzar C L, Martinez M A G, Nussenzveig P. Classical analog of electromagnetically induced transparency[J]. American Journal of Physics, 2002, 70(1): 37 – 41.

[38] Wuttig M, Bhaskaran H, Taubner T. Phase-change materials for non-volatile photonic applications[J]. Nature Photonics, 2017, 11(8): 465 – 476.

[39] Palik E D. Handbook of optical constants of solids[M]. Cambridge: Academic Press, 1998.

[40] Luke K, Okawachi Y, Lamont M R E, et al. Broadband mid-infrared frequency comb generation in a Si_3N_4 microresonator[J]. Optics Letters, 2015, 40(21): 4823 – 4826.

[41] Tian J, Luo H, Yang Y, et al. Active control of anapole states by structuring the phase-change alloy $Ge_2Sb_2Te_5$[J]. Nature Communications, 2019, 10(1): 1 – 9.

[42] Sensale-Rodriguez B, Yan R, Kelly M M, et al. Broadband graphene terahertz modulators enabled by intraband transitions[J]. Nature Communications, 2012, 3: 780 – 780.

[43] Papaioannou M, Plum E, Valente J, et al. All-optical multichannel logic based on coherent perfect absorption in a plasmonic metamaterial[J]. APL Photonics, 2016, 1(9): 090801.

[44] Cheng Z, Ríos C, Youngblood N, et al. Device-level photonic memories and logic applications using phase-change materials[J]. Advanced Materials, 2018, 30(32): 1802435.

[45] Chen H T, Padilla W J, Zide J M O, et al. Active terahertz metamaterial devices[J]. Nature, 2006, 444(7119): 597 – 600.

[46] Wen Q Y, Zhang H W, Yang Q H, et al. Terahertz metamaterials with VO_2 cut-wires for thermal tunability[J]. Applied Physics Letters, 2010, 97(2): 021111.

[47] Xiao S, Wang T, Liu T, et al. Active modulation of electromagnetically induced transparency analogue in terahertz hybrid metal-graphene metamaterials[J]. Carbon, 2018, 126: 271 – 278.

[48] Ding F, Zhong S, Bozhevolnyi S I. Vanadium dioxide integrated metasurfaces with

switchable functionalities at terahertz frequencies[J]. Advanced Optical Materials, 2018, 6(9): 1701204.

[49] Chen L, Xiang Z, Tinsman C, et al. Enhancement of thermal conductivity across the metal-insulator transition in vanadium dioxide[J]. Applied Physics Letters, 2018, 113(6): 061902.

[50] Hormoz S, Ramanathan S. Limits on vanadium oxide Mott metal-insulator transition field-effect transistors[J]. Solid-State Electronics, 2010, 54(6): 654-659.

第12章 对称光子晶体中的连续域束缚态研究

12.1 引言

具有高品质因子的共振在光子学中起着重要作用,因为它有望显著增强光与物质的相互作用,并引入各种功能应用,如慢光、传感和低阈值激光等。不同的光子学平台偏好不同形式的高品质因子共振。例如,在光子芯片集成电路中,耳语回廊模式(whispering gallery modes)总是充当高品质因子共振[1];在电介质超表面中,则是米氏共振[2];在光子晶体中,则是由带隙局域的光子晶体微腔中的模式[3]。然而,芯片上的耳语回廊模式共振比超表面中的米氏共振具有更高的品质因子,因为前者受到全内反射的良好限制,而后者位于光锥内,共振具有大量的对外辐射通道,拥有较高的辐射损耗。由面内或面外激励激发的光子晶体微腔共振之间也存在类似的对比,因为当激励接近 Γ 点时,此共振也会在光锥内。

最近,连续域束缚态提供了一种解决方案,其可以在光锥内产生高品质因子共振。连续域束缚态最初是在量子力学中引入的,用于描述嵌入连续能态中的薛定谔方程的离散本征态[4],然后被扩展到了光子学,并被视为辐射连续域中(即光锥内部,光线上部)存在无限品质因子的完美共振模式[5]。光子学中的连续域束缚态的起源大体分为两种:一种是由于不同共振之间的意外相消干涉,使模式不再泄露,这被称为偶然或共振捕获的连续域束缚态(accidental BICs 或 resonance-trapped BICs)[6, 7]。另一种情况是位于 Γ 点的对称保护连续域束缚态(symmetry-protected BICs),这是由于对称失配导致共振和辐射通道之间完全解耦[8]。特别地,通过精确破坏结构的对称性,理想的对称保护连续域束缚态可以转化为轻微泄漏的准连续域束缚态(quasi-BICs),这为在超表面和光子晶体中获得高品质因子共振提供了便捷的方法[8, 9]。作为一个副作用,这种不对称性本质上会使准连续域束缚态对入射光的偏振敏感,而在实际情况中偏振不敏感对应用很重要。

二维 Su-Schrieffer-Heeger(SSH)模型最初用于描述线性共轭聚合物中的基本激发,是表征拓扑行为的最重要模型之一。它描述了基于单元内和单元间跳跃振幅的能带动力学,这些参数的微调可以使能带结构不断变化。类似地,在光子晶体中,柱或孔扮演 SSH 模型中原子的角色,调整相邻柱或孔之间的耦合强度则类比于改变跳跃振幅。该方案不仅实现了态的连续变化,而且还保持了 C_4 对称性,确保了各向同性的拓扑转变。因此,受该模型的启发,本章想探究在保持结构对称的同时,采用耦合强度作为参数来使对称结构中的连续域束缚态泄漏是否可行。

在本章工作中,受二维 SSH 模型启发,本章从理论上研究了面向对称光子晶体平板中 Γ 点连续域束缚态的调制方案。基于四种不同的对单元内和单元间耦合强度调制的方法,实现了连续域束缚态向其准态的转变,并同时具有不同的色散方式。在此期间,光子晶体平板保持 C_4 对称性,使这些准连续域束缚态对光源偏振不敏感。进一步的研究表明,这些共振是与入射平面波对称性相匹配的最低阶本征模式,并且可以根据奇偶性进行分类。品质因子分析表明,除了大扰动的情况外,这些共振遵循描述对称破缺的反二次定律(inverse quadratic law)。此外,多极子分解表明,偶对称准连续域束缚态由环偶极子和磁四极子主导,而奇对称准连续域束缚态由磁偶极子和电四极子主导。最后讨论了各向异性耦合强度下的情况,以及材料损耗和基底对结果的影响。这项工作提供了在对称光子晶体平板 Γ 点实现偏振不敏感连续域束缚态的新方法,并可作为平面光子器件中的高品质因子微腔,应用于双共振非线性增强、多光谱传感和激光等。

12.2　光学连续域束缚态简介

在现实中,任何开放式共振系统都会与外部辐射态耦合,不可避免地失去能量。但连续域束缚态是一个有趣的例外。即使连续域束缚态被嵌入环境的连续光谱中,其中的能量也会完全地局域化,不存在泄露。

连续域束缚态的概念起源于量子力学。量子力学中描述势阱中量子粒子的一整套波函数由两种状态组成:具有离散能量的局域态和形成连续能带的传输波。然而,在 1929 年,Neumann 和 Wigner 两人发现了一个物理性质截然不同的薛定谔方程的特殊解,即一个存在于连续光谱中的正离散能量解[4]。因此,连续域束缚态也被称为具有嵌入特征值的囚禁态。这是在理论上首次发现这种奇异的囚禁态。1985 年,基于原子共振理论,Friedrich 和 Wintgen 证明,系统中连续参数的演化会导致一对共振之间的相消干涉,这将导致它们的能量色散谱具有反交叉行为,并使其中一个共振的线宽完全消失,从而转化为具有无限品质因子的连续域束缚态[10]。

20 世纪 70 年代末对于光学共振腔的研究曾发现其存在具有无辐射泄露的奇异导波模式,但首次将这种光学效应与连续域束缚态现象联系起来的理论工作出现在 2008 年,Marinica 及其同事对耦合光波导阵列中的连续域束缚态物理特性进行了分析[11]。2011 年,Plotnik 等对光学连续域束缚进行了针对性实验。该团队使用飞秒激光在熔融石英中直写了一个耦合光波导阵列,在阵列的上方和下方制作另外两个波导,如图 12.1(a)所示。在耦合阵列中,单个波导的模式相互作用形成一个连续的频谱能带,而附加的一对波导支持嵌入该连续频谱中的反对称模式[12]。对称性失配将这对波导中的导波模式与阵列中导波模式的连续频谱完全解耦,从而允许这对波导的反对称模式在没有损耗的情况下传播,即实现了对称保护下的连续域束缚态。相比之下,这对波导的对称模式与阵列光谱会发生耦合,因此其能量泄漏到阵列之中。两年后,Hsu 等利用 Friedrich 和 Wintgen 提出的参数调谐方式来观察周期性光子结构中的另一种光学连续域束缚态,即偶然连续域束缚态[6]。该实验涉及一块光子晶体平板,其二维周期性孔位于二氧化硅基底上,浸入与二氧化硅折射率匹配的液体中,如图 12.1(b)所示。通过对平板能带结构的仿真分析预测了平板的品质因子将在特定光子能带的特定波矢处趋于无限,而实验测得的光谱也证实了这一点。

从根本上来说,偶然的光学连续域束缚态起源于波的相消干涉,即是两个或多个波叠加能完全抑制辐射损耗的情况[13]。在光栅、光子晶体或超表面等周期性光子结构中,介质的周期性导致介质中的导波模式耦合到周围自由空间的传输模式连续谱中,从而导致其模式的泄漏。同时,周期性也会导致这些模式在动量空间高对称点处的强耦合现象。对于具有面内反转对称性的结构,这种耦合在高对称点 Γ 处精确平衡,这允许通过相干干涉构建系统中的对称泄露模式和利用相消干涉构建反对称无泄漏模式,如图 12.1(c)所示;而对于具有其他对称性的结构,偶然的连续域束缚态也可能出现在其他波矢量处。

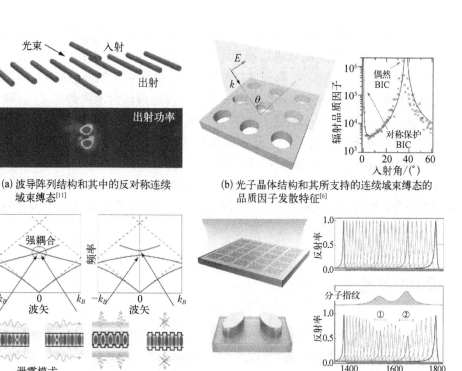

(a) 波导阵列结构和其中的反对称连续域束缚态[11]

(b) 光子晶体结构和其所支持的连续域束缚态的品质因子发散特征[6]

(c) 周期性光子结构中因强耦合干涉导致的泄露模式和非泄露的偶然连续域束缚态[13]

(d) 具有对称保护的准连续域束缚态的超表面结构及其有无生物分子情况下的反射谱[14]

图 12.1　光学结构中的连续域束缚态

另一方面,对于周期性光子结构来说,周围空间的连续模式是"离散化"的,辐射泄露只允许在有限的方向上发生,对应于不同衍射级次的开放衍射通道。而当结构单元达到亚波长尺度大小时,就只存在最低级次的开放衍射通道,相当于只有镜面反射。因此,当与该单一辐射通道的耦合常数消失时,就会出现连续域束缚态,这一般可以通过外部激励(即自由空间连续谱)与目标模式之间的对称性失配来实现,这种目标模式即为对称保护连续域束缚态。

连续域束缚态的特点是其辐射品质因子在动量空间的特定点发散,理论上是无限的。原则上,这使得其电场和磁场都能无限地增强。然而,这种没有辐射的态仅存在于理想的理论模型中,这些模型往往具有无限扩展的结构和完全无损的材料。在实际中,连续域束缚态的品质因子受材料损耗、样品的有限规模、制造缺陷以及结构的无序性等与能量损耗相关的参数限制。

为了在实际结构中实现显著的光场增强,一方面需要尽量降低材料的内禀损耗,另一方面能够实现对辐射损耗的精确把握至关重要。而这便可以通过"准连续域束缚态"来实现,即通过打破结构的对称性或参数的连续调整微调模式向外辐射的程度,使连续域束缚态转变为一种轻微辐射泄漏的模式,这种模式可以具有很高的品质因子。这种准连续域束缚态在捕获高密度电磁能量和避免能量从波导和共振器中泄漏方面具有巨大潜力,这些特性为亚波长传感器[14]、低阈值激光器[15]等各种新应用打开了大门。例如,基于面内反转对称性被破坏的单元结构的介电超表面,其所支持的准连续域束缚态能在反射谱和透射谱中具有尖锐的共振响应[图 12.1(d)],可以实现超灵敏生物分子检测和高分辨率光谱成像,适用芯片级生物传感应用[14]。

12.3 多极子展开法

在光子学电介质微结构中,分析基于米氏共振的连续域束缚态的物理起源的一大辅助手段是多极子展开(multipole expansion)。经典电动力学表明,电磁介质中给定的电荷密度分布可以基于高阶项展开的数学方式用一组多极子源来表示。常用的多极子源由电和磁两个成分组成,它们可以分别用振荡电荷和回路电流来表示[16],如图 12.2 所示。对于对称性保护的连续域束缚态,其与单元结构中不沿法线方向辐射的多极子有关;而对于偶然的连续域束缚态,其源于所有多极子组分在开放衍射通道方向上的同时相消干涉[13]。因此,本节给出多极子分解的具体表达式。首先,定义一个自由空间中的光学共振腔被平面波照射,这个平面波在频率 f 处具有电场振幅 $|E_{inc}| = E_0$。基于笛卡尔坐标系,一个位置矢量可以定义为 $r = (x, y, z)$。当共振腔被平面波激励时,其中的感应电流密度的分布 $J(r)$ 可以由其计算出的电场分布 $E(r)$ 得到:

$$J(r) = -\mathrm{i}\omega\varepsilon_0(n^2 - 1)E(r) \qquad (12.1)$$

这里,ω 是角频率;ε_0 是自由空间的介电常数;n 是共振腔的折射率。那么,电偶极子(ED)p_α、磁偶极子(MD)m_α、电四极子(EQ)$Q_{\alpha\beta}^e$ 和磁四极子(MQ)$Q_{\alpha\beta}^m$ 可以分别表示为[17]

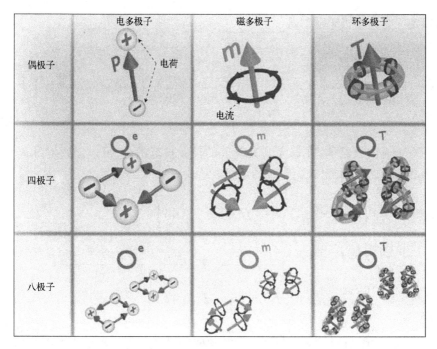

图 12.2　电磁多极子示意图[16]

$$p_\alpha = -\frac{1}{\mathrm{i}\omega}\left[\int J_\alpha j_0(kr)\,\mathrm{d}^3\boldsymbol{r} + \frac{k^2}{2}\int\{3(\boldsymbol{r}\cdot\boldsymbol{J})r_\alpha - r^2 J_\alpha\}\frac{j_2(kr)}{(kr)^2}\mathrm{d}^3\boldsymbol{r}\right]$$

$$m_\alpha = \frac{3}{2}\int(\boldsymbol{r}\times\boldsymbol{J})_\alpha\frac{j_1(kr)}{kr}\mathrm{d}^3\boldsymbol{r}$$

$$Q_{\alpha\beta}^{\mathrm{e}} = -\frac{3}{\mathrm{i}\omega}\left[\begin{array}{l}\int\{3(r_\beta J_\alpha + r_\alpha J_\beta) - 2(\boldsymbol{r}\cdot\boldsymbol{J})\delta_{\alpha\beta}\}\dfrac{j_1(kr)}{kr}\mathrm{d}^3\boldsymbol{r} \\[2mm] + 2k^2\int\{5r_\alpha r_\beta(\boldsymbol{r}\cdot\boldsymbol{J}) - r^2(r_\alpha J_\beta + r_\beta J_\alpha) - r^2(\boldsymbol{r}\cdot\boldsymbol{J})\delta_{\alpha\beta}\}\dfrac{j_3(kr)}{(kr)^3}\mathrm{d}^3\boldsymbol{r}\end{array}\right]$$

$$Q_{\alpha\beta}^{\mathrm{m}} = 15\int\{r_\alpha(\boldsymbol{r}\times\boldsymbol{J})_\beta + r_\beta(\boldsymbol{r}\times\boldsymbol{J})_\alpha\}\frac{j_2(kr)}{(kr)^2}\mathrm{d}^3\boldsymbol{r}$$

$$(12.2)$$

其中，α，$\beta = x$，y，z；k 是波矢；$j_n(\rho)$ 是球谐贝塞尔函数，定义为 $j_n(\rho) = \sqrt{\pi/2\rho}\,J_{n+1/2}(\rho)$，其中 $J_n(\rho)$ 是第一类贝塞尔函数。那么共振腔总的散射截面

可以定义为各多极子散射截面的总和：

$$C_{\text{sca}}^{\text{total}} = C_{\text{sca}}^{\text{p}} + C_{\text{sca}}^{\text{m}} + C_{\text{sca}}^{Q^e} + C_{\text{sca}}^{Q^m} + \cdots$$

$$= \frac{k^4}{6\pi\varepsilon_0^2 |E_0|} \left[\sum \left(|\boldsymbol{p}|^2 + \left|\frac{\boldsymbol{m}}{c}\right|^2 \right) + \frac{1}{120} \sum \left(|Q^e|^2 + \left|\frac{kQ^m}{c}\right|^2 \right) + \cdots \right]$$

$$(12.3)$$

对于亚波长结构，在远大于其尺度的长波长范围内，可以通过对球谐贝塞尔函数进行近似，导出式(12.2)的近似表达式：

$$p_\alpha \approx -\frac{1}{i\omega} \left[\int J_\alpha \mathrm{d}^3\boldsymbol{r} + \frac{k^2}{10} \int \{ (\boldsymbol{r} \cdot \boldsymbol{J}) r_\alpha - 2r^2 J_\alpha \} \mathrm{d}^3\boldsymbol{r} \right]$$

$$m_\alpha \approx \frac{1}{2} \int (\boldsymbol{r} \times \boldsymbol{J})_\alpha \mathrm{d}^3\boldsymbol{r}$$

$$Q_{\alpha\beta}^e \approx -\frac{1}{i\omega} \left[\begin{array}{l} \int \{ 3(r_\beta J_\alpha + r_\alpha J_\beta) - 2(\boldsymbol{r} \cdot \boldsymbol{J})\delta_{\alpha\beta} \} \mathrm{d}^3\boldsymbol{r} \\ + \frac{k^2}{14} \int \{ 4r_\alpha r_\beta (\boldsymbol{r} \cdot \boldsymbol{J}) - 5r^2(r_\alpha J_\beta + r_\beta J_\alpha) + 2r^2(\boldsymbol{r} \cdot \boldsymbol{J})\delta_{\alpha\beta} \} \mathrm{d}^3\boldsymbol{r} \end{array} \right]$$

$$Q_{\alpha\beta}^m \approx \int \{ r_\alpha (\boldsymbol{r} \times \boldsymbol{J})_\beta + r_\beta (\boldsymbol{r} \times \boldsymbol{J})_\alpha \} \mathrm{d}^3\boldsymbol{r}$$

$$(12.4)$$

此式更加容易计算。最后，电偶极子的高阶项可以被看作环偶极子(TD)T_α，表达为

$$p_\alpha \approx -\frac{1}{i\omega} \int J_\alpha \mathrm{d}^3\boldsymbol{r}$$

$$T_\alpha \approx \frac{1}{10c} \int \{ (\boldsymbol{r} \cdot \boldsymbol{J}) r_\alpha - 2r^2 J_\alpha \} \mathrm{d}^3\boldsymbol{r}$$

$$(12.5)$$

因此，总散射截面可表达为

$$C_{\text{sca}}^{\text{total}} = C_{\text{sca}}^{\text{p}} + C_{\text{sca}}^{\text{m}} + C_{\text{sca}}^{\text{T}} + C_{\text{sca}}^{Q^e} + C_{\text{sca}}^{Q^m} + \cdots$$

$$= \frac{k^4}{6\pi\varepsilon_0^2 |E_0|} \left[\sum \left(|\boldsymbol{p} + ik\boldsymbol{T}|^2 + \left|\frac{\boldsymbol{m}}{c}\right|^2 \right) + \frac{1}{120} \sum \left(|Q^e|^2 + \left|\frac{kQ^m}{c}\right|^2 \right) + \cdots \right]$$

$$(12.6)$$

12.4　对称光子晶体中的连续域束缚态

12.4.1　几何结构与调制方案

图 12.3(a)展示了所提出的作为实现连续域束缚态平台的电介质光子晶体平板的几何结构。它由周期性排列的光子晶体单元组成,每个单元由四个气孔组成。单元的晶格常数为 $a=1\ \mu m$,平板厚度为 $H = 0.5a$,介电常数为 $\varepsilon = 12$。如图 12.3(a)所示,具有 x 方向极化的平面波作为远场激励垂直入射在光子晶体板上。图 12.3(b)展示了二维 SSH 模型的示意图。晶格中的一个单元中有四个原子,单元内和单元间原子之间的跳跃振幅分别由红色和绿色键表示。相应的振幅分别为 t_a 和 t_b。如前所述,在这种光子晶体平板中,一个单元中的四个空气孔扮演二维 SSH 模型中的四个原子的角色,调整相同或相邻单元[图 12.3(c)中红色和绿色箭头所示的 d_a 和 d_b]中相邻空气孔之间的距离,会分别改变单元内和单元间的耦合强度,这与二维 SSH 模型中调谐跳跃振幅类似。

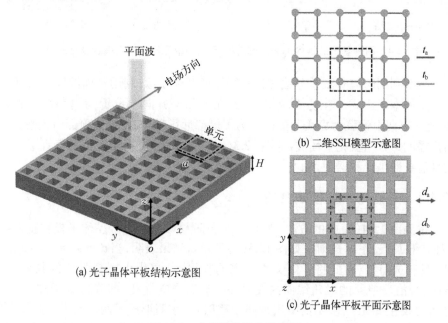

(a)光子晶体平板结构示意图

(b)二维SSH模型示意图

(c)光子晶体平板平面示意图

图 12.3　光子晶体结构示意图

　　有几种典型的方法可以实现单元内和单元间耦合强度的调整。第一种方法是沿着图 12.4(a)所示的单元对角线向内或向外移动四个空气孔的中心,以便同时改变 d_a 和 d_b[18]。此时空气孔边长固定在 $l = 0.3\ \mu m$。第二种方法是在单元的中心放置一个空气孔,在角落放置四个空气孔,然后扩大中心空气孔边长 l_a 的长度,同时缩小角落空气孔边长 l_b 的长度[19]。通过这种方式,单元内和单元间的耦合强度将以不同的方式被同时调节。基于第一种方法,也可以选择通过调节 d_b 的同时保持 d_a 不变($d_a = d = 0.2\ \mu m$)来只改变单元间的耦合强度,如图 12.4(c)所示,或者通过调节 d_a 的同时保持 d_b 不变($d_b = d = 0.2\ \mu m$)来只改变单元内的耦合强度,如图 12.4(d)所示[20]。在下一节中,将采用上述方案来调节光子晶体平板中 Γ 点的连续域束缚态。

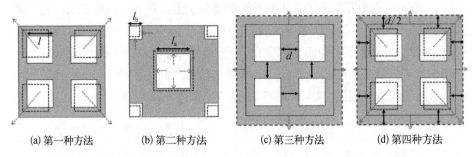

(a) 第一种方法　　　(b) 第二种方法　　　(c) 第三种方法　　　(d) 第四种方法

图 12.4　四种基于二维 SSH 模型调节单元内和单元间空气孔耦合强度的方法

　　本节利用时域有限差分法对其进行外场激励模拟,利用平面波展开法计算结构中的本征模式。在仿真域中,单元在 x 和 y 方向上设置为周期性边界条件,在 z 方向上设置为完美匹配层。为了模拟远场激励,在单元顶部引入沿 z 方向传播的 x 方向极化平面波,如图 12.3(a)所示。另外,在结构下方设置了一个能量监视器来计算透射谱。

12.4.2　光谱与本征模式分析

　　按照图 12.4(a)中的方法,即第一种光子晶体结构,光子晶体平板在正入射(对应于 Γ 点)下的透射谱如图 12.5(a)所示。结果表明,当 $d_a = d_b = d = 0.2\ \mu m$ 时,没有透射谷,在此将 d 定义为距离的临界点,它代表耦合强度的临界点。然而,当沿着单元的对角线向内或向外移动四个空气孔,即降低或增加 d_a (同时 d_b 也发生变化)后,光谱中出现两个透射谷,表明形成了两个共振。此外,当 $d_a(d_b)$ 远离临界点时,两个共振的共振频率连续地对称移动,并且两个共振的相应半高宽变宽,这意味着两个共振的辐射损耗增加。这表示在临界点处存在两个完美的无泄漏共振,即连续域束缚态;而非临界点处的共振是准连续域束缚态共振,是由于单元内和单元间耦合强度的改变而导致其发生辐射泄漏。此外,如图 12.5(a)中的红色和绿色虚线所示,在光子晶体平板中,这两个共振可分别归类为偶(even)模式或奇(odd)模式。在光谱中,两个模式的频带交叉而不发生反交叉等耦合行为,这进一步证明了它们是完全正交的。此外,本征模式计算表明,这两个共振是可以匹配入射平面波空间对称性的最低阶偶模式和奇模式。

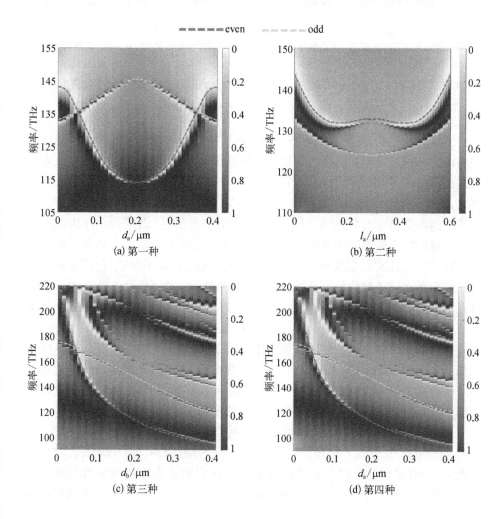

(a) 第一种　　(b) 第二种　　(c) 第三种　　(d) 第四种

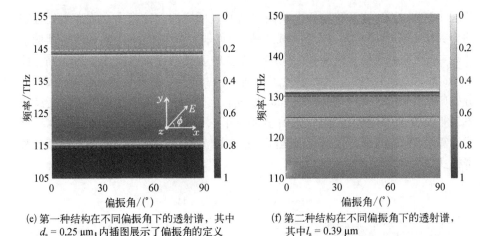

(e) 第一种结构在不同偏振角下的透射谱,其中 $d_a = 0.25\ \mu m$;内插图展示了偏振角的定义

(f) 第二种结构在不同偏振角下的透射谱, 其中 $l_a = 0.39\ \mu m$

图 12.5 根据图 12.4(a)~(d)的方法,在不同的单元内和单元间耦合强度下的透射光谱

图中的红色和绿色虚线分别表示偶对称和奇对称的连续域束缚态频率色散曲线

值得注意的是,这种奇偶性分类和本征模阶次适用于所有四种光子晶体结构的情况。本节计算了这些光子晶体平板在偏离临界耦合点时的 Γ 点处本征模式,并对其进行奇偶性分类。图 12.6(a)展示了第一种光子晶体结构的本征模式,其中,内插图分别展示了偶模式(奇模式)的 $H_z(E_z)$ 场分布。研究发现,前两个偶本征模式是简并的,可以匹配平面波的对称性,而结构中作为偶对称准连续域束缚态被激发的共振是带有五角星标记的本征模式。如果平面波的偏振旋转 90°,则可以激发另一个偶本征模式。对于奇本征模式,前两个简并本征模式与平面波的对称性不匹配,因此不能被激发。然而,第三个奇本征模式可以满足对称匹配,因此可以作为奇对称准连续域束缚态被激发。第四个奇本征模式与第三个奇本征模式简并,而当平面波的偏振旋转 90°时,第四个奇本征模式也可以被激发。相同的解释思路也适用于其他三种结构的情况,其本征模式如图 12.6(b)和(c)所示,其中第三种和第四种结构拥有相同的本征模式分布。因此得出结论,即在提出的四种光子晶体平板中,所研究的两个准连续域束缚态共振是能够匹配平面波对称性的最低阶奇模式和偶模式。

对应图 12.4(b)中结构的透射光谱如图 12.5(b)所示。这里,临界点是 $l_a = l_b = l = 0.3\ \mu m$,然后减小或增加这两个参数,同时保持 $l_a + l_b = 0.6\ \mu m$。在这种情况下,偶模式和奇模式在临界点和非临界点分别成为连续域束缚态和其准态。它们的共振频率具有不同于第一种结构的色散方式,但也相对于临界点对

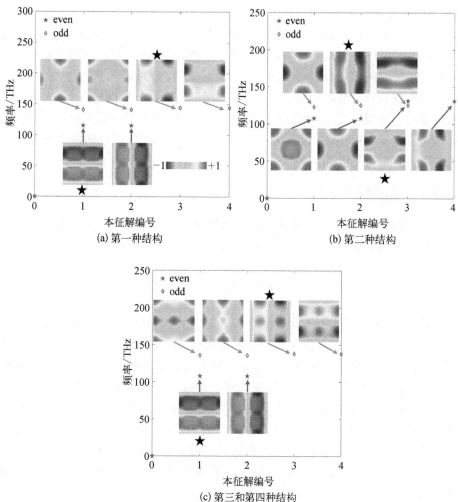

(a) 第一种结构　　(b) 第二种结构

(c) 第三和第四种结构

图 12.6　四种光子晶体结构在 Γ 点处的偶和奇本征模式分布

内插图展示了偶模式(奇模式)的 $H_z(E_z)$ 场分布;星号标记了研究中被激发的模式

称。而图 12.4(c)和(d)中的对应结构的透射谱分别如图 12.5(c)和(d)所示。在此,临界点也在 $d_a = d_b = d = 0.2~\mu m$ 处,并且在每种情况下仅改变 d_a 或 d_b。结果表明,这两种方法也可以有效地将两个连续域束缚态转换为准连续域束缚态,同时赋予它们不同的频率色散行为。值得注意的是,这两种情况具有相同的光谱分布。这是因为如果在其中一种情况下将单元的中心移动半个晶格常数,其将会和另一种情况相同。

对于 $d_a = 0.25\ \mu m$ 的第一种光子晶体结构,有两个准连续域束缚态,本节进一步研究了不同偏振角下它们相应的透射光谱,图 12.5(e) 和 (f) 的内插图定义了偏振角。如图 12.5(e) 所示,两个准连续域束缚态的共振频率与偏振角无关。这是因为第一种调整耦合强度的方法不会破坏光子晶体平板的面内 C_4 对称性。这种原因也适用于图 5.4 中的其他情况。例如,图 12.5(f) 展示了第二个光子晶体结构在 $l_a = 0.39\ \mu m$ 的情况下不同偏振角下的透射谱,其中的两个准连续域束缚态也对偏振不敏感。

12.4.3 品质因子分析

以往的研究表明,在超表面中由对称破缺引起的准连续域束缚态的品质因子与非对称参数呈反二次定律关系[8, 21]:

$$Q = m \cdot \frac{cS}{\omega_0 \cdot \alpha^2} \tag{12.7}$$

其中,非对称参数 α 根据不同情况会有不同定义,但原则上是描述对称打破的程度;m 是一个拟合常数;c 是真空中的光速;S 表示一个单元的面积;ω_0 表示准连续域束缚态共振的共振频率。为了研究对称光子晶体平板中的准连续域束缚态,本节也参考了该定律,因为在本质上非对称参数可能与结构中的耦合强度产生关联。在这里,第一种光子晶体结构中的非对称参数定义为 $(d_a - d)/d$,第二种光子晶体结构中的非对称参数定义为 $(l_a - l)/l$。由于第三和第四种光子晶体结构具有相同的光谱特征,在以下内容中仅研究第三种光子晶体结构,相应的非对称参数定义为 $(d_b - d)/d$。品质因子可以通过法诺公式拟合透射谱来得到。

对于第一种和第二种光子晶体结构中的两个准连续域束缚态,从仿真结果中提取的其关于各自结构非对称参数的品质因子分布在图 12.7(a) 和 (b) 中分别以圆圈表示,虚线是根据式 (12.7) 得到的拟合结果。结果表明,在较小非对称参数下,品质因子很好地遵循了反二次定律。较大非对称参数下的拟合偏差是因为式 (12.7) 本身是基于对称破缺很小的前提下推导而出的,这种情况下其引起的影响可以被视为微扰。此外,对于这两种情况,都显示出品质因子的演化相对于非对称参数是对称的,且在任何非零非对称参数条件下,奇对称准连续域束缚态总是比偶对称准连续域束缚态具有更高的品质因子。然而,在第三种光子晶体结构中,准连续域束缚态的品质因子分布具有明显的非对称特征,如图 12.7(c)所示。在更大的负非对称参数下, 其偶对称准连续域束缚态的品质因子出现异常的陡然增加,而奇对称准连续域束缚态出现品质因子上的轻微波动。相比之下,其品质因子在正非对称参数下与反二次定律具有较好的一致。下一节将基于多极子展开讨论第三种光子晶体结构中品质因子出现这些异常行为的原因。

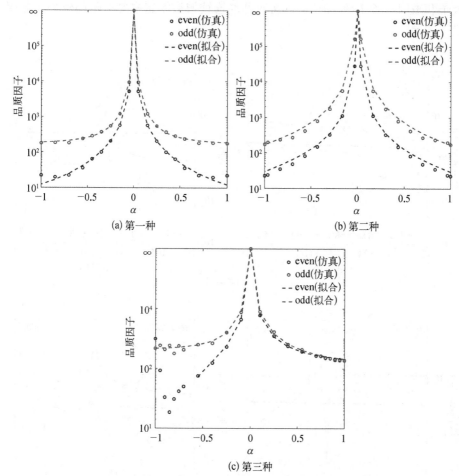

图 12.7　三种光子晶体结构调制方式下,偶对称和奇对称连续域束缚态的品质因子相对于其各自的非对称参数的分布

虚线是基于反二次定律的拟合结果

12.4.4 多极子展开分析

利用式(12.6),本节对这些准连续域束缚态的电磁场分布进行了多极子展开,发现了对称性与多极子之间的有趣联系。这里,对三种光子晶体结构,都选用其非对称参数为±0.25下的准连续域束缚态进行分析,图12.8展示了它们的多极子散射截面。可以清楚地看到,所有的偶对称准连续域束缚态主要由环偶极子和磁四极子主导,而所有的奇对称准连续域束缚态主要由磁偶极子和电四极子主导。

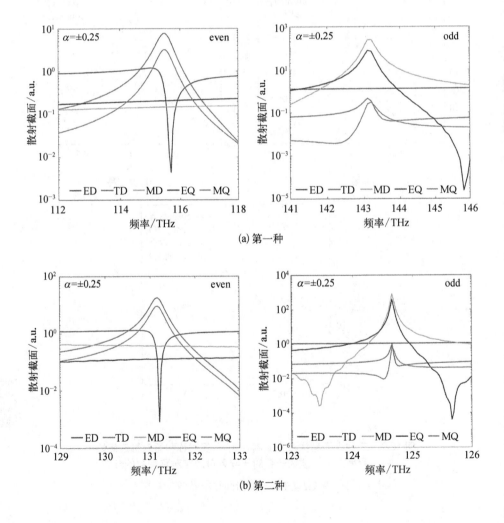

(a) 第一种

(b) 第二种

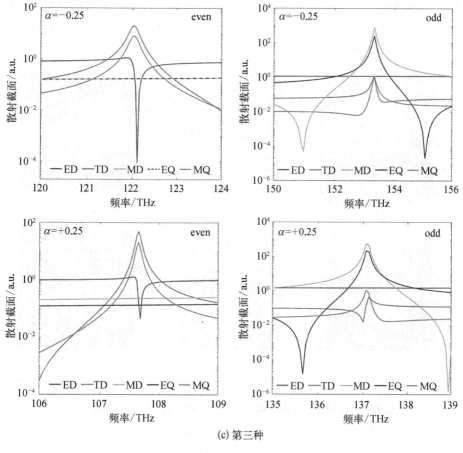

图 12.8　不同光子晶体结构在非对称参数 ±0.25 下,偶对称和
奇对称准连续域束缚态的多极子散射截面

12.4.5　非对称调制方案

在上面的讨论中,只考虑各向同性地调节单元内和单元间的耦合强度,即 Δd_a 在 x 和 y 方向上是相同的。在本节中,将进一步研究各向异性耦合调整对光子晶体平板中连续域束缚态的影响。这里,对于第一种光子晶体结构,将沿 y 方向的 d_a(此处称为 d_{ay})保持在 0.2 μm,并持续改变 d_{ax}。图 12.9(a)显示仅出现了奇对称准连续域束缚态的频带。相比之下,当 d_{ax} 保持不变而改变 d_{ay} 时,只有偶对称准连续域束缚态出现。对于第三种光子晶体结构也出现了类似的结

果,其光谱如图 12.9(c)所示,其中将 d_{by} 保持在 0.2 μm,并改变 d_{bx},或反过来做。结果表明,在以上两种光子晶体结构中,偶对称准连续域束缚态受 y 方向的临界耦合保护,而奇对称准连续域束缚态受 x 方向的临界耦合保护。

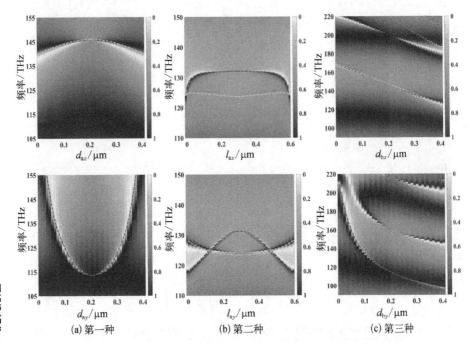

图 12.9　三种光子晶体结构在各向异性耦合强度调制下的透射谱

红色和绿色虚线分别表示偶对称和奇对称准连续域束缚态的频率色散曲线

　　然而,第二种光子晶体结构在各相异调制下出现了不同的特征,调制方法为其 l_{ay} 保持在 0.3 μm 而 l_{ax} 变化,或反过来做。同时仍保持 $l_{ay(x)}$ + $l_{by(x)}$ = 0.6 μm。图 12.9(b)表明,在这两种调制情况下,两种对称性的准连续域束缚态都出现了,且具有不同的频散曲线。它揭示了在这种光子晶体结构中,两种对称性的准连续域束缚态都受到 x 和 y 方向的临界耦合的保护。这种各向异性耦合调整丰富了调制这些光子晶体平板内连续域束缚态的方法,且各准态的单独可调谐性在双共振非线性增强中有潜在的应用。

12.4.6　损耗与基底的影响

　　考虑到实际情况,本节研究了材料损耗对准连续域束缚态的影响,这在上面的研究中没有考虑。以非对称参数为 0.05 时的第一种光子晶体结构为例,这里在材料的介电常数中引入虚部,即 $\varepsilon = 12 + \mathrm{i}\varepsilon'$。图 12.10(a)和(b)分别展示了不同虚部值下的两个准连续域束缚态的透射谱。可以看到,随着损耗的增加,这两个共振逐渐减弱,且当 $\varepsilon' = 10^{-1}$ 时,几乎完全被抑制。图 12.10(c)和(d)分别展示了它们与损耗有关的品质因子,这表明当 $\varepsilon' \leqslant 10^{-5}$ 时,材料损耗的影响可以被忽略。

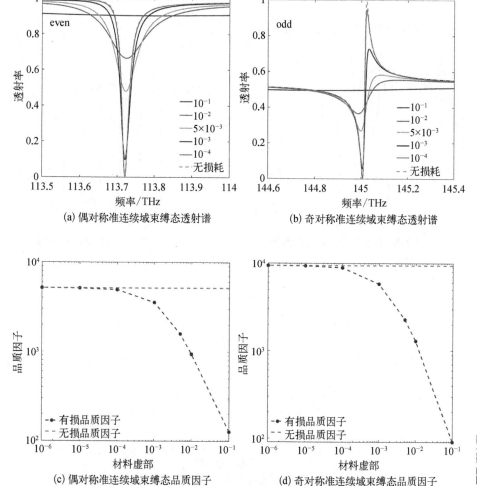

(a) 偶对称准连续域束缚态透射谱 　　　(b) 奇对称准连续域束缚态透射谱

(c) 偶对称准连续域束缚态品质因子 　　(d) 奇对称准连续域束缚态品质因子

图 12.10　不同材料虚部下偶对称和奇对称准连续域束缚态的透射谱和品质因子

　　基底对于这种结构在实验上的实现至关重要。为了研究其影响,在平板下方引入了一块介电常数在 1.0~2.0 变化的无损介质基底。图 12.11(a)和(b)显示,随着基底介电常数的增加,两个准连续域束缚态发生红移。同时,它们在透射谱上的线型得到了很好的保持,相应的品质因子仅受到轻微扰动,如图 12.11(c)所示。这进一步揭示了这两个共振受到结构平面内对称性的保护,而沿 z 轴的对称性破缺不会破坏这种保护。在实际中,平板和基底可以分别由硅和二氧化硅制成。

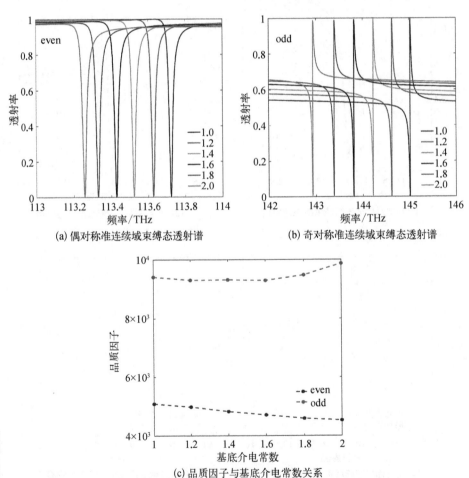

(a) 偶对称准连续域束缚态透射谱　　　　(b) 奇对称准连续域束缚态透射谱

(c) 品质因子与基底介电常数关系

图 12.11　基底介电常数对连续域束缚态的影响

12.5　本章小结

　　总之,本章讨论了多种类型的对称光子晶体平板中所支持的连续域束缚态及其准态。首先,详细介绍了连续域束缚态的研究背景,以及多极子展开的表达式。紧接着,基于四种调节光子晶体平板空气孔之间耦合强度的方法,从理论上研究了 $\varGamma$ 点的连续域束缚态及其准态。由于这项工作中的单元结构都具有 C_4 对称性,因此这些共振本质上对入射平面波的偏振方向不敏感,这与对称破缺超表面中的连续域束缚态相比是一个优势。进一步研究表明,这些准连续域束缚态是与平面波对称性相匹配的最低阶奇偶模式。反二次定律可以应用于这些准连续域束缚态的品质因子分析。为了获得更多信息,对它们进行了多极子分解,结果表明偶对称准连续域束缚态由环偶极子和磁四极子主导,而奇对称准连续域束缚态由磁偶极子和电四极子主导。最后,提出了各向异性耦合强度调制,为调制这些态提供了更多的自由度。这项工作引入了一种从不同角度研究 $\varGamma$ 点连续域束缚态的方法,即从单元内和单元间耦合强度出发进行调制。所提出的平板结构可以作为平面光子系统中的高品质因子微腔,并在双共振非线性增强、多光谱传感和激光中具有潜在的应用。

参考文献

[1]　Spencer D T, Bauters J F, Heck M J R, et al. Integrated waveguide coupled Si_3N_4 resonators in the ultrahigh-Q regime[J]. Optica, 2014, 1(3): 153 - 157.

[2]　Kuznetsov A I, Miroshnichenko A E, Brongersma M L, et al. Optically resonant dielectric nanostructures[J]. Science, 2016, 354(6314): aag2472.

[3]　Akahane Y, Asano T, Song B S, et al. High-Q photonic nanocavity in a two-dimensional photonic crystal[J]. Nature, 2003, 425(6961): 944 - 947.

[4]　von Neumann J, Wigner E P. Über merkwürdige diskrete Eigenwerte[M]//Wightman A S. The collected works of Eugene Paul Wigner. Heidelberg: Springer, 1993.

[5]　Hsu C W, Zhen B, Stone A D, et al. Bound states in the continuum[J]. Nature Reviews Materials, 2016, 1(9): 1 - 13.

[6]　Hsu C W, Zhen B, Lee J, et al. Observation of trapped light within the radiation

continuum[J]. Nature, 2013, 499(7457): 188-191.

[7] Jin J, Yin X, Ni L, et al. Topologically enabled ultrahigh-Q guided resonances robust to out-of-plane scattering[J]. Nature, 2019, 574(7779): 501-504.

[8] Koshelev K, Lepeshov S, Liu M, et al. Asymmetric metasurfaces with high-Q resonances governed by bound states in the continuum[J]. Physical Review Letters, 2018, 121(19): 193903.

[9] Ovcharenko A I, Blanchard C, Hugonin J P, et al. Bound states in the continuum in symmetric and asymmetric photonic crystal slabs[J]. Physical Review B, 2020, 101(15): 155303.

[10] Friedrich H, Wintgen D. Interfering resonances and bound states in the continuum[J]. Physical Review A, 1985, 32(6): 3231.

[11] Marinica D C, Borisov A G, Shabanov S V. Bound states in the continuum in photonics [J]. Physical Review Letters, 2008, 100(18): 183902.

[12] Plotnik Y, Peleg O, Dreisow F, et al. Experimental observation of optical bound states in the continuum[J]. Physical Review Letters, 2011, 107(18): 183901.

[13] Koshelev K, Bogdanov A, Kivshar Y. Engineering with bound states in the continuum[J]. Optics and Photonics News, 2020, 31(1): 38-45.

[14] Tittl A, Leitis A, Liu M, et al. Imaging-based molecular barcoding with pixelated dielectric metasurfaces[J]. Science, 2018, 360(6393): 1105-1109.

[15] Kodigala A, Lepetit T, Gu Q, et al. Lasing action from photonic bound states in continuum [J]. Nature, 2017, 541(7636): 196-199.

[16] Papasimakis N, Fedotov V A, Savinov V, et al. Electromagnetic toroidal excitations in matter and free space[J]. Nature Materials, 2016, 15(3): 263-271.

[17] Alaee R, Rockstuhl C, Fernandez-Corbaton I. An electromagnetic multipole expansion beyond the long-wavelength approximation [J]. Optics Communications, 2018, 407: 17-21.

[18] Xie B Y, Wang H F, Wang H X, et al. Second-order photonic topological insulator with corner states[J]. Physical Review B, 2018, 98(20): 205147.

[19] Kim H R, Hwang M S, Smirnova D, et al. Multipolar lasing modes from topological corner states[J]. Nature Communications, 2020, 11(1): 1-8.

[20] Liu F, Deng H Y, Wakabayashi K. Topological photonic crystals with zero Berry curvature [J]. Physical Review B, 2018, 97(3): 035442.

[21] Cong L, Singh R. Symmetry-protected dual bound states in the continuum in metamaterials [J]. Advanced Optical Materials, 2019, 7(13): 1900383.

第四部分　微纳光子器件的
智能算法设计

第 13 章　可扩展的宽带偏振分束器

　　目前,微纳光子器件设计方法可分为正向迭代优化设计和逆向智能设计两大类。正向迭代优化设计以光子器件解析模型为基础,基于器件仿真和加工测试结果,采用反复迭代调参的方式达到器件最佳效果,具有发展时间长、应用场景广、与工艺线水平匹配程度高等特点。逆向智能设计方法以启发式优化算法、基于梯度信息的优化算法和深度学习等优化设计模型为引擎,有"目的"地开展微纳光子器件优化设计,本质上是将微纳光子器件设计问题抽象为带约束条件的数学优化问题,具有优化效率高、器件尺寸小、器件性能好等特点。随着近些年微纳加工工艺水平的提高和计算机算力水平的提升,微纳光子器件逆向智能设计研究领域发展迅速,出现了直接二进制搜索算法、拓扑优化算法、目标优先优化算法、深度学习等智能设计算法。本章将以硅基光子集成电路中的核心器件之一——偏振分束器为例,来阐述目标优先优化算法设计具体器件的流程。同时,对如何以目标优先优化算法的结果为基础,继续优化得到二值化器件进行阐述。

13.1　偏振分束器

　　前面提到硅材料特别是 SOI 材料平台在光子集成电路领域被寄予厚望,其中一个重要原因就是硅材料和氧化层之间的高折射率差能够保证硅对光的强束缚作用,而这能极大缩小硅基光子器件的尺寸,非常利于集成。然而,高折射率差也会带来很强的双折射效应,导致器件性能易受光的偏振态影响。针对这个问题,一个有效的解决办法就是让不同器件工作于不同偏振态下。事实上,虽然器件的偏振敏感性会影响器件设计过程,但是从信息容量角度来说,不同偏振态的光可以携带不同的信息,这实际上是增大了信息容量。既然要把不同偏振态的光分开处理,那光子集成电路中一个必需的器件就是偏振分束器(polarization beam splitter, PBS)。

　　能够实现偏振分束的结构有很多,包括多模干涉仪(multimode interferometer, MMI)[1, 2]、马赫-曾德尔干涉仪(Mach-Zehnder interferometer, MZI)[3]、光子晶体 (photonic crystal, PhC)[4]、混合等离子硅波导(hybrid plasmonic silicon waveguide, HPW)[5, 6]、光栅耦合器(grating coupler, GC)[7-10]和定向耦合器(directional coupler, DC)[11-14]等。在这些结构中,基于定向耦合器的 PBS 设计简单,加工 容易,因此被研究者们广泛采用[11-14],但是基于定向耦合器的 PBS 在工作时要 满足相位匹配条件,所以很难用该结构设计宽带 PBS 且设计的 PBS 一般加工 容差较小。如图 13.1 所示是浙江大学戴道锌等 2011 年设计的基于弯曲波导定 向耦合器的 PBS[14],通过使定向耦合器的平行双波导弯曲,他们可以对更多参 数进行优化,达到较好的设计目标。尽管该偏振分束器的工艺容差和带宽都比 较大,但是其尺寸也比较大,不利于大规模集成。

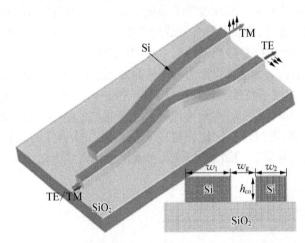

图 13.1　基于弯曲波导定向耦合器的偏振分束器

　　对基于定向耦合器的 PBS 来说,TE 模和 TM 模的耦合长度不一样,且与工作 波长有关[15]。因此要实现宽带偏振分束,除了要通过结构优化解决波长色散的 问题外,还要让 TE 模和 TM 模在可接受的器件尺寸范围内,其中一个满足耦合条 件,而另一个不满足。在不考虑加工因素的条件下,可调控的自由度越大,可能 的结构组合越多,在更小的尺寸上实现满足要求的偏振分束的可能性就越大, 也就是说,虽然图 13.1 所示的结构通过让波导弯曲获得了更多的调控自由度, 但是还不足以用这些参数设计尺寸、带宽、损耗和消光比都符合条件的 PBS。

　　为进一步增加设计 DC 型 PBS 时可调参数的个数,获得性能更好的器件,研究者们提出了在平行双波导上添加光栅结构的方案[7-10]。如图 13.2 所示是北京大学周治平课题组的刘璐用这种方案设计的 PBS[10]，和图 13.1 所示的波导弯曲方案相比，该结构可调整的参数更多，对 TE 模和 TM 模的耦合长度的操纵能力更强，因此设计的器件性能更好。然而，光栅结构的引入也有两个明显缺点，一是器件纵向尺寸会增加，二是结构参数的增加会导致设计时间成本变高。此外，由于半解析模型和参数扫描式设计方法的局限，当工作波段有调整时，器件必须重新设计，器件功能的可扩展性较差。

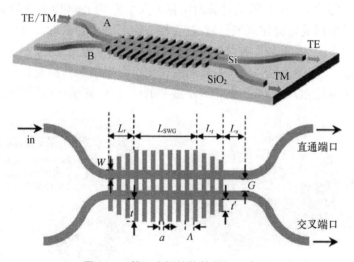

图 13.2　基于光栅结构的偏振分束器

后来，研究者们把目光转向了自由形态超材料（free-form metamaterials），希望通过自由形态超材料的多参数调控达到设计高性能 PBS 的目的。2015 年 Shen 等设计了基于自由形态超材料的偏振分束器[16]，该器件能够在 $2.4×2.4\ \mu m^2$ 的尺度上实现偏振分束，尽管受限于 DBS 算法对全参数空间搜索能力的欠缺，设计的 PBS 性能不突出，但是该器件实现了对尺寸的极大压缩。

13.2　基于目标优先优化算法的偏振分束器设计

13.2.1　器件结构与优化区域尺寸选取

为体现目标优先优化算法的优越性，这里选择如图 13.3 所示的简单平行双波导结构作为优化初始结构,TE 基模和 TM 基模从端口 1 输入,TE 基模经过下面的波导由端口 3 输出,TM 基模则耦合到上面的波导,从端口 4 输出。其中红色表示硅传输波导(n_{Si} = 3.49),高度为 220 nm,为尽可能压缩器件尺寸,波导宽度设定为 360 nm;黄色区域表示耦合区域,也就是优化区域(折射率分布待定),高度与传输波导保持一致,为尽量减小器件尺寸且保证平行波导之间能够发生耦合,将耦合区域宽度设定为 480 nm;灰色区域表示二氧化硅基底和二氧化硅上覆盖层(n_{SiO_2} = 1.45)。为节省计算资源,整个器件高度设定为 1.6 μm,蓝色方框插图代表 FDFD 数值计算时网格的大小为 40 nm×40 nm×40 nm。接下来的问题是如何确定优化区域长度,这直接决定了整个器件的尺寸。对目标优先优化算法来说,鉴于其具有全空间搜索能力,通常的做法是按照经验选择一个合适长度[17],只要不是太小,一般都能优化出设定结果。但是这样有可能会导致优化区域尺寸冗余,增加优化时不必要的计算量,甚至增加器件加工难度。

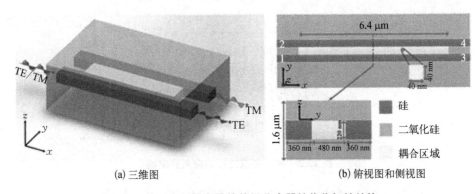

(a) 三维图   (b) 俯视图和侧视图

图 13.3 基于定向耦合器的偏振分束器的优化初始结构

事实上,根据目标优先优化算法的定义[17],在模型建立后,如果不考虑目标函数的物理意义,优化问题已经抽象成了一个纯数学问题,所以很难解析分析器件尺寸和最终优化结果之间的关系。当然,不仅目标优先优化算法有这个问题,前面提到的遗传算法、DBS 算法等启发式优化算法也有这个问题。特别是对于大家常用的矩形优化区域[16-18],很难用半定量甚至定性的方法决定优化区域尺寸。但是对于本书选取的平行双波导结构来说,如果将中间耦合区域看成均匀介质,就可以用倏逝波耦合理论[19]对不同波长不同模式光的耦合长度做严格数值分析,从而得到耦合区域长度选取的指导性意见。

对图 13.3 所示的定向耦合器,通过本征值分析可以得到 TE 基模和 TM 基

模的耦合长度(这里耦合长度是指光从一个波导完全耦合到另一个波导所需要的长度),其计算公式为[19]

$$L_{\pi,\,\mathrm{TE}_0} = \frac{\lambda}{2(n_{\mathrm{eff,\,TE}_0} - n_{\mathrm{eff,\,TE}_1})} \tag{13.1}$$

$$L_{\pi,\,\mathrm{TM}_0} = \frac{\lambda}{2(n_{\mathrm{eff,\,TM}_0} - n_{\mathrm{eff,\,TM}_1})} \tag{13.2}$$

其中,λ 为波长;$n_{\mathrm{eff,\,TE}_0}$、$n_{\mathrm{eff,\,TE}_1}$、$n_{\mathrm{eff,\,TM}_0}$、$n_{\mathrm{eff,\,TM}_1}$分别代表 TE 基模、TE 一阶模、TM 基模和 TM 一阶模在波长为 λ 时该结构的有效折射率,其数值可以用 Lumerical[20] 的产品计算得到。

　　由于除耦合区域长度和耦合区域折射率分布以外其他所有参数都已经确定,且模式有效折射率的计算是二维计算,与耦合区域长度无关,因此各个模式有效折射率由耦合区域折射率分布唯一决定。尽管耦合区域结构的最终优化结果是不规则图形,但是耦合区域材料只有两种选择——硅或者二氧化硅,如果只考虑光传播方向的某个截面,那么各个模式的有效折射率肯定是当该截面的耦合区域材料为硅(二氧化硅)时取最大值(最小值)。又由式(13.1)和式(13.2)可知,在波长固定的情况下,TE(TM)模的基模有效折射率和一阶模有效折射率之间的差值最小时(大于零),耦合长度最大;差值最大时耦合长度最小。虽然基模和一阶模的有效折射率是随着耦合区域材料的变化同时增大或者减小的,无法准确求得 TE(TM)基模耦合长度的最大值和最小值,但是可以求得其最大值的上界和最小值的下界(以下统称为最大值和最小值)。为方便分析,这里将基模和一阶模的有效折射率统一记为 $n_{\mathrm{eff,\,1}}$ 和 $n_{\mathrm{eff,\,2}}$,则有耦合长度的最大值和最小值为

$$L_{\pi,\,\mathrm{max}} = \frac{\lambda}{2(n_{\mathrm{eff,\,1}} - n_{\mathrm{eff,\,2}})_{\mathrm{min}}} \tag{13.3}$$

$$L_{\pi,\,\mathrm{min}} = \frac{\lambda}{2(n_{\mathrm{eff,\,1}} - n_{\mathrm{eff,\,2}})_{\mathrm{max}}} \tag{13.4}$$

　　如图 13.4 所示是各个模式有效折射率的最大值和最小值,从图中可以看出 TE(TM)基模和 TE(TM)一阶模有效折射率之间有重叠(阴影区域),这意味着 TE(TM)基模的耦合长度最大值为无穷大 ($n_{\mathrm{eff,\,1}} - n_{\mathrm{eff,\,2}} = 0$),因此无法通过式(13.3)和式(13.4)有效估计其耦合长度的最大值。图 13.4 表明随着耦合区域

硅含量的减小(耦合区域折射率变小),基模和一阶模有效折射率之间差值会减小,当耦合区域全是二氧化硅时,耦合长度有最大值。当然,这里只分析了耦合区域材料为硅或者二氧化硅的情形,实际上,如果让耦合区域材料折射率介于硅和二氧化硅之间也会有类似结论。与最大值不同,从图 13.4 很容易发现耦合长度最小值的计算公式为

$$L_{\pi,\ \min} = \frac{\lambda}{2\left[\ (n_{\mathrm{eff},\ 1})_{\max} - (n_{\mathrm{eff},\ 2})_{\min}\ \right]} \tag{13.5}$$

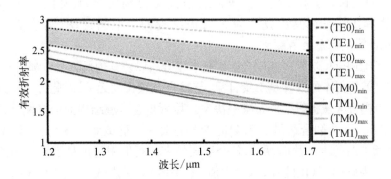

图 13.4　各个模式有效折射率的最大值和最小值

如图 13.5 所示是在上面的分析结论指导下计算的 TE(TM)基模的有效折射率的最大值和最小值。从图中可以发现,在关心的波段范围内(1.2~1.7 μm),TE 基模的耦合长度变化范围为 1.04~1 539 μm,但是 TM 基模耦合长度的变化范围要远小于 TE 基模的变化范围,为 1.98~206.5 μm。这是由于在图 13.3 所示的结构中,TE 模主要在 $x - y$ 平面谐振,所以耦合区域折射率分布的变化对 TE 模影响较大。此外,图 13.5 也表明随着波长减小,TE 基模和 TM 基模的耦合长度最大值会急剧增大。此时,如果想用常规方式实现偏振分束,对应的器件尺寸也会增大。更重要的是,随着波长的减小,耦合长度变化的斜率会增大,这为设计 O 波段等短波段的宽带偏振分束器带来了巨大挑战。

图 13.5 表明,在 1 550 nm 处 TE 基模和 TM 基模的耦合长度取值范围分别为 1.13~63.33 μm 和 2.08~11.49 μm。要按照已有的设计思路实现偏振分束,即 TM 模完全耦合到上面的波导,那耦合区域长度至少要有 2.08 μm。但是 TE 模在 1.13 μm 时也已经完全耦合到上面波导了,如果选择耦合区域长度为 2.08 μm,那就达不到 TE 基模从上面波导耦合回下面波导的最短长度 2×1.13 μm=2.26 μm。

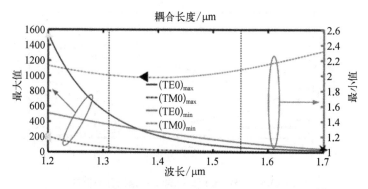

图 13.5　TE 基模和 TM 基模耦合长度的最大值和最小值

因此,耦合长度的最小值应该为 max{2 × 1.13 μm; 2.08 μm} = 2.26 μm。 值得注意的是,虽然 2.26 μm 大于 TM 模式的最小耦合长度 2.08 μm,但是 TM 模式的耦合长度取值范围为 2.08 ~ 11.49 μm,而 2.26 μm 刚好位于其中。也就是说即使将耦合区域长度定为 2.26 μm,也可以通过优化,让 TM 模式的耦合长度等效为 2.26 μm,这样便可以实现偏振分束。同理,可以求得 1 310 nm(O 波段)处的最小耦合长度为 max{2 × 1.36 μm; 2.01 μm} = 2.72 μm。 为保证在不改变优化区域长度的情况下,偏振分束器能够工作于 1 310 nm 和 1 550 nm,其长度显然要大于 2.72 μm。当然,这里分析的是极限情况,实际设计时应该适当增大耦合区域长度。

　　为验证理论的正确性并确定最终耦合区域长度,针对 1 310 nm 波长和 1 550 nm 波长用目标优先优化算法及后续局部优化算法进行了优化测试,测试结果如图 13.6 所示。观察图 13.6 可以得到如下几个结论:

　　(1)当耦合区域长度小于 2.72 μm 时(1.4 μm),工作波长为 1 310 nm 和 1 550 nm 的偏振分束器优化都达不到设定结果,即耦合区域长度不能太短;

　　(2)对 1 550 nm 来说,3.4 μm 的耦合长度已经能够保证优化收敛到预定目标,但是对 1 310 nm 来说还不行,也即波长越短,需要的耦合区域长度越大;

　　(3)在耦合长度满足要求以后,继续增大耦合长度不会导致器件性能下降,但是会增加计算成本。

　　根据以上结论,最终选择耦合区域长度为 6.4 μm。实际上,如果只需要偏振分束器工作于 1 550 nm 附近,那 3.4 μm 的耦合区域长度就已经能够满足要求了,而要工作于 1 310 nm 附近则要更长,但是预测也不需要 6.4 μm 这么长。这里选择 6.4 μm 是因为最后的目的是设计能够工作于各个波段的宽带偏振分

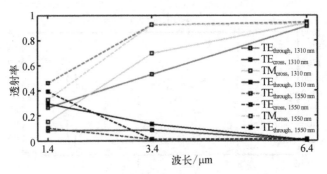

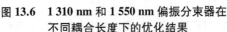

图 13.6   1 310 nm 和 1 550 nm 偏振分束器在
不同耦合长度下的优化结果

束器,也就是说会有工作波长小于 1 310 nm 的情况出现。

13.2.2   器件的目标优先优化设计

根据目标优先优化算法的定义,在对结构参数 z 没有特别约束的情况下,优化模型可以写为

$$\text{minimize} \sum_{i=1}^{M} \sum_{j=1}^{N_i} I_+(\mid c_{ij}^{\dagger} \boldsymbol{x}_i \mid - \alpha_{ij}) + I_+(\beta_{ij} - \mid c_{ij}^{\dagger} \boldsymbol{x}_i \mid) \tag{13.6}$$

$$\text{subject to} \quad \boldsymbol{A}_i(z)\boldsymbol{x}_i - \boldsymbol{b}_i(z) = 0, \ i = 1, \cdots, N$$

以 1 550 nm 的 PBS 设计为例,此时输入模式是两个,分别为波长 1 550 nm 的 TE 基模(Mode 1)和 TM 基模(Mode 2),从图 13.3 (b)所示的端口 1 入射,其等效电流源激发的电场分别为 $\boldsymbol{x}_1$ 和 $\boldsymbol{x}_2$。对 Mode 1 来说,输出模式是两个,分别是从端口 3 出射的波长 1 550 nm 的 TE 基模(Mode 11)和从端口 4 出射的波长 1 550 nm 的 TE 基模(Mode 12),其在输出端口截面的电场分布分别为 c_{11} 和 c_{12}。对 Mode 2 来说,输出模式也是两个,分别是从端口 3 出射的波长 1 550 nm 的 TM 基模(Mode 21)和从端口 4 出射的波长 1 550 nm 的 TM 基模(Mode 22),其在输出端口截面的电场分布分别为 c_{21} 和 c_{22}。为保证优化结果,在优化时指定 TE(TM)基模从端口 1 入射的能量有 ≥95% 的部分从端口 3(4)出射,同时从端口 4(3)出射的能量 ≤1%。也就是对 Mode 1 来说,$\alpha_{11} = 0.95$,$\beta_{11} = 1$,$\alpha_{12} = 0$,$\beta_{12} = 0.01$,对 Mode 2 来说,$\alpha_{21} = 0$,$\beta_{21} = 0.01$,$\alpha_{22} = 0.95$,$\beta_{22} = 1$。

将以上参数代入 ADMM 算法,以 FDFD 算法为计算引擎,通过迭代优化即可得到优化后的结构参数 $z_m (0 \leqslant z_m \leqslant 1)$ 的分布[17]。将 z_m 代入以下公式即可

求得优化区域介电常数分布：

$$\varepsilon_m = (\varepsilon_{Si} - \varepsilon_{SiO_2})z_m + \varepsilon_{SiO_2}, \quad m = 1, \cdots, M \tag{13.7}$$

其中，M 为结构参数 z 的维度；初始 $z_m = 0.75(m = 1, \cdots, M)$。

如图 13.7 所示即为优化后的介电常数分布，其中黑色代表硅，白色代表二氧化硅，灰色部分表示介电常数介于二者之间。同理，可以优化得到工作波长为 1 310 nm 和 1 600 nm 器件的介电常数分布。

ε_{SiO_2}　　　　ε_{Si}

图 13.7　目标优先优化算法优化得到的 1 550 nm
波长 PBS 耦合区域介电常数分布

除单波长优化外，还用目标优先优化算法优化得到了如图 13.8 所示的覆盖 C 波段的宽带偏振分束器。同理，也可以优化得到 O 波段和 L 波段的宽带偏振分束器。与单波长优化不同的是，宽带优化时目标函数涉及多个频率点，在这里每隔 20 nm 取一个采样点，每个波段取四个点，即每个波段的优化带宽为 60 nm。其中，O 波段采样点为{1 290 nm, 1 310 nm, 1 330 nm, 1 350 nm}，C 波段采样点为{1 510 nm, 1 530 nm, 1 550 nm, 1 570 nm}，L 波段采样点为{1 570 nm, 1 590 nm, 1 610 nm, 1 630 nm}。类似于单波长优化过程，将这里的多个频率点代入式(13.6)即可优化得到宽带偏振分束器的目标优先设计结果。理论上，只要耦合区域长度合适，就可以用目标优先优化算法设计覆盖任何通信波段的宽带偏振分束器。

ε_{SiO_2}　　　　ε_{Si}

图 13.8　目标优先优化算法优化得到的 C 波段的
宽带 PBS 耦合区域介电常数分布

13.3 梯度下降与水平集方法

上一节对基于目标优先优化算法的偏振分束器设计进行了详细阐述。从图 13.7 和图 13.8 中可以发现,虽然设计的器件性能良好,但是优化后耦合区域介电常数分布并未完全二值化,很多区域呈现出连续变化趋势,导致器件无法加工。因此,还要在目标优先优化算法的基础上进一步优化,得到可加工的器件结构。

13.3.1 梯度下降法的定义

梯度下降法(gradient descent method),也称最速下降法(steepest descent method),最早由 Cauchy 在 1847 年提出[21]。作为优化领域的经典算法之一,因为其具有操作简单的特点,所以至今仍在被广泛应用[22]。

假设要求函数 $f(x)$,$x \in R^n$ 的最小值($f: R^n \to R$),在求得 $f(x)$ 的梯度 $d_k = -\nabla f(x_k)$ 后,可以通过式(13.8)迭代求解 $f(x)$ 的极小值,由于 d_k 代表在 n 维空间中某点 x_k 的梯度的反方向,也就是最陡的方向,把优化过程看成下山的话,这就是山坡上某点最陡的方向,沿这个方向下坡最快,因此被称为最速下降法。

$$x_{k+1} = x_k + \alpha_k d_k \tag{13.8}$$

其中,α_k 为每次迭代的优化步长,其值可以固定也可以用线搜寻[23]方法确定。

13.3.2 梯度下降法的优化流程

对梯度下降法等局部优化算法来说,初始条件的优劣往往决定其最终优化结果的质量,因此前面描述的随机给定初始条件的拓扑优化算法有时候设计的器件性能很难达到设定目标,目标优先优化算法则不同,它能在随机给定初始条件的情况下收敛到设定目标值,但是目标优先优化算法优化出的结构很难加工。考虑到梯度下降法操作简单,在初始条件优秀时很容易收敛到较好结果,且容易在优化过程中对结构参数 z 添加各种限制,因此,一个自然的想法就是把目标优先优化算法优化的结果作为梯度下降法初始条件,然后进一步优化得到最终可加工的器件结构。

为避免和前面描述的目标优先优化算法混淆,重新对器件优化模型做如下描述：

$$\text{minimize} \quad F(x_1, \cdots, x_M) = \sum_{i=1}^{M} f_i(\boldsymbol{x}_i)$$

$$= \sum_{i=1}^{M} \sum_{j=1}^{N_i} I_+(\mid c_{ij}^\dagger \boldsymbol{x}_i \mid - \alpha_{ij}) + I_+(\beta_{ij} - \mid c_{ij}^\dagger \boldsymbol{x}_i \mid)$$

$$\text{subject to} \quad \boldsymbol{A}_i(z)\boldsymbol{x}_i - \boldsymbol{b}_i(z) = 0, \ i = 1, \cdots, M$$

$$z = m(p)$$

$$\text{(13.9)}$$

其中，p 为实际优化过程被优化的参数，它和直接决定器件几何形状的结构参数 z 的映射关系为 $z = m(p)$。通过该映射关系，就可以对结构变量 z 添加各种约束条件。结合目标优先优化算法的定义，很容易发现在目标优先优化时有 $z = m(p) = p$。同时，为方便求导，这里的指示函数为

$$I_+ = \begin{cases} 0, & u \geqslant 0 \\ \dfrac{1}{a} \mid u \mid^q, & u < 0 \end{cases} \quad \text{(13.10)}$$

其中，$a = \max\{f_1(\boldsymbol{x}_1), \cdots, f_1(\boldsymbol{x}_M)\}$，$q = 2^{[24]}$。

要用梯度下降法优化器件结构，首先要求目标函数 F 对优化参数 p 的导数：

$$\frac{\mathrm{d}F}{\mathrm{d}p} = \frac{\mathrm{d}F}{\mathrm{d}z}\frac{\mathrm{d}z}{\mathrm{d}p} = \frac{\mathrm{d}F}{\mathrm{d}z}\frac{\mathrm{d}m(p)}{\mathrm{d}p} \quad \text{(13.11)}$$

显然难度在于求 $\dfrac{\mathrm{d}F}{\mathrm{d}z}$，将 (13.9) 式代入可得

$$\frac{\mathrm{d}F}{\mathrm{d}z} = \sum_{i=1}^{M} \frac{\mathrm{d}f_i(\boldsymbol{x}_i)}{\mathrm{d}z} \quad \text{(13.12)}$$

又由于函数 f_i 是多维复空间 $\mathbb{C}^n$ 到一维实空间 $\mathbb{R}$ 的映射，因此 (13.12) 式可以写为

$$\frac{\mathrm{d}F}{\mathrm{d}z} = \sum_{i=1}^{M} 2\mathrm{Re}\left[\frac{\partial f_i(\boldsymbol{x}_i)}{\partial \boldsymbol{x}_i} \cdot \frac{\mathrm{d}\boldsymbol{x}_i}{\mathrm{d}z}\right] \quad \text{(13.13)}$$

下面对 $\dfrac{\partial f_i(\boldsymbol{x}_i)}{\partial \boldsymbol{x}_i} \dfrac{\mathrm{d}\boldsymbol{x}_i}{\mathrm{d}z}$ 进行求解，将 $f_i(\boldsymbol{x}_i)$ 的定义代入 $\dfrac{\partial f_i(\boldsymbol{x}_i)}{\partial \boldsymbol{x}_i}$ 可得

$$\frac{\partial f_i(\boldsymbol{x}_i)}{\partial \boldsymbol{x}_i} = \sum_{j=1}^{N_i} \frac{\partial}{\partial \boldsymbol{x}_i} I_+ (\mid c_{ij}^\dagger \boldsymbol{x}_i \mid - \alpha_{ij}) + \frac{\partial}{\partial \boldsymbol{x}_i} I_+ (\beta_{ij} - \mid c_{ij}^\dagger \boldsymbol{x}_i \mid) \qquad (13.14)$$

其中：

$$\frac{\partial}{\partial \boldsymbol{x}_i} I_+ (\mid c_{ij}^\dagger \boldsymbol{x}_i \mid - \alpha_{ij}) = \frac{1}{2} \frac{(c_{ij}^\dagger \boldsymbol{x}_i)^*}{\mid c_{ij}^\dagger \boldsymbol{x}_i \mid} c_{ij}^\dagger \cdot \begin{cases} 0, & \mid c_{ij}^\dagger \boldsymbol{x}_i \mid - \alpha_{ij} \geqslant 0 \\ \dfrac{q}{a} \mid \mid c_{ij}^\dagger \boldsymbol{x}_i \mid - \alpha_{ij} \mid^{q-1}, & \text{其他} \end{cases}$$

$$(13.15)$$

$$\frac{\partial}{\partial \boldsymbol{x}_i} I_+ (\beta_{ij} - \mid c_{ij}^\dagger \boldsymbol{x}_i \mid) = \frac{1}{2} \frac{(c_{ij}^\dagger \boldsymbol{x}_i)^*}{\mid c_{ij}^\dagger \boldsymbol{x}_i \mid} c_{ij}^\dagger \cdot \begin{cases} 0, & \mid c_{ij}^\dagger \boldsymbol{x}_i \mid - \alpha_{ij} \geqslant 0 \\ \dfrac{q}{a} \mid \beta_{ij} - \mid c_{ij}^\dagger \boldsymbol{x}_i \mid \mid^{q-1}, & \text{其他} \end{cases}$$

$$(13.16)$$

求得 $\dfrac{\partial f_i(\boldsymbol{x}_i)}{\partial \boldsymbol{x}_i}$ 的值后，应用伴随法，很容易求得 $\dfrac{\partial f_i(\boldsymbol{x}_i)}{\partial \boldsymbol{x}_i} \dfrac{\mathrm{d}\boldsymbol{x}_i}{\mathrm{d}z}$ 的值为

$$\frac{\partial f_i(\boldsymbol{x}_i)}{\partial \boldsymbol{x}_i} \frac{\mathrm{d}\boldsymbol{x}_i}{\mathrm{d}z} = \left\{ \boldsymbol{A}_i(\omega_i, z)^{-\dagger} \left[\frac{\partial f_i(\boldsymbol{x}_i)}{\partial \boldsymbol{x}_i} \right]^\dagger \right\} (\omega_i^2 \boldsymbol{x}_i)$$

$$= \left(\boldsymbol{x}_i \left\{ \omega^*, \varepsilon^*, \frac{i}{\omega^*} \left[\frac{\partial f_i(\boldsymbol{x}_i)}{\partial \boldsymbol{x}_i} \right]^* \right\} \right)^* \boldsymbol{x}_i \qquad (13.17)$$

将 $\boldsymbol{x}_i \left\{ \omega^*, \varepsilon^*, \dfrac{i}{\omega^*} \left[\dfrac{\partial f_i(\boldsymbol{x}_i)}{\partial \boldsymbol{x}_i} \right]^* \right\}$ 记为 $\boldsymbol{x}_{i, \mathrm{adj}}$，则有 $\dfrac{\partial f_i(\boldsymbol{x}_i)}{\partial \boldsymbol{x}_i} \dfrac{\mathrm{d}\boldsymbol{x}_i}{\mathrm{d}z} = \boldsymbol{x}_{i, \mathrm{adj}}^* \boldsymbol{x}_i$，也就是说通过两次电磁场求解，就可以求得目标函数对结构参数 z 的导数：

$$\frac{\mathrm{d}f_i(\boldsymbol{x}_i)}{\mathrm{d}z} = \boldsymbol{x}_{i, \mathrm{adj}}^* \boldsymbol{x}_i \qquad (13.18)$$

将式(13.18)代入式(13.11)可得

$$\frac{\mathrm{d}F}{\mathrm{d}p} = \left(\sum_{i=1}^{M} \frac{\mathrm{d}f_i(\boldsymbol{x}_i)}{\mathrm{d}z} \right) \frac{\mathrm{d}m(p)}{\mathrm{d}p} = \left(\sum_{i=1}^{M} \boldsymbol{x}_{i, \mathrm{adj}}^* \boldsymbol{x}_i \right) \frac{\mathrm{d}m(p)}{\mathrm{d}p} \qquad (13.19)$$

式(13.19)的第二项 $\dfrac{\mathrm{d}m(p)}{\mathrm{d}p}$ 通过差分很容易求得，这样通过两次调用 FDFD 求解器并进行一次差分运算，就求得了目标函数对优化参数 p 的导数，再将

式(13.19)代入式(13.8)即可对优化参数 p 进行更新。事实上,为了加快收敛速度,这里并未对结构参数 z 做额外限制,即有

$$z = m(p) = p \tag{13.20}$$

假设优化步长为 α,令 $\boldsymbol{P}$ 为行列均与优化参数 p 维度相等的稀疏单位矩阵 speye $[\text{length}(p)]$,令 $\boldsymbol{q} = p_0 - \alpha \dfrac{\mathrm{d}F}{\mathrm{d}p_0}$,构造如下二次函数:

$$Q(p) = \frac{1}{2} \left\| \boldsymbol{P}p - \left(p_0 - \alpha \frac{\mathrm{d}F}{\mathrm{d}p_0} \right) \right\|^2 \tag{13.21}$$

显然,该式在其导函数 $Q'(p) = 0$ 时取极小值,此时有 $p = p_0 - \alpha \dfrac{\mathrm{d}F}{\mathrm{d}p_0}$。考虑到优化参数 p 的取值范围为 $p \in \begin{bmatrix} 0 & 1 \end{bmatrix}^m$($m$ 为优化参数 p 的维度),等价于如下优化问题:

$$\begin{aligned} \text{minimize} \quad & \frac{1}{2} \left\| \boldsymbol{P}p - \left(p_0 - \alpha \frac{\mathrm{d}F}{\mathrm{d}p_0} \right) \right\|^2 \\ \text{subject to} \quad & p \in \begin{bmatrix} 0 & 1 \end{bmatrix}^m \end{aligned} \tag{13.22}$$

显然,式(13.22)是 CVX 工具包可接受的标准形式。

13.3.3　梯度下降法的优化结果

如图 13.9 和图 13.10 分别是在图 13.7 和图 13.8 的基础上,用梯度下降法进一步优化得到的 1 550 nm 偏振分束器以及 C 波段宽带偏振分束器耦合区域介电常数分布。同理,可以通过梯度下降法优化得到其他波段的单波长以及宽带偏振分束器耦合区域介电常数分布。值得注意的是,由于该结构是在目标优先优化算法的基础上进一步优化得到的,所以这部分优化会很快收敛到设定目标。

ε_{SiO_2}　　　　ε_{Si}

图 13.9　梯度下降法优化得到的 1 550 nm 波长的 PBS 耦合区域介电常数分布

$$\varepsilon_{SiO_2} \qquad\qquad \varepsilon_{Si}$$

图 13.10　梯度下降法优化得到的 C 波段宽带 PBS 耦合区域介电常数分布

13.3.4　水平集方法

前面多次提到,设计的器件结构最终要可加工。但是到目前为止,经过梯度下降法优化后的器件优化区域介电常数分布依然是连续的。为了将优化区域的折射率分布二值化,这里采用水平集方法[25]。

简单来说,水平集方法就是用高维曲面(隐式函数)的等高线表示低维曲线(显式函数),例如,对二维平面的单位圆 $\partial\Omega = \{\vec{r} \mid |\vec{r}| = 1\}$ 来说,可以用三维曲面 $\phi(x, y) = x^2 + y^2 - 1$ 的零水平集(零等高线)来表示,即

$$\phi(x, y) = x^2 + y^2 - 1 = 0 \qquad\qquad (13.23)$$

如图 13.11 所示,$\phi = 0$,$\phi > 0$,$\phi < 0$ 分别表示圆上、圆外和圆内。

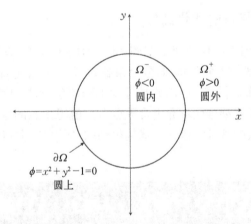

图 13.11　曲线 $x^2 + y^2 = 1$ 的隐式表示

这样做的好处是,如果定义的二维曲线(例如这里的单位圆)在某种外力或者内在需求的推动下需要演化(位置和形状的改变),而我们要实时监测演化过

程。此时,如果直接推导曲线演化可能会很麻烦,特别是当曲线有分裂和融合过程时,可能会出现不可导的情况,推导尤为复杂。但是如果将二维曲线的演化转化为三维曲面的演化,就有一个常量是固定不变的,即等高线的位置,也就是某个水平集(一般是零水平集)。原则上,只要确保三维曲面某个等高线位置的取值与二维曲线相同,可以任意选择性质较好的三维曲面,这样复杂二维曲线的演化就转换成了简单三维曲面的演化,从数值计算的角度来说要简单很多。

接下来的问题是如何选择隐式函数,在这里采用符号距离函数(signed distance function, SDF)。假设多维空间中任意一点为 $\vec{r}$,我们关心的曲线为 $\partial\Omega$,曲线内部记为 Ω^-,曲线外部记为 Ω^+,定义距离函数 $d(\vec{r})$ 为点 $\vec{r}$ 到曲线 $\partial\Omega$ 的距离的最小值:

$$d(\vec{r}) = \min(|\,\vec{r} - \vec{r}_l\,|)\,,\ \vec{r}_l \in \partial\Omega \tag{13.24}$$

由此可定义 SDF 为

$$\phi(\vec{r}) = \begin{cases} d(\vec{r}), & \vec{r} \in \Omega^+ \\ 0, & \vec{r} \in \partial\Omega \\ -d(\vec{r}), & \vec{r} \in \Omega^- \end{cases} \tag{13.25}$$

二值化与水平集演化

从上面的描述可以看出,用水平集方法对曲线进行演化的第一步是构造 SDF 函数并初始化,这里用参考文献[25]中的式(7.4)和式(7.5)构造 SDF 函数 $\phi(\vec{r})$ 并初始化。如图 13.12(b)所示为初始化完成后 1 550 nm 偏振分束器的介电常数分布,可以看到和图 13.12(a)(图 13.9)相比介电常数分布基本已经完成了二值化,即有

$$\varepsilon(\vec{r}) = \begin{cases} \varepsilon_{Si}, & \phi(\vec{r}) > 0 \\ \varepsilon_{SiO_2}, & \phi(\vec{r}) < 0 \end{cases} \tag{13.26}$$

如图 13.13 所示为 1 550 nm 偏振分束器初始化之前和初始化之后器件中心位置电场分布。可以看到初始化会对器件性能造成一定影响,这是由于初始化之前介电常数 ε 在一些区域呈现连续变化状态,而这里 SDF 函数的初始化等价于让介电常数小于优化区域介电常数平均值的取 ε_{SiO_2},大于平均值的取 ε_{Si},这种人为改变介电常数分布的行为必然导致器件性能退化。事实上,从前面的连续优化过渡到这里的二值化时肯定会有性能退化,只是性能退化大小的问题。

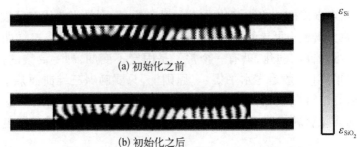

(a) 初始化之前

(b) 初始化之后

图 13.12　1 550 nm 偏振分束器介电常数分布

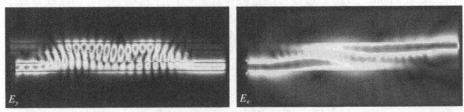

(a) 初始化之前

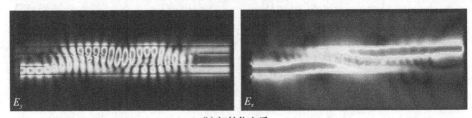

(b) 初始化之后

图 13.13　1 550 nm 偏振分束器中心位置电场分布

一般来说,如果梯度下降优化得到的器件介电常数分布越接近离散状态,SDF函数的初始化对器件性能影响越小[26]。

从图 13.12 (b)可以看出已经完成了水平集构造,出现了很多不规则的分界曲线,但是图 13.13 也告诉我们在构造水平集时发生了性能退化,所以接下来的问题是如何对这些曲线进行演化,恢复退化的性能。

事实上,构造 SDF 函数的过程就是一个从优化变量 p 到水平集表示 ϕ 的映射过程,反过来,将这里的水平集表示 ϕ 看作自变量,优化参数 p(结构参数 z)看作因变量,则有

$$p = \Phi(\phi) \tag{13.27}$$

为与前面对结构参数 z 的描述保持一致,将(13.27)式写为

$$z = \Phi(p) \tag{13.28}$$

参考 13.3.1 节梯度下降法的推导过程,可以对水平集演化做类似推导,得到如下优化模型:

$$\text{minimize} \quad \frac{1}{2}\left\| Pp - \left(p_0 - \alpha\frac{\mathrm{d}F}{\mathrm{d}p_0}\right)\right\|^2 \tag{13.29}$$

$$\text{subject to} \quad p \in \begin{bmatrix} -1 & 1 \end{bmatrix}^m$$

不同的是式(13.11)中的 $\dfrac{\mathrm{d}m(p)}{\mathrm{d}p}$ 在这里为 $\dfrac{\mathrm{d}\Phi(p)}{\mathrm{d}p}$,由于式(13.29)不是 CVX 工具包接受的标准形式,因此采用普通梯度下降法对其进行优化,优化步长 α 用线搜寻的方法确定。

13.3.5 水平集演化结果

如图 13.14 和图 13.15 所示,分别为单波长和宽带 PBS 优化结果,其中图 13.14 最上面一行为结构拓扑图,中间两行为电场图,最下面一行为传输谱图,从左往右三列分别代表波长为 1 310 nm、1 550 nm 和 1 600 nm;图 13.15 最上面一行为结构拓扑图,中间一行为传输谱图,下面一行为传输谱图的 dB 单位表示,从左往右三列分别代表 O 波段、C 波段和 L 波段。从图中可以看出,所有三个波长的 TE(TM)基模损耗均小于 0.4 dB (0.35 dB),两个偏振态的消光比均大于 19.9 dB。此外,在 1 286~1 364 nm、1 497~1 568 nm 和 1 553~1 634 nm 波长范围内,两个偏振态的消光比均大于 14.5 dB,损耗均小于 0.46 dB。

13.4 本章小结

本章以偏振分束器为例,介绍了目标优先优化算法及后续优化算法设计具体器件的流程。首先,对偏振分束器的重要性、发展现状和现有设计方案的缺点进行了阐述;其次,对目标优先优化算法如何设计偏振分束器进行了详细论述,并首次给出了目标优先优化算法设计器件时关于优化区域尺寸选择的指导性意见;最后,对目标优先优化算法的后续优化(梯度下降和水平集演化)和器件优化区域介电常数分布二值化进行了论述。

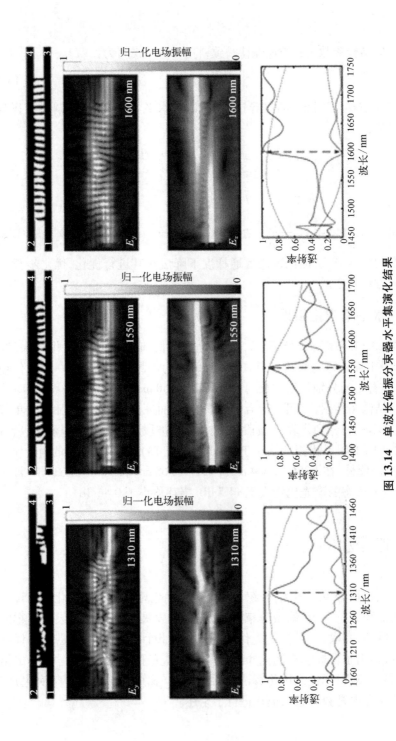

图 13.14 单波长偏振分束器水平集演化结果

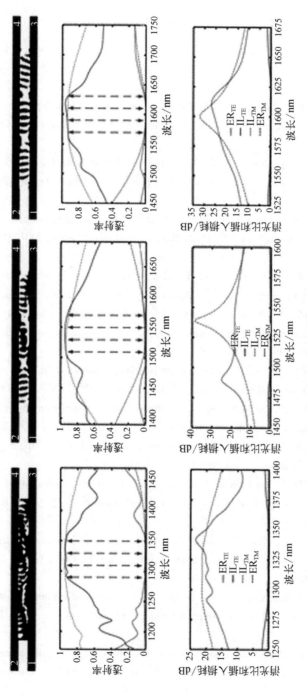

图 13.15　宽带偏振分束器水平集演化结果

参考文献

[1] Rahman B M A, Somasiri N, Themistos C, et al. Design of optical polarization splitters in a single-section deeply etched MMI waveguide [J]. Applied Physics B, 2001, 73(5 - 6): 613 - 618.

[2] Ding Y, Ou H, Peucheret C. Wideband polarization splitter and rotator with large fabrication tolerance and simple fabrication process [J]. Optics Letters, 2013, 38(8): 1227 - 1229.

[3] Augustin L M, Hanfoug R, Van der Tol J, et al. A compact integrated polarization splitter/converter in InGaAsP-InP [J]. IEEE Photonics Technology Letters, 2007, 19(17): 1286 - 1288.

[4] Ao X, Liu L, Wosinski L, et al. Polarization beam splitter based on a two-dimensional photonic crystal of pillar type [J]. Applied Physics Letters, 2006, 89(17): 171115.

[5] Guan X, Wu H, Shi Y, et al. Extremely small polarization beam splitter based on a multimode interference coupler with a silicon hybrid plasmonic waveguide [J]. Optics Letters, 2014, 39(2): 259 - 262.

[6] Lou F, Dai D, Wosinski L. Ultracompact polarization beam splitter based on a dielectric-hybrid plasmonic-dielectric coupler [J]. Optics Letters, 2012, 37(16): 3372 - 3374.

[7] Xu Y, Xiao J. Compact and high extinction ratio polarization beam splitter using subwavelength grating couplers [J]. Optics Letters, 2016, 41(4): 773 - 776.

[8] Qiu H, Su Y, Yu P, et al. Compact polarization splitter based on silicon grating-assisted couplers [J]. Optics Letters, 2015, 40(9): 1885 - 1887.

[9] Zhang Y, He Y, Wu J, et al. High-extinction-ratio silicon polarization beam splitter with tolerance to waveguide width and coupling length variations [J]. Optics Express, 2016, 24(6): 6586 - 6593.

[10] Liu L, Deng Q, Zhou Z. Manipulation of beat length and wavelength dependence of a polarization beam splitter using a subwavelength grating [J]. Optics Letters, 2016, 41(21): 5126 - 5129.

[11] Wang J, Niu B, Sheng Z, et al. Design of a SiO₂ top-cladding and compact polarization splitter-rotator based on a rib directional coupler [J]. Optics Express, 2014, 22(4): 4137 - 4143.

[12] Dai D, Bowers J E. Novel ultra-short and ultra-broadband polarization beam splitter based on a bent directional coupler [J]. Optics Express, 2011, 19(19): 18614 - 18620.

[13]　Liu L, Ding Y, Yvind K, et al. Silicon-on-insulator polarization splitting and rotating device for polarization diversity circuits [J]. Optics Express, 2011, 19(13): 12646 – 12651.

[14]　Dai D, Wang Z, Bowers J E. Ultrashort broadband polarization beam splitter based on an asymmetrical directional coupler [J]. Optics Letters, 2011, 36(13): 2590 – 2592.

[15]　Halir R, Maese-Novo A, Ortega-Moñux A, et al. Colorless directional coupler with dispersion engineered sub-wavelength structure [J]. Optics Express, 2012, 20(12): 13470 – 13477.

[16]　Shen B, Wang P, Polson R, et al. An integrated-nanophotonics polarization beamsplitter with 2.4×2.4 μm^2 footprint [J]. Nature Photonics, 2015, 9(6): 378 – 382.

[17]　Lu J, Vučković J. Nanophotonic computational design [J]. Optics Express, 2013, 21(11): 13351 – 13367.

[18]　Piggott A Y, Lu J, Lagoudakis K G, et al. Inverse design and demonstration of a compact and broadband on-chip wavelength demultiplexer [J]. Nature Photonics, 2015, 9(6): 374 – 377.

[19]　Aguinaldo R F. Silicon photonics with applications to data center networks [D]. Los Angeles: University of California, 2014.

[20]　Lumerical Inc. [OL]. (2022 – 10 – 10).https://www.lumerical.com/.

[21]　Cauchy M A. Méthode générale pour la résolution des systemes d'équations simultanées [J]. Comptes Rendus Hebdomadaires des Séances de l'Académie des Sciences, 1847, 25: 536 – 538.

[22]　Meza J C. Steepest descent [J]. Wiley Interdisciplinary Reviews: Computational Statistics, 2010, 2(6): 719 – 722.

[23]　Sun W, Yuan Y X. Optimization theory and methods: Nonlinear programming [M]. New York: Springer, 2006.

[24]　Boyd S, Vandenberghe L. Convex optimization [M]. Cambridge: Cambridge University Press, 2004.

[25]　Osher S, Fedkiw R. Level set methods and dynamic implicit surfaces [M]. New York: Springer, 2003.

[26]　Petykiewicz J. Active nanophotonics: Inverse design and strained germanium light emitters [D]. Palo Alto: Stanford University, 2016.

第 14 章 聚焦波长分束器

第 13 章对目标优先优化算法设计具体器件进行了详细仿真分析,特别是通过 13.3 节梯度下降法的进一步优化和水平集方法的初始化和演化,设计了理论上可加工的二值化器件结构。但是,在设计过程中作者发现大多数情况下,从梯度下降优化向水平集演化过渡时器件性能会有明显退化。此外,由于在梯度下降优化和水平集演化时未对器件优化区域拓扑结构做最小尺寸约束,会有很多尺寸较小的拓扑结构出现,这对器件加工来说影响较大。另外,从图 13.14 和图 13.15 的最终优化结果看,虽然水平集方法能够快速对器件优化区域拓扑结构进行演化,但是在优化时曲线穿过的网格点没法完全二值化。由于加工时我们要告诉电子束曝光设备具体哪个像素点需要曝光,因此要走向加工,这个问题就必须解决,可惜的是如果强行对这些像素点的值进行二值化也会导致器件性能退化。

本章将以普通优化算法无法有效设计的多功能器件——聚焦波长分束器为例来阐述目标优先优化算法的优越性,同时,会对上面提到的问题给出解决方案并通过实验测试验证。

14.1 基于逆向设计算法的多功能器件

对光子集成电路来说,越高的集成度就意味着越低的能耗和越高的性能,和传统设计方法相比,基于各种算法的逆向设计方法能够在较大的参数空间上对器件进行优化,因而能极大缩小器件尺寸,提高光子集成电路集成度。但是,目前用算法设计的硅基光子器件大部分是单一功能器件,对设计多功能器件的研究较少。

所谓基于逆向设计算法的多功能器件就是通过目标优先优化算法等方法对待优化器件的优化区域结构进行设计,让其具有两个及以上功能,例如能够同时实现能量和波长分束、模式压缩和波长分束、模式转换和能量分束等。例如,图 14.1 所示是 Piggott 等在 2014 年设计的基于光栅结构的波长分束器[1],该结构能够同时实现光从自由空间向波导的耦合和波长分束,实验测得 TE 基模在 1 310 nm 和 1 550 nm 处的消光比分别为 17±2 dB 和 12±2 dB。虽然该结构能够同时实现光的耦合和波长分束,但是由于光栅对波长具有高度选择性,用该结构实现多通道波长分束和宽带波长分束将会变得很困难,所以该结构虽然具有多种功能,但是其应用范围有限,可扩展性较差,无法有效说明目标优先优化算法在设计多功能器件领域的优势。

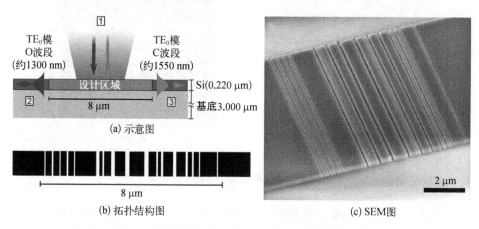

图 14.1　目标优先优化算法设计的波分光栅耦合器

14.2　聚焦波长分束器

为和标准单模光纤输出光的模场匹配,硅基波导光栅的纵向尺寸一般为 10 μm 左右[2],这意味着从光栅耦合出来的光是 10 μm 宽的波导中的模式光,具有较大模斑尺寸,而工作于光子集成电路的波导宽度一般在 500 nm 左右,为了使从光栅耦合出来的光能够无损地传输到 500 nm 宽的波导中,一般需要一个长几百微米的锥形渐变波导,这显然不利于大规模集成。基于这个需求,哈尔滨工业大学深圳研究院的 Liu 等用 DBS 算法设计了一个模式聚焦器[3],如图 14.2 所示,该模式聚焦器长度只有 5 μm,10 μm 的宽波导中的模式光在通过该模式聚焦器后能够以超过 70% 的效率聚焦到 500 nm 宽的波导中。虽然和传统锥形渐变波导相比,该模式聚焦器能够很大程度上减小器件尺寸,但是由于该器件的尺寸相对较大,离散后像素点较多(2952 个像素点),所以用 DBS 算法对其进行优化比较耗时(大约 100 小时)。此外,由于 DBS 算法缺少梯度信息,因此很难用它设计具有复杂功能的器件,例如超宽带模式聚焦器和聚焦波长分束器。

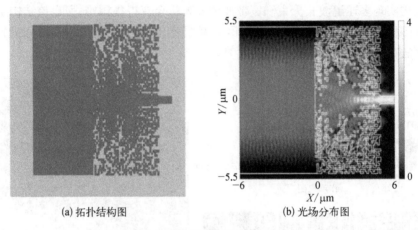

(a) 拓扑结构图　　　　　　　　(b) 光场分布图

图 14.2　DBS 算法设计的模式压缩器

　　在这里,考虑到绝热渐变波导(模式聚焦器)和波长分束器是光子集成电路中的两类重要器件,但是用传统的半解析方法或者上述启发式优化算法设计的器件一般具有较大尺寸且设计效率较低,因此作者用第 13 章提到的目标优先优化算法及后续优化算法设计了一个聚焦波长分束器,使得该器件能够同时实现模式聚焦和波长分束。

14.2.1　建模

　　如图 14.3 所示是 1 520 nm 和 1 580 nm 双通道聚焦波长分束器示意图,基底为 2 μm 厚的二氧化硅($\varepsilon_{SiO_2} = 1.445^2$),器件区域为 220 nm 厚的硅($\varepsilon_{Si} = 3.477^2$),上覆盖层为空气($\varepsilon_{Air} = 1^2$),优化区域长 2.4 μm,宽 10 μm,像素点大小为 40 nm× 40 nm×40 nm;图 14.3(b)中黑色代表硅,白色代表空气(硅被刻蚀掉了),不同波长的光从光子晶体光栅耦合进 10 μm 宽的波导后,经过聚焦波长分束器,再通过两个宽度为 480 nm 的波导输出,即输入模式为不同波长下宽度为 10 μm 的波导的 TE 基模,输出模式为不同波长下宽度为 480 nm 的波导的 TE 基模。

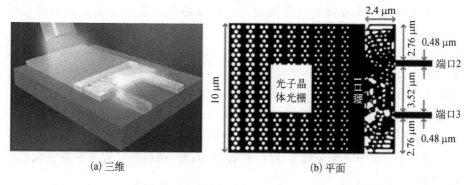

(a) 三维　　　　　　　　　(b) 平面

图 14.3　双通道聚焦波长分束器示意图

按照优化目标的定义方式,这里指定端口 2 输出的 1 520 nm TE 基模光的能量范围为 [0.9,1]、1 580 nm TE 基模光的能量范围为 [0,0.01];端口 3 与端口 2 相反。

如图 14.4 所示是初始拓扑结构以及端口 2 和端口 3 的传输谱线,类似于式 (13.7),这里优化区域介电常数由结构参数 z_m 确定:

$$\varepsilon_m = (\varepsilon_{\text{Si}} - \varepsilon_{\text{Air}}) z_m + \varepsilon_{\text{Air}},\ m = 1,\ \cdots,\ M \qquad (14.1)$$

其中,初始 $z_m = 0.75 (m = 1,\ \cdots,\ M)$,优化时 $0 \leqslant z_m \leqslant 1$。从图 14.4 的传输谱线可以发现,在未经优化前,该器件完全没有聚焦波长分束的效果。

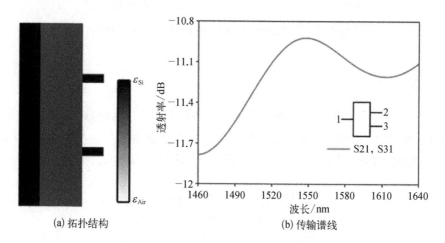

(a) 拓扑结构　　　　　　　(b) 传输谱线

图 14.4　双通道聚焦波长分束器初始结果

　　将双通道聚焦波长分束器模型和初始参数代入目标优先优化算法可得如图 14.5 所示的结果,从图中可以看出,经过目标优先优化算法优化后,设计器件能够同时实现模式聚焦和波长分束,符合设计要求。但是,同时也发现图 14.5（a）所示的器件拓扑结构没有完全二值化为硅或空气,存在很多介电常数介于硅和空气之间的部分。按照第 13 章的描述,此时我们可以在此基础上用梯度下降法和水平集演化的方法做进一步优化,得到近似离散的介电常数分布,问题是水平集方法初始化时会带来性能退化,特别是对于我们这里这种优化区域有大量介电常数连续变化区域的器件而言,很可能出现水平集演化不能恢复的性能退化现象。

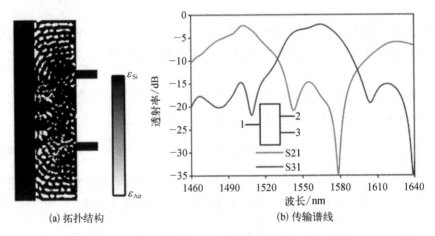

(a) 拓扑结构　　　　　　　　(b) 传输谱线

图 14.5　双通道聚焦波长分束器目标优先优化结果

14.2.2　二值化

　　由式(14.1)可知,优化区域介电常数二值化等价于结构参数 z_m 二值化(取 0 或 1),在这里,采用拓扑优化中被广泛应用的二值化方案——投影(projection)来实现结构参数 z_m 的二值化[4],将投影后的结构参数记为 $\bar{z}_m$,则有

$$\bar{z}_m = \frac{\tanh(\beta\eta) + \tanh(\beta[z_m - \eta])}{\tanh(\beta\eta) + \tanh(\beta[1 - \eta])} \tag{14.2}$$

其中,β 为投影强度,控制投影强弱;η 为中位点,控制不同方向投影的分界点。

如图 14.6 所示为 z_m 在区间 $[0, 1]$ 内连续取值时,投影量 $\bar{z}_m$ 在不同参数下的取值,可以看到 β 越大,原参数大于阈值的部分就增加得越快,小于阈值的部分就减小得越快。此外,该投影函数还具有不改变投影后结构参数取值范围的优点,即有 $\bar{z}_m \in [0, 1]$。

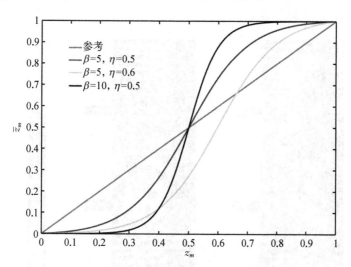

图 14.6 投影函数在不同参数下的取值

将投影后的结构参数应用到优化模型中,有

$$\varepsilon_m = (\varepsilon_{\text{Si}} - \varepsilon_{\text{Air}})\bar{z}_m + \varepsilon_{\text{Air}}, \quad m = 1, \cdots, M \tag{14.3}$$

对比式(13.9)很容易发现,这里的投影函数实际上是对结构参数 z 做了一个投影约束,即有

$$\frac{\mathrm{d}F}{\mathrm{d}p} = \frac{\mathrm{d}F}{\mathrm{d}z} = \frac{\mathrm{d}F}{\mathrm{d}\varepsilon}\frac{\mathrm{d}\varepsilon}{\mathrm{d}\bar{z}}\frac{\mathrm{d}\bar{z}}{\mathrm{d}z} \tag{14.4}$$

将式(14.2)和式(14.3)代入式(14.4)即可求得目标函数对结构参数 z(优化参数 p)的导数 $\frac{\mathrm{d}F}{\mathrm{d}z}\left(\frac{\mathrm{d}F}{\mathrm{d}p}\right)$,再以图 14.5(a)所代表的结构参数 z 为初始条件,参考 13.3.1 节梯度下降法建立的模型即可对结构参数进行进一步优化。值得注意的是,由于投影函数的存在,该优化模型不是 CVX 工具包接受的标准模型,因此用 13.3.2 节描述的普通梯度下降法进行优化,优化步长由线搜寻确定。

如图 14.7 所示是在图 14.5（a）的基础上，经过 20 次重复投影得到的介电常数分布（$\beta = 5$，$\eta = 0.6$），可以看到，如果不考虑性能下降，强行对介电常数进行重复投影，很快能得到二值化的介电常数分布，但是在实际器件优化过程中这不可行，因为在没有梯度信息和适当优化步长的情况下，随意调整结构参数 z 会导致器件性能大幅下降。

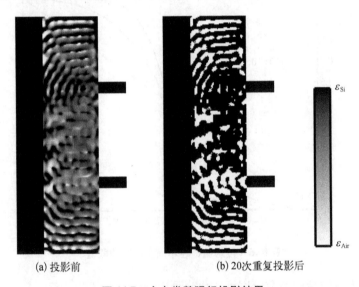

(a) 投影前　　　　　　　　　　(b) 20次重复投影后

图 14.7　介电常数强行投影结果

在实际器件优化过程中，发现同样投影强度下，优化区域的介电常数二值化速度要远低于重复投影的二值化速度，分析这是由于梯度信息驱动下的结构参数更新会一定程度上抵消投影对结构参数的影响，这个问题可以通过适当增大投影强度解决，例如参考文献[5]中的投影强度就高达 100 和 500[5]。由于我们这里的优化是在目标优先优化的结果上做的进一步优化，优化区域介电常数分布已经具有明显梯度，如果投影强度太大，势必会导致原来具有的梯度信息丢失，造成无法恢复的性能退化，因此，采用周期性增大投影强度的方法来平衡优化时间和性能退化。

如图 14.8 所示是双通道聚焦波长分束器二值化优化后的结果，这里投影强度从 5 以 5 为步长周期性增大到 20，每次增长前都确保优化收敛。从图 14.8 可以看出，虽然优化区域结构参数二值化会丢失一部分信息，但是依然可以得到满足优化目标的结构设计。

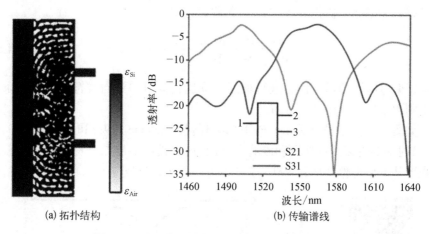

(a) 拓扑结构 (b) 传输谱线

图 14.8 双通道聚焦波长分束器二值化优化结果

14.2.3 正则化

尽管通过 14.2.2 节的二值化优化可以得到完全二值化的器件,但是从图 14.8(a) 可以看出器件优化区域有很多尺寸较小的空气孔(小于等于 80 nm),这会对加工造成较大阻碍,因此需要对优化区域介电常数分布做正则化处理,保证其最小特征尺寸在工艺允许范围内(一般为 120 nm)。在这里,引入如下低通滤波器来实现优化区域介电常数分布的正则化:

$$\tilde{z} = \frac{\sum_{k \in D} W_{mk} z_m}{\sum_{k \in D} W_{mk}} \tag{14.5}$$

其中,D 代表优化区域;W 代表低通滤波器,它定义了一个最小的特征尺寸 R:

$$W_{mk} = \begin{cases} R - |r_m - r_k|, & |r_m - r_k| \leq R \\ 0, & \text{其他} \end{cases} \tag{14.6}$$

其中,$|r_m - r_k|$ 代表像素点 m 和 k 之间的距离。

对一个可加工的器件来说,它应该同时满足二值化和正则化的条件,因此把式(14.2)重写为

$$\bar{\tilde{z}}_m = \frac{\tanh(\beta \eta) + \tanh(\beta [\tilde{z}_m - \eta])}{\tanh(\beta \eta) + \tanh(\beta [1 - \eta])} \tag{14.7}$$

此时有目标函数对优化参数 p（结构参数 z）的导数：

$$\frac{\mathrm{d}F}{\mathrm{d}p} = \frac{\mathrm{d}F}{\mathrm{d}z} = \frac{\mathrm{d}F}{\mathrm{d}\varepsilon}\frac{\mathrm{d}\varepsilon}{\mathrm{d}\bar{z}}\frac{\mathrm{d}\bar{z}}{\mathrm{d}\tilde{z}}\frac{\mathrm{d}\tilde{z}}{\mathrm{d}z} \tag{14.8}$$

用式（14.8）所示的梯度信息进行梯度下降优化即可得到同时符合二值化条件和正则化条件的介电常数分布。

如图 14.9 所示是特征尺寸 R 分别取 3（代表 120 nm 约束）和 4（代表 160 nm 约束）时的器件拓扑结构图和传输光谱图，这里投影中位点 η 都固定为 0.6，投影强度从 5 周期性增加到 100。从图中可以看出，当最小尺寸约束 $R = 3$ 时，器

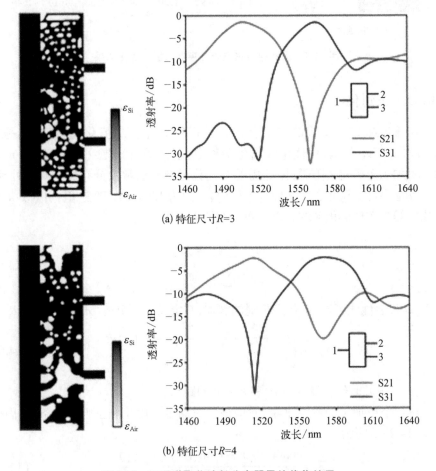

(a) 特征尺寸R=3

(b) 特征尺寸R=4

图 14.9　双通道聚焦波长分束器最终优化结果

件性能与设计目标基本匹配,两个通道传输谱的峰值位置分别为 1 507 nm 和 1 565 nm,峰值传输效率分别为 -1.39 dB 和 -1.45 dB,对应的串扰为 -26.69 dB 和 -23.50 dB;但是当最小尺寸约束增加到 $R = 4$ 时,器件性能会出现一定程度的退化,这是由于太强的约束会导致信息丢失过多,参数空间变小,考虑到当前大多数实验室的电子束曝光系统和刻蚀系统能够处理 120 nm 的特征尺寸,最终选定最小尺寸约束 $R = 3$(如无特殊说明,后面讨论默认特征尺寸为 120 nm)。

14.2.4　加工测试

如图 14.10(a)所示为特征尺寸 $R = 3$ 双通道聚焦波长分束器 SEM 图,在加工时,首先用电子束曝光系统(Vistec EBPG 5000 Plus)将图 14.9(a)所示的拓扑结构写在光刻胶 ZEP 520A 上,然后通过感应耦合等离子体刻蚀(inductive coupled plasma-reactive ion etching, ICP‐RIE)系统(Oxford Plasmalab System 100)将拓扑结构转移到具有 220 nm 厚顶硅的 SOI 晶片上。值得注意的是,由于迟滞效应(lag effect)的存在[6, 7],对目标刻蚀深度固定的微结构,其平面内尺寸越小,刻蚀速率越慢,相应的刻蚀深度越浅,显然对图 14.9 (a)所示的双通道聚焦波长分束器而言,在刻蚀条件和刻蚀时间固定的情况下,不同大小的孔的刻蚀深度肯定不一样,因此如何让所有尺寸的孔都"刻穿"是接下来要解决的问题。

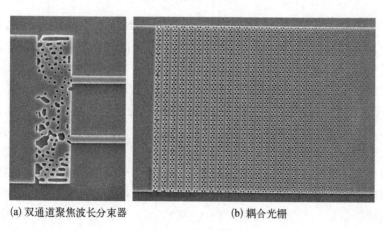

(a) 双通道聚焦波长分束器　　　　　　(b) 耦合光栅

图 14.10　SEM 图

由于 SOI 材料的顶硅层和二氧化硅下掩埋层之间以及和上空气覆盖层之间具有高折射率差,因此在设计的聚焦波长分束器中光主要被限制在硅结构中,也就是说刻蚀深度超过 220 nm 对器件性能影响应该不大,如图 14.11 所示是刻蚀深度分别为 220 nm(对照)、250 nm 和 300 nm 时传输谱的计算结果,从图中可以发现刻蚀深度的增加只会导致器件传输谱线小幅度红移,对损耗和消光比没有太大影响。

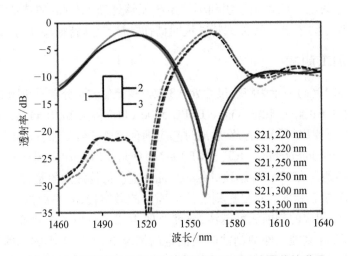

图 14.11　不同刻蚀深度下双通道聚焦波长分束器传输谱图

在实际加工过程中作者团队发现由于优化区域空气孔的尺寸太小,很难准确测量其深度,因此最终决定以 480 nm 宽的波导区域的 2 μm 隔离带为参考,通过观察这个区域的刻蚀深度来度量整个器件区域的刻蚀深度,保险起见,先将参考深度设定在 220 nm 左右。如图 14.12 所示是隔离带刻蚀深度为 228 nm 时图 14.9(b)所示器件 SEM 图和局部放大图,从局部放大图中箭头所示位置可以看出,在隔离带刻蚀深度为 228 nm 时,大的空气孔的边缘区域都没有刻透,小孔就更加不可能刻透,因此要增大刻蚀深度。

根据第一次加工的经验,第二次加工时增加了刻蚀时间,经测试,隔离带的刻蚀深度分别为 260 nm、270 nm 和 290 nm。但是在对器件传输谱进行测试时发现测试结果依然与计算结果相差较大,所以再一次拍摄了器件的 SEM 图,如图 14.13(a)所示是隔离带刻蚀深度为 270 nm 时器件 SEM 图及局部放大图,从图中发现,此时优化区域绝大多数孔应该都已经刻透了,但是也发现了另一个问题,就是由于刻蚀时间增加,空气孔出现了大幅度展宽的现象,例如图中椭圆圈出的位置,在设计时是没有联通的,但是现在由于展宽已经连接在一起了,这

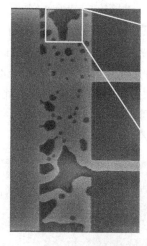
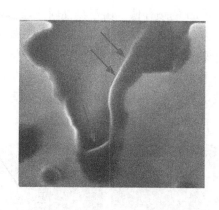

图 14.12 隔离带刻蚀深度为 228 nm 时双通道聚焦波长分束器
SEM 图及局部放大图(特征尺寸 $R=4$)

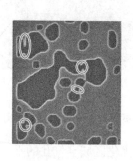

(a) 双通道聚焦波长分束器SEM图及局部放大图   (b) 光子晶体光栅SEM图

图 14.13 隔离带刻蚀深度为 270 nm 时的 SEM 图

可能导致器件性能急剧退化。此外,如图 14.13(b)所示,发现刻蚀时间增加对
光子晶体光栅的影响也比较大,空气孔展宽同样很严重,这会导致光栅损耗变
大,同时通光波段大幅向短波漂移,导致光栅不能以较理想的状态工作在设计
的通光波段。

通过前两次加工的经验,可以肯定的是隔离带刻蚀深度应该介于 228 mm
和 270 nm 之间,此外,在确定刻蚀深度时,还要确保光子晶体光栅可用。考虑
到以上这些因素,这次加工把隔离带刻蚀深度定位在 250 nm 左右,同时,为了

避免因刻蚀深度增加导致空气孔平面尺寸变大,对所有空气孔的平面尺寸进行了-20 nm 的预补偿。由于刻蚀时无法精确控制刻蚀深度,因此最终隔离带刻蚀深度为 242 nm。如图 14.14 所示为隔离带刻蚀深度为 242 nm 时器件的 SEM 图和光栅 SEM 图,从图中可以看出,由于预补偿的作用,虽然刻蚀深度从 228 nm 增加到了 242 nm,但是优化区域空气孔的平面尺寸并没有明显展宽。此外,光栅区域虽然圆孔有一定程度展宽,但是没有像刻蚀深度为 270 nm 时那种破坏性展宽。

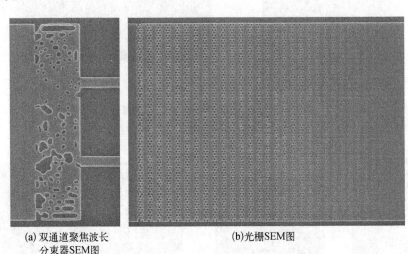

(a) 双通道聚焦波长
分束器SEM图

(b)光栅SEM图

图 14.14　隔离带刻蚀深度为 242 nm 时的 SEM 图

实际上,在加工过程中除了要控制优化区域空气孔的平面尺寸,对于端口 2 和端口 3 输出波导的深度和宽度也要考虑,如图 14.15 所示为不同深度和宽度情况下输出端口传输谱计算结果,从结果来看,作者团队的器件对输出波导的深度和宽度变化不敏感,特别是深度,在考虑的深刻情况下,几乎没有影响,这应该是由于光主要被限制在硅波导中,在加工过程中,为保证输出波导宽度没有太大变化,对其做了+40 nm 的补偿。此外,为了在保证加工精度的情况下尽量降低成本,在绘制版图时采用分区处理的方式,将需要高曝光精度(步长为 2 nm)的光栅区域和器件区域画在一个图层,其他的波导连接区域画在一个图层,那这样就会存在不同图层间波导连接的对准问题,幸运的是,经过计算发现器件性能对波导对容差比较大,可以达到±50 nm(图 14.16),完全在电子束曝光机的控制范围内。

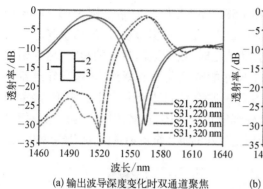
(a) 输出波导深度变化时双通道聚焦
波长分束器传输谱图

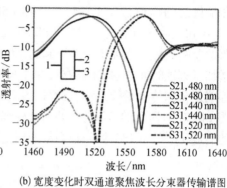
(b) 宽度变化时双通道聚焦波长分束器传输谱图

图 14.15 双通道聚焦波长分束器传输谱图

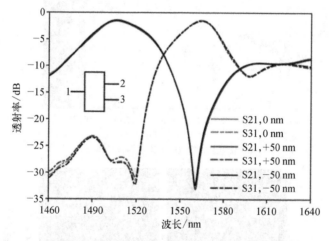

图 14.16 连接区域波导对准误差对双通道聚焦波长分束器传输谱的影响

　　根据以上对工艺的探索和分析,可以得出的结论是:对作者团队设计的器件来说,影响其性能的因素主要是两个,一个是空气孔的刻蚀深度,一个是空气孔的平面尺寸;其他因素,例如波导宽度、深度、不同图层的对准误差等对最终加工结果影响均较小;此外,器件区域的刻蚀深度在深刻的情况下对结果影响也较小,因此可以通过预补偿和深刻的方案得到和计算结果吻合的加工器件。

14.2.5 测试结果

　　如图 14.17(a)所示为双通道聚焦波长分束器测试谱线,从图中可以看出,传输谱线的峰值位于 1 524 nm 处和 1 584 nm 处,传输效率分别为 −1.77 dB 和 −2.10 dB,对应的串扰为 −25.17 dB 和 −12.14 dB。根据分析,测试结果和计算结果的差距主要是由加工误差引起的,在加工时,由于迟滞效应的影响,尽管刻意增加了刻蚀时间,但是还是有很多小尺寸的空气孔没有刻穿,而这会导致器件性能退化和传输谱线红移。此外,发现短波信号的性能退化比长波小,参考如图 14.17(b)所示的峰值波长处的电磁场能量分布图,作者团队认为是长波信号的能量几乎分布于整个优化区域,所以空气孔的不完全刻蚀对长波信号影响较大。

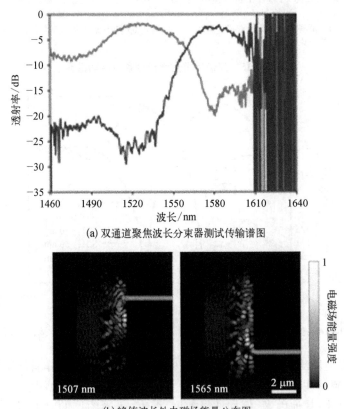

(a) 双通道聚焦波长分束器测试传输谱图

(b) 峰值波长处电磁场能量分布图

图 14.17　实验测试结果

作者团队观察到图 14.17(a)所示的传输谱图在长波时曲线抖动比较大,这是由于测试用的两个光子晶体光栅的通光波段没有完全覆盖目标波段。如图 14.18 所示是作者团队用的两个光子晶体光栅的传输谱图,从图中可以看出,单个光栅损耗在 6~7 dB,长波光栅的通光波段只到 1 610 nm 左右,没有达到测试波段要求的 1 640 nm。

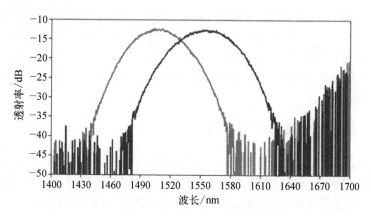

图 14.18　不同通光波段的光子晶体光栅的传输谱图

14.2.6　鲁棒性分析

如图 14.19 所示为优化区域空气孔的刻蚀深度和平面内尺寸鲁棒性分析,分别计算了刻蚀深度为 240 nm、220 nm(对照)和 200 nm 的传输谱图以及空气孔平面尺寸增加 10 nm、减小 10 nm 和不变(对照)的传输谱图。为简化计算,假定所有空气孔统一增大或缩小,或者统一改变刻蚀深度。从图 14.19 (a) 可以发现,不完全刻蚀会导致性能退化,且长波退化大于短波,这个结论与作者对图 14.17(a)所示测试结果的分析一致;此外,发现不完全刻蚀会导致谱线红移,

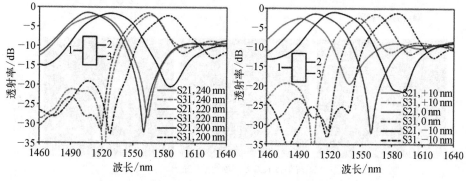

图 14.19　优化区域刻蚀深度和平面内尺寸变化对器件性能影响

这是因为刻蚀深度不够时,优化区域等效折射率会增大,因而会导致谱线红移。

图 14.19(b)表明空气孔的平面尺寸改变也会造成器件性能退化,且尺寸增大(减小)时会导致谱线蓝移(红移),尽管如此,作者团队发现对于最差的情况(平面尺寸增大 10 nm),上面(下面)通道的峰值透射率依然有−2.63 dB(−2.41 dB),对应的串扰为−18.56 dB(−13.85 dB)。综上,如果认为峰值传输效率退化 1.3 dB 是可接受的,那器件对刻蚀深度和平面尺寸变化的容差分别为±20 nm 和±10 nm。

14.2.7 三通道聚焦波长分束器

事实上,除了上面讨论的双通道聚焦波长分束器外,还可以设计具有更复杂功能的器件,比如多通道聚焦波长分束器,如图 14.20 所示是作者团队设计的三通道聚焦波长分束器,其宽度和双通道器件保持一致,为 10 μm,为保证有足够的参数让算法优化,将长度从 2.4 μm 增加到了 4.8 μm,优化时最小尺寸约束

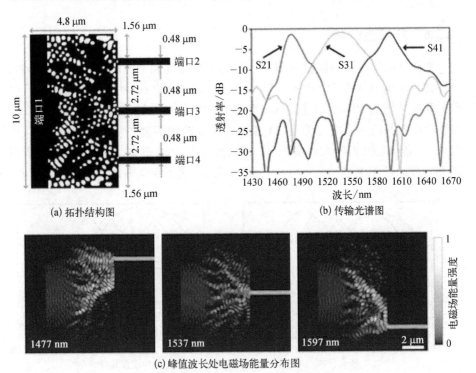

(a) 拓扑结构图　　　　　　(b) 传输光谱图

(c) 峰值波长处电磁场能量分布图

图 14.20　三通道聚焦波长分束器

$R = 3$。计算结果表明,三个通道的峰值透射波长分别为 1 477 nm、1 537 nm 和 1 597 nm,峰值透射率分别为−1.36 dB、−0.95 dB 和−1.11 dB,其中不同波长的串扰分别低于−23.68 dB、−25.89 dB 和−17.41 dB。此外,从图 14.20 (c)可以看出设计的三通道聚焦波长分束器能够实现良好的聚焦分束效果。除了这里的三通道聚焦波长分束器外,还可以对"聚焦"的概念进行推广,用来设计其他器件,例如多通道宽带聚焦波长分束器,具有可变波长间距的多通道聚焦波长分束器,甚至可以将"聚焦"的概念横向拓展到其他领域,用来设计聚焦模式分束器,聚焦能量分束器等器件。

14.3　本章小结

　　本章以逆向设计算法设计器件的可加工性为出发点,提出了二值化和最小尺寸约束的解决方案,并用优化后的设计方案设计并加工测试了一个多功能器件——双通道聚焦波长分束器,实验结果表明可以在 10 μm×2.4 μm 的尺度范围内同时实现低损耗高消光比的模式聚焦和波长分束。

　　首先,对基于逆向设计算法的多功能硅基光子器件研究的重要性和现状进行了阐述;其次,对梯度下降优化向水平集演化过渡时器件性能明显退化的原因进行了分析,并提出了投影的二值化解决方案和低通滤波器的最小尺寸约束方案;然后,用改进后的优化方案设计、加工和测试了一个能够同时实现模式聚焦和波长分束的双通道聚焦波长分束器;最后,对提出的设计方案的应用领域进行了拓展,用其设计了一个三通道聚焦波长分束器,同时对该设计方法用于设计其他类型"聚焦"器件的可行性进行了分析。

参考文献

[1]　Piggott A Y, Lu J, Babinec T M, et al. Inverse design and implementation of a wavelength demultiplexing grating coupler [J]. Scientific Reports, 2014, 4: 7210.

[2]　Van Laere F, Roelkens G, Ayre M, et al. Compact and highly efficient grating couplers between optical fiber and nanophotonic waveguides [J]. Journal of Lightwave Technology, 2007, 25(1): 151−156.

[3] Liu Y, Sun W, Xie H, et al. Adiabatic and ultracompact waveguide tapers based on digital metamaterials [J]. IEEE Journal of Selected Topics in Quantum Electronics, 2018, 25(3): 1 – 6.

[4] Zhou M, Lazarov B S, Wang F, et al. Minimum length scale in topology optimization by geometric constraints [J]. Computer Methods in Applied Mechanics and Engineering, 2015, 293: 266 – 282.

[5] Hughes T W, Minkov M, Williamson I A D, et al. Adjoint method and inverse design for nonlinear nanophotonic devices [J]. ACS Photonics, 2018, 5(12): 4781 – 4787.

[6] Gottscho R A, Jurgensen C W, Vitkavage D J. Microscopic uniformity in plasma etching [J]. Journal of Vacuum Science and Technology B: Microelectronics and Nanometer Structures Processing, Measurement, and Phenomena, 1992, 10(5): 2133 – 2147.

[7] Abrokwah K O. Characterization and modeling of plasma etch pattern dependencies in integrated circuits [D]. Cambridge: Massachusetts Institute of Technology, 2006.

第五部分　微纳光子器件的应用

第15章 偏振不敏感量子干涉仪

SOI 芯片平台,由于成熟的制备工艺以及和互补金属氧化物半导体(complementary metal-oxide-semiconductor, CMOS)技术高度兼容的优势,在过去的十来年里在光通信、传感和量子信息等领域得到了广泛的关注。对于芯片集成量子通信系统,一系列需要进行电光调制的光学器件包括分束器、偏振分束器、波分复用器,窄带滤波器等都可以集成在同一个芯片上。此外,硅的高阶非线性效应的非线性系数比石英光新高很多,可以轻松地滤除拉曼噪声。因此,SOI 平台可以进行基于四波混频效应制备纠缠光子对光源和量子干涉仪的研究。本章主要内容为硅基集成量子通信系统的关键元件量子干涉仪的研究。

15.1 研究背景

QKD 技术是量子光学中较为成熟的技术之一。这种技术是利用单光子态进行光学编码,用于构建理论上绝对安全的保密通信。由于光子本身具有概率性和随机性的特点,可以用来构建各种量子协议,如 BB84 协议[1]和 E91 协议就是利用光子的偏振对量子位进行编码的。在 QKD 实验中,有效的量子干涉是实现应用纠缠光子产生的离散变量 QKD 协议,以及应用弱相干脉冲产生的离散可调 QKD 协议的关键。最初的量子干涉实验,是依托空间光路中的光学器件进行研究的,因此建立稳健的系统面临着巨大的挑战[2-3]。另一方面,依托光纤器件的量子干涉实验具有低损耗,光纤在空间上可以进行盘绕,易于制备等特点。但是在对系统所占空间具有严格限制时,光纤的干涉系统面临着严重的偏振漂移,以及光纤弯曲损耗[4-5]。因此,硅基芯片成为新一代量子干涉平台。

虽然硅光子器件的研究已经非常成熟,但是和经典光通信的应用相比,量子光通信对器件的要求更严格。通过调研以前的一些研究发现了分束器[6]分束比不均匀,以及器件本身的插入损耗等因素都会造成干涉可见度的降低。一些可应用于经典通信系统的器件,在量子通信系统中会降低量子密码的安全性。所以针对量子通信系统的干涉仪需要单独设计。现在量子干涉仪基本上都是针对单一偏振态的操作[7-10],而可以同时针对两种偏振态操作的偏振不敏感干涉仪,在未来有望实现偏振态编码和路径选择编码作为两种独立的协议应用于高维量子通信系统。在这里作者团队提出了一种 Mach-Zehnder 干涉仪结构(MZI),它是由一个输入端口的 1×2MMI 和两个输出端口 2×2MMI 构成,如图 15.1 所示,在 MZI 的两臂上可以引入热调制或电调制的相位调制器。该器件被设置在空气包层的 SOI 芯片上,中间氧化层的厚度为 2 μm。所有单模波导的界面宽度为 500 nm。入射光可以由 2×2MMI 结构同时均等地分成两束,如图 15.2 所示。采用一个输入端口的原因是通过两个相同光源发出的光入射时,会引入许多不确定因素。从同一单光子光源或者弱相干光光源输出的光可以保证干涉仪正常工作。

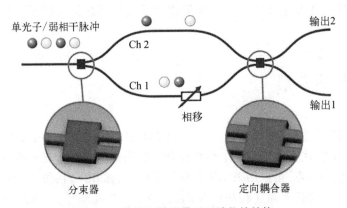

图 15.1 偏振不敏感量子干涉仪的结构

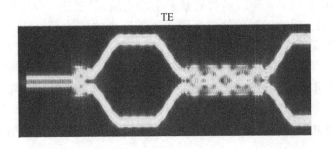

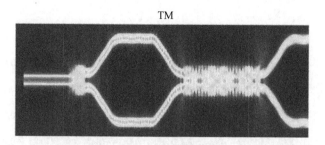

图 15.2　当两臂相位为 0 时两种模式的光在 MZI 中的光场分布

15.2　偏振不敏感量子干涉仪的设计

15.2.1　MMI 多模干涉耦合器的原理

在 3.2 节中已经介绍了 3 dB1×2MMI 的设计方案,所以本节将重点介绍 2×2MMI 分束器的设计。根据 3.2 节所给的理论,根据光路可逆原则,当 1×2MMI 的耦合长度为原来的 2 倍时,可以实现 2×2MMI 结构。本章对耦合区域长度为 4.8 μm 的 2×2MMI 进行了建模,其光场分布如图 15.3 所示。接下来讨论器件的参数对器件性能的影响。

15.2.2　MMI 分束器参数的优化

保持多模区域的波导长度 $L = 4.8$ μm 不变,讨论多模波导的宽度 W 对 2×2MMI 分束器的性能的影响如图 15.4(a)。当 W 在 $1.5 \sim 1.78$ μm 范围内变化时,均能实现两输出端口能量 1∶1,TE 模和 TM 模传输能量相对较高,并且偏振相关损耗最小的点出现在 $W = 1.66$ μm,在单个端口输出的能量分别为 44.4% 和 46.23%。根据以上分析,图 15.4(b)表示的是 2×2MMI 分束器传输效率随波长的变化。从图 15.4(b)可看出,2×2MMI 分束器具有很大的波长操作带宽,1 dB 的波长带宽超过 100 nm,当波长 $\lambda = 1\,540$ nm 时,TE 模和 TM 模在单个输出波导的效率分别为 45.31% 和 46.35%。在 $1\,460 \sim 1\,625$ nm 光谱范围变化时,两种模式总的输出能量均超过 70%。

MMI 的长度是影响输出效率和分束比的重要因素,它的数值将会影响 MZI 的干涉可见度。这是因为当 MMI 长度过短时,可能会造成不完全干涉。

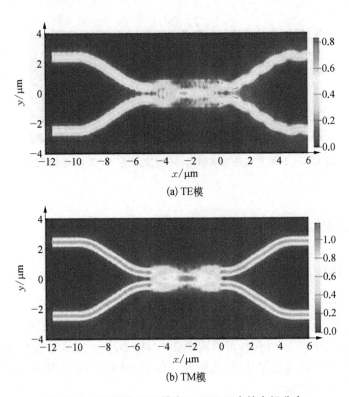

(a) TE模

(b) TM模

图 15.3　TE 模和 TM 模在 2×2MMI 中的电场分布

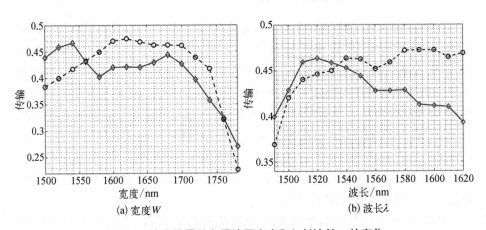

(a) 宽度W

(b) 波长λ

图 15.4　输出能量随多模波导宽度和入射波长 λ 的变化

根据本书 3.2 节,根据 MMI 长度 L 计算公式,分别讨论了 $M=1$、$M=2$、$M=3$,即 MMI 长度为 $L=4.8$ μm、9.6 μm、14.4 μm 时,传输效率随两臂之间相位差的变化。在 Ch1 上引入相位 ϕ,当 $\phi=\dfrac{\pi}{2}$ 时,能量只从 MMI 中的一个端口输出,图 15.5(a)~(e)是 $\phi=\dfrac{\pi}{2}$ 时,TE 模和 TM 模在 MMI 中的光场分布。图 15.5(a)

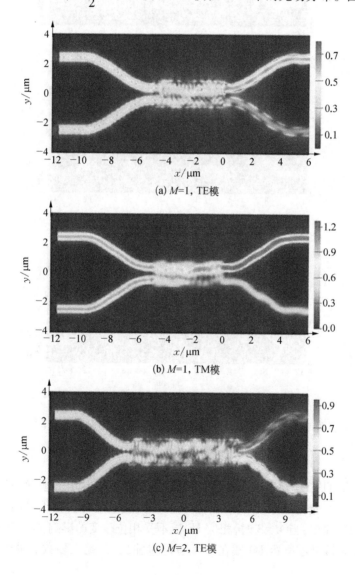

(a) $M=1$, TE模

(b) $M=1$, TM模

(c) $M=2$, TE模

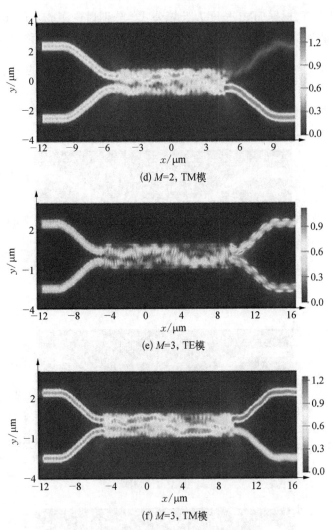

(d) *M*=2, TM模

(e) *M*=3, TE模

(f) *M*=3, TM模

图 15.5　当在 **Ch1** 上引入相位时，$\phi = \dfrac{\pi}{2}$ 在 ***M*=1, 2, 3** 的

MMI 中 TE 模和 TM 模的光场分布

和(b)显示，TE/TM 模通过 *M*=1 的 MMI 时，大部能量从上方波导输出，但是还有超过 20%的光由下方波导输出；当 *M*=2 时，能量主要从 Ch1 输出，只有少量能量经 Ch2 输出；当 *M*=3 时，相位 TE 模不受相位改变的影响，Ch1 和 Ch2 的能量输出差异接近零虽然 TM 模在 Ch1 有能量输出，但是大多数能量还是从 Ch2

输出。当 ϕ 在 0~2π 时,两种模式在 Ch1 和 Ch2 中的输出能量变化如图 15.6 所示。经计算上述三个尺寸的 MMI,其中 TE 模的干涉可见度分别为 78.28%、90.95%、36.38%,TM 模干涉可见度分别为 67.74%、93.64% 和 40.31%。因此确定 2×2MMI 分束器的长度应该在 $L=9.6\ \mu m$ 附近变化。

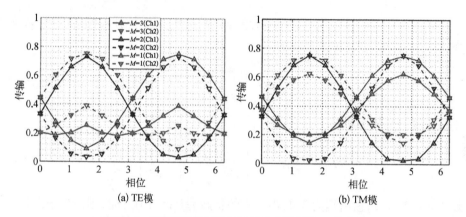

图 15.6　传输能量在 Ch1 和 Ch2 中随相位 ϕ 的变化

图 15.7 为 MMI 干涉可见随波导长度 L 的变化。当 $L=10.4\ \mu m$ 时,TM 模的干涉可见度达到最高 98.63%,此时 TE 模的干涉可见度为 98.13。在 $L=10\sim10.6\ \mu m$ 两种模式的干涉可见度超过 95%,由以上分析可知 2×2MMI 长度的操作容差很大。在 $L=10.8\ \mu m$ 时,TE 模可以达到 99.5%,TM 模接近 94%,选取该长度作为 2×2MMI 长度用于设计 MZI。

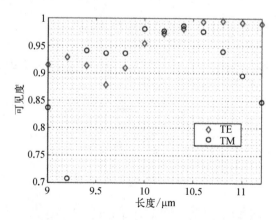

图 15.7　干涉可见度随 2×2MMI 长度 L 的变化

15.2.3 MZI 的工作原理

$$M = \frac{1}{\sqrt{2}}\begin{bmatrix} 1 & i \\ i & 1 \end{bmatrix} \tag{15.1}$$

式(15.1)为 3 dB MMI 的传输矩阵,设在干涉仪中引入的相位为 ϕ 如图 15.1 所示,则 ϕ 的传输矩阵为

$$\phi = \begin{bmatrix} e^{i\phi} & 0 \\ 0 & 1 \end{bmatrix} \tag{15.2}$$

则该干涉仪的输出矩阵 T 为

$$T = M\phi M = \frac{1}{2}\begin{bmatrix} e^{i\phi} - i & ie^{i\phi} - 1 \\ ie^{i\phi} - 1 & i - e^{i\phi} \end{bmatrix} \tag{15.3}$$

设输入端为 1、2,输出端为 3、4,当输入的状态为 $|1\rangle_1 |0\rangle_2$ 时,则该量子态可以表示为

$$|1\rangle_1 |0\rangle_2 = a_1^+ |0\rangle_1 |0\rangle_2 \tag{15.4}$$

其中,a_1^+ 表示量子力学升算符,在位置 1 处产生一个光子,同理 a_2^+、a_3^+ 和 a_4^+ 具有相同的性质[10]。

$$a_1^+ = -ie^{i\left(\frac{\phi}{2}+\frac{\pi}{4}\right)} \sin\left(\frac{\phi}{2} - \frac{\pi}{4}\right) a_3^+ + ie^{i\left(\frac{\phi}{2}+\frac{\pi}{4}\right)} \cos\left(\frac{\phi}{2} - \frac{\pi}{4}\right) a_4^+ \tag{15.5}$$

将式(15.5)代入式(15.4)中可得到输出的量子态:

$$|1\rangle_1 |0\rangle_2 = -ie^{i\left(\frac{\phi}{2}+\frac{\pi}{4}\right)} \sin\left(\frac{\phi}{2} - \frac{\pi}{4}\right) |1\rangle_3 |0\rangle_4$$

$$+ ie^{i\left(\frac{\phi}{2}+\frac{\pi}{4}\right)} \cos\left(\frac{\phi}{2} - \frac{\pi}{4}\right) |0\rangle_3 |1\rangle_4 \tag{15.6}$$

当输入状态为 $|0\rangle_1 |1\rangle_2$ 时,量子态可以表示为

$$|0\rangle_1 |1\rangle_2 = a_2^+ |0\rangle_1 |0\rangle_2 \tag{15.7}$$

$$a_2^+ = ie^{i\left(\frac{\phi}{2}+\frac{\pi}{4}\right)} \cos\left(\frac{\phi}{2} - \frac{\pi}{4}\right) a_3^+ + ie^{i\left(\frac{\phi}{2}+\frac{\pi}{4}\right)} \sin\left(\frac{\phi}{2} - \frac{\pi}{4}\right) a_4^+ \tag{15.8}$$

则输出的量子态为

$$| 0 \rangle_1 | 1 \rangle_2 = i e^{i \left(\frac{\phi}{2} + \frac{\pi}{4} \right)} \cos\left(\frac{\phi}{2} - \frac{\pi}{4} \right) | 1 \rangle_3 | 0 \rangle_4$$

$$+ i e^{i \left(\frac{\phi}{2} + \frac{\pi}{4} \right)} \sin\left(\frac{\phi}{2} - \frac{\pi}{4} \right) | 0 \rangle_3 | 1 \rangle_4 \qquad (15.9)$$

由以上分析可知,光子从 1 或 2 端口输入时,光子从 3、4 端口的输出概率为分别为 $\cos^2\left(\frac{\phi}{2} - \frac{\pi}{4} \right)$、$\sin^2\left(\frac{\phi}{2} - \frac{\pi}{4} \right)$,当 $\phi = \frac{\pi}{2}$ 的奇数倍时,光子只从 3 或 4 其中一个端口输出,输出概率为 1;当 $\phi = \frac{\pi}{2}$ 的偶数倍时,在端口 3、4 观察到光子的概率相等。在 3、4 位置输出的概率应呈正弦或余弦分布。

该 MZI 是由一个偏振不敏感 3 dB MMI 分束器和一个偏振不敏感 2×2MMI 和单模波导构成的。在 Ch1 上引入相位 ϕ,当 $\phi = 0 \sim 2\pi$ 时,TE 模和 TM 模在 Ch1 和 Ch2 传输效率如图 15.8(a)和(b)所示。在图 15.8(a)和(b)中,在两端口的输出呈近似正弦或余弦分布,这是由于器件本身的损耗造成的。通过计算,TE 和 TM 的干涉可见度分别为 99.5%和 93.99%。

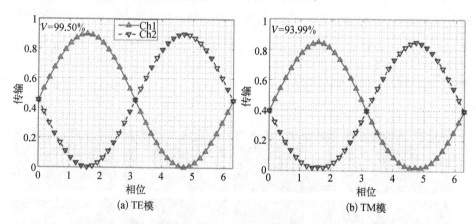

(a) TE模　　　　　　　　　　(b) TM模

图 15.8　TE 模和 TM 模在 Ch1 和 Ch2 传输效率随 ϕ 的变化

应用 MMI 的 MZI 的干涉系统开始应用于许多研究之中,但是很少有研究会考虑到 MZI 结构本身是否具有极高的干涉可见度,并且大多是 MZI 只能对 TE 模式进行操作,很少有可以兼顾 TE 和 TM 两种模式的设计。有一些研究的干涉可见度可达 96.26%[11] 和 98.8%[12]，但是只能对 TE 模操作。而现在大多是量子干涉系统用到的 MZI 结构，理论上干涉可见度只有 80.2%[6]。

15.3 本章总结

设计的这种基于 SOI 芯片的双偏振 MZI，可以应用于单光子领域量子干涉系统。通过仔细地对构成 MZI 器件进行优化，可以在通信波长范围内具有较低的传输损耗，超小的结构尺寸和较大的制备容差，在工艺上容易实现和重现。在顶硅为 320 nm 的 SOI 芯片上可以实现两种模式的同时操作。这种结构在未来可实现无偏振的路径选择量子密钥分发实验。总之，该干涉仪具备设计简单、工艺成熟和偏振不敏感的优点，在高效光学操作尤其是量子光学领域具有极大的应用前景。本书中干涉可见度由式(15.10)给出：

$$V = \frac{p_{\max} - p_{\min}}{p_{\max} + p_{\min}} \tag{15.10}$$

$p_{\max}$ 和 $p_{\min}$ 分别为输出端口输出的最大能量和最小能量。用波长为 1.55 μm 的连续光输入，平均地分成两束，在其中一臂上加入相应的相位，在输出端光场的分布如图 15.9 所示，当相位改变为 $\phi = \frac{\pi}{2}$ 的奇数倍时，只从一个端口输出，和本书理论分析结果完全一致。

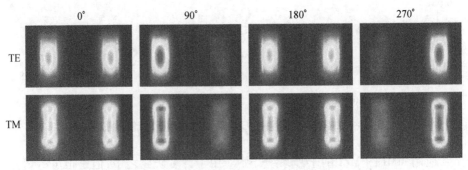

图 15.9 TE 模和 TM 模在不同的相位下模场在输出端口的分布

参考文献

[1]　Ekert A K. Quantum cryptography based on Bell's theorem[J]. Physical Review Letters. 1991, 67 (6): 661.

[2]　Peng C Z, Zhang J, Yang D, et al. Experimental long-distance decoy-state quantum key distribution based on polarization encoding [J]. Physical Review Letters, 2007, 98: 010505.

[3]　Schmitt-Manderbach T, Weier H, Fürst M, et al. Experimental demonstration of free-space decoystate quantum key distribution over 144 km[J]. Physical Review Letters, 2007, 98: 010504.

[4]　Rosenberg D, Harrington J W, Rice P R, et al. Long-distance decoy-state quantum key distribution in optical fber[J]. Physical Review Letters, 2007, 98: 010503.

[5]　Sasaki M, Fujiwara M, Ishizuka H, et al. Field test of quantum key distribution in the tokyo qkd network[J]. Optics Express, 2007, 19: 10387 – 10409.

[6]　Lin J. Teoretical investigation of polarization-insensitive multimode interference splitters on silicon-on-insulator[J]. IEEE Photonics Technology Letters, 2008, 20(4): 1234 – 1236.

[7]　Rasigade G, Le Roux X, Marris-Morini D, et al. Compact wavelength-insensitive fabrication-tolerant siliconon-insulator beam splitter[J]. Optics Letters, 2010, 35: 3700 – 3702.

[8]　Liu A, Liao L, Chetrit Y, et al. Wavelength division multiplexing based photonic integrated circuits on silicon-on-insulator platform[J]. IEEE Journal of Selected Topics in Quantum Electronics, 2010, 16 : 23 – 32.

[9]　Yun H, Liu Z, Wang Y, et al. 2×2 broadband adiabatic 3-db couplers on SOI strip waveguides for te and tm modes[C]. Busan: 2015 Conference on Lasers and Electro-Optics (CLEO), 2015.

[10]　Gottesman D, Lo H K, Lutkenhaus N, et al. Security of quantum key distribution with imperfect devices[C]. Chicago: IEEE International Symposium on Information Theory, 2004.

[11]　Van Campenhout J, Green W M, Assefa S, et al. Low-power, 2×2 silicon electro-optic switch with 110-nm bandwidth for broadband reconfgurable optical networks[J]. Optics Express, 2009, 17: 24020 – 24029.

[12]　Tseng S Y, Fuentes-Hernandez C, Owens D, et al. Variable splitting ratio 2×2 mmi couplers using multimode waveguide holograms[J]. Optics Express, 2007, 15(14): 9015 – 9021.

第16章　偏振不敏感 3×3 量子干涉系统

2×2 MMI 耦合器是量子干涉仪的重要组成部分,将多个 2×2 MMI 耦合器级联在同一个芯片上,可以实现高维量子通信、量子计算以及多路量子纠缠的操作。然而,随着集成光子器件的增加,芯片系统的稳定性和可靠性都面临着严峻的挑战。一个方面单个器件之间通过光波导进行连接,耦合对准存在着一些困难。另一方面工艺误差不能保证每个 2×2MMI 耦合器完全相同,这种差异会导致测量结果的不准确。最重要的是级联器件数量的增加会加大系统的插入损耗,这会导致量子通信系统的安全性降低。因此,有效地减少器件的集成数量是提高芯片集成能力,保证高维量子通信系统安全性有效途径。本章将主要介绍基于 3×3MMI 耦合器的量子干涉系统的工作原理以及设计方案。3×3MMI 双偏振量子干涉仪的实现,为未来通过 1 个 $N×N$ 型 MMI 耦合器或几个 $N×N$ 型 MMI 耦合器级联实现 N 维量子态操作提供了可能。

16.1　研究背景

单光子领域的全光信号处理系统为量子光学领域的量子计算[1]、量子探测[2]和量子通信等研究提供了有效的支持。其中最成熟的是在无条件安全的 QKD 系统以及应用于量子精密测量的 Hong-Ou-Mandel(HOM) 干涉中的应用[3, 4]。这些技术所用到的光开关通常由两个 3 dB 分束器和两个干涉路径构成。然而最初的量子干涉实验是由自由空间的光学器件构成的,整个实验系统面临着损耗大,不稳定等问题,以至于大多数研究还停留在实验室阶段。相对而言,光纤设备的系统就具有很大的优势[5]。首先,光纤可以进行盘卷,这就意味着可以节省较大的空间;其次,光纤很容易固定,并且易于连接,相比于自由空间系统,不用进行复杂的光路调制和苛刻的环境要求,系统更加稳定。然而,光纤系统面临的最大问题是光纤巨大的弯曲损耗,对于大尺寸系统这些损耗严重影响到实验的结果,比如量子通信系统的误码率和量子精密测量系统的测量准确度。

另一方面,随着硅基集成光路技术的日益成熟,SOI 芯片平台已经成为全光信号处理系统主要的搭建平台。由于与 CMOS 工艺高度兼容的特性,可以将包括分束器、偏振分束器、波分复用器(wavelength multiplexers)、带通滤波器(band-pass filters)等电驱动或光驱动的微纳器件集成到同一个芯片上。此外,芯片集成量子干涉仪干涉可见度可以接近于 1,这使得 SOI – PIC 成为最有发展前景的量子光学平台之一。而且,超小尺寸的集成光子器件有望应用于大尺度量子光学实验,如高维 QKD 系统以及任意比特操作。

作为量子干涉仪的关键器件,2×2(50%–50%)分束器被广泛应用于各种研究中。其中 MMI 耦合器结构最为常见,这是因为通过准确地设计它的几何尺寸就可以得到较其他分束器更小的尺寸,并且可以实现能量的低耗均等的输出。然而,随着芯片量子系统尺寸的增大,需要级联 2×2 型 MMI 耦合器的个数也在增多,这就给系统额外增大了尺寸并且引入较多的插入损耗。同时,系统级联的器件越多,器件之间会产生一定的串扰,这就会增加系统的不稳定性。因此,在这里提出一种应用于量子干涉系统的新方案,即将 3×3 型 MMI 耦合器用于搭建量子干涉系统。这种 3×3 型干涉系统可以实现三光子的 HOM 干涉实验和高维 QKD 实验。一方面三光子 HOM 干涉实验的准确性更高;另一方面,3×3 型干涉系统在高维量子通信系统中级联的光学元件更少。这样有效地减小了系统的尺寸。以 16 维 QKD 实验为例,最少用到 30 个 2×2 型 MMI 耦合器和 15 个相位调制器,同时还要增加额外的输入端口和输出端口。对于一个 27 维的 QKD 系统只要 14 个 3×3 型 MMI 耦合器和 7 个相位调制器就可以实现。

16.2　基本原理

16.2.1　3×3 量子干涉仪的基本原理

N×N MMI 耦合器输入端口和输出端口的相位关系由式(16.1)给出[6, 7]:

$$\phi_{ij} = \pi + \frac{\pi}{4N}(j - i)(2N - j + i),\ j + i = \text{even}$$

$$\phi_{ij} = \pi + \frac{\pi}{4N}(j + i)(2N - j - i + 1),\ j + i = \text{odd}$$

(16.1)

其中,i、j 分别代表入射端口和输出端口的序号等于 1, 2, $\cdots$, N。$j + i$ = even 表示输入端口的序号和输出端口的序号之和为偶数的情况,$j + i$ = odd 为序号为奇数的情况。根据式(16.1),3×3MMI 的传输矩阵 M 可以表示为

$$M = \frac{1}{\sqrt{3}} \begin{bmatrix} -1 & e^{i\frac{2\pi}{3}} & e^{-i\frac{\pi}{3}} \\ e^{i\frac{2\pi}{3}} & -1 & e^{i\frac{2\pi}{3}} \\ e^{-i\frac{\pi}{3}} & e^{i\frac{2\pi}{3}} & -1 \end{bmatrix} \tag{16.2}$$

对于 3×3MMI 组成的量子干涉系统的基本结构如图 16.1 所示,当干涉仪干涉臂上的相位 ϕ_1、ϕ_2 和 ϕ_3 发生变化时,可以实现光在任意端口的输出。设计相位因子的传输矩阵为 Q,3×3 干涉仪的传输矩阵 T 由 3×3MMI 的传输矩阵 M 和相位因子的传输矩阵 Q 共同决定由 $T = MQM$ 表示,其中 Q 由式(16.3)决定。

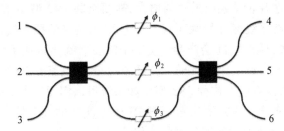

图 16.1 3×3 量子干涉仪基本结构

将式(16.2)和式(16.3)代入 $T = MQM$,3×3 干涉仪的传输矩阵 T 的表示形式如式(16.4)所示。

$$Q = \begin{bmatrix} e^{i\phi_1} & 0 & 0 \\ 0 & e^{i\phi_2} & 0 \\ 0 & 0 & e^{i\phi_3} \end{bmatrix} \tag{16.3}$$

$$T = \frac{1}{3} \begin{bmatrix} e^{i\phi_1} + e^{i\left(\phi_2 + \frac{4\pi}{3}\right)} + e^{i\left(\phi_3 - \frac{2\pi}{3}\right)} & -e^{i\left(\phi_1 + \frac{2\pi}{3}\right)} - e^{i\left(\phi_2 + \frac{2\pi}{3}\right)} + e^{i\left(\phi_3 + \frac{\pi}{3}\right)} & -e^{i\left(\phi_1 - \frac{\pi}{3}\right)} + e^{i\left(\phi_2 + \frac{4\pi}{3}\right)} - e^{i\left(\phi_3 - \frac{\pi}{3}\right)} \\ -e^{i\left(\phi_1 + \frac{2\pi}{3}\right)} - e^{i\left(\phi_2 + \frac{2\pi}{3}\right)} + e^{i\left(\phi_3 + \frac{\pi}{3}\right)} & e^{i\left(\phi_1 + \frac{4\pi}{3}\right)} + e^{i\phi_2} + e^{i\left(\phi_3 + \frac{4\pi}{3}\right)} & e^{i\left(\phi_1 + \frac{\pi}{3}\right)} - e^{i\left(\phi_2 + \frac{2\pi}{3}\right)} - e^{i\left(\phi_3 + \frac{2\pi}{3}\right)} \\ -e^{i\left(\phi_1 - \frac{\pi}{3}\right)} + e^{i\left(\phi_2 + \frac{4\pi}{3}\right)} - e^{i\left(\phi_3 - \frac{\pi}{3}\right)} & e^{i\left(\phi_1 + \frac{\pi}{3}\right)} - e^{i\left(\phi_2 + \frac{2\pi}{3}\right)} - e^{i\left(\phi_3 + \frac{2\pi}{3}\right)} & e^{i\left(\phi_1 - \frac{2\pi}{3}\right)} + e^{i\left(\phi_2 + \frac{4\pi}{3}\right)} - e^{i\phi_3} \end{bmatrix} \tag{16.4}$$

设图 16.1 中的输入端口分别为 1、2、3,输出端口分别记作 4、5、6。当一

个光子从端口 1 输入时量子态记为 $|1\rangle_1|0\rangle_2|0\rangle_3$，则它的量子态变化过程可以表示为

$$|1\rangle_1|0\rangle_2|0\rangle_3 = a_1^+|0\rangle_1|0\rangle_2|0\rangle_3 \tag{16.5}$$

其中，a_1^+ 表示量子力学升算符，在端口 1 的位置产生一个光子；同理 a_2^+、a_3^+、a_4^+、a_6^+ 也具有同样的性质[8]。a_1^+ 可表示为

$$a_1^+ = \frac{1}{3}(Aa_4^+ + Ba_5^+ + Ca_6^+) \tag{16.6}$$

其中，A、B、C 分别等于

$$\begin{cases} A = e^{i\phi_1} + e^{i\left(\phi_2+\frac{4\pi}{3}\right)} + e^{i\left(\phi_3-\frac{2\pi}{3}\right)} \\ B = e^{i\left(\phi_3+\frac{\pi}{3}\right)} - e^{i\left(\phi_1+\frac{2\pi}{3}\right)} - e^{i\left(\phi_2+\frac{2\pi}{3}\right)} \\ C = e^{i\left(\phi_2+\frac{4\pi}{3}\right)} - e^{i\left(\phi_1-\frac{\pi}{3}\right)} - e^{i\left(\phi_3-\frac{\pi}{3}\right)} \end{cases} \tag{16.7}$$

将式(16.6)代入式(16.5)中得到：

$$|1\rangle_1|0\rangle_2|0\rangle_3 = \frac{1}{3}(Aa_4^+ + Ba_5^+ + Ca_6^+)|0\rangle_4|0\rangle_5|0\rangle_6 \tag{16.8}$$

将式(16.7)代入式(16.8)可以写成：

$$|1\rangle_1|0\rangle_2|0\rangle_3 \rightarrow \frac{1}{3}\{[e^{i\phi_1} + e^{i\left(\phi_2+\frac{4\pi}{3}\right)} + e^{i\left(\phi_3-\frac{2\pi}{3}\right)}]|1\rangle_4|0\rangle_5|0\rangle_6$$

$$+ [-e^{i\left(\phi_1+\frac{2\pi}{3}\right)} - e^{i\left(\phi_2+\frac{2\pi}{3}\right)} + e^{i\left(\phi_3+\frac{\pi}{3}\right)}]|0\rangle_4|1\rangle_5|0\rangle_6$$

$$+ [-e^{i\left(\phi_1-\frac{\pi}{3}\right)} + e^{i\left(\phi_2+\frac{4\pi}{3}\right)} - e^{i\left(\phi_3-\frac{\pi}{3}\right)}]|0\rangle_4|0\rangle_5|1\rangle_6\} \tag{16.9}$$

当 ϕ_1、ϕ_2 和 ϕ_3 取值满足 $\left(0, \frac{2\pi}{3}, \frac{2\pi}{3}\right)$ 时，输出的状态为 $|1\rangle_4|0\rangle_5|0\rangle_6$，光子从端口 4 输出；当 ϕ_1、ϕ_2 和 ϕ_3 取值满足 $\left(\frac{2\pi}{3}, \frac{2\pi}{3}, 0\right)$，输出的状态为 $e^{i\frac{\pi}{3}}|0\rangle_4|1\rangle_5|0\rangle_6$，光子从 5 端口输出；当 ϕ_1、ϕ_2 和 ϕ_3 取值满足 $\left(\frac{2\pi}{3}, 0, \frac{2\pi}{3}\right)$ 时，输出的状态为 $e^{i\frac{2\pi}{3}}|0\rangle_4|0\rangle_5|1\rangle_6$，光子从 6 端口输出。

当入射的量子态为 $|0\rangle_1|1\rangle_2|0\rangle_3$ 或 $|0\rangle_1|0\rangle_2|1\rangle_3$ 时分析过程同上，在

这里就不做叙述了。

以上分析可以证明,3×3MMI 耦合分束器可以用于实现一个 3 进 3 出量子干涉进行单光子探测等实验的操作。

16.2.2 偏振不敏感 3×3MMI 耦合器的设计

如图 16.1 所示,3×3MMI 耦合器的输入/或输出端口的位置由式(16.10)[9]决定:

$$y_i = -\frac{W}{2} + \frac{W}{N}[2(i-1)+1] \qquad (16.10)$$

其中,W 为多模波导的宽度;端口 $i = 1$、2、3。N 为输入/输出端口个数此处取 $N = 3$。根据式(16.10),要保证输入/输出端单模波导之间无串扰,波导的中心位置至少间隔 1 μm,则多模区域的宽度 W 最小取值为 3 μm。根据第 3 章分析可知,在现有规格的 SOI 芯片上(顶硅厚度 220 nm、250 nm 和 340 nm)上,不经过特殊结构的设计无法制备偏振不敏感 MMI 耦合器。本书选取波导芯层硅的折射率为 3.47,二氧化硅包层厚度为 1 μm 和中心氧化层折射均为 1.44 的 SOI 波导,根据一般干涉原理,在耦合区域的宽度为 $W = 3$ μm,操作波长 $\lambda = 1.55$ μm 的条件下,计算 TE 模和 TM 模对应耦合区域长度 L 随波导厚度 H 的变化,如图 16.2 所示。在波导宽度 W 固定的情况下,两种模式的耦合长度 L 随波导厚度 H 的增加而增加。当波导厚度 H 在 220~330 nm 时,TM 的耦合长度远小于

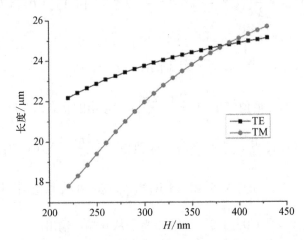

图 16.2 多模干涉区域长度 L 随波导芯层厚度 H 的变化

TE 的耦合长度,该厚度的波导适合研究 TM 型 3×3MMI 耦合器。当波导厚度 $H = 380\,\mathrm{nm}$,TE 模和 TM 的耦合成长度近似等于 24.7 $\mu\mathrm{m}$,该厚度波导适合研究双偏振 3×3MMI 耦合器。因此,选取顶硅厚度 $H = 380\,\mathrm{nm}$ SOI 芯片作为偏振不敏感 3×3MMI 耦合器的研究平台。为了保证整个 3×3 量子干涉仪保持偏振不敏感,令输入/输出端的单模波导的宽 w 和高 H 相等为 380 nm,则波长为 $\lambda = 1.55\,\mu\mathrm{m}$ 的 TE 模和 TM 模在单模波导截面的光场分布如图 16.3(a)和(b)所示。TE 基模和 TM 基模有效折射率约等于 2.59。

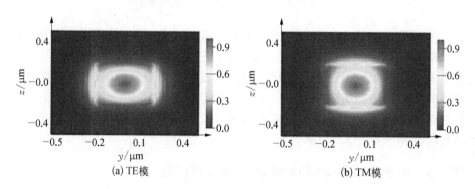

(a) TE模　　　　　　(b) TM模

图 16.3　波导中光场的截面分布图

　　根据以上的分析,通过 FDTD 方法对该结构进行模拟计算,当 TE/TM 分别从端口 $i = 1,2,3$ 入射时,3×3MMI 耦合器中光场的分布如图 16.4 所示。

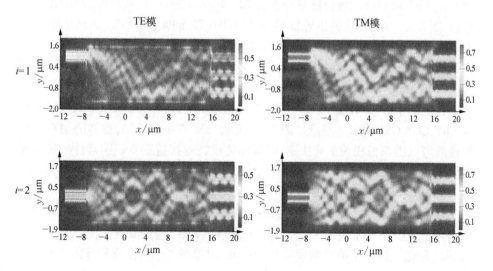

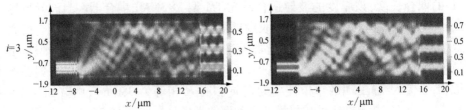

图 16.4　TE 模和 TM 模分别在 $i=1,2,3$ 入射端口
入射时 3×3MMI 耦合器中的光场分布

　　作者团队发现,两种模式的光通过该结构被分成三束,与理论分析基本符合。在图 16.4 中显示,TE 和 TM 并没有实现三个端口完全 1∶1∶1 能量输出,这是因为,在分析 MMI 耦合区域长度时,将波导长度看作无限长,只考虑波导宽度 W 和厚度 H 计算基模和一阶模的有效折射率,而实际上波导的长 L 也会影响有效折射率,使得计算出点耦合区的长度被高估,所以 3×3MMI 耦合器的参数需要进一步优化。

16.2.3　偏振不敏感 3×3MMI 耦合器参数优化

　　其他参数保持不变,结合理论计算结果,对 3×3 型 MMI 耦合器的耦合长度进行调整。当光从一个人端口入射时,从三个输出端口输出的传输效率随耦合长度的变化如图 16.5 所示。当耦合区域长度 $L=22.7$ μm 时,TE 模在输出端 Ch1、Ch2 和 Ch3 的输出能量分别为 22.74%、24.13% 和 24.34%, 总的传输能量达 71.21%, TM 模式的出处能量为 17.09%、20.89%、34.75%,总输出能量为 72.73%。在该耦合长度下,TE 模和 TM 模具有较高的传输能量,TE 模在三个输出端的能量比值 1∶1.06∶1.07 近似 1∶1∶1 输出。因此选取 $L=22.7$ μm,作为 3×3 型 MMI 耦合器耦合区域的长度。

　　在确定了 $L=22.7$ μm 以后,改变多模区域的宽度 W 从 2.82 μm 到 3.04 μm,从 Ch1、Ch2、Ch3 输出的能量如图 16.6 所示。从第 3 章可知,器件的偏振依赖的性质可以由偏振相关损耗决定,偏振相关损耗越接近于 0 说明器件的偏振相关性越低。由图 16.6 可知,当 $W=2.91$ μm 时,在 Ch1、Ch2 和 Ch3 中测得 TE/TM 模的传输能量分别为 0.304 1/0.362 2、0.210 4/0.158 8 和 0.323 7/0.256 7,此时 TE 模和 TM 模在三个通道中的偏振相关损耗最低,总的输出能量相对较高均超过了 70%。为了实现 1∶1∶1 的能量输出,该结构需要进一步优化。根据图 16.2 理论上确定了波导的厚度为 380 nm,但是在考虑到多模波导的长度并不

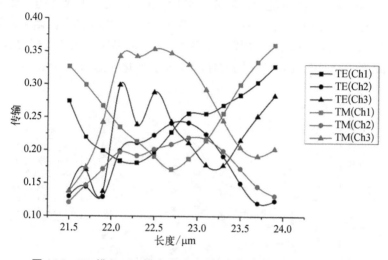

图 16.5　TE 模和 TM 模在 3×3 型 MMI 耦合器端口 Ch1、Ch2 和 Ch3 中输出能量随耦合区域长度 *L* 的变化

红色代表 TE 模；黑色代表 TM 模

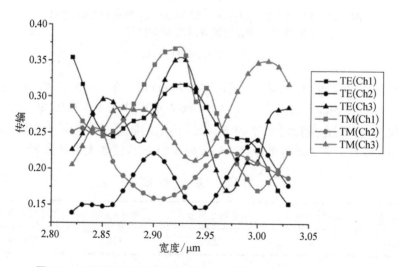

图 16.6　TE 模和 TM 模在 3×3 型 MMI 耦合器端口 Ch1、Ch2 和 Ch3 中输出能量随耦合区域宽度 *W* 的变化

红色代表 TE 模；黑色代表 TM 模

是无限长的基础上,该厚度的取值并不准确,还有很大的优化空间。变化多模波导的厚度 H 从 310 nm 到 400 nm,为了保证 3×3 型 MMI 耦合器偏振无关的特性,输入和输出的单模波导的厚度 H 和宽度 W 始终保持相等。经过计算,从 Ch1、Ch2 和 Ch3 中输出的能量随波导厚度 H 的变化如图 16.7 所示。

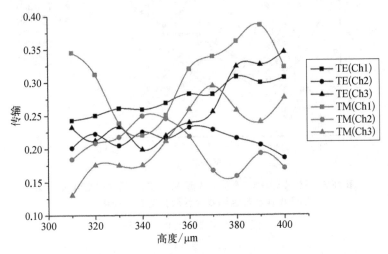

图 16.7 TE 模和 TM 模在 3×3 型 MMI 耦合器端口 Ch1、Ch2 和 Ch3 中输出能量随波导高度 H 的变化

红色代表 TE 模;黑色代表 TM 模

根据图 16.7 可知,当波导的厚度为 390 nm 时,在 Ch1、Ch2 和 Ch3 中测得 TE/TM 模的传输能量分别为 0.299 6/0.386 4、0.205 8/0.193 和 0.326 7/0.240 5,两种模式输出的总能量均超过 80%。三个通道的能量差异均低于 10%。因此,选取 $H = 390$ nm 作为波导的厚度。3×3 型 MMI 耦合器如表 16.1 所示。

表 16.1 关键参数　　　　　　　　　　　　　　（单位：μm）

波长 λ	多模波导宽 W	多模波导长度 L	波导厚度 H	单模波导宽 w
1.55	2.91	22.7	0.39	0.39

基于以上参数讨论波长变化的影响。当入射波长在通信波段变化时,TM 模在 Ch2 和 Ch3 输出能量几乎不变(图 16.8)。当波长 $\lambda = 1.555$ μm 时,TM 模在 Ch1 端的输出能量最高可达 38.92%,TE 模在该通道的输出能量为 30.64%,

两种模式在三个通道输出的总能量均超过 80%,在通信波段,TE 和 TM 模的输出能量均超过 70%。基于 2×2 型 MMI 耦合器的量子干涉仪,单个 MMI 的传输效率只有 80%,要实现一个 6 维的量子态操作系统,需要三个 2×2 型 MMI 耦合器级联,而用 3×3 型 MMI 耦合器只需要两个就能实现。所以 3×3 型 MMI 耦合器不但有效地减小了传输损耗,同时也通过减少集成器件个数的方式有效地提高了芯片的利用率。

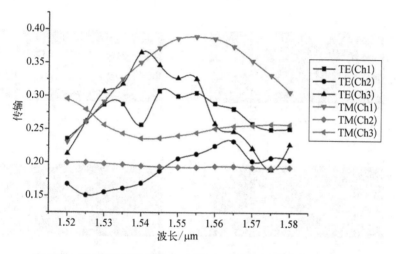

图 16.8　TE 模和 TM 模在 3×3 型 MMI 耦合器端口 Ch1、Ch2 和 Ch3 中输出能量随波导高度波长的变化

红色代表 TE 模;黑色代表 TM 模

为了讨论 3×3 型 MMI 耦合器的干涉度,设光场的输入形式为 $|1\rangle_1|1\rangle_2|1\rangle_3$,引入的相位分别为 $\left(0, \dfrac{2\pi}{3}, \dfrac{2\pi}{3}\right)$,$\left(\dfrac{2\pi}{3}, \dfrac{2\pi}{3}, 0\right)$ 和 $\left(\dfrac{2\pi}{3}, 0, \dfrac{2\pi}{3}\right)$ 可以实现,TE 模和 TM 模分别从输入端 1,2,3 对应的端口输出,输出的坡印廷矢量分布如图 16.9 所示。TE 模在三个端口的输出能量分别为(62.5%,2.9%,10.1%)、(11%,57.3%,11%)和(10.1%,2.9%,57.3%);TM 的输出能量分别为(67.5%,4.34%,5.5%)、(13.6%,56.17%,13.6%)和(5.5%,4.34%,67.5%)。在理论上证明该 3×3 型 MMI 耦合器可以用于偏振不敏感 3×3 型量子干涉仪的设计。

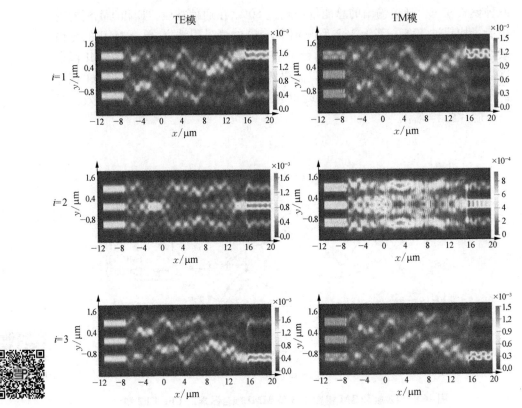

图16.9 TE/TM 模同时从 $i=1$、2、3 入射端口输入时 3×3MMI 耦合器中的坡印廷矢量分布

16.3 本章总结

本章主要通过理论分析和计算证明 3×3 型 MZI 适用于量子干涉系统。提出了一种偏振不敏感的量子干涉仪结构,对组成该结构的关键器件 3×3 型 MMI 耦合器和单模波导进行了设计和优化,MMI 耦合区域长和宽分别为 22.7 μm 和 2.91 μm,单模波导的截面尺寸为 390 nm×390 nm。TE/TM 模总输出能量均超过 80%。在本章中通过研究 3×3 型 MMI 耦合器的传输矩阵,模拟了量子态通过这种 3×3 型 MZI 的变化过程。该工作的提出顶硅为 390 nm 的 SOI 芯片,有望成为新一代芯片实验平台,为未来高维量子通信系统提出了新的操作方案。有效地减少了现有实验方案中集成器件的个数,大大地提高了系统的稳定性,减小了器件之间的串扰,降低了系统的整体损耗。

参考文献

[1]　Kok P, Munro W J, Nemoto K, et al. Linear optical quantum computing with photonic qubits[J]. Reviews of Modern Physics, 2007, 79: 135.

[2]　Dotsenko I, Mirrahimi M, Brune M, et al. Quantum feedback by discrete quantum nondemolition measurements: Towards on-demand generation of photon-number states[J]. Physical Review A, 2009, 80: 2460.

[3]　Hong C K, Ou Z Y, Mandel L. Measurement of subpicosecond time intervals between two photons by interference[J]. Physical Review Letters, 1987, 59: 2044.

[4]　Kim H, Kwon O, Kim W, et al. Spatial twophoton interference in a hong ou-mandel interferometer[J].Physical Review A, 2006, 73: 457.

[5]　Korzh B, Lim C C W, Houlmann R, et al. Provably secure and practical quantum key distribution over 307km of optical fibre[J]. Nature Photonics, 2015, 9: 163 - 168.

[6]　Soldano L B, Pennings E C M. Optical multi-mode interference devices based on self-imaging: Principles and applications [J]. Journal of Lightwave Technology, 1995,13(4): 615 - 629.

[7]　贾晓玲.SOI - MMI 光波导器件与光开关研究[D].上海:上海微系统与信息技术研究所, 2005.

[8]　张智明.量子光学[M].北京:科学教育出版社,2015.

[9]　Jenkins R M, Devereux R W, Heaton J M. Waveguide beam splitters based on multimode propagation phenomena[J]. Optics Letters, 1992, 17(14): 991 - 993.

第 17 章　热伪装微结构设计及其应用

17.1　引言

随着传感器和探测器的发展,人们对事物的感知手段发生了深刻性变革。特别是红外探测器的发展,使得人们可以无须触摸即可感知热目标,甚至像猫头鹰一样在夜间"看"世界[1-3]。由于红外探测隐蔽性好、角探测精度高、抗电磁干扰能力强、探测距离远的特点[4, 5],这种探测方法广泛应用于军事和战争领域,并成为探测军事目标的重要手段之一。现如今,随着激光器的发展成熟,红外探测手段已从原有中红外探测窗口($3\sim5~\mu m$, $8\sim14~\mu m$)的辐射探测向着多窗口红外辐射探测和红外激光融合探测的方向发展[6]。为了应对多种红外探测手段的感知和侦查,红外隐身技术成为迫切需求。红外隐身技术旨在有效控制武器装备的红外特征信号,缩小敌方红外探测系统的作用距离,提高自身的生存能力,突防能力及作战效能[7]。

早在 2008 年,Landy 等通过金属-介质-金属(metal-insulator-metal, MIM)的超材料结构实现了微波完美吸收[8],也打开了光学微纳结构应用于隐身和伪装的大门。随着光学微纳结构的理论研究深入,红外隐身技术的应用发生了扩展,并表现出如下的新特点:

(1) 为应对红外大气透明窗口波段的热辐射探测,红外隐身技术正在向多红外窗口波段低辐射率的特性发展;

(2) 在多窗口红外隐身的基础上,要求与红外激光、可见光、雷达等多光谱隐身的平衡和综合设计;

(3) 兼具热管理、红外感知(传感)、辐射调控等多功能的新型红外隐身技术;

(4) 融合相变材料、石墨烯二维材料、钒的氧化物等新材料的自适应红外隐身技术。

借助 Ge/ZnS 多层膜布拉格光栅结构对于红外光波的选择性吸收和电磁超材料对于微波的空间阻抗匹配,李强教授和仇旻教授团队实现了覆盖可见光、红外光、微波的多光谱隐身结构的设计,并让多光谱隐身技术与热管理相融合[9]。最近,利用 MIM 亚波长光栅结构,通过将相变材料和反向设计算法相结合,笔者所在研究团队实现了兼具热管理和红外伪装的可调多功能光学微纳结构设计[10]。

本质上,光学超表面和微纳结构实现的热伪装功能是通过亚波长结构和光学材料特性实现对于某些特定红外波长范围透射、反射和发射(吸收)特性的增强或者抑制。基于热辐射原理的热管理则旨在实现对于某些特定红外波长的选择性高发射率以达到辐射冷却的作用。此外,具有可调红外辐射的微结构设计有望实现动态热伪装,进而拓展热伪装的功能和策略。在本章中,致力于为自适应红外隐身技术提供技术支撑,开展了热伪装微结构设计两方面的研究,分别侧重于实现兼容热管理的热伪装[10]和可调控的红外微结构设计。

17.2　热伪装的基本理论

17.2.1　热成像基本原理

为了了解热伪装的基本理论,从热辐射的基本原理阐述热是如何被感知的。近些年来,随着光谱学的发展,对于热的探测逐渐有了较为成熟的光学测量手段。光学热成像的方法相比于接触式的温度传感可以摆脱对于热传导的依赖而通过热辐射实现对于热目标温度的表征。这使得人们可以迅速地对热场进行成像和感知。这种方法得以实现的原因主要是由于大多数自然物体,特别是人体,在常温条件下具有类似黑体的辐射光谱。对于红外探测器,物体的温度由探测到的辐射功率决定:

$$T_r = P^{-1}(\varepsilon_{IR}, T) \tag{17.1}$$

其中,T_r 表示利用黑体辐射光谱的反函数得到的探测温度(表观温度);P 表示红外探测器探测到的辐射功率;对应于温度 T 下黑体辐射的辐射功率;对于红外探测器而言,一般认为其红外发射率 $\varepsilon_{IR} = 1$。红外热像仪的探测功率一般由两部分决定——黑体辐射功率和对周围环境辐射的反射[11-13]:

$$P(\varepsilon, T) = P_{rad}(\varepsilon, T) + P_{ref}(\varepsilon, \varepsilon_a, T_a)$$
$$= \varepsilon(\lambda)I_{BB}(T) + [1 - \varepsilon(\lambda)]\varepsilon_a(\lambda)I_{BB}(T_a) \qquad (17.2)$$

其中,ε 和 ε_a 分别表示物体和周围环境的发射率;T 和 T_a 分别代表物体和周围环境的温度;I_{BB} 表示相应温度下的黑体辐照度,波长的阈值由红外热像仪的工作波长决定。

根据热成像原理,被探测热目标的发射率与热目标所表征的温度联系在了一起。由此,可以得出以下结论,当一个不透明的物体的红外发射率较低时,其观察温度将更加接近于环境温度。对于这样一个物体,尽管其真实温度可能与环境温度存在巨大差异,但是其表观温度却不能直观地反映其真实温度。与之相反,对于一个理想黑体,其红外成像一般可以表征其温度特性,从而易于暴露于背景温度之下。这也是光学热伪装的核心,即通过调整物体红外辐射率实现对于红外成像赝温度场的操控。

17.2.2 中红外大气透明窗口

根据普朗克黑体辐射公式,物体在常温条件下其热辐射的能量有一大部分集中于 $3 \sim 14\ \mu m$ 的波长范围。维恩位移定律也指出当温度在 $20 \sim 200℃$ 时,其黑体辐射的特征峰位于 $3 \sim 14\ \mu m$。此外,中红外大气透明窗口对于红外探测来说尤为重要,它是实现光学热成像的决定性因素。所谓中红外大气透明窗口就是指中红外光在这部分波长范围内可以实现无损耗或者低损耗的传输,这将使得探测设备可以从远处接收到来自热目标的热辐射信息。

如图 17.1 所示浅色阴影部分,参考了之前的大气窗口的测量结果[14]并绘制了波长范围在 $3 \sim 14\ \mu m$ 内的红外大气透射率模型。由于在 $3 \sim 5\ \mu m$ 和 $8 \sim 14\ \mu m$ 波长范围内电磁波的低损耗传输,红外探测器和红外热成像一般工作于这两个中红外大气透明窗口(mid-infrared atmospheric transparent window, MIR ATW)范围[15-18]。而非透明窗口区域则难以实现远距离传输,因此可以被用来进行辐射散热,这将不影响红外热伪装功能[19]。如图 17.1 实线曲线所示,绘制了温度为 473 K 黑体的辐射能量分布曲线。根据黑体辐射理论,该黑体将以 $876\ W/m^2$ 的功率向外辐射波长在 $5 \sim 8\ \mu m$ 的电磁波。根据基尔霍夫原理,物体对热辐射的吸收比都恒等于同温度下的发射率。因此,兼容热管理的热伪装理想曲线应为一个"帽状"函数,即在非大气窗口波段具有接近于 1 的吸收率,而在双波段 MIR ATW 中具有接近于 0 的吸收。

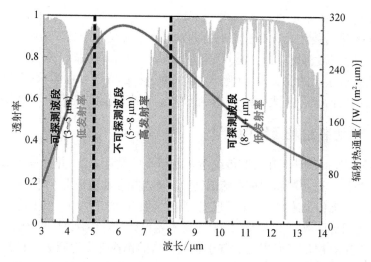

图 17.1　中红外大气窗口透射率模型及温度为 473 K 的黑体辐射曲线

由于易加工和可调谐的特点,MIM 结构被广泛用于完美吸收体的设计[20, 21]。通常,利用条、叉、环等图案化的金属光栅可以实现波矢匹配并激发不同的表面等离体共振,在光谱特性上表现出强烈的吸收效应。此外,通过引入相变材料的 MIM 结构可以在不改变结构参数的情况下实现共振波长的调制和吸收性能的转变[22]。

17.3　基于反向设计的微结构应用于兼容热管理的热伪装

在实际用途中,金属材料往往被用于热伪装,因为其具有极低的中红外发射率(高的中红外反射率)。然而,因为其在整个红外区域都具有低发射率,金属材料往往难以实现与辐射散热的兼容,这使其无法通过热辐射的方式将内部的热量耗散出去。为了解决散热和伪装的兼容问题,人们提出了兼容热管理的红外隐身的新策略。这种策略可以同时满足降低目标温度和实现低红外发射率的需求。该策略涉及:

(1) 在双波段红外大气透明窗口具有较低的发射率进而实现红外隐身功能,这将要求包括实现中波红外(mid-wavelength-infrared, MWIR;波长 $\lambda = 3 \sim 5$ μm)和长波红外(long-wavelength-infrared, LWIR;波长 $\lambda = 8 \sim 14$ μm)的低发射率;

(2) 对于非窗口波段($\lambda = 5 \sim 8$ μm)的高发射率从而实现辐射冷却进而降

低表面温度。

理想的热伪装波长选择性辐射器的发射光谱应是一个"帽型函数",它在双波段中红外大气透明窗口的发射率为 0,而在 5~8 μm 的非红外大气透明窗口波长具有接近于 1 的完美发射(吸收)。根据这样的光谱特性需求,有望通过与智能算法的反向设计方法相结合,从而设计具有高性能的热伪装光学微结构。

17.3.1　热伪装超表面结构设计

近年来,反向设计正在改变传统纳米光子学的设计方法,并促进了数字纳米光子学的发展。这将革新之前主流的利用手动选择参数或采用半解析模型进行设计的传统微纳器件设计方法。上述理想"帽型函数"的光谱特性为反向设计提供了一个可行的目标函数,这使得反向设计方法有望设计具有热管理的红外隐身材料。

图 17.2(a)展示了所提出的基于相变材料的选择性发射超表面的结构示意图,它由反向设计的 MIM "三明治"结构构成,上下两层金薄膜被 230 nm 厚的锗锑碲合金($Ge_2Sb_2Te_5$, GST)薄层分隔开来。GST 是一种相变材料,其由非晶态到完全结晶状态的温度约为 160℃。晶态 GST(cGST)的熔点约为 630℃,在该温度下退火并快速冷却将使得材料由晶态向非晶态过渡。在反向设计过程中,将 GST 保持在结晶状态,这使得结构在较高温度(>160℃)下仍可以保持稳定。如图 17.2(b)所示,作为反向设计的优化区域,顶部周期性的金光栅被分成 50×50 个像素网格,优化区域的一个周期的尺寸大小为 1 μm×1 μm($P=1$ μm)。因此,每个像素都是一个 20 nm×20 nm 的正方形。每一像素格分别具有二元化的介电特性:金或空气。

为了获得对偏振不敏感的超表面周期图案,通过改进了 DBS 算法,并使周期性晶胞具有四分镜像对称性。从 GST 薄膜和金镜组成的双层薄膜结构开始进行优化过程,经过多次搜寻和迭代过程,最终得到了"最优"超表面结构。这种"最优"结构是在整个搜寻过程中具有最符合理想发射光谱的超表面结构。在反向设计过程中,定义品质因数(FOM)为

$$\text{FOM} = \alpha_1 \times \frac{\int_{\lambda_1}^{\lambda_2}\varepsilon(\lambda)\,d\lambda}{\lambda_2 - \lambda_1} + \alpha_2 \times \left(1 - \frac{\int_{\lambda_{min}}^{\lambda_1}\varepsilon(\lambda)\,d\lambda}{\lambda_1 - \lambda_{min}}\right) + \alpha_3 \times \left(1 - \frac{\int_{\lambda_2}^{\lambda_{max}}\varepsilon(\lambda)\,d\lambda}{\lambda_{max} - \lambda_2}\right)$$

$$(17.3)$$

其中,λ_1、λ_2、λ_{min} 和 λ_{max} 分别为 5 μm、8 μm、3 μm 和 14 μm;$\varepsilon(\lambda)$ 表示不同波

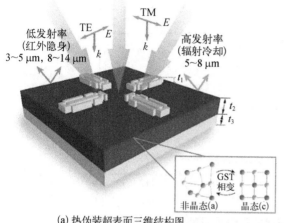

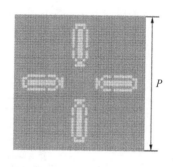

(a) 热伪装超表面三维结构图　　　　　　　　　(b) 结构的俯视图

图 17.2　基于锗锑碲合金相变材料的热伪装超表面

长对应的发射率;常数 α_1、α_2 和 α_3 是波长选择性辐射器不同波长范围的权重,为了得到 FOM 归一化的结果,在数值仿真中分别取值为 0.5、0.25 和 0.25。

这种图案化的金栅极可以利用直接电子束光刻(EBL)以及光刻胶光刻-沉积-剥离的方法进行制备。电子束沉积和光刻相结合的加工方法是大规模制备微纳米结构的主要方法。针对提出的热伪装超表面微结构的加工分大致为三个步骤,包括在基板上磁控溅射沉积金反射镜层和 GST 层,光刻胶的图案化处理以及沉积顶部图案化的金光栅。

如图 17.3 所示,给出了 GST 的部分中红外复介电常数,其中利用红线标出了 aGST 的复介电常数,而蓝线标出了 cGST 的复介电常数[22, 23]。在中红外波段,GST 的晶态和非晶态具有很大的差异。其中,aGST 是一种低损耗介质,而 cGST 是一种高损耗介质。当 GST 处于晶态时,随着厚度的变化,其表现出对中红外光谱的可调吸收[24]。

此外,相变材料 GST 还有很多介于晶态和非晶态之间的中间状态。其相变状态可以通过加热时间、激光照射、门控电压等方法来控制。具有不同结晶度的 GST 的有效介电常数按照 Lorentz-Lorenz 关系计算[25-27]:

$$\frac{\varepsilon_{\text{GST}}(\lambda,\ C)-1}{\varepsilon_{\text{GST}}(\lambda,\ C)+2}=C\times\frac{\varepsilon_{\text{cGST}}(\lambda,\ C)-1}{\varepsilon_{\text{cGST}}(\lambda,\ C)+2}+(1-C)\times\frac{\varepsilon_{\text{aGST}}(\lambda,\ C)-1}{\varepsilon_{\text{aGST}}(\lambda,\ C)+2}$$

$$(17.4)$$

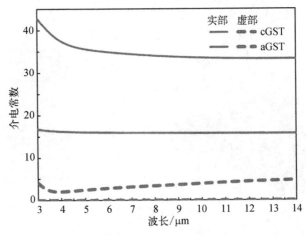

图 17.3　晶态和非晶态情况下 GST 相变材料的介电常数参数

其中，ε_{aGST} 和 ε_{cGST} 分别代表非晶态锗锑碲合金（aGST）和晶态锗锑碲合金（cGST）的介电常数。常数 C 表示 cGST 的晶化系数，取值可为 0 到 1 之间的任意值。此外，金属材料金（Au）的相对介电常数可以从 Palik 手册[28]得到。

17.3.2　热伪装超表面原理分析

考虑如图 17.2（a）所示平面波正入射的情况。图 17.4（a）黑色实线为所提出波长选择性辐射器在 IR 波段中的发射光谱。由于双层微腔的本征谐振和图案化金光栅激励的表面等离激元之间的耦合，所提出的结构在 5～8 μm 波长范围内的吸收率为 85.3%，双波段红外大气窗口的发射率分别为 16% 和 17%。而图 17.4（a）中的蓝线为 GST 薄膜和金反射层构成的微腔结构的发射光谱。双层微腔构型具有良好的双波红外透明窗口的隐身性能。参照图 17.4（a）红色虚线所给出的理想的帽状函数发射光谱，具有超表面的结构发射光谱性能更为优异。

为了解释在 5～8 μm 波长范围内高平均发射率的物理机理，还给出了所设计的超表面在两个共振峰处的电场分布，如图 17.4（b）所示。位于 5.5 μm 波长处的发射峰主要是由于图案化金光栅之间的局域共振产生的。而在波长为 7.0 μm 处的另一个发射峰是通过谐振腔和表面等离激元的耦合实现的。值得注意的是，一方面波长范围在 5 μm 到 8 μm 以内的热辐射对热成像（热伪装）没有影响。另一方面，结构中的能量可以通过辐射的方式从超表面中迅速耗散。对于一个 473 K 的黑体，这部分波长范围的辐射功率高达 876 W/m^2。

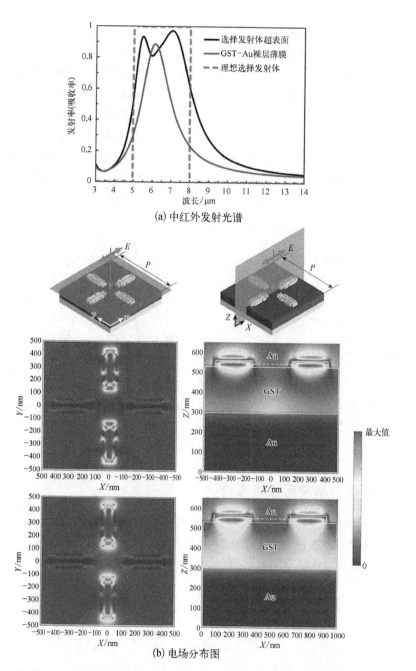

(a) 中红外发射光谱

(b) 电场分布图

图 17.4　通过仿真建模得到的反向设计超表面的光谱特性曲线和电场分布

根据选择性发射超表面的发射光谱以及热成像的基本原理,计算了工作在 $7.5 \sim 14\ \mu m$ 波长范围内的红外相机下的检测功率。如图 17.5(a)所示,可以看出,当我们的结构被加热到 200℃ 时,红外相机下的观测功率为 406 W/m^2,对应的表观温度为 70°C,具有显著的热隐身效果。这说明,可以把温度为 200℃ 的物体通过超表面覆盖的方法伪装成表观温度为 70℃ 的物体。测得的物体辐射温度(T_r)远低于其真实温度(T),并且这种真实温度和表观温度的差异会随着真实温度的升高继续增大。此外,还给出了选择性发射超表面的辐射热通量曲线。与温度为 473K 的理想黑体相比,所提出的超表面具有明显的波长选择性发射,其表现为在 $5 \sim 8\ \mu m$ 的波长范围内具有高散热特性,如图 17.5(b)所示。

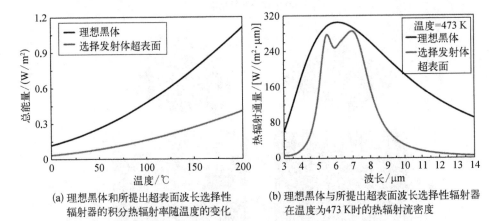

(a) 理想黑体和所提出超表面波长选择性
辐射器的积分热辐射率随温度的变化   (b) 理想黑体与所提出超表面波长选择性辐射器
在温度为 473 K 时的热辐射流密度

图 17.5 理想黑体辐射及所提出波长选择性辐射器对比

17.3.3 热伪装超表面性能评价

为了评估作者设计的超表面结构的性能,定义了热管理与热隐身的兼容效率。选择性发射超表面的性能应由两部分决定:包括双波段 MIR ATW 的红外隐身和非窗口波段的热管理。因此,定义兼容效率(eff)由双波段 MIR ATW 发射效率和非窗口波段发射效率的乘积决定。

$$\mathrm{eff} = \mathrm{eff}_{\mathrm{MWIR}}^{\mathrm{in}} \cdot \mathrm{eff}^{\mathrm{out}} \cdot \mathrm{eff}_{\mathrm{LWIR}}^{\mathrm{in}} \tag{17.5}$$

$$\mathrm{eff}_{\mathrm{MWIR}}^{\mathrm{in}} = 1 - \frac{\int_{\lambda_{\min}}^{\lambda_1} \varepsilon(\lambda)\,\mathrm{d}\lambda}{\lambda_1 - \lambda_{\min}},\ \mathrm{eff}^{\mathrm{out}} = \frac{\int_{\lambda_1}^{\lambda_2} \varepsilon(\lambda)\,\mathrm{d}\lambda}{\lambda_2 - \lambda_1}$$

$$\text{eff}_{\text{LWIR}}^{\text{in}} = 1 - \frac{\int_{\lambda_2}^{\lambda_{\max}} \varepsilon(\lambda)\,\mathrm{d}\lambda}{\lambda_{\max} - \lambda_2} \tag{17.6}$$

其中,$\text{eff}_{\text{MWIR}}^{\text{in}}$、$\text{eff}^{\text{out}}$、$\text{eff}_{\text{LWIR}}^{\text{in}}$ 分别代表中波红外窗口发射效率,非窗口发射效率和长波红外发射效率;$\varepsilon(\lambda)$ 是所提出辐射器的发射率。双波段 MIR ATW 效率反映了这样一个事实,即在红外成像下,所提出的结构的隐身性能。非窗口效率决定了所提出的波长选择性辐射器的热管理性能,这与辐射冷却有关。

作者团队还与研究中提出的红外隐身材料进行了比较[12, 19, 29, 30]。如表 17.1 所示,本节所设计的结构性能具有一定的优势,在红外隐身和热管理性能之间具有良好的兼容性。对于 FOM 评估,使用归一化 α_1、α_2 和 α_3 的相等权重($\alpha_1 = \alpha_2 = \alpha_3 = 0.33$)。另外,根据方程(17.5)和方程(17.6)所给出的兼容效率,也利用 eff 来评价所提出超表面结构在红外隐身和热管理之间兼容性。

表 17.1 两种评价标准下具有热管理的红外隐身材料的性能

文献	$\varepsilon_{3\sim5\,\mu m}$	$\varepsilon_{5\sim8\,\mu m}$	$\varepsilon_{8\sim14\,\mu m}$	FOM	eff
本书	0.17	0.85	0.16	83%	59.3%
[3]	0.078	0.58	0.022	77.3%	52.3%
[10]	0.9	0.9	0.9	36.7%	1%
[20]	0.25	0.77	0.33	73%	38.7%
[21]	0.18	0.82	0.31	77.7%	46.4%

作者团队还讨论了不同权重的 α_1、α_2 和 α_3 对于最终优化结构的影响。如果不对归一化的 α_1、α_2 和 α_3 权重进行条件约束,将会有无限种评价函数(FOM)的组合,这不利于拓扑结构的模型构建和优化。我们增加了限制,以便反向设计可以继续进行。对于热伪装来说,任何一个窗口波段的伪装效果差都会导致目标暴露。因此,双波段 MIR ATWs 窗口的红外隐身同样重要并设置了双波段 MIR ATWs 窗口的平均发射率是相等的权重,这意味着在任何优化中 α_2 总是等于 α_3。在这种情况下,可以通过定义 α_1 的权重来得出其他两个目标函数(α_2 和 α_3)的权重。

如图 17.6(a)所示,当设定 α_1 的值为 0.5、0.6、0.7、0.8、0.9 和 1 时,作者团队利用反向设计方法得出了几种 α_1 的值下的最优超表面金栅极图案。可以看出对于不同的权重(α_1)分布,DBS 算法找寻的超表面图案也会有所不同。作者团

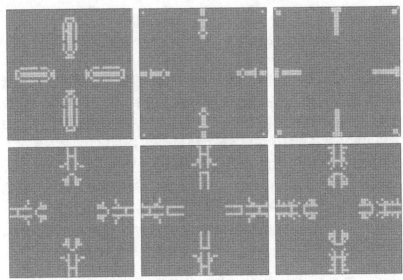

(a) 设计的一个单元格的顶视图被划分为50×50像素，具有不同的权重α₁、α₂和α₃；在提出的具有反向设计的超表面的六个视图中，α₁的权重分别为0.5、0.6、0.7、0.8、0.9和1(黄色像素代表介电性质为金，紫色像素代表介电性质为空气从而使得下层GST暴露出来)

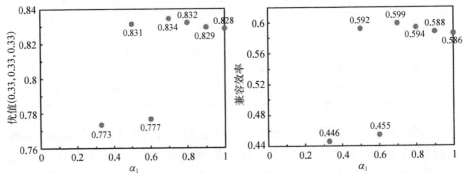

(b) 当FOM中α₁、α₂和α₃等权重时，不同权重给出的反向设计超表面波长选择性辐射器最有结构的FOM值

(c) 不同权重下，反向设计超表面波长选择性辐射器根据方程(3.6)给出的兼容效率(eff)的值

图 17.6 反向设计超表面的周期性单元俯视图

队也尝试了更小的α₁，这会导致反向设计难以进行。在这种情况下，完成对所有像素的搜寻后所得到的图案化金栅极与初始图案上的金栅极结构一模一样（依然维持两层薄膜结构而没有产生超表面构型）。图 17.6(b)和(c)分别展示了不同评价标准下红外隐身和热管理的兼容性，包括当α₁、α₂和α₃都等于 0.33

时。如上所述,当 α_1 的权重低于 0.33 时,很难通过 DBS 算法搜索到比初始结构更好的结构。因此,作者只给出 α_1 大于 0.33 的最优结构进行评估。此外,权重 α_1 为 0.33 的最佳结构与初始结构(仅有 GST 薄膜和 Au 反射层的两层结构)相同。

在外部刺激的条件下,由于相变材料的相变特性,所设计的超表面结构可以直接实现功能转变。这种功能切换无须重新设计复杂的超表面结构。这种功能切换是通过移动红外辐射吸收波长实现的。这将使波长选择性辐射器由红外隐身材料转变为一个热目标实体用于传递热信息。这一切换功能,在航空航天和军事领域具有巨大的应用潜力。如图 17.7 所示,给出了不同晶化系数下

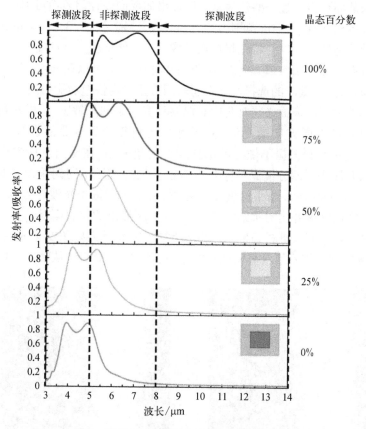

图 17.7　发射光谱随相变材料掺杂态变化示意图

随着 GST 的结晶分数从 0%增加到 100%,波长选择性辐射器的发射光谱在 3~14 μm 波长范围的变化;右上角的图示标明了具有不同结晶分数的基于相变材料 GST 的波长选择性辐射器与 MWIR 大气透明窗口的平均发射率对比(以大气为背景在 3~5 μm 的波长范围内的平均透射率为 67%)

的发射光谱特性。根据方程(17.4),得到不同结晶分数下 GST 的介电常数。随着结晶分数的增加,红外发射峰会发生红移,这与 MIM 结构激励地表面等离激元共振以及 GST 材料的相变性质有关。作者还给出了以 MWIR 大气透明窗口(在 3~5 μm 波长范围内的积分透射率为 67%)作为背景的超表面发射率色度对比图。

值得注意的是,当选择性发射超表面的状态为结晶状态时,很难将背景环境与所提出的选择性发射超表面区分开来。这说明了在该状态下,所提出的选择性发射超表面实现了红外隐身的功能。随着晶体分数的减少,所提出的基于相变材料的选择性发射超表面发生了功能切换,这使得它相比于背景发射率被突显出来从而可以传递一些热信息。所提出的反向设计超表面可以在 3~8 μm 的波长范围内实现约 2 μm 范围内的可调吸收,特别是对于 3~5 μm 的选择性发射。这种选择性红外发射特性将在热成像[31],红外加密[32]和自适应热伪装[33]等方面具有潜在应用价值。此外,由于相变材料 GST 可以在 ns/ps[34, 35]内实现快速切换,因此所提出的选择性发射超表面有望实现快速功能切换。

选择性发射超表面必须对角度和偏振具有一定的不敏感,这样材料才能很好地反射来自不同方向的光波,从而更好地服务于具有曲面设计的设备应用[36-38]。为了获得偏振不敏感的选择性发射超表面,在反向设计中改进原有 DBS 算法并使用了四分镜像对称 DBS 算法。红外波段不同偏振方向的发射率谱如图 17.8(a)所示。当平面波正入射时,由于所有偏振光波都可以分解为 x 方向和 y 方向光波并由对称结构响应。因此,所提出的超表面对于正入射的任意极化波均不敏感。此外,还讨论了设计的超表面随入射角变化的发射光谱。在图 17.8(b)中,展示了仿真模拟发射光谱,其中 TE 平面波从法向入射偏转到

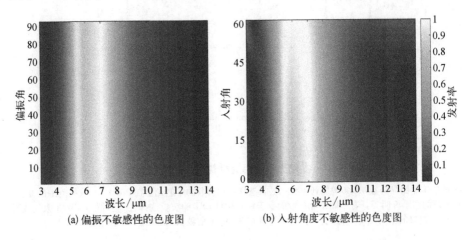

(a) 偏振不敏感性的色度图　　　(b) 入射角度不敏感性的色度图

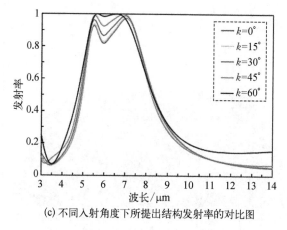

(c) 不同入射角度下所提出结构发射率的对比图

图 17.8　所提出超表面辐射器的偏振和入射角不敏感性

z 方向为 $60°(k=60°)$ 的角度。如图 17.8（c）所示，当大角度红外光波（$60°$）入射时，设计的超表面仍然可以保持良好的红外隐身性能和热管理。

17.4　激光操控热伪装微结构及多功能热伪装

17.4.1　热伪装微结构设计及制备

根据上述的热伪装的基本原理以及相变材料 GST 的可调特性，作者团队设计了一种热伪装微结构。这热伪装微结构可以同时兼容多种热伪装策略，所涉及的热伪装策略可以包括热源的伪装，复杂热源环境下的伪装以及多用途的热信息传递等。在本节中，作者团队设计、制备并表征了这种具有多功能热伪装潜力的热伪装超材料。

如图 17.9（a）所示，热伪装微结构基本单元由 440 nm 的 GST 薄层和 200 nm 的金反射层组成。这种薄层微结构可以通过利用磁控溅射方法依次在衬底上沉积金薄膜和 GST 薄层进行加工。金的介电常数根据 Palik 手册[28] 给出，GST 的两相（非晶态和结晶态）的介电常数在以前的工作中进行了精确测量[22, 23]。作者团队制备了 $1×1\ cm^2$ 热伪装超材料的样品，样品的照片如图 17.9（b）所示。作者团队也利用场发射扫描电子显微镜（FESEM，日立 S - 4800）观察了样片的截面来确认所制备的材料厚度与数值模拟中的一致，如图 17.9（c）。

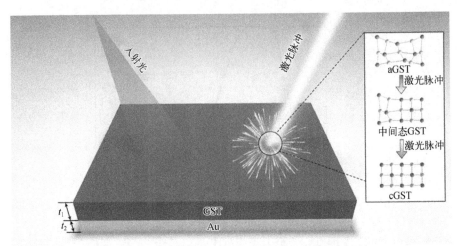

(a) 具有GST和Au的两层材料堆栈的薄膜示意图，基于相变材料GST的超材料的相变操纵是通过不同功率的激光照射来实现的，其结构参数为 t_1=440 nm，t_2=200 nm

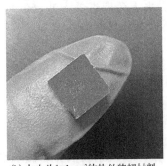

(b) 大小为1×1 cm² 的热伪装超材料照片，其基底材料为二氧化硅

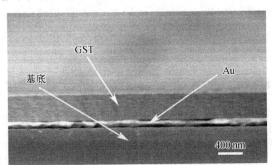

(c) 热伪装超材料的截面SEM图像

图 17.9　激光操控的相变超材料结构图

在图 17.10(a) 中，给出了双层微腔结构的发射光谱。可以看出，实验和仿真模拟结果非常吻合。在中红外波段，非晶态的锗锑碲合金（aGST）是一种低损耗材料，而结晶态的锗锑碲合金（cGST）是一种有损材料，cGST 可以随着厚度的变化在中红外光谱中实现可调的本征吸收[39]。值得注意的是，aGST 的虚介电常数接近于 0，基于相变材料的超材料在中红外波段仍有一个微弱的谐振峰，这是由于下层金的欧姆损耗造成的。为了进一步解释这种光学谐振的物理机理，分别给出了具有 aGST 和 cGST 的微腔结构的在谐振波长处的归一化电场分布（|E|），如图 17.10(b) 所示。

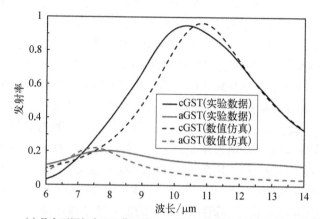

(a) 具有不同相变GST薄层的超材料通过模拟和实验得到的发射光谱

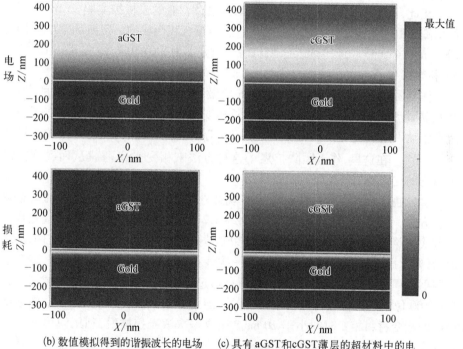

(b) 数值模拟得到的谐振波长的电场　(c) 具有 aGST和cGST薄层的超材料中的电
　　强度|E|分布图　　　　　　　　　　　阻损耗Q分布图, 其中两谐振波长分别为
　　　　　　　　　　　　　　　　　　　7.5 μm和10.8 μm

图 17.10　发射光谱及电场分布示意图

由于 GST 的吸收和金属对中红外光传播的强反射,在传播过程中电场强度减弱。在金属内部的电场强度较弱,电阻损耗可由 $Q = \pi c \varepsilon_0 \varepsilon'(\lambda) | E |^2 / \lambda$ 给出,其中 c 为真空中的光速,ε_0 和 ε' 分别为真空介电常数和材料相对介电常数。此处还给出了谐振波长处的电阻损耗分布(Q),如图 17.10(c)所示。根据电阻损耗(Q)原理[40],由于金属不是理想的完美电导体且在中红外波段具有巨大的介电常数虚部,因此界面附近的金薄膜会在反射红外波的过程中产生一定的损耗。如图 17.10(c)验证了这一现象,欧姆损耗(Q)发生在两种材料界面的金属薄层中,在极小厚度范围内 Q 值发生剧烈衰减(交界面附近 Q 分布颜色由红变蓝)。此外,GST 在不同状态下,其在 7.5～14 μm 红外波长范围的平均发射率有很大的变化。特别是在 aGST 和 cGST 状态下,在 7.5～14 μm 的波长范围内平均发射率的差异超过 60%。由于 aGST 和 cGST 的发射光谱差异很大,这使其有望应用于多功能热伪装和自适应热伪装。

在此,也简述所提出超材料的制备方法及相变的光操控实验:GST 薄层是使用磁控溅射系统在 1×1 cm² 玻璃基底上蒸镀沉积而成的。蒸镀的厚度分别为 200 nm 和 440 nm。腔室内气压和初始气压分别为 8.0×10^{-6} Pa 和 8.5×10^{-2} Pa,Au 和 GST 薄膜的沉积速率分别为 1 nm/s 和 0.51 nm/s。

作者团队通过中心波长为 532 nm 的激光脉冲实现了对相变状态的操控。激光辐照已被证明是诱导硫属化物材料相变的有效方法。此前,已证实了通过激光驱动可以实现对 Sb_2Te_3、$GeTe$、$Ge_3Sb_2Te_6$ 在非晶态和结晶态之间的可逆相变[22, 41-43]。在这里,作者团队扩展了这种方法来相变 GST 薄膜从而实现操纵微结构的红外辐射特性。

这种通过改变相变材料状态来实现红外辐射的操控是一种有效的动态热伪装方法。具体是利用辐照功率为 0.2～1.2 mW 范围内的激光,通过激光直扫的方式辐照超材料薄层。首先,激光束从左向右移动以完成一次线扫描。之后,激光返回左侧并向下移动开始下一次线扫描,直到所有扫描完成。整个激光照射过程总共需要 570 s。这一过程是通过将 100 μm×100 μm 的区域划分为 100×100 像素的网格进行扫描来实现的。通过简单计算可以得出,一个像素网格内的相变材料相变时间小于 10 ms。完成每次激光扫描后,利用傅里叶变换红外光谱仪(Fourier transform infrared spectroscopy, FTIR)对激光扫描后的样品进行表征。与需要 min 级转换时间的退火方法相比,激光辐射诱导的相变具有快速(<10 ms)、可控(超过 10 个状态)、稳定(在 300 K 室温下稳定存在)的特点。

图 17.11(a)展示了不同功率激光照射后,热伪装超材料在光学显微镜下的

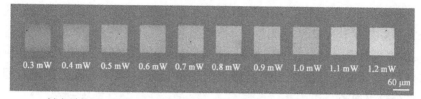

(a) 经过从0.3 mW到1.2 mW的不同功率激光辐照的热伪装超材料的灰度照片

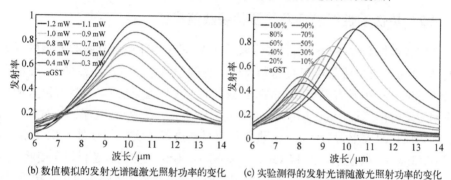

(b) 数值模拟的发射光谱随激光照射功率的变化　　(c) 实验测得的发射光谱随激光照射功率的变化

图 17.11　不同辐照功率下相变超材料图像及发射光谱

成像结果。随着激光功率的增加,由激光照射操纵的热伪装超材料从颜色从暗淡变得明亮。

　　值得注意的是,在光学显微镜(optical microscope, OM)下具有不同状态的GST的光学对比度与其反射率有关,通过对晶态和非晶态的可见光反射率的测量,作者团队证实了这一点,如图 17.12 所示。

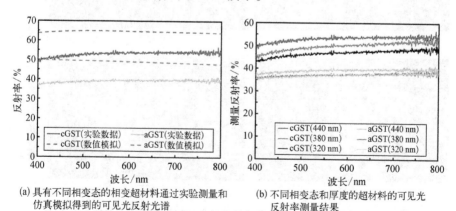

(a) 具有不同相变态的相变超材料通过实验测量和　　(b) 不同相变态和厚度的超材料的可见光
　　仿真模拟得到的可见光反射光谱　　　　　　　　　反射率测量结果

图 17.12　不同厚度及相变状态下超材料的可见光反射光谱

有趣的是,激光照射时间的积累并不能改变相变材料的相变状态,这也是 GST 非易失性中间态的优点之一。作者团队也发现,这种相变是可控的阶跃相变,即能量没有达到一定的阈值相变材料就不会相变到更高的中间态(更高的掺杂态)。这些特性使得 GST 有望应用于多级光调制、可编程发射率工程和红外高分辨率加密。

17.4.2 热伪装性能表征及热源伪装数值模拟

作者将相变材料 GST 与热成像联系起来,发现由于中红外吸收光谱的巨大差异,结晶态和非晶态 GST 具有相反的红外辐射特性。值得注意的是,在前面已经讨论了 GST 具有晶态到非晶态的连续控制中间态,这使得它具有巨大潜力应用于发射率工程(emissivity engineering, EE)中。在 300 K 室温下,对放在铜板均匀加热的大小为 1×1 cm^2 的热伪装超材料进行了实时的红外图像观察,如图 17.13(a)~(d)所示。图 17.13(a)为 aGST 和 cGST 的热伪装超材料在接近人体加热温度(36℃)下的热图像。作者发现在加热温度接近于人体温度的情况下,具有 aGST 的热伪装超材料的热成像温度接近室温(28℃)。这将意味着如果用热伪

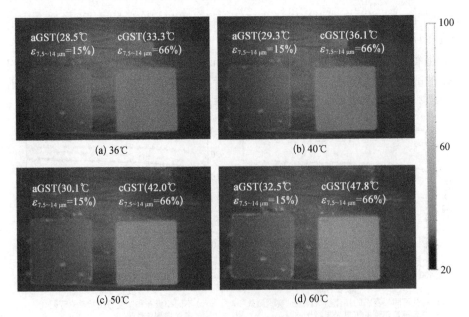

图 17.13 具有 aGST 和 cGST 薄层的热伪装超材料在不同加热温度下的红外热成像照片(稳态)背景为低辐射金属材料铜

装超材料遮盖人体可以让人体在红外成像下难以察觉。作者团队还展示了加热温度动态变化时的红外成像结构（40~60℃）。不同温度下的具有结晶态和非晶态相变材料的热伪装超材料的红外成像，如图 17.13（b）~（d）所示。一方面，作者团队所提出的具有 aGST 的热伪装超材料性能类似于传统的低辐射材料（铜）。另一方面，由于明显的热成像效果差异，所提出的热伪装超材料具有实现多功能热伪装策略的潜力，包括自适应热伪装、非均匀红外辐射调控、信息传递。

作者团队还讨论了入射光的角度和偏振对超材料结构发射光谱的影响，这是热伪装材料实现调节红外辐射和操控热成像所必须考虑的。图 17.14（a）和（b）

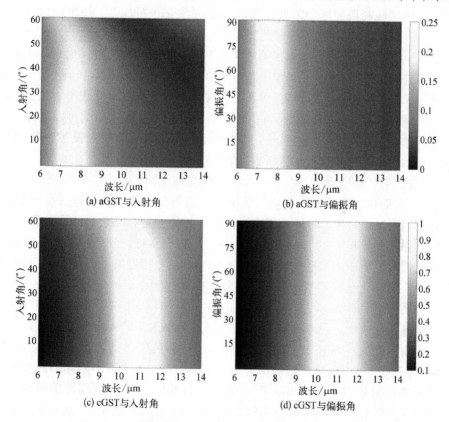

(a) aGST 与入射角　　(b) aGST 与偏振角

(c) cGST 与入射角　　(d) cGST 与偏振角

图 17.14　具有 aGST 和 cGST 薄层的超材料的发射光谱

（a）和（b）是具有 aGST 薄层的超材料的模拟发射率与波长之间的色度图，（a）为平面波入射角在 0°~60°的范围内，（b）为平面波正入射时，偏振角从 TE 偏转到 TM

（c）和（d）是具有 cGST 薄层的超材料的仿真模拟得到的发射率与波长之间的色度图，（c）为入射角在 0°~60°范围内，（d）为正入射波从 TE 偏转到 TM 的情况展示了具有 aGST 的超材料的角度和偏振不敏感性。对于正入射在超材料上的 TE 和 TM 偏振平面波,它具有相同的发射光谱。同时,超材料支持广角光入射(近45°)。图 17.14(c)和(d)显示了具有 cGST 的超材料的角度和偏振灵敏度。所提出的超材料在大角度光入射时仍能表现出良好的发射性能。

如图 17.15(a)所示,作者团队考虑了一种非均匀加热的情形。当物体被仅在中心的热源加热时,红外图像是非均匀的,这将在热成像下暴露热源的信息。通过有限元方法(finite element method,FEM),分析了尺寸为 250×250×5 mm³ 的加热硅(Si)盘的温度分布,该盘通的加热方法为在硅盘中心位置面积为 10× 10 mm² 的区域利用加热功率为 12 W 的热源从底部进行加热。整个硅盘位于空气中,假设自然空气对流系数为 2 W/(m²·K),室温为 293 K。图 17.15(b)为沿中心截面的温度分布曲线。被加热的硅盘中心位置具有最高温度,值为 347.4 K。根据红外成像原理,计算了加热硅盘的真实温度分布,如图 17.15(c)所示。为了通过 EE 来实现热源的伪装,作者团队在整个加热硅盘上遮盖了所提出的超材料。将表面划分为 M×N 个晶胞(M 和 N 均为 250),每个晶胞可以通过不同功率的激光辐照以调整结晶系数。考虑理想情况下的综合表面辐射功率,并利用这样的简单模型来演示作者所提出的多功能热伪装的概念。

如图 17.15(d)所示,通过热辐射的相关理论,计算了 GST 薄层在 338～348 K 不同加热温度下的积分辐射功率与结晶系数的关系。通过观察该图,可以得到以下结论:想要利用可调热伪装材料实现远低于相比于实际温度(表观与实际温度差异超过60℃)的热伪装,基于单态相变材料的超材料就可以满足伪装的需求。而要想实现表观温度与实际温度较为接近的动态热伪装,则需要较为宽广的晶化系数范围来满足辐射功率的平衡。

如图 17.15(d)所示,作者团队重点关注位于图示下方的一条黑色虚线和一条红色虚线。其中黑色虚线讨论了综合辐射功率为 169 W/m² 时,不同真实温度和需要匹配这一表观温度的晶化系数分布,红色虚线则表示当晶化系数为 10%时,不同实际温度表征出的综合辐射功率分布。将上述不均匀的温度场分布伪装成积分辐射功率为 169 W/m² 的均匀温度场分布,其所需要的相变材料 GST 晶化系数分布值域仅有约 4%(8%～12%)。在这种情况下,建立发射率数据库是多余的。以红色虚线为例,对于相变材料 GST 的结晶系数为 10%的一整块热伪装材料覆盖的加热硅盘来说,红外相机捕获的最小和最大积分辐射功率分别为 165.38 W/m² 和 171.25 W/m²,对应于 292.6 K 和 294.7 K 的表观温度。在这种情况下,对于单态的基于相变材料 GST 的超材料,其伪装性能已经类似

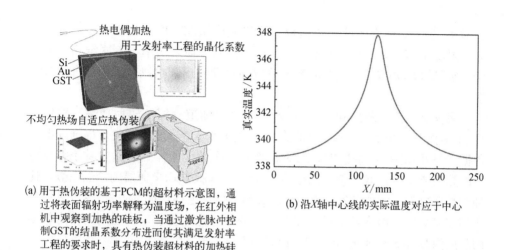

(a) 用于热伪装的基于PCM的超材料示意图，通过将表面辐射功率解释为温度场，在红外相机中观察到加热的硅板；当通过激光脉冲控制GST的结晶系数分布进而使其满足发射率工程的要求时，具有热伪装超材料的加热硅板的表观温度仅为317 K

(b) 沿X轴中心线的实际温度对应于中心

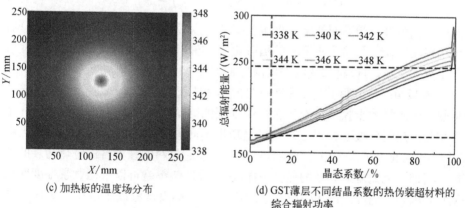

(c) 加热板的温度场分布

(d) GST薄层不同结晶系数的热伪装超材料的综合辐射功率

图 17.15　热伪装发射率工程及策略概念图

于图 17.13 所示的低发射金属材料。然而,要想使表观温度变得更高,仅使用单态的基于相变材料 GST 超材料是不够的,这将导致热源信息暴露于红外成像之下。另一条位于上方的黑色虚线标记了的综合辐射功率为 244 W/m² 的情况,相变材料 GST 的结晶系数具有很宽的范围(70%～95%)。因此,有必要针对 GST 薄层的结晶系数建立满足发射率工程的发射率数据库。在这里需指出的是,与 MIM 结构实现的 SPP 相比[11, 44],基于相变材料 GST 的超材料热伪装在 7.5～14 μm 的平均发射率的调制范围可以从 8%到 69%,这说明,相比于 MIM 结构热伪装,所提出的热伪装超材料具有更宽广的温度表征范围。为了建立发射率数据库,作者团队还数值模拟了当温度从 338 K 变化至 348 K 时的积分辐射功率(以 0.25 K 为单位)。并把这些积分辐射功率与不同结晶系数的 GST 薄层相关联(以 1% 为结晶系数单位),进而给出了热遮盖下的综合积分辐射功率。

根据黑体辐射公式和红外成像原理,可以知道被探测辐射功率与物体温度、辐射体发射光谱、热探测设备的工作波段和环境温度等有关。根据发射率数据库,利用最短距离搜索规则,直接搜索每个单元所需的合适的基于相变材料的热伪装发射光谱。最后,给出了所有划分晶胞的 GST 薄层的结晶系数。这种结晶系数分布实现了发射率工程的策略。使用上述相同的方法,可以采用基于相变材料的热伪来实现对加热硅板的自适应热伪装。最短距离搜索规则的品质因数(figure of merit,FOM)由式(17.7)给出:

$$\text{FOM} = \min \mid P_{i,j}(\varepsilon_{\text{database}}, T_{i,j}) - P_{\text{aim}} \mid \tag{17.7}$$

其中,$P_{i,j}$ 为每一像素网格结合物体温度($T_{i,j}$)和发射率工程数据库($\varepsilon_{\text{database}}$)后的辐射功率;$P_{\text{aim}}$ 是希望观测到的辐射功率。在 293 K 的背景温度下,按照发射率工程的策略,可以将加热的硅板伪装成 291~319 K 的任何温度。

图 17.16(a)说明了基于相变材料的热伪装超材料通过 EE 过程来实现自适应热伪装的具体步骤。由于顶部 GST 薄层的结晶系数分布不同,可以在同一个不均匀加热的硅板上看到红外相机呈现出不同温度的热场。引入发射率工程相关策略,展示了基于相变材料 GST 的热伪装超材料的强大自适应热伪装的功能。就像变色龙规避天敌的捕食一样,这一种伪装策略可以根据背景温度变化调整观察到的温度。图 17.16(b)为不同 P_{aim} 对应表观温度下沿中心截面表观温度场的分布。作者还给出了具有不同预期温度的整个表面的观察温度分布,如图 17.16(c)~(h)所示。如图 17.16(c)所示,由于整个表面受热不均带来的温差,没有热伪装的加热硅板的温度分布是不平坦的。而基于相变材料的热伪装表面的温度分布是平坦的。此外,通过操控 GST 薄层的结晶系数,EE 的策略可以实现任意温度的自适应热伪装。

对于热成像,极差和标准偏差都是热伪装的关键指标,可以由下式给出:

$$R = \max(T_{M \times N}) - \min(T_{M \times N}) \tag{17.8}$$

$$\sigma = \sqrt{\frac{\sum_{k=1}^{k=M \times N}(P_k - \bar{P})}{(M \times N)}} \tag{17.9}$$

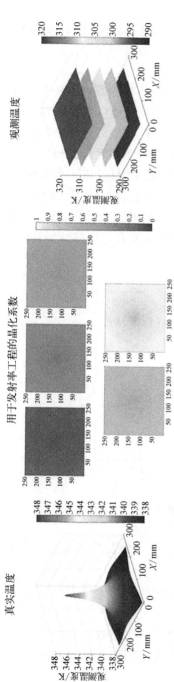

(a) 用于自适应热伪装的发射率工程策略。首先，测量实际温度，确定需要的表观温度。然后，依据最短距离搜索规则，给出需要的顶部GST薄层结晶晶系数分布，最后实现一定温度范围内的自适应热伪装

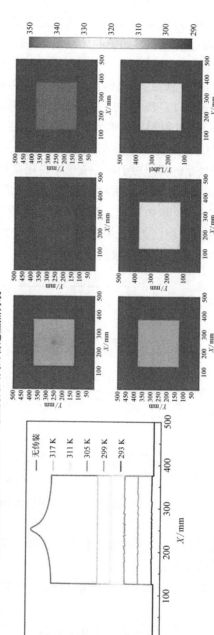

(b) 沿加热硅板中心线的温度分布，环境温度为293 K

(c) 背景温度为293 K时的自适应热伪装，可以实现整个表面表现为293~317 K的任意温度分别为观测伪装成观察温度为293 K，299 K，305 K，311 K，317 K的情况

图 17.16　基于发射率工程的自适应热伪装

其中,$\max(T_{M\times N})$ 和 $\min(T_{M\times N})$ 分别是所有像素网格中平均温度的最大值和最小值。作者还给出了热伪装的标准偏差,该标准偏差由上述每个划分的单元格的辐射功率(P_k)和所有单元格的平均辐射功率决定。

如图 17.17 所示,本书给出了针对表观温度 291~318 K 范围内的整个区域热成像赝温度与需要自适应表观温度的差值(R)。这种自适应热伪装是使用方程(17.8)的最短距离搜索规则获得的。基于相变材料 GST 的热伪装超材料覆盖的加热硅板的伪温度范围在 1 K 以内,一半以上的赝温度极差(R)小于 0.5。这种极小的温差对于红外成像来说很难检测到。根据方程(17.9)计算热成像下的标准差,其中如图所示的五个表观温度下的 σ 分别为 0.462 4、0.481 4、0.516 1、0.484 0 和 0.386 8。在没有热伪装覆盖时,加热硅板的 σ 为 1.83。通过基于相变材料 GST 的热伪装超材料,加热硅板具有明显的自适应热伪装效果。同时,热源的信息也被隐藏起来了。

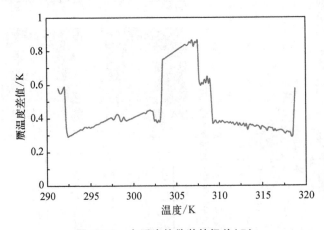

图 17.17 自适应热伪装的极差(R)

此外,本书对比了之前发射率工程的一些研究[11, 44],如表 17.2 所示。可以得出如下的结论:

(1)基于相变材料的热伪装可以在不改变结构参数的情况下实现自适应伪装;

(2)由于 GST 薄层不同结晶系数下发射光谱(平均发射率的变化范围)的巨大差异,使得所提出的热伪装可以在较宽温度范围内实现自适应的热伪装。

表 17.2　适用于发射率工程的热伪装超材料性能比较

文　　献	[11]	[44]	本书中的超材料
材料	Au 和 Ge	Au 和 LC	GST 和 Au
结构	MIM（1D 和 2D）	MIM（1D）	薄层
平均发射率值域	10%~90%（计算值）	12%~18%（计算值）	8%~69%（计算值）；15%~66%（实验值）
可调性	否	是	是
角度和偏振敏感性	否	是	是
能否实现自适应热伪装	否	是	是
数据来源	数值仿真	数值仿真	实验和数值仿真

最后,本书讨论了基于相变材料 GST 的热伪装超材料的多功能特性。通过控制每个划分像素网格的结晶系数,以实现对有热源加热硅板观察温度的操纵。在图 17.18(a)中,覆盖在加热硅板上的热伪装通过操纵数据库中积分辐射功率的 EE 来实现 NUDT 图案的信息传递。热伪装的结晶系数分布来自图 17.16(c)中 EE 的综合辐射功率。将 NUDT 图案导出为 250×250 二进制像素,其中 0 代表低辐射功率的背景(表观温度为 293 K),1 代表高辐射功率(表观温度为 317 K)的存在信息。因此,每个晶胞的结晶系数可以由二进制像素给出。因此,可以通过 EE 给出观察到的信息传递温度。即使在"NUDT"信息传递过程中,也很难通过红外摄像机的检测来区分热源的位置,如图 17.18(a)所示。值得注意的是,信息传递可以看作是光学中的一种热错觉[45]。使用与 NUDT 模式相同的信息传递方法,还可以呈现伪装多个热源的热辐射功率分布,从而产生光学热幻觉。

本书还给出了不同热源场景下利用基于相变材料的超材料实现热伪装的数值模拟效果。如图 17.18(b)所示,展示了存在两个尺寸为 $10×10\ mm^2$ 热源的数值模拟温度分布,两个热源的中心位置分别为(125 mm,60 mm)和(125 mm,190 mm),以 12 W 的加热功率对上方的硅盘进行加热。仅热源信息发生了变化,其他条件与之前的 FEM 一致。使用基于相变材料的热伪装超材料,本书可以在不调整真实温度场的情况下观察到均匀温度分布的红外成像画面。整个加热硅板的表观温度保持在 300 K,温差在 1 K 的范围以内。这表明基于相变

真实温度 晶化系数 表观温度

(a) 通过所提出的热伪装超材料使得被中心热源加热的硅盘呈现出具有"NUDT"的字样，其中涉及的两种表观温度在中温度为293 K 和317 K参考图17.16的自适应热伪装。它演示了热信息传递功能

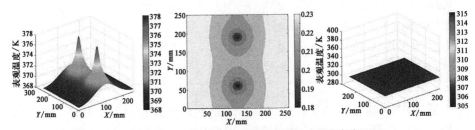

(b) 利用发射率工程实现对两个热源的伪装，表观温度为300 K

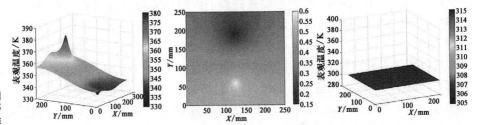

(c) 同时存在热源和冷源时的伪装，表观温度为300 K

图 17.18　热信息传递和应对复杂热源的热伪装演示

材料的热伪装超材料在更高的温度下仍然具有良好的自适应热伪装性能。同样,作者团队还在与上述相同的位置添加了一个热源和一个冷源,加热和冷却功率分别为 30 W 和 15 W。通过给予 EE 策略来实现与图 17.18(c)中先前观察到的温度相同的热伪装。这说明所提出的热伪装超材料具有在复杂条件下的自适应热伪装能力。这种热伪装可以使最大温差为 50 K 的不均匀温度场被伪装成均匀分布的温度场。

　　在激光的辅助下,所提出的超材料可以实现红外辐射特性的操控,这一过程并不需要对微结构进行复杂的图案化设计。该热伪装材料可以同时实现自适应热伪装以及复杂热源条件下的热伪装,这将为动态红外隐身提供可行性方案,并拓展热伪装的策略。

参考文献

[1]　Yang J, Zhang X, Zhang X, et al. Beyond the visible: Bioinspired infrared adaptive materials [J]. Advanced Materials, 2021, 33(14): 2004754.

[2]　Hu R, Xi W, Liu Y, et al. Thermal camouflaging metamaterials [J]. Materials Today, 2021, 45: 120 - 141.

[3]　Li, Y, Li W, Han T, et al. Transforming heat transfer with thermal metamaterials and devices [J]. Nature Reviews Materials, 2021, 6(6): 488 - 507.

[4]　Jiang X, Yuan H, He X, et al. Implementation of infrared camouflage with thermal management based on inverse design and hierarchical metamaterial [J]. Nanophotonics, 2023, 12(10): 1891 - 1902.

[5]　桑建华,张宗斌.红外隐身技术发展趋势[J].红外与激光工程,2013,42(1): 14 - 19.

[6]　韩义波,杨新锋,滕书华,等.激光与红外融合目标检测[J].红外与激光工程,2018, 47(8): 204 - 210.

[7]　桑建华,张勇.飞行器红外隐身技术[J].航空科学技术,2011(5): 5 - 7.

[8]　Landy L N, Sajuyigbe S, Mock, J J, et al. Perfect metamaterial absorber [J]. Physical Review Letters, 2008, 100(20): 207402.

[9]　Zhu H, Li Q, Tao C, et al. Multispectral camouflage for infrared, visible, lasers and microwave with radiative cooling [J]. Nature Communications, 2021, 12(1): 1805.

[10]　Jiang X P, Zhang Z J, Ma H S, et al. Tunable mid-infrared selective emitter based on inverse design metasurface for infrared stealth with thermal management [J]. Optics Express, 2022, 30(11): 18250.

[11]　Song J, Huang S, Ma Y, et al. Radiative metasurface for thermal camouflage, illusion and messaging [J]. Optics Express, 2020, 28(2): 875 - 885.

[12]　Zhu H, Li Q, Zheng C, et al. High-temperature infrared camouflage with efficient thermal management [J]. Light: Science and Applications, 2020, 9, 60.

[13]　Foley J J, Ungaro C, Sun K, et al. Design of emitter structures based on resonant perfect absorption for thermophotovoltaic applications [J]. Optics Express, 2015, 23(24): A1373 - A1387.

[14]　Gemini Observatory. IR transmission spectra [EB/OL]. [2007 - 08 - 09]. http://www.gemini.edu/?q=node/10789.

[15] Jiang X P, Zhang Z J, Chen D B, et al. Tunable multilayer-graphene-based broadband metamaterial selective absorber [J]. Applied Optics, 2020, 59(35): 11137.

[16] Julian M N, Williams C, Borg S, et al. Reversible optical tuning of GeSbTe phase-change metasurface spectral filters for mid-wave infrared imaging [J]. Optica, 2020, 7(7): 746.

[17] Tyo J S, Goldstein D L, Chenault D B, et al. Target detection in optically scattering media by polarization-difference imaging [J]. Applied Optics, 2006, 35(11): 1855-1870.

[18] Lu H, Wang G, Liu X. Manipulation of light in MIM plasmonic waveguide systems [J]. Science Bulletin, 2013, 58(30): 3607-3616.

[19] Li M, Liu D Q, Cheng H F, et al. Manipulating metals for adaptive thermal camouflage [J]. Science Advances, 2020, 6(22): eaba3494.

[20] Qu Y R, Li Q, Du K K, et al. Dynamic thermal emission control based on ultrathin plasmonic metamaterials including phase-changing material GST [J]. Laser and Photonics Review, 2017, 11(5): 1700091.

[21] Liu Y, Zhong R B, Huang J B, et al. Independently tunable multi-band and ultra-wide-band absorbers based on multilayer metal-graphene metamaterials [J]. Optics Express, 2019, 27(5): 7393-7404.

[22] Shportko K, Kremers S, Woda M, et al. Resonant bonding in crystalline phase-change materials [J]. Nature Materials, 2008, 7(8): 653-658.

[23] Chen Y G, Kao T S, Ng B, et al. Hybrid phase-change plasmonic crystals for active tuning of lattice resonances [J]. Optics Express, 2013, 21(11): 13691.

[24] Du K, Li Q, Lyu Y, et al. Control over emissivity of zero-static-power thermal emitters based on phase-changing material GST [J]. Light: Science and Applications, 2017, 6: e16194.

[25] Tian J, Luo H, Yang Y, et al. Active control of anapole states by structuring the phase-change alloy $Ge_2Sb_2Te_5$[J]. Nature Communications, 2019, 10: 396.

[26] Li H, Refractive index of alkaline earth halides and its wavelength and temperature derivatives [J]. Journal of Physical and Chemical Reference Data, 1980, 9(1): 161-290.

[27] Zhang Z J, Yang J B, Bai W, et al. All-optical switch and logic gates based on hybrid silicon-$Ge_2Sb_2Te_5$ metasurfaces [J]. Applied Optics, 2019, 58(27): 7392-7396.

[28] Palik E D. Handbook of optical constants of solids [M]. Cambridge: Academic Press, 1997.

[29] Peng L, Liu D Q, Cheng H F, et al. A multilayer film based selective thermal emitter for infrared stealth technology [J]. Advanced Optical Materials, 2018, 6(23): 1801006.

[30] Pan M Y, Huang Y, Li Q, et al. Multi-band middle-infrared-compatible camouflage with thermal management via simple photonic structures [J]. Nano Energy, 2020, 69: 104449.

[31] Feldmann J, Youngblood N, Wright C D, et al. All-optical spiking neurosynaptic networks with self-learning capabilities [J]. Nature, 2019, 569(7755): 208.

[32] Song M, Wang D, Kudyshev Z A, et al. Enabling optical steganography, data storage, and encryption with plasmonic colors [J]. Laser and Photonics Review, 2021, 15(3): 2000343.

[33] Chandra S, Franklin D, Cozart J, et al. Adaptive multispectral infrared camouflage [J]. ACS Photonics, 2018, 5(11): 4513 − 4519.

[34] Zhang Y, Chou J B, Li J, et al. Broadband transparent optical phase change materials for high-performance nonvolatile photonics [J]. Nature Communications, 2019, 10: 4279.

[35] Du K K, Cai L, Luo H, et al. Wavelength-tunable mid-infrared thermal emitters with a non-volatile phase changing material [J]. Nanoscale, 2018, 10(9): 4415 − 4420.

[36] Cao T, Cryan M J. Study of incident angle dependence for dual-band double negative-index material using elliptical nanohole arrays [J]. Journal of the Optical Society of America A, 2012, 29(3): 209.

[37] Cao T, Zhang L, Simpson R E, et al. Mid-infrared tunable polarization-independent perfect absorber using a phase-change metamaterial [J]. Journal of the Optical Society of America B, 2013, 30(6): 1580.

[38] Bossard J A, Lin L, Yun S, et al. Near-ideal optical metamaterial absorbers with super-octave bandwidth [J]. ACS Nano, 2014, 8(2): 1517 − 1524.

[39] Zhao L, Zhang R, Deng C, et al. Tunable infrared emissivity in multilayer graphene by ionic liquid intercalation[J]. Nanomaterials, 2019, 9(8): 1096.

[40] Hao J, Zhou L, Qiu M. Nearly total absorption of light and heat generation by plasmonic metamaterials [J]. Physical Review B, 2011, 83(16): 165107.

[41] Si ttner E, Siegert K, Jost P, et al. (GeTe)$_x$ − (Sb$_2$Te$_3$)$_{1-x}$ phase-change thin films as potential thermoelectric materials [J]. Physica Status Solidi A, 2013, 210(1): 147 − 152.

[42] Rabe K M, Joannopoulos J D. Theory of the structural phase transition of GeTe [J]. Physical Review B, 1987, 36(12): 6631 − 6639.

[43] Lencer D, Salinga M, Grabowski B, et al. A map for phase-change materials [J]. Nature Materials, 2008, 7(12): 972 − 977.

[44] Liu Y, Song J, Zhao W, et al. Dynamic thermal camouflage via a liquid-crystalbased radiative metasurface [J]. Nanophotonics, 2020, 9(4): 855 − 863.

[45] Hu R, Zhou S L, Li Y, et al. Illusion thermotics [J]. Advanced Materials, 2018, 30(22): 1707237.

第18章　红外辐射调控及其应用

18.1　引言

除了热伪装功能外,由于中红外波段与人体辐射波段息息相关,因而其本身具有十分广阔的研究和应用前景。红外辐射的研究与传热学、能源利用、光谱学等研究领域交叉融合,进而衍生出了高效太阳光吸收、辐射冷却、红外光以及延伸至太赫兹波段的光调制等一系列具有广泛发展前景的应用研究。本章所指的可控红外辐射特性,一方面强调所设计的器件是可以满足特定应用场景下对于红外光谱特性的需要,强调的是红外辐射特性与实际应用相联系;另一方面所设计的微纳光器件中有一些具有一定的红外光谱的调控能力,可以通过自身材料特性的变化进而表征出红外光谱的可调谐特性。

18.2　基于反向设计的太阳光吸收体

太阳光的宽带吸收是太阳能电池技术的关键,因此,研究超表面来实现太阳光宽带完美吸收已成为提高光伏效率的潜在方法之一[1-3]。此外,将基于超表面的完美吸收体(如黑体)与太阳光的宽带吸收相结合的研究还可以广泛用于光热发电[4,5],热发射器[6]和光电探测器[7]。为了实现太阳光的宽带吸收,碳基表面[8,9]、硅基表面[10-13]和薄膜金属结构[14,15]已经做出了广泛的尝试。对于碳基表面,它们通常具有宽带吸收、非偏振选择、对太阳光谱的广角不敏感性。然而,大多数碳基吸收体的厚度大到几十甚至几百微米,这给器件集成带来了挑战。硅基表面具有良好的光伏特性。然而,一些基于硅的光捕获方案[2]表明由于朗伯公式的限制[16]导致硅的吸收仅在 $400 \sim 1\,100$ nm 范围内。此外,金属纳米结构在高温下的稳定性问题,导致基于金属微纳结构的超表面在太阳能利用方面存在天然的缺陷。而利用介质微纳结构超表面来设计太阳光吸收体,有望在设计宽带太阳能吸收的同时节省材料和沉积时间[17]。由于在可见光和近红外光谱区域具有强烈吸收,耐高温和具有类似金属的光学特性等优良特性,氮化钛(TiN)是理想的太阳光吸收材料[18, 19]。一些研究表明[20, 21],通过将超薄 TiN 光栅与不同折射率材料相结合,从而产生的 Mie 共振可以实现在近红外光谱区域的完美吸收。在这里作者希望利用反向设计方法,对多种 Mie 共振的耦合进行优化,这将可能为研究具有多模耦合的宽带吸收微结构提供新的解决思路。

18.2.1 反向设计超表面结构

基于微纳结构中的 Mie 共振[22-24]和太阳光谱,使用反向设计方法[25, 26]设计超表面,以实现最大化太阳光波长范围的平均吸收率。与通过手动选择参数或采用半解析模型进行设计的传统设计方法相比,可以根据太阳光谱轻松设计基于超表面的完美吸收体,唯一需要做的就是给出初始结构和填充元素。如图 18.1 所示,作者团队反向设计了一种具有极高太阳光吸收率的超表面结构。该超表面由嵌入氮化硅(SiN$_x$)内部的双层 TiN 圆柱阵列组成。遗传算法(GA)被应用于反向生成双层纳米柱的几何参数 r_1、r_2、h_1 和 h_2 分别表示双层 TiN 纳米光栅的半径和高度。底部 TiN 薄层(H_1)和顶部 SiN$_x$ 填充层(H_2)的厚度分别为 80 nm 和 250 nm。由于 TiN 材料的固有吸收和超表面设计产生的多重 Mie 谐振耦合,基于遗传算法反向设计的超表面可以实现整个太阳光谱波长范围内的高平均吸收。根据太阳光谱,定义遗传算法中的品质因数(FOM):

$$\mathrm{FOM} = \frac{\int_{\lambda_1}^{\lambda_2} A(\lambda)\,\mathrm{d}\lambda}{\lambda_2 - \lambda_1} \tag{18.1}$$

其中,λ_1 和 λ_2 表示起始波长和截止波长对应于太阳光谱范围,在数值仿真中分别为 250 nm 和 2 450 nm;$A(\lambda)$ 是基于遗传算法的超表面在不同波长下的吸收率。

18.2.2 单层纳米柱及双层纳米柱数值模拟分析

对基于 GA 的超表面、经过扫描参数优化的最优单层 TiN 光栅超表面和仅有 SiN$_x$ 层和 TiN 层的双层结构在 250 nm 到 2 450 nm 波长范围内的吸收光谱特

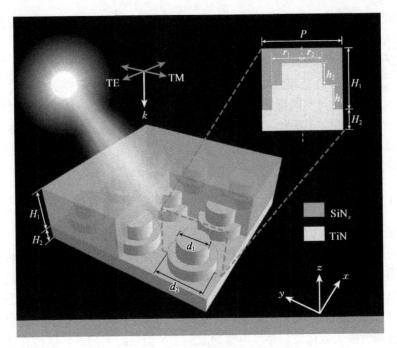

图 18.1　基于 GA 的超表面吸收器原理图

超表面吸收器由嵌入 SiN_x 覆盖层的双层 TiN 纳米柱光栅构成,插图表示沿 y 方向从单元中心切入的截面视图,基于 GA 的超表面的周期(P)为 400 nm;结构参数为 H_1 = 250 nm, H_2 = 80 nm,双层 TiN 圆柱光栅的半径 r_1 = 183 nm, r_2 = 95 nm,高度 h_1、h_2 分别为 95 nm 和 87 nm,已标记出双层 TiN 圆柱光栅直径(d_1, d_2)和半径(r_1, r_2)

性进行比较,如图 18.2(a)所示。在 250~2 450 nm 的波长范围内,右图中详细给出了三种结构的基本构型,它们的平均吸收率分别为 93%、88%和 50%。由于 TiN 材料的固有吸收和 TiN 纳米层的界面衍射,对于可见光和近红外波长范围具有一定的吸收效应。通过比较图中黑色实线和红色实线,可以发现相比于最优单层光栅,通过遗传算法对 Mie 谐振耦合的优化和生成新的 Mie 谐振模式,所以提出的超表面结构对于太阳光的平均吸收率具有一定的优势。其中,基于 GA 反向设计超表面的三种 Mie 共振模式已在图中标明,如图中红线所示。

图 18.2(b)给出了平面波正入射至超表面的原理图。在图 18.2(c)中,给出了三种 Mie 共振峰(模式 1、模式 2、模式 3)位置处的磁场和电场分布。在波长分别为 890 nm、1 320 nm 和 2 020 nm 的超表面上激发了三重模 Mie 共振。它们

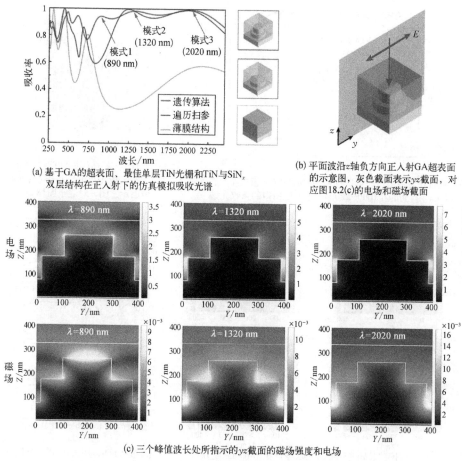

(a) 基于GA的超表面、最佳单层TiN光栅和TiN与SiN$_x$ 双层结构在正入射下的仿真模拟吸收光谱

(b) 平面波沿z轴负方向正入射GA超表面的示意图，灰色截面表示yz截面，对应图18.2(c)的电场和磁场截面

(c) 三个峰值波长处所指示的yz截面的磁场强度和电场

图 18.2 基于 GA 的超表面吸收光谱及光场分布

都是由多模电场和磁场耦合产生的。第一 Mie 共振主要与 TiN 光栅的尖角和上光栅特别是上光栅的尖角的共振有关。第二 Mie 共振主要与 TiN 光栅的尖角和上光栅特别是下光栅的尖角的共振有关。而第三 Mie 共振主要与 TiN 光栅上无共振的棱角有关。

为了阐明谐振的物理机理,作者团队研究了单层光栅和双层光栅的 Mie 共振模式。首先,对单层 TiN 圆柱光栅在波长约 1 260 nm 和 1 900 nm 处的双频 Mie 共振峰进行了理论研究,如图 18.3(a)中的黑线所示。单层 TiN 圆柱光栅的扫描参数包括高度(h_1)和半径(r_1),得到了最佳结构($h_1 = 106$ nm, $r_1 = 162$ nm)。

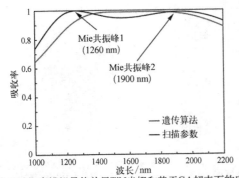

(a) 通过仿真模拟最佳单层TiN光栅和基于GA超表面的底层光栅，得到的在1000~2200 nm波长范围内的吸收光谱

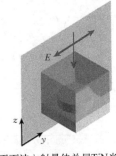

(b) 平面波入射最佳单层TiN光栅的方向示意图及电场和磁场yz的截面示意图，对应于图18.3(c)

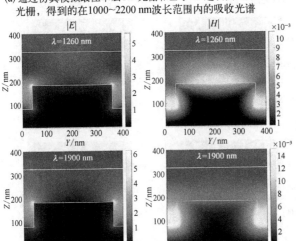

(c) 两个谐振波长处的yz截面的磁场强度和电场强度分布

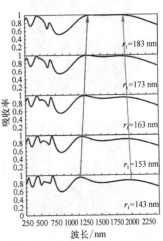

(d) 嵌入SiN₂衬底的单层纳米圆柱体对不同半径的吸收率

图 18.3　最优单层光栅超表面吸收光谱及其光场分布

所有未发生改变的结构参数(H_1, H_2, P)都与图18.1中基于GA的超表面中的参数相同

这种双重 Mie 共振已经在之前的工作中被系统介绍，其中使用到了 Si 和 Cr 纳米圆柱体结构来激励 Mie 谐振[27, 28]。图 18.3(b)是平面波入射原理和 yz 截面的示意图。如图 18.3(c)所示，给出了两个 Mie 共振峰的电场和磁场分布。在 1 260 nm 处的 Mie 谐振峰是耦合的 Mie 共振模式，这不仅与相邻的两个光栅之间的间隙大小有关，还与 TiN 圆柱光栅的顶面大小有关。在 1 900 nm 处的 Mie 谐振峰是与 TiN 圆柱体光栅间隙有关的第二次 Mie 共振。为了说明该理论对单层

TiN 光栅的适用性,使用基于 GA 的超表面 TiN 光栅 (h_1 = 95 nm, r_1 = 183 nm) 进一步研究双波段 Mie 共振的机理。由于耦合作用,双重 Mie 共振峰串联形成一个难以区分峰位的宽带吸收。图 18.3(d)为单层 TiN 圆柱光栅在不同半径下的模拟吸收光谱。根据 Mie 共振理论,Mie 共振只取决于尺寸参数 q,它与纳米粒子半径 R 与光波长 λ 之比成正比,即 $q = 2\pi R/\lambda$。随着半径 r_1 的增大,第一个 Mie 谐振峰发生了红移。第二个 Mie 谐振峰的蓝移,这与 $P - (2 \times r_1)$ 参数有关。由于双重 Mie 共振峰具有相反的移动方向,光栅超表面结构产生了较为平坦的宽带吸收。

为了最大化太阳光谱中的宽带吸收,有必要优化从 750~1 000 nm 的波谷,如图 18.3(d)所示。很明显,由于 Mie 共振的限制,单层光栅的双波段 Mie 共振很难优化这一波谷。值得注意的是,根据以往对 Mie 共振的研究,Mie 共振一般随着圆柱直径的减小而发生蓝移。根据图 18.2(c)所示的电场和磁场分布,对上面的三重 Mie 谐振进行分析。此外,还展示了具有结构参数调整的基于遗传算法的超表面的吸收色度图,如图 18.4 所示。作者团队使用控制变量方法研究了三频 Mie 共振中多模耦合的主要机理。图 18.4(a)~(c)显示了三个 Mie 共振峰随底层 TiN 圆柱光栅半径(r_1)、顶部 TiN 圆柱光栅半径(r_2)和整个 TiN 圆柱光栅一起的变化。三种谐振模式和谐振峰的移动轨迹在图 18.4 中用白色箭头进行了标记。第一种模式(图 18.2 中模式 1)是一种受限制的 Mie 共振。它的激发不仅与下部光栅的半径(当 r_1 大于 170 nm 时)有关,而且随着上部光栅的相对尺寸增加而发生蓝移。第二种模式(图 18.2 中模式 2)是一种典型的 Mie 共振(共振波长与纳米圆柱的半径有关),并且随着 r_1 和 r_2 的增加具有明显的红移。第三个模式(图 18.2 中标记的模式 3)类似于单层光栅中的第二个 Mie 谐振峰,在模式 2 的相反方向上略有变化。值得注意的是,第二个 Mie 谐振峰和第三个 Mie 谐振峰其移动方向类似于单层 TiN 光栅中的双重 Mie 谐振现象。从谐振波长位置的电场分布来看,这两个谐振与单层纳米柱的谐振也存在一定的相似性。

虽然通过复杂的机理研究给出了双层纳米柱结构的 Mie 谐振的基本理论解释,但用耦合模理论优化这种双层光栅很难实现太阳光谱吸收的最大化。反向设计在针对特定应用场景的结构优化方面具有明显的优势,可以在不细致了解机理的情况下,针对理想光谱函数(目标函数)设计出适合应用场景的微纳结构。

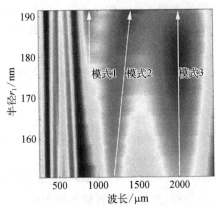

(a) 在不同半径(r_1)的TiN纳米柱光栅结构下，得到的仿真模拟吸收光谱的色度图，白箭头表示三模共振等的移动轨迹

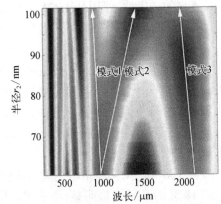

(b) 在不同半径(r_2)TiN纳米柱光栅结构下的模拟吸收光谱色图，白箭头表示三模共振峰的移动轨迹

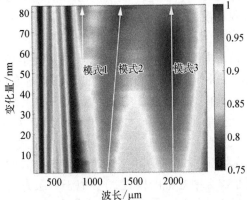

(c) 双层TiN纳米柱光栅的直径(d_1, d_2)同时变化时，所得到的仿真模拟吸收光谱色度图，白箭头表示三模共振峰的移动轨迹

图 18.4　双层纳米柱超表面吸收光谱随结构参数变化的图像

其他所有参数(H_1, H_2, P)均与图 18.1 中基于 GA 的超表面相同

18.2.3　反向设计超表面性能评估

首先,通过遗传算法和扫描参数分别给出了两组样本。上面已经介绍了遗传算法的细节,因此不具体讲解样本生成的过程。在这里本书仿真模拟了以 2 nm 为扫描单元的单层 TiN 圆柱光栅的扫描结构参数的结果。具体来说,这一

结果包括以 2 nm 为单位的单层 TiN 柱面光栅高度(h_1)从 10 nm 到 240 nm 和单层 TiN 柱面光栅半径(r_1)从 10 nm 到 190 nm 的所有组合。图 18.5(a)显示了所有样品在 250~2 450 nm 波长范围内的平均吸收率。由于单层光栅结构的限制,所有样品的最大太阳光平均吸收率仅为 88%。

接下来,将遗传算法生成的样本与基于扫描结构参数的样本进行对比,如图 18.5(b)所示。GA 有 4 000 个样本(20 次迭代,上面给出的基于 GA 的元曲面在第 13 次迭代时就已经出现了),基于扫描参数的样本超过 10 000 个。这只适用于扫描单层 TiN 圆筒光栅结构。可以想象,在不改变扫描精度(2 nm)的情况下,使用这种简单的扫描方法,需要扫描约 1 亿个样品,才能获得最佳的双层 TiN 圆柱光栅。如果扫描精度为 5 nm,则有近 100 万个样品。而本书在 GA 中设定的单位精度为 1 nm。此外,还比较了样品的质量,以说明遗传算法在优化多模耦合以最大限度地提高宽带吸收效率方面的优势。在遗传算法中,样品集中在高平均吸收率群体(平均吸收率超过 80%)。相反,由于缺乏定向,扫描参数生成的样品中有太多无用的样品,大部分样品集中在低吸收群体(平均吸收率低于 60%)。值得注意的是,作者将通过扫描参数获得的"最优"单层 TiN 圆柱光栅与基于 GA 超表面进行了比较。由遗传算法选择的底层基光栅并不是扫描参数的最佳模式。当然,GA 的底层光栅仍然处于高平均吸收区。结果表明,基于多次耦合的优化结构并不一定是效果最好的结构的简单叠加。结合遗传算法对多场耦合问题进行思考,为今后多场耦合优化特别是宽带吸收的研究提供了方向。

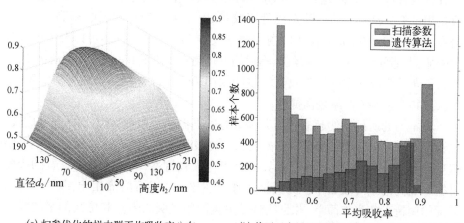

(a) 扫参优化的样本群平均吸收率分布   (b) 基于反向设计和扫参优化的样布群分布的比对

图 18.5 正向设计与反向设计样本群比对

光热转换效率是评价光热系统的重要指标。太阳能热转换效率 $\eta_{\text{solar-thermal}}$ 可按下式计算[27]：

$$\eta_{\text{solar, thermal}} = E_\alpha - E_R = \frac{C \times \int d\lambda \, \alpha(\lambda) E_{\text{solar}}(\lambda) - \int d\lambda \, \alpha(\lambda) E_B(\lambda, T_A)}{C \times \int d\lambda \, \alpha(\lambda) E_{\text{solar}}(\lambda)}$$

$$(18.2)$$

其中，E_α 是总太阳能吸收率；E_R 表示光热系统中由于热辐射引起的能量耗散率；E_{solar} 为光谱太阳辐照量；E_b 为环境温度 T_A 下的黑体辐射强度；C 为聚光因子，通常在 $0.5 \sim 5$ 的数量级；α 代表相应波长处的吸收率。根据基尔霍夫定律，吸收率等于辐射率，因此光热系统的散热率也可以用吸收率来表示。根据维恩位移定律 $\lambda_{\max} \times T_{\text{blackbody}} = b$，其中 $\lambda_{\max}$ 为峰值辐射功率的波长；$T_{\text{blackbody}}$ 为黑体温度；b 为维恩常数，$b = 0.002\,897$ m·K。当黑体温度在 $273 \sim 573$ K 时，峰值辐射的波长在 $5.1 \sim 10.6$ μm 的波长范围内。因此，大部分热辐射能量集中在 $5 \sim 13$ μm 波段[28-30]。为了有效防止黑体辐射造成的能量损失，在太阳能吸收器的设计中应尽量减少对中红外波段的吸收。因此，理想的太阳能吸收功能性器件具有类似"礼帽"的光谱函数，在太阳光谱中显示出统一的吸收率，在带外波长范围内，尤其是中红外波段显示为零。

如图 18.6(a) 所示，通过仿真计算得到了 GA 超表面的吸收光谱并标记了选择性吸收范围（太阳光）。GA 超表面的吸收光谱接近理想的太阳吸收体。本章提出的 GA 超表面是一种选择性吸收体，对太阳光的平均吸收率高达 93%，而在 $5000 \sim 13\,000$ nm 波长范围内发射率仅有 21%。这种性能可以有效地吸收太阳能，大部分能量不会通过红外辐射的方式耗散。如图 18.6(b) 所示，还给出了与太阳光谱对应的选择性吸收器吸收的太阳辐照度。这将使得约有 796 W/m^2 的太阳辐照能被 GA 超表面捕获。

将本书的所提出的超表面与其他兼容的高温超薄吸收体[3, 31, 32]进行比较，以说明基于 GA 的超表面具有良好的太阳光吸收性能，如表 18.1 所示。本书中提出的基于 GA 的超表面具有优异的太阳光吸收特性，具体表现为更宽的吸收带宽和更高的平均吸收率。与其他工作[31]中约 30 层石墨烯相比，基于 GA 超表面的制造工艺更加简单，并且实现了更宽的阳光吸收带宽和更高的平均吸收率。对比以往的纳米柱阵列的工作[3, 32]，在仿真模拟中通过将最大化太阳光谱吸收和遗传算法的反向设计相结合，实现了选择性吸收器性能的优化。本章提

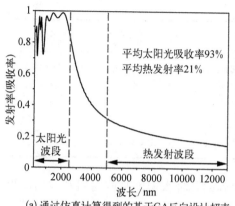

(a) 通过仿真计算得到的基于 GA 反向设计超表面在 250~13000 nm 波长范围的吸收光谱

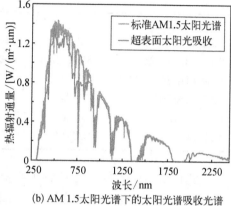

(b) AM 1.5 太阳光谱下的太阳光谱吸收光谱

图 18.6　反向设计超表面光谱特性及吸收的太阳辐射能

出的 GA 超表面的制备可分为四个步骤,分别是 TiN 层的沉积、分两步套刻制备双层 TiN 纳米柱光栅阵列和最后 SiN$_x$ 层的沉积。在之前的工作中[32],通过光刻-光栅制作、刻蚀实现光栅转移、最后沉积 TiN 和 SiN$_x$ 层 3 个步骤制备了 TiN 超表面,其光栅周期为 290 nm。采用光刻和蚀刻技术制备的底层 SiO$_2$ 圆柱光栅宽度为 58 nm,厚度为 90 nm。采用沉积法制备的 TiN 覆盖光栅宽度约为 220 nm,厚度约为 90 nm。利用这种制造方法制备了大面积(3 cm^2)超材料。在此,作者团队通过反向设计提出了一种双层 TiN 圆柱光栅结构。与上述 TiN 基超表面相比,所提出的双层 TiN 柱面光栅具有加工的可行性,可以通过类似的大面积电子束掩膜套刻的方法来制作。所提出的太阳光吸收器件具有很强的太阳光谱吸收能力和超薄的结构,可用于实现紫外线防护、能量收集、光电探测器和热成像技术。

表 18.1　选择性吸收器对太阳光谱吸收的性能

文　献	[3]	[31]	[32]	本书中的工作
超表面结构所使用的材料及构成	石墨烯/SiO$_2$/Ag	石墨烯/SiO$_2$/TiN/SiN$_x$/Ag	SiO$_2$/TiN/SiN$_x$	TiN/SiN$_x$
微纳结构类型	光栅	光栅和多层薄膜	光栅	光栅
带宽/nm	300~2 500	250~2 300	250~2 250	250~2 450

文　献	[3]	[31]	[32]	本书中的工作
太阳光谱的平均吸收率	85%(测量)	88%(计算)	87%(测量)	93%(计算)
红外范围内的平均发射率	未提及	3.3%	27%	21%
适用于无偏振光	是	是	是	是
适用于广角光(60°)	是	是	是	是
结果来源	实验和仿真	仿真	实验和仿真	仿真

　　如图 18.7 所示,对比了表 18.1 中提到的几种太阳能吸收材料和本书所提出的基于 GA 超表面的吸收光谱。可以看出,与其他研究相比,本章提出的基于 GA 超表面通过多谐振模耦合的反向设计,实现了 820 nm 附近吸收波谷的优化,使槽吸收率从 50% 提高到近 80%。因此,对太阳光的平均吸收率显著提高。双层 TiN 光栅超表面的性能也优于单层 TiN 光栅超表面。石墨烯是一种新型的太阳光谱吸收材料,在之前的工作中[3],提出了一种 90 nm 厚的石墨烯光栅超材料,其中光栅周期为 980 nm,槽型间隙的宽度为 500 nm。该石墨烯超材料使用廉价的、基于溶液的逐层自组装,结合直接激光写入[33]并可以实现大面积的石墨烯(12.5 cm²)超材料的制造。对石墨烯光栅超材料的实验结果表明,该石墨烯超材料对于 TE 偏振光入射在 800~1 150 nm 波长范围内的平均吸收率

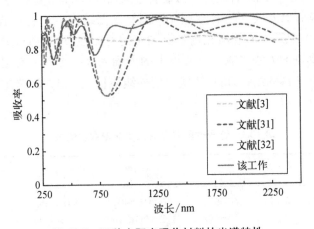

图 18.7　四种太阳光吸收材料的光谱特性

基于 GA 超表面的太阳光吸收材料和其他太阳能吸收材料通过
仿真计算得到的太阳光吸收光谱的比较

高达 95%。对于 TM 偏振光,在此带宽上的吸收超过 70%。所提出的石墨烯超材料对非偏振太阳光的平均吸收率为 85%,如图 18.7 黄色虚线所示。值得注意的是,石墨烯超材料的最新进展在 280~1 600 nm 的光谱范围内实现了 95% 的平均吸收。由于石墨烯超材料具有良好的阳光吸收性能,未来有望将石墨烯超材料与反设计相结合,最大限度地捕获太阳光。

最后,讨论了所提出的超表面的极化和角度敏感性。图 18.8(a)显示了设计的超表面在太阳光谱范围内的吸收光谱,偏振方向从 TE 到 TM。由于圆柱形结构的完美对称性,设计的超表面对任何偏振角的入射光波都不敏感,这在实

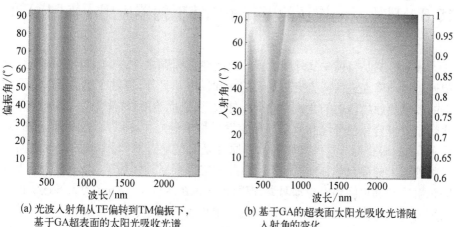

(a) 光波入射角从TE偏转到TM偏振下,
基于GA超表面的太阳光吸收光谱

(b) 基于GA的超表面太阳光吸收光谱随
入射角的变化

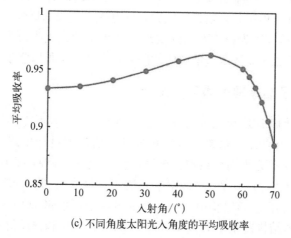

(c) 不同角度太阳光入角度的平均吸收率

图 18.8　基于 GA 的超表面入射角度及偏振不敏感性

际应用中至关重要。接下来,讨论所提出的超表面的入射角灵敏度,如图18.8(b)所示。可以看出,对于大角度偏转的入射波,所设计的超表面在太阳光谱中仍然具有很强的吸收率。为了清楚地说明所提出的超表面对入射角的微弱的敏感性,也给出了从250~2 450 nm波长范围内不同角度入射的平均吸收率的变化,如图18.8(c)所示。对于60°以下的入射角偏转,平均吸收率保持在90%以上。值得注意的是,当入射角为70°时,仍具有很高的太阳光平均吸收率(88.5%)。综上所述,所提出的超表面是支持大角度太阳光入射的。

18.3　基于反向设计的类光子晶体辐射器应用于辐射冷却

辐射冷却是目前中红外辐射器的研究热点问题之一,对于该问题的研究有望通过被动降温进而减少炎热夏天的冷却供电。另外,辐射冷却也可以将地球上的多余热通过辐射的方式传输至冷外太空,进而给地球"降温"。辐射冷却的研究十分符合绿色环境和节能环保的世界科学研究主题以及我国"碳达峰、碳中和"的战略目标。这一应用的基本原理是希望通过8~13 μm的大气透明窗口将地球上的多余热辐射至3 K的冷外太空。根据具体功能,大体上可分为日间辐射冷却和夜间辐射冷却两类,夜间冷却旨在通过8~13 μm的大气透明窗口高辐射率实现降温功能。日间冷却的要求更为苛刻,其需要在夜间冷却的基础上应对太阳光所带来的温度增加。针对这一问题,则需要设计满足8~13 μm的大气透明窗口高辐射率和太阳光谱范围高反射率的波长选择性辐射器微结构。相比之下,夜间冷却因为较为宽松的实现条件更早地被人类所发现,而日间冷却的研究直到近二十年随着微纳结构的研究深入才真正得以实现。

18.3.1　类光子晶体辐射器反向设计

作者团队使用DBS算法反向设计了一种可以用于辐射冷却的类光子晶体辐射器,如图18.9所示。借鉴了数字化硅基光器件的设计思路[26],利用DBS算法来确定顶层单元周期性结构。该设计将上层3 μm厚的SiO_2区域划分为若干个像素单元格,并考究每个像素单元格的材料状态:SiO_2或空气。作者团队从全SiO_2结构开始,该结构由14 μm厚的SiO_2层(用SiO_2填充所有像素的类光子晶体辐射器结构覆盖在11 μm厚的SiO_2介电层上)和银反射层来初始化优化过程。

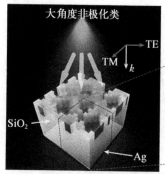 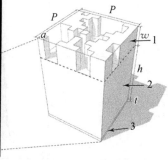 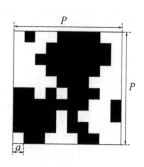

(a) 类光子晶体辐射器的周期结构

(b) 类光子晶体辐射器的周期单元结构，它分为10×10个像素，处于两种不同的状态：空气或SiO₂

(c) 是类光子晶体辐射器的俯视图。其中，黑色像素和白色像素分别代表SiO₂和空气两种状态

图18.9　类光子晶体辐射器结构示意图

类光子晶体辐射器的几何参数为 $P = 10\ \mu m$, $w = 3\ \mu m$, $h = 11\ \mu m$, $t = 0.5\ \mu m$, $a = 1\ \mu m$; 分区 1 代表算法优化区域，分区 2 代表二氧化硅介电层，分区 3 代表 Ag 底部反射

　　DBS 算法设计的一般流程已在第 14 章进行了专门介绍，需要指出的是，该章节就是以本研究的类光子晶体辐射器作为研究对象对 DBS 算法进行分析的。由于时域方法更适用于非线性、宽带和多物理场问题，因此近年来受到广泛关注[29]。时域有限差分法（FDTD）是可以近似求解麦克斯韦方程组的时域方法之一。使用 FDTD 方法进行数值模拟，并使用 Lumerical FDTD Solutions 商业软件。结合 FDTD 方法和 DBS 算法，在 6 核 CPU 处理器（Intel Core i7 - 9750H）的电脑上得到优化的类光子晶体辐射器大约需要 8 个小时。电脑总内存为 32 GB（SAMSUNG DDR4 2 666 MHz）。图 18.10 显示了 FDTD 模拟和材料数据库之间二氧化硅的色散关系。可以看出，模拟中的数据与基于 Palik[34] 工作的材料数据是一致的。二氧化硅是优良的中红外辐射材料，它还具有从可见光到近红外的高透射率[35, 36]。因此，二氧化硅是应用于辐射冷却的优秀候选者。

　　根据光谱发射率和普朗克黑体光谱分布，净冷却热通量可由式（18.3）给出[37, 38]：

$$Q_{T_s} = \varepsilon_{\text{total}} \sigma T_s^4 - A_{\text{solar}} I_0 - Q_{\text{atm}}(T_\infty) + h_{\text{comb}}(T_s - T_\infty) \qquad (18.3)$$

其中，方程右侧的第一项表示总热发射率对净冷却热通量的影响，其中，$\varepsilon_{\text{total}}$ 表示总发射率，根据基尔霍夫辐射定律，对于黑体辐射其总发射率等于总吸收率，σ 是 Stefan - Boltzmann 常数。需要指出的是，为了最大化净冷却热通量，在 $\lambda >$

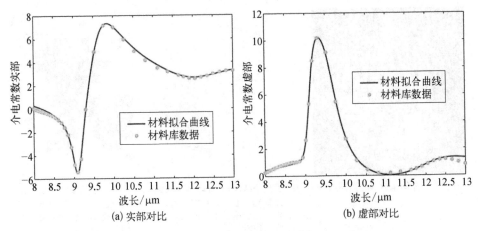

图 18.10　仿真中与数据库中二氧化硅介电常数对比

4 μm 处具有强吸收是必要的。第二项对应太阳光谱的有效反射,其中 A_{solar} 是太阳光的吸收率,可以由 $A_{solar} = 1 - R_{solar}$ 给出;I_0 代表吸收率对应的辐照度,可以由标准太阳光谱给出。第三项是大气排放引起的表面辐射,此项由环境温度和表面辐照系数决定,其中 $T_∞$ 代表环境温度。第四项表示传导和对流的综合传热,这部分传热是由辐射体表面温度(T_s)与环境温度($T_∞$)的差异引起的传热过程,其中 h_{comb} 表示有效传热系数,具有低传热系数的材料可以有效减少由于传热导致的冷却效率降低。综上所述,能够实现辐射冷却的超材料需要具有中红外波长的高发射率和太阳光谱的低吸收率。

将作为 DBS 算法的目标函数和辐射冷却性能的 FOM 定义如下:

$$
FOM = \frac{\int_{\lambda_1}^{\lambda_n} A(\lambda)\,d\lambda}{\lambda_n - \lambda_1} \tag{18.4}
$$

其中,λ_1 代表起始波长;λ_n 代表截止波长。在 DBS 算法优化过程中,λ_1 为 8 μm,λ_n 为 13 μm。$A(\lambda)$ 表示不同波长对应的吸光度,由 $A(\lambda) = 1 - R(\lambda)$ 给出。这里,$R(\lambda)$ 代表不同波长对应的反射率,可以通过 FDTD 的模拟给出。此外,根据基尔霍夫定律,可以得出吸收率等于发射率。

如图 18.11 所示,设置周期单元尺寸 $P = 10$ μm,并将周期单元分别划分为 2×2、4×4、5×5、8×8 和 10×10 个像素。通过使用 DBS 算法,优化了其由不同状态像素(黑色或白色)组成的结构,还给出了不同像素数的最佳 FOM 值。DBS 算法在不同像素大小下给出的最优结构如图 18.11(a)所示。黑色像素代表蚀刻状态,由全空气状态代替。白色像素表示保留原始玻璃结构。对于各种像素尺寸,DBS 算法按列搜索像素状态并达到最佳 FOM。在这个过程中,DBS 算法按照列扫描的顺序确定每个像素的状态(蚀刻与否)。图 18.11(b)显示了在相同周期像素尺寸下,不同像素数对应的最优选类光子晶体辐射器结构对应的 $8\sim13\ \mu m$ 的 FOM 值(平均发射率)。

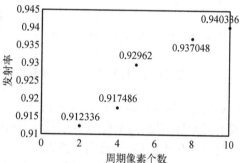

(a) 分别是将顶部算法优化区域划分为 2×2、4×4、5×5、8×8、10×10 个像素单元格时的最优结构

(b) 是不同像素网格数下最优结构对应的最终 FOM 值(8~13 μm 波长范围的平均发射率)

图 18.11　不同尺寸像素个数下最优类光子晶体结构及 FOM

18.3.2　类光子晶体辐射器性能评估

如图 18.12(a)所示,比较了有无类光子晶体玻璃结构的辐射器的发射光谱。可以看出,通过 DBS 算法,在 $8\sim13\ \mu m$ 的波长范围内,平均发射率从 71.8% 大幅提高到 94%。同时,14 μm 厚的二氧化硅薄膜在 8.95 μm 和 11.08 μm 处的两个原始高反峰分别从 29.5% 和 22% 优化到 90.7% 和 96.4%。本书也给出了波长范围为 $0.3\sim6\ \mu m$ 的反射光谱,图 18.12(b)显示了有无类光子晶体玻璃结构辐射器的反射光谱。所提出类光子晶体玻璃结构对于 $0.3\sim6\ \mu m$ 的高反射率影响很小,这主要是由于类光子晶体结构尺寸与该波段的不匹配导致的。此外,不同厚度的 SiO_2 层也会影响有无类光子晶体玻璃结构的辐射器的发射光谱。

图 18.13(a)展示了无类光子晶体玻璃结构的辐射器示意图以及 SiO_2 层厚度(h_1)增加的发射光谱。首先,讨论了仅具有 SiO_2 层和 Ag 反射层的双层结构

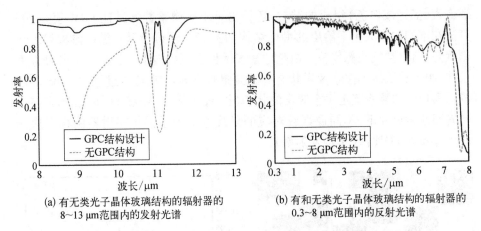

(a) 有无类光子晶体玻璃结构的辐射器的
8~13 μm范围内的发射光谱

(b) 有和无类光子晶体玻璃结构的辐射器的
0.3~8 μm范围内的反射光谱

图 18.12　有无类光子晶体玻璃结构的辐射器的发射光谱及反射光谱

（无类光子晶体玻璃结构）。可以看出，双层结构在 8~13 μm 的波长范围内总是有两个反射窗，这会降低双层结构的中红外波段的平均发射率，削减辐射冷却性能。作为比较，还给出了类光子晶体玻璃结构的波长选择性辐射器的示意图和 SiO_2 介电层厚度（h_2）变化的发射光谱的颜色图，如图 18.13(a) 所示。由于类光子晶体玻璃结构的存在，波长选择性辐射器可以有效地发射（吸收）上述双反射窗口的光波。为了清楚地比较，图 18.13(b) 显示了有无类光子晶体玻璃结构在 8~13 μm 波长范围内的平均发射率随 SiO_2 层的厚度增加（h_1，h_2）的变化曲线。随着 SiO_2 层的厚度从 1 μm 增加到 10 μm，红外透明窗口（8~13 μm）中的平均发射率增加。当 SiO_2 层的厚度大于 12 μm 时，具有和不具有类光子晶体玻璃结构的辐射器平均发射率分别稳定在 95% 和 73%。结果与图 18.12 得出的结论一致。值得注意的是，对于任何中间厚度的 SiO_2 层，具有类光子晶体玻璃结构辐射器在 8~13 μm 波长范围内的平均发射率高于仅有双层结构的辐射器。特别是，当 SiO_2 层厚度为 1 μm 时，两种结构的平均发射率相差超过 50%。总而言之，该讨论将指导我们对具有类光子晶体玻璃结构的波长选择性辐射器的研究，并找到一种兼容大面积处理和高性能辐射冷却的周期单元。

　　将基于算法设计的其他辐射冷却研究结果与本章所提出的类光子晶体辐射器进行了比较。为进行直观的比较，几种基于算法设计的用于辐射冷却的辐射器的光谱发射率如图 18.14 所示。对于遗传算法设计的多层器件[39]，波长 8~13 μm 的发射率在 0.4~0.95 波动。根据他们给出的发射光谱结果，其中红外透明窗口波段（8~13 μm）的平均发射率为 0.7。由于磁极化谐振，贝叶斯优

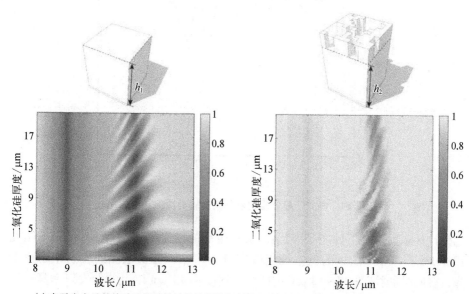

(a) 有无类光子晶体玻璃结构的波长选择性辐射器示意图以及SiO₂层厚度(h_1)增加的发射光谱

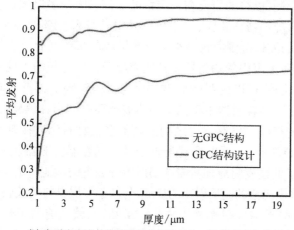

(b) 有无类光子晶体玻璃结构在 8~13 μm波长范围内的平均
发射率随SiO₂层的厚度增加(h_1，h_2)的变化曲线

图 18.13 结构示意图，发射光谱及平均发射率

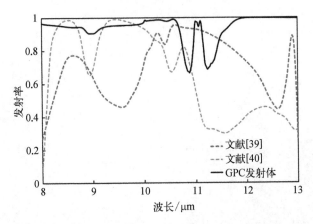

图 18.14　类光子晶体辐射器与其他辐射冷却器件的比较

化设计的辐射冷却器件在 8~11 μm 具有较高的发射率[40]。然而,由于 SiO$_2$ 在 12.5 μm 和 20 μm 附近的低本征吸收带,11~13 μm 波长范围的发射率迅速下降,这使得同时实现 11~13 μm 内的高发射率和 13 μm 以上的低发射率具有挑战性。因此,整个结构对于中红外透明窗口波段的平均发射率仅为 0.65。由于材料固有性质的限制,以往的研究在一定程度上仍局限于多层优化。与基于算法设计的其他辐射冷却器件相比,所提出的发射器具有 94% 的高平均发射率,并且在 8~13 μm 的波长范围内将最小发射率保持在 65% 以上。

　　此外,还比较了本书中的辐射器和其他应用于辐射冷却的多层材料的辐射器[35, 40, 41]。通过比较,可以说明所提出的类光子晶体辐射器具有较好的辐射冷却性能。类光子晶体辐射器由类光子晶体玻璃辐射结构、二氧化硅介电层和银反射层三层结构组成。仅有三层结构是其他多层材料辐射冷却结构所不具备的优势。如表 18.2 所示,可以看到类光子晶体辐射器发射器从 8~13 μm 的平均发射率超过了上述夜间冷却所需的辐射冷却装置的性能。由于平衡红外窗口的高发射率和太阳光谱的高反射率的挑战,与基于多层材料的波长选择性辐射器相比,太阳光谱的平均反射率并不突出。虽然,比较之前的工作[35, 42],通过结合二氧化硅的特性和类光子晶体玻璃辐射结构的反向设计实现了性能优化,但没有对所提出的类光子晶体辐射器进行实验是作者的不足。值得注意的是,所提出的辐射器只需要两种材料(银和二氧化硅),这将最大限度地减少层间粗糙度对波长选择性辐射器性能的影响。类光子晶体辐射器由两层材料简单堆叠而成,这有望解决多层之间的粗糙度造成仿真与实验结果不符合的问题。

表 18.2　反向设计超表面与现有辐射冷却多层的性能对比

文　献	[35]	[40]	[41]	本　书
提出的结构所使用的材料及构成	SiO_2/ HfO_2/ Ag/ Ti/ Si	SiO_2/ Si/ Ag	$\alpha-SiO_2$/ SiC/ MgF_2/ TiO_2/ Ag	SiO_2/ Ag
微纳结构类型	多层薄膜结构	多层薄膜结构和光栅结构	多层薄膜结构和光栅结构	拓扑优化的超表面结构
所设计的材料层数	10	5	33	3
$8\sim13~\mu m$ 波长范围内的平均发射率	70%	65%	92.5%	94%
$0.3\sim2.5~\mu m$ 波长范围内的平均反射率	97%	95%	96.5%	94.7%
结果的来源	通过实验和仿真得出的结果	通过数值仿真得出的结果	通过实验和仿真得出的结果	通过数值仿真得出的结果

　　作者团队还通过辐射冷却相关理论计算了本章中结构的辐射冷却效率。根据方程(18.3),可以计算出波长选择性辐射器在白天和夜间的辐射冷却功率。方程(18.3)中的第三项可以写成如下形式[43, 44]:

$$Q_{atm}(T_\infty) = \varepsilon_{total} \sigma T_{atm}^4 \varepsilon_{atm}(\lambda, \theta) \tag{18.5}$$

发射率与弧顶大气角度的关系为[31, 45]

$$\varepsilon_{atm}(\lambda, \theta) = 1 - t(\lambda)^{1/\cos\theta} \tag{18.6}$$

其中,$t(\lambda)$ 是法线方向的大气透射率[46];θ 是天顶角。假设该结构面向太阳,因此天顶角为 0。

　　如图 18.15(a)所示,给出了 AM1.5 太阳光谱的标准辐射热通量和所提出辐射器的在太阳光谱范围内的反射光谱。所提出的类光子晶体辐射器在太阳光谱中具有很高的平均反射率,这减少太阳光的能量吸收并增强白天辐射冷却的性能。图 18.15(b)中展示了具有从 $8\sim13~\mu m$ 的红外透明窗口的透射率曲线和所提出结构在该波段的发射光谱。结合方程(18.3)、方程(18.5)和方程(18.6),可以最终计算出类光子晶体辐射器在白天冷却功率和夜间冷却功率下的性能。如果忽略非辐射传热(例如,$h_{comb} = 0$),当 $T_s = T_\infty = 300~K$ 时,类光子晶体辐射器发射器的白天冷却功率为 70.2 W/m^2,夜间冷却功率为 123.6 W/m^2。

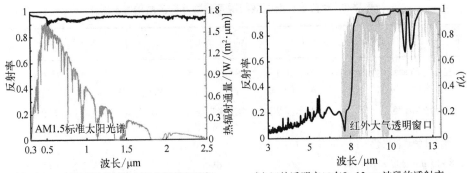

(a) AM 1.5太阳光谱的标准辐射热通量和所提
出辐射器的在太阳光谱范围内的反射光谱

(b) 红外透明窗口在8~13 μm波段的透射率
曲线和所提出结构在该波段的发射光谱

**图 18.15　本节中的结构对应太阳光谱的反射光谱及
对应红外大气窗口透过率的发射光谱**

　　根据之前的研究[34, 40]，二氧化硅和银的双层结构在中红外波长范围内有
两个高反射峰，分别位于 9 μm 和 11 μm 附近。简单堆叠两层结构的发射光谱，
如图 18.12(a) 所示。反向设计一般将器件面积视为"黑箱"模型，针对我们需要
的目标函数[本节研究的目标函数(FOM)是使 8~13 μm 波长范围内的平均吸
收率尽可能高]。使用 DBS 算法对类光子晶体辐射器进行反向设计，实现了两
个反射峰的优化。它还使得平均发射率显著提高。图 18.16(a) 和 (b) 揭示了
类光子晶体辐射器由反射峰变为高发射率的物理机制，给出了类光子晶体辐射
器在原高反射峰位置(8.95 μm 和 11.08 μm)的电场强度分布，入射光为 TE 偏
振平面波。其中，黄色区域代表电场强的区域，红色区域对应电场强度较弱的
地方。通过引入类光子晶体辐射器和纳米孔，实现了局域共振模式，使得在原
始结构中具有高反射的光波被光子晶体结构捕获并发射。局部模式可归因于
空气(接近 1.0)和二氧化硅之间折射率的快速变化。通过观察电场分布图，可
以发现局域强耦合模式一般出现在折射率变化的地方，这些地方一般位于类光
子晶体辐射器和气孔的边缘。可以认为这些局域模式产生了吸收增强效应，从
而增强了结构在相应波长(8.95 μm 和 11.08 μm)的吸收。这也是 DBS 算法实
现发射光谱优化的物理机制。本书只用物理模型的一些先验知识来解释逆算
法设计结构的原理，而不是像传统的正向设计利用的理论推导来设计器件。这
在设计过程上与传统的多层材料正向设计是不同的，它利用先验知识产生的多
层结构来扫参优化每一层的厚度，并根据每一层的折射率不同的材料来寻找最
佳的厚度和材料分布。

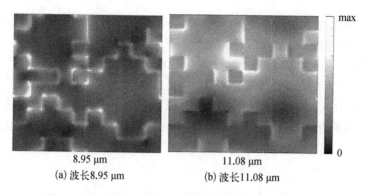

8.95 μm   11.08 μm

(a) 波长8.95 μm   (b) 波长11.08 μm

图 18.16 类光子晶体辐射器在谐振峰位置的电场分布

最后,讨论了所提出的辐射器在入射波在红外大气窗口波段(8~13 μm)的角度和偏振的敏感性。图 18.17(a)表明该结构在 45°大角度偏转期间仍能保持 90%以上的发射率。这有力地证明了该结构具有很强的角度不敏感性。本书还给出了类光子晶体辐射器在 8 ~ 13 μm 的发射光谱随偏振的变化,如图 18.17(b)所示。可以看出,类光子晶体辐射器对偏振角偏转并不十分敏感。对于波长范围为 8~13 μm 且偏振角为 90°的入射光,所提出的类光子晶体辐射器发射器仍具有 90.6%的平均发射率。由于该辐射器具有良好的偏振不敏感性和对于大角度入射光的不敏感性(45°),所提出的辐射器在辐射冷却方面具有很大的潜力。

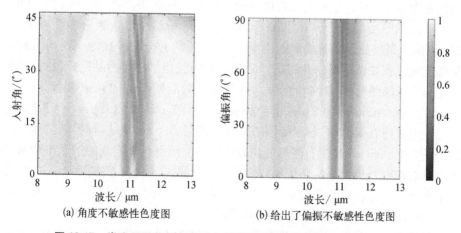

(a) 角度不敏感性色度图   (b) 给出了偏振不敏感性色度图

图 18.17 类光子晶体辐射器的入射角度和偏振不敏感性,在红外大气窗口波段(8~13 μm)的角度和偏振的敏感性

综上所述,作者团队基于 DBS 算法反向设计了一种类光子晶体玻璃的拓扑结构,并从理论上给出了所设计的波长选择性辐射器的辐射冷却性能。所提出的类光子晶体辐射器可以有效地反射 0.3~6 μm 波长范围内的光,并且对于 8~13 μm 的红外大气窗口波段具有高发射率。此外,类光子晶体辐射器在 8~13 μm 的波长范围内具有良好的偏振不敏感性和入射角不敏感。考虑到辐射冷却的高性能、结构简单以及对角度和偏振的不敏感,所提出的类光子晶体辐射器有望应用于实现辐射冷却。

18.4　基于石墨烯的可调器件设计及其应用

由于石墨烯的电导率可调特性,其也是一种红外辐射调控的重要备选材料。在本节中,提出了一种基于石墨烯的多功能超表面应用于远红外以及 THz 波段的光谱调制,其具有的功能包括可调谐滤波,可调谐的表面等离激元诱导透明窗口(PIT),折射率传感以及可调谐的光延迟。其中的一些可调谐功能可以通过施加外部电压来实现。

18.4.1　石墨烯超表面图案化设计

所设计的基于石墨烯的多功能超表面结构示意图,如图 18.18(a)所示。该结构是由 SiO_2 - Si 衬底和周期性图案化单层石墨烯超表面阵列组成的。其中,SiO_2 和 Si 的厚度均为 h = 0.1 μm, t = 0.1 μm, 相对介电常数分别为 1.96 和 11.7。离子凝胶旋涂在石墨烯超表面上,并与顶部的金栅极接触。在 SiO_2 和石墨烯之间沉积导电薄层作为底栅。图 18.18(b)给出了结构的晶胞俯视图,并在图上标出石墨烯环的名称和组别。整个超表面周期晶胞的几何参数为: P = 6 μm, r = 1.0 μm, a = 0.8 μm, b = 0.8 μm, c = 0.3 μm, d = 1.6 μm, e = 3.2 μm。

在电磁仿真模拟中,石墨烯层的厚度一般设为 1 nm(单层石墨烯实际测量结果约为 0.3 nm)。基于石墨烯的超表面阵列单元由一个连续的纳米带和两对四个具有相同外径大小的环组成。为了产生暗模式,设置了宽度为 0.8 μm 的连续纳米带。并且连续纳米带处于每个周期单元的中间。四个石墨烯环分别命名为 R1、R2、R3 和 R4,如图 18.18(b)所示。

将这四个环分为两组,分别命名为 G1 和 G2(R1 和 R2 为 G1,R3 和 R4 为 G2)。每组环具有相同的尺寸并且关于 Y 轴成轴对称。离子凝胶(其介电常数

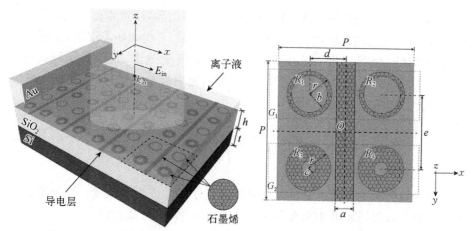

(a) 该结构由两对石墨烯纳米环和位于SiO₂-Si衬底上的石墨烯纳米带组成；SiO₂和Si的厚度分别为h=0.1 μm，t=0.1 μm

(b) 结构的晶胞俯视图。整个超表面周期晶胞的几何参数为：P=6 μm，r=1.0 μm，a=0.8 μm，b=0.8 μm，c=0.3 μm，d=1.6 μm，e=3.2 μm，并在图上标出石墨烯环的名称和组别(R1和R2是G1，R3和R4是G2)

图 18.18　多功能石墨烯超表面的示意图

$\varepsilon = 1.82^{[47]}$)和导电层附着在整个结构的顶部,通过在离子凝胶层上沉积的金栅极调节电压,从而调控石墨烯超表面的费米能级。由于离子凝胶层对整个结构的输出光谱和相位调制影响不大,因此在数值模拟中省略。

18.4.2　石墨烯电导率可调理论

由于石墨烯的表面等离激元效应,入射到不同费米能级的石墨烯表面的中远红外太赫兹波的透射光谱和相位存在一些变化,这些变化和石墨烯电导率变化息息相关。根据 Kubo 公式[48, 49],石墨烯的电导率由带内电子-光子散射(σ_{intra})和带间电子跃迁(σ_{inter})构成,石墨烯的电导率$\sigma(\omega)$可以表示为如下形式:

$$\sigma(\omega) = \sigma_{\text{intra}}(\omega) + \sigma_{\text{inter}}(\omega) \tag{18.7}$$

$$\sigma_{\text{intra}}(\omega) = \frac{2e^2 k_B T}{\pi \hbar^2} \frac{i}{\omega + i/\tau} \ln\left[2\cosh\left(\frac{E_f}{2k_B T}\right)\right] \tag{18.8}$$

$$\sigma_{\text{inter}}(\omega) = \frac{e^2}{4\hbar^2}\left[\frac{1}{2} + \frac{1}{\pi}\arctan\left(\frac{\hbar\omega - 2E_f}{2k_B T}\right) - \frac{i}{2\pi}\ln\frac{(\hbar\omega + 2E_f)^2}{(\hbar\omega - 2E_f)^2 + 4(k_B T)^2}\right]$$

$$\tag{18.9}$$

其中,ω 是石墨烯表面等离激元的响应频率;E_f 是化学势(费米能级);e 是基本电荷;k_B 和 $\hbar$ 分别代表玻尔兹曼常数和普朗克常数;T 代表环境温度,在模拟中设置为 300 K 使其接近真实实验环境;τ 是载流子弛豫的时间,可以由 $\tau = \mu E_f/(ev_F^2)$ 给出;v_F 表示费米速度[50,51]。可以使用类金属的德鲁德(Drude)模型将上述方程简化为[52]

$$\sigma(\omega) = \frac{eE_f}{\pi\hbar^2} \frac{i}{\left(\omega + \dfrac{i}{\tau}\right)}$$ (18.10)

石墨烯费米能级可以通过栅极电压和化学表面改性来改变。这种变化本质上改变了石墨烯 n_s 的掺杂水平,E_f 与 n_s 的关系可由下式给出:

$$E_f = \hbar v_F \sqrt{\pi n_s}$$ (18.11)

费米速度设置为 $v_F = 10^6$ m · s^{-1},这一数值在实验上已被证明是可行的。基于简单的电容器模型,可以给出对 n_s 和栅极电压的线性关系[53]:

$$n_s = \frac{\varepsilon_r \varepsilon_0 \mid V_g - V_{Dirac} \mid}{ed}$$ (18.12)

其中,ε_r 和 ε_0 分别代表绝缘层和真空介电常数;$\mid V_g - V_{Dirac} \mid$ 为外加电压;d 是绝缘层的厚度。根据式(18.12),最终推导出了石墨烯表面等离激元响应波长 λ 与费米能级之间的关系:

$$\lambda = \frac{2\pi\hbar c}{e} \sqrt{\frac{\omega\varepsilon_r\varepsilon_0}{E_f}}$$ (18.13)

综上,石墨烯的费米能级与电导率相关。另外,石墨烯费米能级可以通过栅极电压调控,这里可以使用金栅极偏置电压来改变石墨烯纳米带的工作状态。

18.4.3 石墨烯超表面应用于多功能光器件调制

根据之前的对于石墨烯的研究[54,55],可以知道,当石墨烯层的费米能级为 0 eV 时,几乎没有表面等离激元效应。当石墨烯纳米带处于"关闭"状态(费米能级为 0)而四个石墨烯环的费米能级为 1 eV 时,仿真结果说明该器件有两个窄带吸收峰,如图 18.19(a)所示。这两个窄带吸收峰是由两对周期性的石墨烯环的表面等离激元所激发出来的。当两组石墨烯环分别处于不同的费米能级时,得到平面波正入射的透射光谱也有很大差别,如图 18.19(a)所示。对比几种不同状态的透射光谱,可以知道两个窄带吸收峰之间的耦合很微弱。因此,作者所设计的器件为多频光开关的设计提供了可行性的方案。图 18.19(b)说明了随着两对石墨烯环的费米能级同时发生变化,双窄带吸收峰也发生了定向的移动。值得注意的是,当石墨烯的费米能级降低时,所提出的器件的透射峰位置发生了显著的蓝移,这种现象与上述石墨烯的可调电导率理论是一致的。通过对石墨烯的费米能级调节,得到了一种双频可调的滤波器。

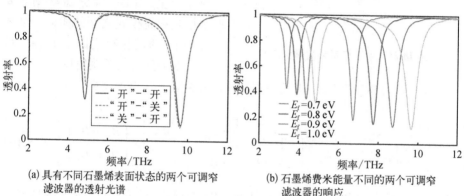

(a) 具有不同石墨烯表面状态的两个可调窄　　(b) 石墨烯费米能量不同的两个可调窄
　　滤波器的透射光谱　　　　　　　　　　　　滤波器的响应

图 18.19　可调双通路光开关传输光谱

"关"状态表示单组石墨烯环的费米能级为 1.0 eV,"开"态表示费米能级为 0 eV,
例如"关断"表示 G1 和 G2 均为 1 eV

根据耦合模理论(coupled-mode theory,CMT),对于一个单光学谐振与单输出端口的谐振模型,其基本原理图,如图 18.20 所示,其振幅 a 有如下的动力学方程[56]:

$$\frac{\mathrm{d}a}{\mathrm{d}t} = \left(\mathrm{j}\omega_0 - \frac{1}{\tau}\right) a + (\langle \kappa |^* \rangle) | s_+ \rangle \quad (18.14)$$

$$| s_- \rangle = C | s_+ \rangle + a | d \rangle \quad (18.15)$$

其中,ω_0 和 τ 分别是谐振的中心频率和谐振周期。振幅 a 被归一化,使得 $|a|^2$ 对应于谐振器内部的能量,谐振模式被入射波 $|s_+\rangle$ 所激发。$|s_-\rangle$ 和 $|d\rangle$ 表示谐振模式被激发时的输出波和耦合常数。

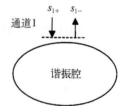

**图 18.20　单光学谐振与
单输出端口的
谐振模型**

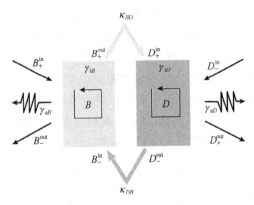

图 18.21　明暗模耦合的耦合模型

同样，表面等离激元效应激发出的透明窗口也可以通过耦合模模型进行解释。如图 18.21 所示，给出了这种明暗模耦合下的耦合模模型。对于表面等离激元透明窗口模型常常具有一对谐振峰，其中一个谐振峰是不易失，只需部分结构就可以产生，而另一个谐振峰则需要暗模式和亮模式之间的相消干涉才会产生，两谐振峰之间的波谷区域就是我们所说的透明窗口。

通过耦合模模型的扩展，可以得到亮暗双模式光学谐振模型[57]：

$$\begin{bmatrix} \gamma_B & -\mathrm{i}\kappa_{BD} \\ -\mathrm{i}\kappa_{DB} & \gamma_D \end{bmatrix} \cdot \begin{bmatrix} m_B \\ m_D \end{bmatrix} = \begin{bmatrix} -\tau_{eB}^{-\frac{1}{2}} & 0 \\ 0 & -\tau_{eD}^{-\frac{1}{2}} \end{bmatrix} \cdot \begin{bmatrix} B_+^{\mathrm{in}} + B_-^{\mathrm{in}} \\ D_+^{\mathrm{in}} + D_-^{\mathrm{in}} \end{bmatrix} \quad (18.16)$$

其中，下角标 B 和 D 分别代表明模式和暗模式；m_B 和 m_D 分别代表明模和暗模两种谐振状态；上标"out"和"in"代表谐振中的输入和输出；而下标"+"和"−"描述了模式传输的方向；κ_{BD} 和 κ_{DB} 分别代表亮模式和暗模式之间的耦合系数；ω 是入射波的角频率，表示由于固有损耗引起的衰减率，表示从模态逃逸到外层空间的能量衰减率。根据方程(18.3)和 $\gamma_{iB(D)}$ 和 $\gamma_{eB(D)}$，可以得到：

$$\gamma_B = \mathrm{i}\omega - \mathrm{i}\omega_B - \gamma_{iB} - \gamma_{eB} \quad (18.17)$$

$$\gamma_D = \mathrm{i}\omega - \mathrm{i}\omega_D - \gamma_{iD} - \gamma_{eD} \quad (18.18)$$

在能量守恒原理的条件下，明暗模式的输入和输出表示如下：

$$D_+^{\mathrm{in}} = B_+^{\mathrm{out}}\, \mathrm{e}^{\mathrm{i}\phi}, \quad B_-^{\mathrm{in}} = D_-^{\mathrm{out}}\, \mathrm{e}^{\mathrm{i}\phi} \quad (18.19)$$

$$B_\pm^{\mathrm{out}} = B_\pm^{\mathrm{in}} - \tau_{eB}^{-\frac{1}{2}} m_B, \quad D_\pm^{\mathrm{out}} = D_\pm^{\mathrm{in}} - \tau_{eD}^{-\frac{1}{2}} m_D \quad (18.20)$$

其中，$\mathrm{e}^{\mathrm{i}\phi}$ 表示入射波的相移。根据方程(18.3)~方程(18.7)以及只有单个入射波从 z 轴负方向入射到石墨烯层的初始条件，这意味着，系统的透射系数可以定量表示为

$$t = \frac{D_+^{\text{out}}}{B_+^{\text{in}}} = \mathrm{e}^{\mathrm{i}\phi} + [\,\tau_{eB}^{-1}\gamma_D\mathrm{e}^{\mathrm{i}\phi} + \tau_{eD}^{-1}\mathrm{e}^{\mathrm{i}\phi}\gamma_B + (\tau_{eB}\tau_{eD})^{-\frac{1}{2}}\mathrm{e}^{2\mathrm{i}\phi}\chi_B \qquad (18.21)$$

$$+ (\tau_{eB}\tau_{eD})^{-\frac{1}{2}}\chi_D]\cdot(\gamma_B\gamma_D - \chi_B\chi_D)^{-1} \qquad (18.22)$$

其中，$\chi_{B(D)} = \mathrm{i}\kappa_{DB(BD)} + 2\sqrt{\gamma_{eB}\gamma_{eD}}\cdot\mathrm{e}^{\mathrm{i}\phi}$，最终可以得到 $T = |\,t\,|^2$。

　　如图 18.22 所示，讨论了 G1 和连续纳米带产生的 PIT 峰，其中 G1 的费米能级从 0.8 eV 变为 1.0 eV。虚线表示 FDTD 数值仿真结果，实线表示 CMT 理论的拟合曲线。比较两条曲线，可以看到 CMT 理论拟合曲线的结果与 FDTD 模拟得到的结果是一致的。此外，可以发现 G1 和连续纳米带产生的 PIT 与石墨烯

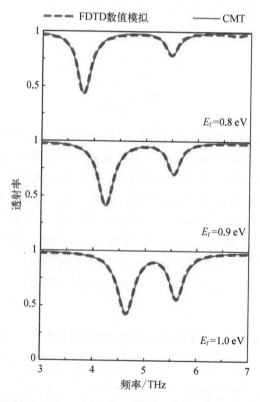

图 18.22　耦合膜及有限时域差分法的模拟结果对比

针对具有不同费米能级的石墨烯微环，基于 FDTD 仿真模拟的传输谱曲线和 CMT 理论得出的传输谱曲线的对比

的可调电导率理论是一致的。随着费米能级的增加,这两个透明窗位置会发生蓝移。在上面,已经讨论了使用石墨烯电导率可调理论提出的石墨烯双波段可调光滤波器。在这里,证实了基于石墨烯 PIT 效应产生的双透明窗口也可以用石墨烯电导率可调理论来解释。

通过测量物体的折射率来实现物质监测是一种常用的方法,广泛用于生物分子传感应用[58, 59]和溶液盐度检测[60]等应用中。通过改变顶部周围介质的折射率,作者研究了石墨烯激发的表面等离激元对上层介质折射率的敏感性,并标记了表面等离激元共振峰的响应波长随折射率的变化。石墨烯超表面的所有结构参数和费米能级设置与在上面讨论的双波段可调滤波器的初始状态一致。(石墨烯环的费米能级为 1 eV,纳米带为 0 eV。)器件的灵敏度取决于折射率的变化与共振波长的变化之间的关系,可以表示为[61, 62]

$$S = \frac{\mathrm{d}\lambda}{\mathrm{d}n} \tag{18.23}$$

$$\mathrm{FOM} = \frac{S}{\mathrm{FWHM}} \tag{18.24}$$

其中,$\mathrm{d}\lambda$ 表示共振中心波长的偏移;$\mathrm{d}n$ 是折射率的变化;FWHM 是透明窗口的半高全宽。如图 18.23(a)所示,可以发现随着折射率的增加,共振峰发生了红移。对于 FOM,G2 产生的共振峰比 G1 产生的共振峰响应更为明显。计算出的 G2 共振灵敏度为 13 670 nm/RIU,FOM 为 6。当折射率从 1.0 变为 1.3 时,共振波长由 31.11 μm 红移至 35.22 μm。与之前的研究[63-65]相比,该器件具有很高的灵敏度。图 18.23(b)显示了所提出的结构灵敏度的线性度,这对于评估传感器的质量至关重要。此外,作者还将设计的器件与其他研究中设计的器件进行了性能的比较,以说明所设计器件对折射率的高度敏感,如表 18.3所示。

表 18.3　本节所述石墨烯超表面与折射率传感器件的性能对比

文　献	[63]	[64]	[65]	本节中的超表面
器件的灵敏度/(nm/RIU)	590	3 020	5 160	13 670
器件工作波长是否可调制	不具有可调制性能	具有可调制性能	具有可调制性能	具有可调制性能

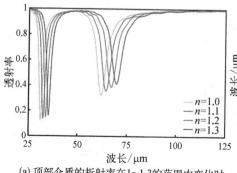

(a) 顶部介质的折射率在1~1.3的范围内变化时，
通过数值模拟得到的石墨烯超表面透射光谱

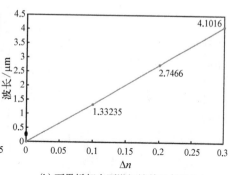

(b) 石墨烯超表面谐振峰的波长变化与
折射率之间的关系

图 18.23　石墨烯超表面折射率传感性能

　　同样，当石墨烯纳米带处于"关闭"状态时，可以获得双通道光开关。如表 18.4 所示，根据所提装置在滤波过程中两个传输波谷有一定距离且两个传输波谷之间耦合较弱的特点，作者团队提出了太赫兹双通道光开关的设计理念。该开关有四种状态（"开"–"开""开"–"关""关"–"开""关"–"关"），通过调节 R1、R2、R3 和 R4 两组石墨烯环（G1 和 G2）的费米能级可以快速转换这四种状态。其中，石墨烯环组（G1 和 G2）的费米能级为 1 或 0，分别表示"开"态和"关"态。表 18.4 清楚地描述了四种状态，包括不同组石墨烯环的费米能级和相应的透射光谱。图 18.24(a) ~ (d) 说明了不同状态下的透射谱，可以灵活转换。

表 18.4　不同开关状态对应的石墨烯费米能级及对应图的编号

双通路光开关所对应的 状态类型	超表面结构中每对石墨烯环的 费米能级/ eV		给定石墨烯费米能级后对应的 光谱曲线图的编号
"开"–"开"	1	1	(a)
"开"–"关"	1	0	(b)
"关"–"开"	0	1	(c)
"关"–"关"	0	0	(d)

　　最后，讨论在表面等离激元诱导的光学透明窗口引起的慢光效应。书中的慢光效应是由一对石墨烯环（R1、R2）和石墨烯纳米带的明暗模式耦合引起的。

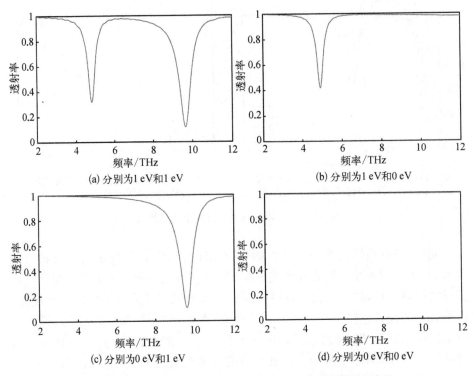

(a) 分别为1 eV和1 eV

(b) 分别为1 eV和0 eV

(c) 分别为0 eV和1 eV

(d) 分别为0 eV和0 eV

图18.24 石墨烯超表面的四种透射光谱及其对应的费米能级

窄带光谱共振效应是实现慢光的方法之一。窄共振峰意味着附近波长的有效折射率发生剧烈变化,因此具有强烈的色散效应,而强烈的色散会导致光波群的速度延迟而形成慢光。PIT是典型的窄谱共振。慢光效果的延迟时间可由下式计算[66]:

$$\tau_g = \frac{\mathrm{d}\psi(\omega)}{\mathrm{d}\omega} \tag{18.25}$$

其中,$\psi(\omega)$表示不同频率的光从上表面的入射端到出射端的相位差。如图18.25(a)所示,可以发现G1的不同费米能级可以调整PIT的响应频率,这种变化与石墨烯的可调电导率理论是一致的。图18.25(b)~(d)说明了当G1的费米能级增加时PIT的相移情况。根据相移的方向,可以清楚地得到透明窗口附近的延迟时间,该延迟时间可以随费米能级的变化而变化。当$E_f = 0.8$ eV时,延迟时间在感应透明窗口处达到最大值,达到了0.227 ps。并且作者发现慢光的

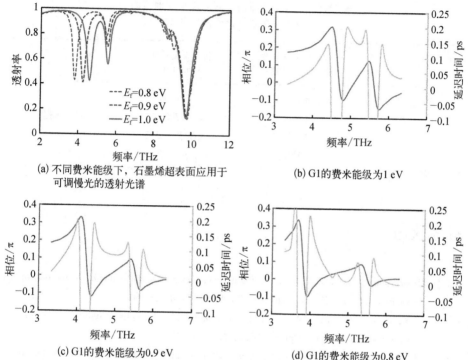

(a) 不同费米能级下，石墨烯超表面应用于
可调慢光的透射光谱

(b) G1的费米能级为1 eV

(c) G1的费米能级为0.9 eV

(d) G1的费米能级为0.8 eV

图 18.25　石墨烯超表面的慢光效应

仅改变 G1 的费米能级使透明窗口发生位移，其他参数与图 18.18 相同，
(b)~(d)相移(绿色实线)慢光在不同费米能级的延迟时间(黄色实线)

波长范围可以通过费米能级进行动态调整，这为设计具有高性能的光存储应用提供了一个新的思路。

多功能光调制器件是解决光子器件及芯片集成化的重要途径。在这里，本书将所提出的设备与实现一些具有多种功能的集成化光器件[67-69]进行了比较。如表 18.5 所示，作者工作中提出的器件具有一些功能，主要包括双通道光开关、灵敏的折射率传感器和光延迟。对比三种的集成化光器件均具有光开关功能。之前的工作都是通过明暗模式耦合实现的单通道双模光开关。而作者所提出的器件通过石墨烯表面等离激元实现双通道四模光开关。与之前的研究相比，所设计超表面的慢光效率仍有进一步提高的空间。

表 18.5　本节所述石墨烯超表面与其他石墨烯
超表面多功能器件的性能对比

文　献	兼容的光开关模式个数	折射率灵敏度 /（nm/RIU）	慢光时间 /ps
本节的超表面	4 种模式	136 700	0.227
[67]	2 种模式	2 300	文献中未提及
[68]	2 种模式	文献中未提及	0.7
[69]	2 种模式	4 310	1.33

参考文献

[1]　Brongersma M L, Cui Y, Fan S. Light management for photovoltaics using high-index nanostructures [J]. Nature Materials, 2014, 13(5) 451 – 460.

[2]　Li K, Haque S, Martins A, et al. Light trapping in solar cells: Simple design rules to maximize absorption [J]. Optica, 2020, 7(10): 1377.

[3]　Lin H, Sturmberg B C P, Lin K, et al. A 90-nm-thick graphene metamaterial for strong and extremely broadband absorption of unpolarized light [J]. Nature Photonics, 2019, 13(4): 270 – 276.

[4]　Cao A, Zhang X, Xu C, et al. Tandem structure of aligned carbon nanotubes on Au and its solar thermal absorption [J]. Solar Energy Materials and Solar Cells, 2002, 70(4): 481 – 486.

[5]　Ghasemi H, Ni G, Marconnet A M, et al. Solar steam generation by heat localization [J]. Nature Communications, 2014, 5: 4449.

[6]　Huang J, Liu C, Zhu Y, et al. Harnessing structural darkness in the visible and infrared wavelengths for a new source of light [J]. Nature Nanotechnology, 2015, 11(1): 60 – 66.

[7]　Li W, Valentine J. Metamaterial perfect absorber based hot electron photodetection [J]. Nano Letters, 2014, 14(6): 3510 – 3514.

[8]　Mizuno K, Ishii J, Kishida H, et al. A black body absorber from vertically aligned single-walled carbon nanotubes [J]. Proceedings of the National Academy of Sciences of the United States of America, 2009, 106(15): 6044 – 6047.

[9]　Ren H, Tang M, Guan B, et al. Hierarchical graphene foam for efficient omnidirectional solar-thermal energy conversion [J]. Advanced Materials, 2017, 29(38): 1702590.

[10]　Branham M S, Hsu W, Yerci S, et al. 15.7% efficient 10 − μm-thick crystalline silicon solar cells using periodic nanostructures [J]. Advanced Materials, 2015, 27(13): 05511.

[11]　Martins E R, Li J, Liu Y, et al. Deterministic quasi-random nanostructures for photon control [J]. Nature Communications, 2013, 4: 2665.

[12]　Trompoukis C, Massiot I, Depauw V, et al. Disordered nanostructures by hole-mask colloidal lithography for advanced light trapping in silicon solar cells [J]. Optics Express, 2016, 24(2): A191.

[13]　Siegel J, Schropp A, Solis J, et al. Rewritable phase-change optical recording in $Ge_2Sb_2Te_5$ films induced by picosecond laser pulses [J]. Applied Physics Letters, 2004, 84(13): 2250 − 2252.

[14]　Li Z, Palacios E, Butun S, et al. Omnidirectional, broadband light absorption using large-area, ultrathin lossy metallic film coatings [J]. Scientific Reports, 2015, 5: 15137.

[15]　Mandal J, Wang D, Overvig A C, et al. Scalable, "dip-and-dry" fabrication of a wide-angle plasmonic selective absorber for high-efficiency solar-thermal energy conversion [J]. Advanced Materials, 2017, 29(41): 1702156.

[16]　Green M A. Lambertian light trapping in textured solar cells and light-emitting diodes: Analytical solutions [J]. Progress in Photovoltaics, 2002, 10(4): 235 − 241.

[17]　Massiot I, Cattoni A, Collin S. Progress and prospects for ultrathin solar cells [J]. Nature Energy, 2020, 5(12): 959 − 972.

[18]　Liu G, Liu X, Chen J, et al. Near-unity, full-spectrum, nanoscale solar absorbers and near-perfect blackbody emitters [J]. Solar Energy Materials and Solar Cells, 2019, 190: 20 − 29.

[19]　Naik G V, Schroeder J L, Ni X, et al. Titanium nitride as a plasmonic material for visible and near-infrared wavelengths [J]. Optical Materials Express, 2012, 2(4): 478 − 489.

[20]　Chirumamilla M, Chirumamilla A, Yang Y Q, et al. Large-area ultrabroadband absorber for solar thermophotovoltaics based on 3D titanium nitride nanopillars [J]. Advanced Optical Materials, 2017, 5(22): 1700552.

[21]　Qian Q, Sun T, Yan Y, et al.Large-area wide-incident-angle metasurface perfect absorber in total visible band based on coupled mie resonances[J].Advanced Optical Materials, 2017, 5(13): 1700064.

[22]　Kuznetsov A I, Miroshnichenko A E, Brongersma M L, et al. Optically resonant dielectric nanostructures [J]. Science, 2016, 254(6314): aag2472.

[23]　Chong K E, Hopkins B, Staude I, et al. Observation of Fano resonances in all-dielectric nanoparticle oligomers [J]. Small, 2014, 10(10): 1985 − 1990.

[24]　Zhao Q, Zhou J, Zhang F, et al. Mie resonance-based dielectric metamaterials [J]. Materials Today, 2009, 12(12): 60 − 69.

[25] Huang J, Ma H S, Chen D B, et al. Digital nanophotonics: The highway to the integration of subwavelength-scale photonics: Ultra-compact, multi-function nanophotonic design based on computational inverse design [J]. Nanophotonics, 2020, 10(3): 0494.

[26] Ma H S, Huang J, Zhang K, et al. Ultra-compact and efficient 1×2 mode converters based on rotatable direct-binary-search algorithm [J]. Optics Express, 2020, 28(11): 17010 – 17019.

[27] Yang Z Y, Ishii S, Yokoyama T, et al. Narrowband wavelength selective thermal emitters by confined tamm plasmon polaritons [J]. ACS Photonics, 2017, 4(9): 2212 – 2219.

[28] Fujii G, Akimoto Y, Takahashi M. Exploring optimal topology of thermal cloaks by CMA-ES [J]. Applied Physics Letters, 2018, 112(6): 061108.

[29] Fujii G, Akimoto Y. Optimizing the structural topology of bifunctional invisible cloak manipulating heat flux and direct current [J]. Applied Physics Letters, 2019, 115(17): 174101.

[30] Zhang C, Wu X, Huang C, et al. Flexible and transparent microwave-infrared bistealth structure [J]. Advanced Materials Technology, 2019, 4(8): 1900063.

[31] Jiang X P, Zhang Z J, Chen D B, et al. Tunable multilayer-graphene-based broadband metamaterial selective absorber [J]. Applied Optics, 2020, 59(35): 11137.

[32] Wu S, Ye Y, Jiang Z, et al. Large-area, ultrathin metasurface exhibiting strong unpolarized ultrabroadband absorption [J]. Advanced Optical Materials, 2019, 7(24): 1901162.

[33] Zheng X, Jia B H, Lin H, et al. Highly efficient and ultra-broadband graphene oxide ultrathin lenses with three-dimensional subwavelength focusing [J]. Nature Communications, 2015, 6: 8433.

[34] Palik E D. Handbook of optical constants of solids [M]. Cambridge: Academic Press, 1997.

[35] Raman A P, Anoma M A, Zhu L, et al. Passive radiative cooling below ambient air temperature under direct sunlight [J]. Nature, 2014, 515(7528): 540.

[36] Wang Q, Wang J, Zhao D, et al. Investigation of terahertz waves propagating through far infrared/CO_2 laser stealth-compatible coating based on one-dimensional photonic crystal [J]. Infrared Physics and Technology, 2016, 79: 144 – 150.

[37] Huang Z F, Ruan X L. Nanoparticle embedded double-layer coating for daytime radiative cooling[J]. International Journal of Heat Mass Transfer, 2017, 104: 890 – 896.

[38] Bezares F J, Long J P, Glembocki O J, et al. Mie resonance-enhanced light absorption in periodic silicon nanopillar arrays [J]. Optics Express, 2013, 21(23): 27587.

[39] Shi Y, Li W, Raman A, et al. Optimization of multilayer optical films with a memetic algorithm and mixed integer programming [J]. ACS Photonics, 2018, 5(3): 684 – 691.

[40] Guo J, Ju S, Shiomi J. Design of a highly selective radiative cooling structure accelerated

by materials informatics [J]. Optics Letters, 2020, 45(2): 343 - 346.

[41] Rephaeli E, Raman A, Fan S. Ultrabroadband photonic structures to achieve high-performance daytime radiative cooling [J]. Nano Letters, 2013, 13(4): 1457.

[42] Li P, Wang Y, Gupta U, et al. Transparent soft robots for effective camouflage [J]. Advanced Functional Materials, 2019, 29(37): 1901908.

[43] Orel B, Gunde M K, Krainer A. Radiative cooling efficiency of white pigmented paints [J]. Solar Energy, 1993, 50(6): 477 - 482.

[44] Bao H, Yan C, Wang B, et al. Double-layer nanoparticle-based coatings for efficient terrestrial radiative cooling [J]. Solar Energy Materials and Solar Cells, 2017, 168: 78 - 84.

[45] Jiang X P, Chen D B, Zhang Z J, et al. Dual-channel optical switch, refractive index sensor and slow light device based on a graphene metasurface [J]. Optics Express, 2020, 28(23): 34079 - 34092.

[46] Xu L, Yang S, et al. Passive metashells with adaptive thermal conductivities: Chameleonlike behavior and its origin [J]. Physical Review Applied, 2019, 11(5): 054071.

[47] Xiao B, Tong S, Fuffe A, et al. Tunable electromagnetically induced transparency based on graphene metamaterials [J]. Optics Express, 2020, 28(3): 4048 - 4057.

[48] Hwang E H, Sarma S D. Dielectric function, screening, and plasmons in two-dimensional graphene [J]. Physical Review B, 2017, 75(20): 205418.

[49] Hu H, Guo X, Hu D, et al. Flexible and electrically tunable plasmons in graphene-mica heterostructures [J]. Advanced Science, 2018, 5(8): 1800175.

[50] Zeng C, Cui Y, Liu X. Tunable multiple phase-coupled plasmon-induced transparencies in graphene metamaterials [J]. Optics Express, 2015, 23(1): 545 - 551.

[51] Yan H, Low T, Guinea F, et al. Tunable phonon-induced transparency in bilayer graphene nanoribbons [J]. Nano Letters, 2014, 14(8): 4581 - 4586.

[52] Xia S X, Zhai X, Wang L L, et al. Dynamically tunable plasmonically induced transparency in sinusoidally curved and planar graphene layers [J]. Optics Express, 2016, 24(16): 17886 - 17899.

[53] Yang J B, He X, Han Y X, et al. Ultra-compact beam splitter and filter based on a graphene plasmon waveguide [J]. Applied Optics, 2017, 56(35): 9814 - 9821.

[54] Chen D B, Yang J B, Huang J, et al. The novel graphene metasurfaces based on split-ring resonators for tunable polarization swtiching and beam steering at terahertz frequencies [J]. Carbon, 2019, 154: 350 - 356.

[55] Wei Z, Li X, Yin J, et al. Active plasmonic band-stop filters based on graphene metamaterial at THz wavelengths [J]. Optics Express, 2016, 24(13): 14344.

[56] Fan S, Suh W. Temporal coupled-mode theory for the Fano resonance in optical resonators [J]. Journal of the Optical Society of America A, 2003, 20(3): 569.

[57] Zhang B H, Li H J, Xu H, et al. Absorption and slow-light analysis based on tunable plasmon-induced transparency in patterned graphene metamaterial [J]. Optics Express, 2019: 27(3): 3598.

[58] Yang M S, Liang L J, Zhang Z, et al. Electromagnetically induced transparency-like metamaterials for detection of lung cancer cells [J]. Optics Express, 2019, 27(14): 19520－19529.

[59] Yan X, Yang M, Zhang Z, et al. The terahertz electromagnetically induced transparency-like metamaterials for sensitive biosensors in the detection of cancer cells [J]. Biosensor Bioelectronics, 2019, 126: 485－492.

[60] Qian Y, Zhao Y, Wu Q, et al. Review of salinity measurement technology based on optical fiber sensor [J]. Sensors and Actuators B, 2018, 260: 86－105.

[61] Wei Z, Li X, Zhong N, et al. Analogue electromagnetically induced transparency based on low-loss metamaterial and its application in nanosensor and slow-light device [J]. Plasmonics, 2017, 12(3): 641－647.

[62] Liu N, Weiss T, Mesch M, et al. Planar metamaterial analogue of electromagnetically induced transparency for plasmonic sensing [J]. Nano Letters, 2010, 10(4): 1103－1107.

[63] Cheng F, Yang X, Gao J. Enhancing intensity and refractive index sensing capability with infrared plasmonic perfect absorbers [J]. Optics Letters, 2014, 39(11): 3185－3188.

[64] Tang W, Wang L, Chen X, et al. Dynamic metamaterial based on the graphene split ring high-Q Fano-resonnator for sensing applications [J]. Nanoscale, 2016, 8(33): 15196－15204.

[65] Zhang Y, Li T, Zeng B, et al. Graphene based tunable terahertz sensor with double Fano resonances [J]. Nanoscale, 2015, 7(29): 12682.

[66] Lu H, Liu X, Mao D. Plasmonic analog of electromagnetically induced transparency in multi nano resonator-coupled waveguide systems [J]. Physical Review A, 2012, 85(5): 053803.

[67] Xia S, Zhai X, Huang Y, et al. Graphene surface plasmons with dielectric metasurfaces [J]. Journal of Lightwave Technology, 2017, 35(20): 4553－4558.

[68] Liu Z, Gao E, Zhang Z, et al. Dual-mode on-to-off modulation of plasmon-induced transparency and coupling effect in patterned graphene-based terahertz metasurface [J]. Nanoscale Research Letters, 2020, 15(1): 1－13.

[69] Xia S, Zhai X, Wang L, et al. Plasmonically induced transparency in double-layered graphene nanoribbons [J]. Photonics Research, 2018, 6(7): 692－702.